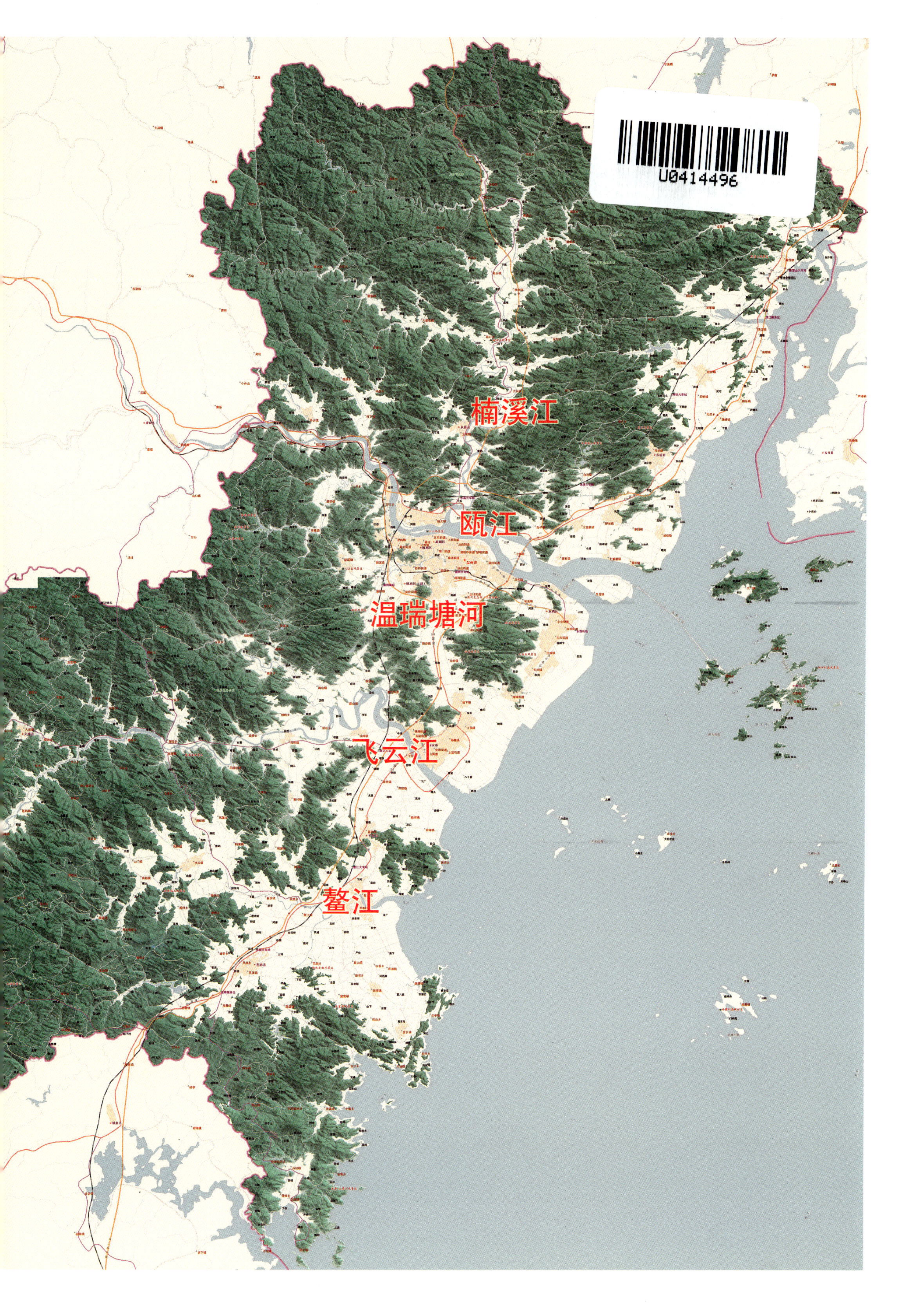

楠溪江
瓯江
温瑞塘河
飞云江
鳌江

温州植物志

第二卷

（蓼科—豆科）

主　　编　丁炳扬　金　川
本卷主编　陶正明
本卷副主编　王金旺

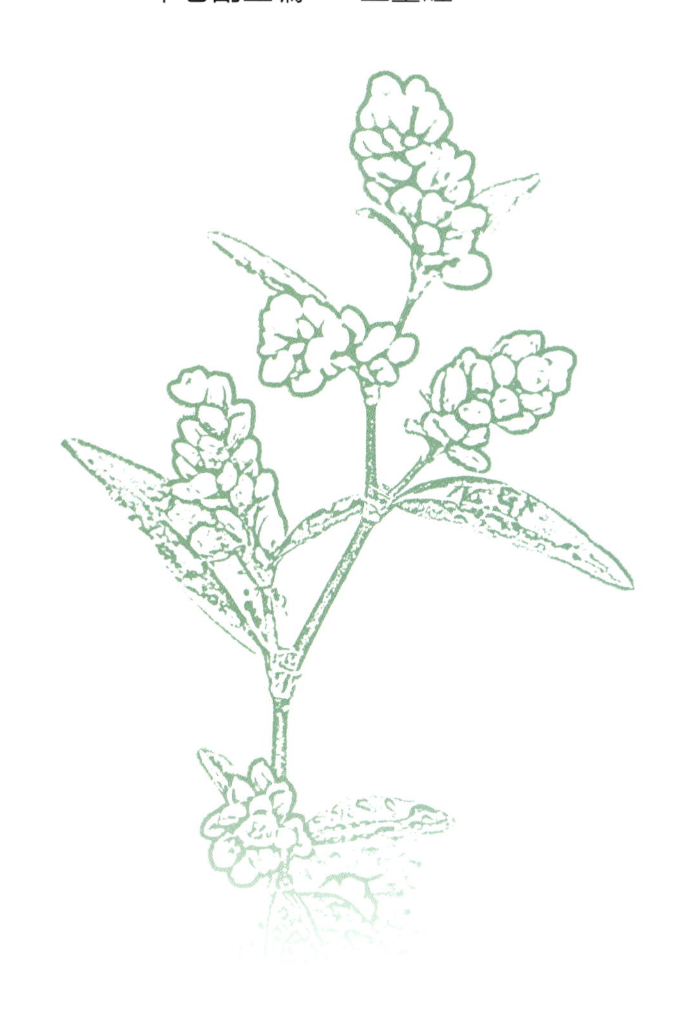

中国林业出版社

内容简介

本志是近100年来温州植物资源调查和分类研究的系统总结。全书分概论、各论、附录三部分："概论"简要论述温州的自然环境、植物研究简史、植物区系、植物资源的现状与评价、植物资源保护和利用对策等；"各论"按系统记载温州已知的野生维管束植物（即蕨类植物、裸子植物和被子植物），包括科、属、种的检索表，科、属、种的名称、形态特征、产地与生境及主要用途等，80%以上的种类附有实地拍摄的彩色照片。"各论"记载的野生植物共210科1035属2544种36亚种178变种（不包括存疑种），其中近年发现的新种5个、浙江分布新记录属9个、温州分布新记录属29个、浙江分布新记录种32个、温州分布新记录种192个。全书共分五卷，除索引外，第一卷包含概论、蕨类植物、裸子植物和被子植物木麻黄科至蛇菰科，第二卷包含被子植物蓼科至豆科，第三卷包含被子植物酢浆草科至山矾科，第四卷包含被子植物安息香科至菊科，第五卷包含被子植物香蒲科至兰科、主要参考文献及附录。

本志可作为林业、农业、医药、环保等相关部门科技人员的工具书，农林、生物、医药、环境、生态等专业师生的教学参考书，也是中小学师生和广大植物爱好者的学习资料。

图书在版编目（CIP）数据

温州植物志．第二卷 / 丁炳扬，金川主编．-- 北京:中国林业出版社，2017.1
ISBN 978-7-5038-8821-2

Ⅰ．①温… Ⅱ．①丁… ②金… Ⅲ．①植物志－温州 Ⅳ．①Q948.525.53

中国版本图书馆CIP数据核字(2016)第307757号

中国林业出版社·生态保护出版中心
策划编辑：肖静
责任编辑：肖静　何游云

出版发行　中国林业出版社(100009 北京市西城区德内大街刘海胡同7号)
电　　话　(010)83143577
制　　版　北京美光设计制版有限公司
印　　刷　北京中科印刷有限公司
版　　次　2017年7月第1版
印　　次　2017年7月第1次
开　　本　889mm×1194mm　1/16
印　　张　25.75
字　　数　663千字
定　　价　280.00元

《温州植物志》编辑委员会

《温州植物志》第二卷
作者及其分工

本卷主编：陶正明（浙江省亚热带作物研究所）

本卷副主编：王金旺（浙江省亚热带作物研究所）

本卷编著者：熊先华（杭州师范大学、温州大学）

蓼科、景天科

朱圣潮（温州科技职业学院）

藜科、苋科、紫茉莉科、商陆科、番杏科、马齿苋科、落葵科

康华靖、王法格（温州科技职业学院）

石竹科

王金旺（浙江省亚热带作物研究所）

睡莲科、金鱼藻科、茅膏菜科、虎耳草科、海桐花科、杜仲科

尤志勉（温州市中医院）

毛茛科、木通科、小檗科、防己科

陶正明（浙江省亚热带作物研究所）

木兰科、蜡梅科、番荔枝科、樟科、罂粟科、钟萼木科、蔷薇科（龙牙草属、唐棣属、假升麻属、山楂属、蛇莓属、路边青属、棣棠花属、苹果属）

周　庄（浙江省亚热带作物研究所）

山柑科、蔷薇科（枇杷属、悬钩子属）

丁炳扬（温州大学）、**蔡进章**（温州医科大学第二附属医院）

十字花科

李效文（浙江省亚热带作物研究所）

金缕梅科、蔷薇科（桃属、杏属、樱属、桂樱属、稠李属）

刘洪见（浙江省亚热带作物研究所）

蔷薇科（梨属、石斑木属、蔷薇属）、豆科

郑　坚（浙江省亚热带作物研究所）

蔷薇科（石楠属、委陵菜属）

钱仁卷（浙江省亚热带作物研究所）

蔷薇科（地榆属、花楸属、绣线菊属、小米空木属、红果树属）

序　一

地处浙江东南部的温州，东濒东海，属中亚热带季风气候区，生物、生境、生态系统多样性丰富。优越的自然条件孕育着丰富的植物资源。温州为东南沿海开放城市，民资殷实、市场经济发达，但科技创新动力相对不足，对生物特别是植物资源蕴藏量掌握不甚了然，在一定程度上阻碍着区域社会经济的科学发展。

在浙江省亚热带作物研究所牵头下，联合温州大学等单位，于2010年起历时6载余，对温州市野生植物资源开展了全面系统的调查研究，共采集植物标本37850号，拍摄照片57630余幅，鉴定整理出维管束植物210科1035属2758种（含种下等级），分别占浙江省维管束植物总数的92.92%、81.56%、63.75%，植物种类丰富、区系成分复杂，其中仅药用植物就有171科647属1131种；并在此基础上编撰完成了彩图版《温州植物志》（共5卷）。

《温州植物志》的出版，是地方自然资源研究、保护与利用的前提和基础工作，为本地区植物资源的合理开发与利用、生物多样性保护、生态城市建设提供了基础资料，同时为浙江省乃至全国研究植物区系提供了科学资料，对温州乃至浙江发展绿色生态经济、保护生物和环境、普及科学知识等具有重要意义。

中国科学院院士
中国科学院昆明植物研究所研究员　孙汉董

2016年7月21日

序　二

植物志书作为植物学各相关研究领域必不可少的工具书，是一个地区乃至国家植物学基础研究水平的集中体现。它是植物资源的信息库，可为植物资源合理开发利用、生物多样保护、城乡生态建设等提供科学依据；它也是一种独特的文化产品，蕴含着丰富多样的森林文化和生态文化。

温州地区，由于特有的气候条件，成为浙江植物种质资源丰富的区域和浙、闽、赣交界山地植物区系的重要组成部分，而浙、闽、赣交界山地也是我国17个具有全球意义的生物多样性保护关键区域之一。《温州植物志》（共5卷）汇聚和记录了温州地区丰富的植物资源和森林文化。它的出版发行，将为浙江现代林业发展，构筑现代生态农业、现代富民林业和现代人文林业提供科学依据，在农村致富、农民增收、城市生态和美丽浙江建设中发挥重要的参考作用。

《温州植物志》编撰过程中，植物科技工作者几度春秋、几多艰辛，先后开展多次野生植物资源普查，采集数万份标本，基本摸清了温州植物资源家底。自2010年开始，由浙江省亚热带作物研究所牵头，组织30余位在温州的植物学和林业方面的专业技术人员开展编著工作，成就了省内第一部地市级植物志书，并建成“温州野生植物网”信息服务系统，结成硕果。该套志书图文并茂，具有很强的科学性、实用性，色彩鲜明。《温州植物志》的出版，凝聚了编研人员的心血和智慧，反映了温州植物学的研究水平，为从事植物学、农林业、植物资源开发、生态环境保护等领域的研究和教育科技人员提供了准确翔实的资料，必将对区域经济发展、生态文明建设、森林文化传播等发挥独特的作用。

在本套志书出版之际，谨作短序，一则对编写人员的劳动成果表示衷心祝贺；二则希望广大林业工作者，从生态文明建设、现代林业发展的高度，积极进取，凝聚智慧，创造更多的研究和发展成果，为推动“两富”、“两美”浙江建设，促进全省林业走出一条“绿水青山就是金山银山”的现代林业发展路子，实现省委、省政府提出的“五年绿化平原水乡，十年建成森林浙江”的宏伟目标，做出更大的贡献。

浙江省林业厅厅长　林云举

2016年9月1日

前　言

温州位于浙江省东南部，东临东海，南毗福建，西及西北与丽水相连，北及东北与台州相接，全境介于27° 03'~28° 36'N、119° 37'~121° 18'E之间。全市陆域总面积12065km^2，海域面积约11000km^2，辖鹿城、瓯海、龙湾、洞头4区，乐清与瑞安2县级市及永嘉、文成、平阳、苍南、泰顺5县；全市有67个街道、77个镇、15个乡，5405个建制村，152个居委会、229个城市社区。温州市为浙江省人口最多的城市，2015年末户籍人口811.21万人，常住人口911.7万人。境内地势从西南向东北呈梯形倾斜，大致可分为西部中低山地、中部低山丘陵盆地、东部沿海平原、沿海岛屿等类型，绵亘有括苍、洞宫、雁荡诸山脉，泰顺县乌岩岭白云尖海拔1611m，为境内最高峰；主要水系有瓯江、飞云江、鳌江，东部平原河网交错，大小河流150余条。

温州是浙江省植物种类最丰富的地区之一，位于华东和华南植物区系交界处，大部分属华南植物区系范围，在区系上具独特性。我国许多植物学工作者先后在温州开展了植物资源调查与标本采集，如钟观光、胡先骕、秦仁昌、钟补勤、陈诗、贺贤育、耿以礼、佘孟兰、章绍尧、裘佩熹、左大勋、单人骅、邢公侠、张朝芳、林泉、温太辉、郑朝宗等，积累大量标本和资料，发现诸多新类群，丰富了浙江省植物资源内容。但是，绝大部分调查集中于平阳、泰顺、文成和乐清，其他县域鲜有涉及，甚至空白。在《浙江植物志》和《中国植物志》中，虽然记载了不少温州分布的植物种类，但由于调查不系统、不全面，仍有大量种类遗漏或分布点记载不全面，制约了植物资源的开发利用，不利于开展生物多样性保护。

随着社会文明和科技经济的发展，摸清区域植物资源家底，探明野生植物资源的种类与分布、资源现状与利用前景，加强植物资源保护和合理利用，具有重要的现实意义。2010年6月，在温州市委、市政府的重视支持下，“温州野生植物资源调查与植物志编写”项目获财政专项资助并启动实施。项目由浙江省亚热带作物研究所牵头，联合温州大学、温州科技职业学院、温州市林业局、温州市公园管理处、杭州师范大学、乐清中学等单位30多名植物学专家教授、科研教学工作者组成项目组，历时6年，完成项目任务。期间，组织了12次大型考察，历时65天，参加人数达236人次，重点对泰顺（乌岩岭、垟溪等7地）、苍南（莒溪、马站等7地）、永嘉（四海山、龙湾潭等6地）、平阳（顺溪、怀溪等5地）、文成（铜铃山、金星林场等4地）、瑞安（红双林场、大洋坑等4地）进行了详细考察；由各单位和个人自行组织的小型考察230多次，参加人数550人次，对乐清中雁荡山、永嘉巽宅、瓯海泽雅、鹿城临江、瑞安湖岭、文成桂山、平阳青街、苍南玉苍山、泰顺筱村等55地进行了调查，共采集植物标本37850号，拍摄照片57630余幅。此外，还先后组织13次海岛调查，历时46天，参加人数91人次，对乐清大乌岛、洞头大门岛、平阳南麂列岛、苍南星仔岛等47个海岛进行调查。项目组在对温州境内植物资源做全面系统调查研究的基础上，详细记录境内野生维管束植物种类组成、形态特征、分布与生境、利用途径等信息，实地拍摄大量彩色照片，并查阅省内外标本馆中收藏的采集

于温州地区的相关标本，收集、整理了涉及温州市的植物区系、分类和生态调查资料。在此基础上，通过巨量的标本鉴定、特征描述、研究分析后编撰成书，于2016年6月完成书稿。

《温州植物志》共5卷，从“概论”和“各论”两方面论述。“概论”记述了温州的自然环境、植物研究简史、植物区系、植物资源的现状与评价、植物资源保护与利用对策等；“各论”记载了温州地区野生维管束植物（蕨类植物、裸子植物和被子植物）共210科1035属2544种36亚种178变种，包括原生的植物、归化植物以及少量有悠久栽培历史并在野外逸生的植物。其中，通过本项目实施而发现的新种5个、浙江分布新记录属9个、温州分布新记录属29个、浙江分布新记录种32个、温州分布新记录种192个。为方便广大读者使用，蕨类植物科的概念和排列顺序按照秦仁昌系统，裸子植物科的概念和排列顺序按照郑万钧系统，被子植物科的概念和排列顺序按照恩格勒系统，即与《浙江植物志》相同。除列举科、属、种的中文名和学名外，还附有种类的主要别名和异名，以及种类的形态特征和具体分布点（常见种到县级为止，稀见种到乡、镇或山脉），80%以上种类附有野外实地拍摄的植物图片。在项目实施期间发现的浙江或温州分布新记录（其中有些已在期刊作过报道）均注明“浙江分布新记录”或“温州分布新记录”；对于国家或浙江省重点保护的珍稀濒危植物，注明其保护级别；文献记载温州有分布但未见标本且在野外调查中也未见的注明“未见标本”，以便今后考证与补充。书末附有温州的珍稀濒危野生维管束植物和采自温州的模式标本2个附录。

温州市委常委任玉明，原温州市委常委和市人大常委会副主任黄德康，中共洞头区委书记（原温州市委副秘书长）王蛟虎，温州市人民政府副秘书王仁博等领导，温州市财政局、科技局等部门，为项目立项和志书出版，提供了卓有成效的指导和经费支持；浙江农林大学、杭州植物园、浙江大学、浙江自然博物馆、中国科学院植物研究所等植物标本馆为项目组在标本查阅过程中给予了热情帮助；浙江乌岩岭国家级自然保护区、瑞安花岩国家级森林公园、永嘉四海山国家级森林公园及各地林业系统相关部门等在野外调查工作中给予了大力协助；浙江大学郑朝宗教授、浙江农林大学李根有教授、浙江森林资源监测中心陈征海教授级高工、浙江自然博物馆张方钢研究馆员提出了建设性意见；马乃训、王军峰、刘西、叶喜阳、陈立新、周喜乐、李华东、郑方车、刘冰、方本基、李攀、鲍洪华、孙庆美等为志书提供了精美的植物图片。在本书出版之际，向所有为本项目实施提供支持、帮助、指导的单位和个人表示衷心的感谢！

尽管项目组为《温州植物志》的出版付出了很多努力，但由于工作量浩繁，加之作者水平所限，疏漏和错误之处在所难免，敬请广大读者不吝指正！

浙江省亚热带作物研究所所长 

2016年11月8日

目　录

序一

序二

前言

19. 蓼科 Polygonaceae　1

20. 藜科 Chenopodiaceae　26

21. 苋科 Amaranthaceae　33

22. 紫茉莉科 Nyctaginaceae　43

23. 商陆科 Phytolaccaceae　45

24. 番杏科 Aizoaceae　47

25. 马齿苋科 Portulacaceae　49

26. 落葵科 Basellaceae　51

27. 石竹科 Caryophyllaceae　52

28. 睡莲科 Nymphaeaceae　65

29. 金鱼藻科 Ceratophyllaceae　68

30. 毛茛科 Ranunculaceae　69

31. 木通科 Lardizabalaceae　92

32. 小檗科 Berberidaceae　101

33. 防己科 Menispermaceae　109

34. 木兰科 Magnoliaceae　117

35. 蜡梅科 Calycanthaceae　128

36. 番荔枝科 Annonaceae　129

37. 樟科 Lauraceae　130

38. 罂粟科 Papaveraceae　152

39. 山柑科（白花菜科）Capparaceae　159

40. 十字花科 Cruciferae　162

41. 伯乐树科 Bretschneideraceae　181

42. 茅膏菜科 Droseraceae　182

43. 景天科 Crassulaceae　186

44. 虎耳草科 Saxifragaceae　198

45. 海桐花科 Pittosporaceae　220

46. 金缕梅科 Hamamelidaceae　223

47. 杜仲科 Eucommiaceae　234

48. 蔷薇科 Rosaceae　235

49. 豆科 Leguminosae　306

中文名称索引　379

拉丁学名索引　390

19. 蓼科 Polygonaceae

一年生或多年生草本，有时为亚灌木。茎节常膨大。单叶，互生，通常全缘，稀分裂；托叶通常膜质，鞘状或叶状，包茎，称托叶鞘。花序穗状、总状、头状或圆锥状，顶生或腋生；花较小，两性，稀单性，辐射对称；花梗通常具关节；花被3~5深裂，或花被片6而成2轮排列；雄蕊通常8，稀6~9或更少；花盘腺状或环状或缺；子房上位，1室，心皮通常3，稀2~4，合生，花柱2或3，稀4，柱头头状、盾状或画笔状。瘦果卵形或椭圆形，通常双凸镜状或具三棱，有时具翅或刺，包于宿存花被内或外露。

约50属1120种，广布于全球，主产于北温带。我国13属238种；浙江8属47种7变种；温州6属35种3变种。

分属检索表

1. 花被片6，排成2轮，外轮3枚开展，内轮3枚花后增大，包被瘦果；雄蕊6；柱头流苏状分裂呈画笔状…………………………………………………………**6.酸模属Rumex**

1. 花被片4或5，轮状或覆瓦状排列；雄蕊通常5或8，稀3~9；柱头头状。
   2. 花被片4；雄蕊5；花柱2，顶端反卷成弯钩状，宿存……………**1.金线草属Antenoron**
   2. 花被片5，稀4；雄蕊通常8，稀3~9；花柱2或3，顶端不反卷成弯钩状，不宿存。
      3. 茎直立；花被片果时不增大，稀增大呈肉质。
         4. 瘦果比花被长1~2倍，三棱形；花序总状或伞房状……………**2.荞麦属Fagopyrum**
         4. 瘦果通常短于宿存花被，或近等长或稍长，三棱形或双凸镜形；花序总状、穗状、头状或圆锥状…………………………………………**4.蓼属Polygonum**
      3. 茎缠绕或直立；花被片外面3枚果时增大，背部具翅或龙骨状凸起，稀不增大。
         5. 茎缠绕；花两性；柱头头状……………**3.何首乌属Fallopia**
         5. 茎直立；花单性而雌雄异株；柱头流苏状……………**5.虎杖属Reynoutria**

1. 金线草属 Antenoron Raf.

多年生直立草本。叶互生，叶片椭圆形或倒卵形；托叶鞘膜质，常易破裂。总状花序呈穗状，顶生或腋生；苞片漏斗状；花梗有关节；花两性，花被4深裂；雄蕊5，不伸出花被外；花柱2，宿存，果时伸长，硬化，顶端反卷成弯钩状，宿存。瘦果卵形，双凸镜状。

约3种，分布于亚洲和北美洲。我国1种2变种；浙江1种1变种，温州也有。

■ 1. 金线草 图1

Antenoron filiforme (Thunb.) Roberty et Vautier

多年生直立草本，高50~100cm。茎被糙伏毛，节部膨大。单叶，互生，叶片椭圆形或倒卵形，长6~15cm，宽4~8.5cm，顶端短渐尖或急尖，基部楔形，全缘，两面均被糙伏毛；叶柄长1~1.5cm，被糙伏毛；托叶鞘筒状，膜质，顶端截形，具短缘毛。总状花序呈稀疏瘦长的穗状，顶生或腋生；苞片斜漏斗状，具缘毛；花被4深裂，红色，裂片卵形；雄蕊5，内藏；花柱2，果时伸长，硬化，顶端呈钩状，宿存，伸出花被之外。瘦果双凸镜状，褐色，有光泽，长约3mm，包于宿存花被内。花期7~8月，果期9~10月。

本市各地常见，生于山坡林下阴湿处、山谷路旁及沟谷溪边。

图1 金线草

1a. 短毛金线草 图2

Antenoron filiforme var. **neofiliforme** (Nakai) A. J. Li
[*Antenoron neofiliforme* (Nakai) Hara]

本变种与原种的主要区别在于：叶片两面疏生短糙伏毛或近无毛。

本市各地常见，生境与原种相同。

图2 短毛金线草

2. 荞麦属 Fagopyrum Mill.

一年生或多年生直立草本。单叶，互生，叶片三角形、心形、宽卵形或箭形，全缘；托叶鞘膜质，偏斜，无缘毛。花两性，花序总状或伞房状；花被5裂，果时不增大；雄蕊8，外轮5，内轮3；花柱3，柱头头状。瘦果三棱形，伸出宿存花被外达1~2倍。

约15种，分布于亚洲及欧洲。我国10种；浙江2种，温州也有。

图3 金荞麦

■ 1. 金荞麦 野荞麦 图3

Fagopyrum dibotrys (D. Don) Hara

多年生直立草本，高 50~150cm。根显著木质化。茎具细纵棱，分枝常被乳头状凸起。叶片阔三角形或卵状三角形，长 5~8cm，宽 4~10cm，顶端渐尖，基部心状戟形，边缘及两面脉上具乳头状凸起；叶柄长可达 10cm；托叶鞘筒状，膜质，长 5~10mm，偏斜，顶端截形，无缘毛。花序伞房状，常由 2~4 个总状花序组成，顶生或腋生；花被白色，5 深裂，裂片长圆形，长约 2.5mm；雄蕊 8；花柱 3。瘦果卵状三棱形，褐色，长 6~8mm，比宿存花被长。花期 7~9 月，果期 8~10 月。

见于本市各地，生于山坡荒地、沟旁及旷野路边。

块根可供药用。国家 II 级重点保护野生植物。

■ 2. 荞麦

Fagopyrum esculentum Moench

一年生直立草本，高30~100cm。多分枝。根不木质化。叶片三角形或卵状三角形，长2.5~8cm，宽2~6cm，顶端渐尖，基部心形，两面脉上及边缘具乳头状凸起；下部叶具长柄，上部叶近无柄；托叶鞘筒状，膜质，长约4mm，顶端偏斜，无缘毛，易破裂脱落。花序总状，通常极少分枝，顶生或腋生；花被5深裂，白色或淡红色，裂片长圆形或卵形，长3~4mm；雄蕊8；花柱3。瘦果卵形，具3锐棱，褐色，长6~7mm，比宿存花被长。花期5~9月，果期7~11月。

见于永嘉，栽培或逸生于荒地、路边。

种子富含淀粉，可供食用；为蜜源植物；全草亦可作药用。

与金荞麦 *Fagopyrum dibotrys* (D. Don) Hara 的主要区别在于：本种为一年生草本；根不木质化；花序总状，常不分枝。而金荞麦为多年生草本；根显著木质化；花序伞房状，常由2~4个总状花序组成。

3. 何首乌属 **Fallopia** Adans.

一年生或多年生草本，稀半灌木。茎缠绕。叶互生，具叶柄；托叶鞘筒状，顶端截形或偏斜。花序总状或圆锥状，顶生或腋生；花两性，花被 5 深裂，外面 3 裂片具翅或龙骨状凸起，果时增大，稀无翅、无龙骨状凸起；雄蕊通常 8；花柱 3，柱头头状。瘦果具 3 棱，包于宿存花被内。

约 20 种，主要分布于北半球温带地区。我国 8 种；浙江 2 种；温州 1 种。

图4 何首乌

■ 何首乌 图4

Fallopia multiflora (Thunb.) Harald. [*Polygonum multiflorum* Thunb.]

多年生草本。块根肥厚，长椭圆形，黑褐色。茎缠绕或蔓生，下部木质化，多分枝，具纵棱，无毛。叶互生，叶片卵状心形，长3~7cm，宽2~5cm，顶端渐尖，基部心形，两面无毛，边缘全缘；叶柄长1.5~3cm，基部常扭曲；托叶鞘膜质，偏斜，无毛，长3~5mm。分枝开展的花序圆锥状，顶生或腋生，长10~20cm；花序梗具细纵棱，沿棱密被小凸起；花梗下部具关节，果时远伸出苞片外；花被白色或淡绿色，5深裂，裂片大小不等，外面3枚较大，背部具翅并于果时增大，花被果时外形近圆形，直径6~7mm；雄蕊8；花柱3，极短，柱头头状。瘦果卵形，具3棱，长约3mm，黑褐色，有光泽，包于宿存花被内。花期8~9月，果期9~10月。

本市各地常见，生于路旁灌丛、山坡林下、山野石隙及住宅旁断墙残垣之间。

块根入药，药材名“何首乌”，为滋补强壮剂；茎藤药材名“夜交藤”，可治失眠。

4. 蓼属 Polygonum Linn.

一年生或多年生草本，稀半灌木。茎直立、匍匐或缠绕，节部常膨大。单叶，互生，叶片全缘，稀分裂；托叶鞘筒状，膜质或草质，顶端偏斜或截形，有或无缘毛。花序总状、穗状、头状或圆锥状，顶生或腋生，稀簇生于叶腋；花两性，稀单性；花被片通常5，稀4，花瓣状而宿存；雄蕊通常8，稀4~7；花柱2或3，柱头头状。瘦果三棱形或双凸镜形，包于宿存花被内或稍露出。

约230种，广布于全球，主要分布于北温带。我国113种；浙江32种6变种；温州26种2变种。

分种检索表

1. 花单生或数花簇生于叶腋；叶柄基部具关节；托叶鞘顶端撕裂。
  2. 雄蕊5；瘦果长2mm以下，平滑，有光泽；花梗中部具关节；托叶鞘无明显纵脉纹 ………… **17. 习见蓼 P. plebeium**
  2. 雄蕊8；瘦果长2mm以上，密被由小点组成的细条纹，无光泽；花梗顶部具关节；托叶鞘有明显纵脉纹 ………… **1. 萹蓄 P. aviculare**
1. 花序总状、穗形总状、穗状、头状或圆锥状；叶柄基部无关节；托叶鞘顶端不撕裂。
  3. 茎、叶柄具倒生皮刺。
    4. 托叶鞘叶状或上部具草质绿色环边。
      5. 叶柄盾状着生；花被果时增大呈肉质 ………… **15. 杠板归 P. perfoliatum**

5. 叶柄非盾状着生；花被果时不增大，不为肉质。
6. 叶片三角形或三角状戟形，基部戟形或近心形，中央裂片三角形，其和两侧裂片之间无明显下陷凹口……………………………………………………………………………………………**22.刺蓼P.senticosum**
6. 叶片戟形，基部戟形或截形，中央裂片卵形，其和两侧裂片之间有明显下陷凹口……………………………………………………………………………………………………**24.戟叶蓼P.thunbergii**
4. 托叶鞘不为叶状，上部亦无草质绿色环边。
7. 托叶鞘顶端偏斜，无缘毛或具短缘毛。
8. 花序头状；苞片椭圆形，不包围花序轴；花被5深裂……………………………**21.箭叶蓼P.sagittatum**
8. 花序圆锥状，分枝疏散；苞片漏斗状，包围花序轴。
9. 植株具星状毛；花被5深裂；叶片卵状椭圆形或戟形，基部戟状心形或箭形 ……**4.稀花蓼 P. dissitiflorum**
9. 植株无星状毛；花被4深裂；叶片披针形或狭长圆形，基部戟形或箭形，两侧具2开展耳片…………………………………………………………………………………………**19.疏花蓼P.praetermissum**
7. 托叶鞘顶端截形，具缘毛。
10.花梗明显比苞片长；总状花序呈短穗状，花序梗二歧状分片…………………**5.戟叶箭蓼P.hastato-sagittatum**
10.花梗比苞片短；花序圆锥状，分枝较多而开展………………………………**12.小花蓼P.muricatum**
3. 茎、叶柄无倒生皮刺。
11. 花序头状（头状蓼组）。
12. 叶片狭披针形，宽不超过1cm；花序单独顶生，下无叶状总苞；花梗细长，伸出苞片外……………………………………………………………………………………**3.蓼子草P.criopolitanum**
12. 叶片卵形、三角状卵形或卵状长圆形，宽通常1cm以上；花序数个，排成各种形式，若为单生，则下有叶状总苞；花梗短，常不伸出苞片外。
13. 多年生草本，有时基部近木质；叶片基部截形或宽楔形，无翅柄 ………………………**2.火炭母 P. chinense**
13. 一年生草本；叶片基部渐狭成翅柄，多少耳状抱茎……………………………**13.尼泊尔蓼P.nepalense**
11. 总状花序呈穗状（蓼组）。
14.多年生草本……………………………………………………………………………**7.蚕茧草P.japonicum**
14. 一年生草本。
15. 花序梗被腺毛或腺体。
16. 花序梗疏被短腺毛。
17. 花序梗疏被短腺毛；茎、枝疏生柔毛或近无毛；瘦果双凸镜状，稀具3棱……………………………………………………………………………………………**16.春蓼P.persicaria**
17. 花序梗、茎及枝密被短腺毛和开展长糙硬毛；瘦果具3棱 ………………………**26.黏毛蓼 P. viscosum**
16. 花序梗被腺体。
18. 花被4深裂，稀5深裂；瘦果两面微凹……………………………………**10.酸模叶蓼P.lapathifolium**
18. 花被5深裂；瘦果具3棱……………………………………………………………**25.黏液蓼P.viscoferum**
15. 花序梗无腺毛和腺体。
19. 托叶鞘上部通常具草质绿色环边；叶片宽4~12cm ……………………………………**14.红蓼 P. orientale**
19. 托叶鞘上部无草质绿色环边；叶片宽不超过4cm。
20. 花被具腺点。
21. 茎无毛；叶嚼之有辛辣味，两面无毛；瘦果双凸镜状或三棱形 …………**6.辣蓼 P. hydropiper**
21. 茎被短硬伏毛；叶嚼之无辛辣味，两面被短伏毛；瘦果三棱形 ……**20.伏毛蓼 P. pubescens**
20. 花被无腺点。
22. 花序细弱，全部间断或下部间断。
23. 托叶鞘缘毛长3~5mm；瘦果双凸镜状或具3棱；花序全部间断，由数个再组成圆锥状 ………………………………………………………………………………**23.细叶蓼P.taquetii**
23. 托叶鞘缘毛长5~8mm；瘦果具3棱；花序通常下部间断。
24. 叶片披针形、卵状披针形或长圆状披针形，顶端急尖或渐尖，不呈尾状；植株具明显主干………………………………………………………………………**11.长鬃蓼P.longisetum**
24. 叶片卵形或卵状披针形，顶端具尾尖；植株常自基部开始分枝，无明显主干…………………………………………………………………………………**18.丛枝蓼P.posumbu**

22. 花序紧密，不间断。
25. 叶片线状披针形或狭披针形，宽4~8mm；瘦果长1~1.5mm……………………………… **9. 柔茎蓼 P. kawagoeanum**
25. 叶片披针形、椭圆状披针形或卵状，宽1~2.5cm；瘦果长2~2.5mm。
26. 托叶鞘长5~10mm，缘毛长5~10mm；花梗长4~6mm，远伸出苞片外；瘦果具3棱…… **8. 愉悦蓼 P. jucundum**
26. 托叶鞘长 1~2cm，缘毛长0.4~3mm；花梗长2.5~3mm，稍伸出苞片外；瘦果双凸镜状，稀具3棱……… **16. 春蓼 P. persicaria**

■ 1. 萹蓄 图5

Polygonum aviculare Linn.

一年生草本。茎平卧、上升或直立，高10~40cm，自基部多分枝，具纵棱。叶片长椭圆形或长圆状倒披针形，长 1~4cm，宽 3~12mm，顶端钝圆或急尖，基部楔形，两面无毛，下面侧脉明显；叶柄短或近无柄，基部具关节；托叶鞘膜质，下部褐色，上部白色，顶端撕裂，纵脉纹明显。花单生或数枚簇生于叶腋；花梗顶部具关节；花绿色，边缘白色或淡红色；花被 5 深裂，裂片长圆形，长 2~3mm；雄蕊 8；花柱 3。瘦果卵形，具 3 棱，黑褐色，密被由小点组成的细条纹，无光泽，长2.5~3mm，近等长或稍长于宿存花被。花期 5~7 月，果期 6~8 月。

本市各地常见，生于路旁、田边及沟边湿地，常成片丛生。

全草药用，有通经利尿之效。

图5 萹蓄

■ 2. 火炭母 图6

Polygonum chinense Linn.

多年生草本，有时基部近木质。茎匍匐至直立，高 30~80cm。单叶，互生，叶片卵形、三角状卵形或卵状长圆形，变异大，长 2.5~10cm，宽 1~5cm，顶端短渐尖，基部截形或宽楔形，全缘，两面无毛；叶柄长 0.5~1.5cm，通常基部具 2 早落性叶耳；托叶鞘膜质，顶端偏斜，无缘毛。花序头状，通常数个排成圆锥状或伞房状；花序梗被腺毛；花被白色或淡红色，5 深裂，裂片果时增大，呈肉质，蓝黑色；雄蕊 8；花柱 3。瘦果宽卵形，具 3 棱，长3~4mm，黑色，包于肉质增大的花被内。花期 7~9 月，果期 8~10 月。

图6 火炭母

本市各地常见，生于山坡路旁、溪边石缝间及山谷湿地。

根状茎药用，有清热解毒、散瘀消肿之效。

本种形态变异较大，其地上茎有时全部匍匐，有时基部匍匐而上部上升，有时完全直立，有时甚至半攀援状；另外，其叶片有时具倒“V”字形斑纹，有时则无。

■ 3. 蓼子草 图7

Polygonum criopolitanum Hance

一年生草本。茎平卧，自基部分枝，丛生，节上生根，高 10~15cm，被长毛，上部并夹杂有腺毛。单叶，互生，叶片狭披针形，长 0.8~3.5cm，宽 3~8mm，顶端急尖或渐尖，基部楔形，两面被糙伏毛，边缘具缘毛及腺毛；叶柄极短或近无柄；托叶鞘膜质，密被糙伏毛，顶端截形，具长缘毛。花序头状，顶生；花序梗密被腺毛；花梗伸出苞片外，密被腺毛，顶部具关节；花被淡紫红色，长 3~4mm，5 深裂；雄蕊 5；花柱 2，中上部合生。瘦果双凸镜状，有光泽，长约 2.5mm，包于宿存花被内。花期 7~11 月，果期 9~12 月。

见于永嘉、瓯海、瑞安、泰顺，生于稻田边、河滩沙地及沟边湿地。

图7 蓼子草

图8 稀花蓼

4. 稀花蓼 图8

Polygonum dissitiflorum Hemsl.

一年生草本。高30~100cm。茎直立或下部平卧，具分枝，有时被稀疏倒生短皮刺，茎、叶、叶柄、花序梗及花梗均被星状毛。叶片卵状椭圆形或戟形，长4~12cm，宽3~7cm，顶端渐尖，基部戟状心形或箭形，边缘具短缘毛，两面疏被刺毛，下面沿脉毛较密；叶柄长2~5cm，通常具星状毛及倒生皮刺；托叶鞘膜质，长0.6~1.5cm，偏斜，无缘毛或具短缘毛。花序圆锥状，顶生或腋生；花稀疏，间断；花序梗细，紫红色，密被紫红色腺毛；苞片漏斗状，包围花序轴；花被淡红色，5深裂，花被片长约3mm；雄蕊8；花柱3，中下部合生。瘦果近球形，顶端微具3棱，暗褐色，长约3.5mm，包于宿存花被内。花期6~8月，果期7~9月。

见于瑞安、泰顺，生于溪旁、林下阴湿处。

5. 戟叶箭蓼 长箭叶蓼 图9

Polygonum hastato-sagittatum Makino

一年生草本。茎高35~90cm，直立或下部近平卧，具纵棱，沿棱疏生不明显小钩刺或近平滑。单叶，互生，叶片卵状披针形或椭圆状披针形，长2~9cm，宽0.8~4cm，顶端急尖或近渐尖，基部截形或微凹，两面无毛，下面沿中脉具小倒生皮刺，边缘密生小刺毛或无毛；叶柄具倒生皮刺；托叶鞘筒状，膜质，长1~2cm，顶端截形，具长为2~3mm的缘毛。总状花序呈短穗状，长1~2cm；花序梗二歧状分枝，密被短柔毛及腺毛；花梗远伸出苞片外，被腺毛；花被淡红色，长3~4mm，5深裂；雄蕊5~8；花柱3。瘦果卵形，具3棱，暗褐色，有光泽，长3~4mm，包于宿存花被内。花期8~9月，果期9~10月。

见于永嘉、瑞安、平阳、泰顺，生于沟边、水边、沼泽地及林下。

图9 戟叶箭蓼

图 10 辣蓼

6. 辣蓼 水蓼 图 10

Polygonum hydropiper Linn.

一年生草本。茎直立，高 15~70cm，多分枝，无毛，节明显膨大。叶片嚼之有辛辣味，披针形或椭圆状披针形，长 3~8cm，宽 0.5~2.5cm，顶端渐尖，基部楔形，两面无毛，密被腺点，有时沿中脉具短硬伏毛；叶柄长 3~8mm；托叶鞘膜质，筒状，褐色，通常内藏有花簇，长 0.6~1.5cm，疏生短硬伏毛，顶端截形，具 2~5mm 之短缘毛。总状花序呈穗状，顶生或腋生，长 3~8cm，通常下垂，花稀疏，下部间断；花梗伸出苞片外；花被下部绿色，上部白色或淡红色，明显被腺点，通常 5 深裂，稀 4 裂；雄蕊 6，稀 8，比花被短；花柱 2~3。瘦果卵形，双凸镜状或具 3 棱，密被小点，黑褐色，无光泽，长 2~3mm，包于宿存花被内。花期 5~9 月，果期 6~10 月。

本市各地常见，生于河滩、水沟边及湿地中。

全草入药，有消肿解毒、利尿、止痢之效。

7. 蚕茧草

Polygonum japonicum Meisn. [*Polygonum macranthum* Meisn.]

多年生草本。具长而横走的根状茎。茎直立，高 50~100cm，带红褐色，通常无毛，节部膨大。叶互生，叶片披针形或长圆状披针形，叶质厚，近薄革质，长 6~15cm，宽 1~2.5cm，顶端渐尖，基部楔形，两面被短硬伏毛及细小腺点，或上面之全部或近缘处被短伏毛，下面仅沿脉有短伏毛，叶缘具刺状缘毛；叶柄短或近无柄；托叶鞘筒状，膜质，长 1~2.5cm，外面被硬伏毛，顶端截形，具长 0.5~1.2cm 的缘毛。总状花序呈穗状，长 6~12cm，顶生，通常数个再集成圆锥状；花被白色或淡红色，5 深裂，长 3~4mm，无腺点或腺点不明显；不同植株上的花有雌、雄蕊异长之两型，有些植株雄蕊 8，长于花被；花柱 2~3，中下部合生，内藏；有些植株雄蕊短于花被内藏而花柱外露。瘦果卵形，具 3 棱或双凸镜状，黑色，有光泽，长 2.5~3mm，包于宿存花被内。花期 8~10 月，果期 9~11 月。

见于洞头、瑞安、平阳（南麂列岛）、泰顺，生于沼泽地、塘边、沟旁、路边湿地、水边及山谷草地。

8. 愉悦蓼 图 11

Polygonum jucundum Meisn.

一年生草本。高 50~100cm。茎直立，基部近平卧，多分枝，无毛。叶片椭圆状披针形或卵状，长 3~8cm，宽 1~2.5cm，两面近无毛或疏被伏毛，先端渐尖或短尖，基部楔形，边缘全缘，具短缘毛；

图 11 愉悦蓼

叶柄长 3~6mm；托叶鞘膜质，筒状，长 5~10mm，疏被伏毛或无毛，顶端截形，缘毛长 5~10mm。总状花序呈穗状，顶生或腋生，长 2~6cm，花排列紧密；苞片斜漏斗状，长约 2.5mm，具短缘毛；花梗长 4~6mm，远伸出苞片外；花被粉红色，5 深裂，长 2~3mm；雄蕊 8；花柱 3，下部合生。瘦果卵形，具 3 棱，黑色，有光泽，长约 2.5mm，包于宿存花被内。花期 8~9 月，果期 9~11 月。

见于瑞安、瓯海、泰顺，生于河岸旁、沟边及湿地路旁。

9. 柔茎蓼 图 12

Polygonum kawagoeanum Makino [*Polygonum tenellum* Bl. var. *micranthum* (Meisn.) C. Y. Wu]

一年生草本。茎细弱，高 20~50cm，通常自基部分枝，无毛。叶片线状披针形或狭披针形，长 3~6cm，宽 4~8mm，顶端急尖，基部通常圆形，两面疏被短柔毛或近无毛，中脉被硬伏毛，边缘具短缘毛；叶柄极短或近无柄；托叶鞘筒状，膜质，长 8~10mm，外面被稀疏的硬伏毛，顶端缘毛长 2~4mm。总状花序呈穗状，直立，长 2~3cm，顶生或腋生，花排列紧密；花被淡玫瑰红色，5 深裂，裂片长 1~1.5mm；雄蕊 5~6；花柱 2。瘦果卵形，双凸镜状，长 1~1.5mm，黑色，有光泽，包于宿存花被内。花期 5~9 月，果期 6~10 月。

见于平阳（山门），生于田边湿地或山谷溪边。温州分布新记录种。

10. 酸模叶蓼 图 13

Polygonum lapathifolium Linn.

一年生草本。茎直立，高 35~120cm，多分枝，无毛，常散生暗红色斑点，节部膨大。叶互生，叶片披针形或椭圆状披针形，长 3~15cm，宽 0.5~4.5cm，先端渐尖或急尖，基部楔形，上面常有新月形斑纹，两面中脉及边缘有硬毛，其余部分无毛或上面疏被短伏毛，下面有腺点；叶柄被伏毛；托叶鞘膜质，筒状，长 1~3cm，纵脉纹明显，无毛或微有疏细短毛，顶端截形，无缘毛。总状花序呈穗状，顶生或腋生，近直立，花紧密，通常数个再组成圆锥状；花序梗被腺体；花被白色或淡红色，通常 4 深裂，偶 5 裂，外面 2 裂片较大；雄蕊通常 6；花柱 2。瘦果圆卵形，扁平，两面微凹，黑褐色，有光泽，长 2~3mm，包于宿存花被内。花期 6~8 月，果期 7~9 月。

本市各地常见，生于田边、路旁、水边、荒地或沟边湿地。

图 12　柔茎蓼

图 13　酸模叶蓼

10a. 绵毛酸模叶蓼 图 14

Polygonum lapathifolium var. **salicifolium** Sibth.

本变种与原种的主要区别在于：是叶片下面密生白色绵毛。

本市各地常见，生境与原种的相同。

杨继和汪劲武（1991）对酸模叶蓼 *Polygonum lapathifolium* Linn.的变异式样进行系统研究后发现，叶片背面是否被绵毛这一特征不是十分稳定，甚至在同一植株上存在着叶背光滑无毛、被毛较少和密被绵毛的情况，建议取消变种绵毛酸模叶蓼，本志书暂不做此处理。

图 14　绵毛酸模叶蓼

11. 长鬃蓼　马蓼　图 15

Polygonum longisetum De Br.

一年生草本。茎直立或基部有时近平卧，自基部分枝，高 20~60cm。叶片披针形、卵状披针形或长圆状披针形，长 3~6(~9)cm，宽 1~2cm，顶端急尖或渐尖，基部楔形，上面近无毛，下面沿叶脉具短伏毛，边缘具缘毛；叶柄短或近无柄；托叶鞘筒状，膜质，长 5~10mm，疏生柔毛，顶端截形，具长为 5~8mm 的缘毛。穗状的总状花序顶生或腋生，下部间断，长 2~4cm；苞片斜漏斗状，无毛，边缘具长缘毛；花梗与苞片近等长；花被淡红色或紫红色，5 深裂，裂片长 1.5~3mm；雄蕊 6~8；花柱 3，中下

图 15　长鬃蓼

部合生。瘦果三棱状，黑色，有光泽，长约2mm，包于宿存花被内。花期6~8，果期7~9月。

本市各地常见，生于路旁、湿地。

杨继和汪劲武（1992）对丛枝蓼 *Polygonum posumbu* Buch.-Ham. ex D. Don 和长鬃蓼 *Polygonum longisetum* De Br. 的形态学变异式样进行研究后建议将长鬃蓼降级作为丛枝蓼的变种，本志书暂不做此处理。

12. 小花蓼 图16

Polygonum muricatum Meisn.

一年生草本。茎高可达1 m，基部近平卧，节上生根，上部直立披散，多分枝，具纵棱，无毛或棱上有极稀疏的倒生短皮刺。单叶，互生，叶片卵形或长圆状卵形，长2~8cm，宽1.5~3cm，顶端短渐尖或急尖，基部截形或微心形，两面无毛，下面沿中脉具倒生小刺，边缘密生小刺毛；叶柄疏被倒生短皮刺；托叶鞘筒状，膜质，长1~2cm，无毛，顶端截形，具缘毛。花序圆锥状，分枝较多而开展；花序梗密被短柔毛及腺毛；花梗比苞片短；花被淡红色至紫红色，长约2.5mm，5深裂；雄蕊通常6~8；花柱3。瘦果卵形，具3棱，黄褐色，平滑，有光泽，长2~2.5mm，包于宿存花被内。花期7~8月，果期9~10月。

见于永嘉、瓯海、龙湾、瑞安、文成、平阳、苍南、泰顺，生于溪旁、水沟边、湿地。温州分布新记录种。

13. 尼泊尔蓼 图17

Polygonum nepalense Meisn.

一年生草本。茎外倾或直立，自基部多分枝，高10~40cm，无毛或有时上部茎节的上段疏生腺毛。叶片卵形或三角状卵形，大小在不同植株差异较大，长1.5~5cm，宽1~4cm，顶端渐尖或急尖，基部楔形或圆形，沿叶柄下延成翅或耳垂形抱茎，两面均有粒状细点，下面被黄色透明腺点；叶柄长1~3cm，或近无柄而抱茎；托叶鞘筒状，长5~10mm，膜质，淡褐色，顶端斜截形，无缘毛，基部具刺毛。花序头状，顶生或腋生，基部常具1叶状总苞片；花序梗细长，上部具腺毛；花梗短于苞片；花被白色或淡紫红色，长2~3mm，，通常4裂；雄蕊5~6；花柱2，下部合生。瘦果双凸镜状，熟时黑褐色，有线纹及凹点，无光泽，长约2mm，包于宿存花被内。花期5~8月，果期7~10月。

本市各地常见，生于沟边、山坡草地、山谷路旁。

图16 小花蓼

图 17　尼泊尔蓼

14. 红蓼　荭草　图 18

Polygonum orientale Linn.

一年生草本。茎粗壮，直立，高 1~2cm，上部多分枝，密被开展的长柔毛。叶片宽卵形或卵状椭圆形，长 7~20cm，宽 4~12cm，顶端渐尖，基部圆形或微心形，稀宽楔形，微下延，边缘全缘，密生缘毛，两面密被短柔毛，叶脉密被较长之长柔毛；叶柄长 2~10cm，具长柔毛；托叶鞘膜质，筒状，长 1~2cm，被长柔毛，上部通常具草质绿色环边。总状花序呈穗状，顶生或腋生，长 3~7cm，花紧密，微下垂，通常数个再组成圆锥状；花被淡红色，5 深裂；雄蕊 7；花盘明显；花柱 2，中下部合生。瘦果近圆形，扁平，两面微凹，黑褐色，有光泽，长 3~3.5mm，包于宿存花被内。花期 6~9 月，果期 8~10 月。

见于乐清、永嘉、瓯海、洞头、文成、平阳、泰顺，生于村边路旁或沟边湿地。

果实入药，名为“水红花子”，有活血、消肿、止痛、利尿之效。

图 18　红蓼

图 19 杠板归

15. 杠板归 图 19

Polygonum perfoliatum Linn.

一年生蔓性草本。茎、叶柄及叶片下面脉上具倒生皮刺。单叶，互生，叶片三角形，长 3~7cm，宽 2~5cm，顶端钝或微尖，基部截形或微心形；叶柄盾状着生于叶片的近基部；托叶鞘贯茎，草质，绿色，叶状，近圆形，直径 1.5~3cm。穗状的短总状花序单一，顶生或生于上部叶腋，长 1~3cm；花被白色或淡红色，5 深裂，裂片长圆形，长约 3mm，果时增大呈肉质，渐变为淡紫红色至蓝色；雄蕊 8；花柱 3。瘦果球形，黑色，有光泽，直径约 3mm，包于宿存花被内。花期 6~8 月，果期 7~10 月。

本市各地常见，生于荒地、田边、沟边及路旁。全草入药。

16. 春蓼

Polygonum persicaria Linn.

一年生草本。茎直立或上升，高 20~80cm。单叶，互生，叶片披针形或长圆状披针形，长 3.5~15cm，宽 1~2.5cm，顶端渐尖或急尖，基部狭楔形，两面常有伏毛，叶缘及主脉密生硬刺毛，上面近中部常有暗斑；叶柄长 3~8mm，被硬伏毛；托叶鞘筒状，膜质，长 1~2cm，疏生柔毛，顶端截形，缘毛长 1~3mm。总状花序呈穗状，顶生或腋生，较紧密，长 2~8cm，通常数个再集成圆锥状；花序梗具腺毛或无毛；花梗长 2.5~3mm，稍伸出苞片外；花被紫红色或白色，通常 5 深裂，裂片果时脉明显；雄蕊 6~7；花柱 2，偶 3。瘦果近圆形或卵形，双凸镜状，稀具 3 棱，黑褐色，有光泽，长 2~2.5mm，包于宿存花被内。花期 6~9 月，果期 7~10 月。

见于永嘉、瑞安、文成、平阳、苍南、泰顺，生于沟边湿地、林缘。

16a. 暗果春蓼 图 20

Polygonum persicaria var. **opacum** (Sam.) A. J. Li [*Polygonum opacum* Sam.]

本变种与原种的主要区别在于：托叶鞘的缘毛较短，长 0.4~1mm；瘦果无光泽。

见于永嘉、鹿城、瓯海、瑞安、平阳、苍南，生于田边、路旁湿地。温州分布新记录种。

17. 习见蓼 图 21

Polygonum plebeium R. Br.

一年生草本。茎平卧，基部常多分枝，长 10~40cm。单叶，互生，叶片狭椭圆形或倒卵状披针形，长 5~20mm，宽 2~4mm，顶端钝或急尖，基部渐狭，两面无毛，侧脉不明显；叶柄极短或近无柄，基部具关节；托叶鞘膜质，白色，透明，顶端撕裂，纵脉纹不明显。花白色或淡红色，数花簇生于叶腋；花梗中部具关节；花被 5 深裂，裂片长椭圆形；雄蕊 5，比花被短；花柱 3，稀 2，极短。瘦果宽卵形，具 3 锐棱，稀双凸镜状，黑褐色，平滑，有光泽，长 1.5~2mm，包于宿存花被内。花期 5~8 月，果期 6~9 月。

见于泰顺，生于田边、路旁、水边湿地及向阳山坡。

图20　暗果春蓼

图21　习见蓼

18. 丛枝蓼　图22

Polygonum posumbu Buch.-Ham. ex D. Don

一年生草本。茎细弱，高20~70cm，无毛，下部多分枝，外倾。叶片卵形或卵状披针形，长2~9cm，宽1~3cm，顶端尾状渐尖，基部楔形，两面被硬伏毛或近无毛，边缘具缘毛；叶柄长3~6mm；托叶鞘筒状，膜质，长4~8mm，疏被硬伏毛，顶端截形，常具较筒部为长之缘毛。总状花序呈穗状，细弱，花稀疏，下部常间断，长3~8cm；花被淡红色，5深裂，裂片长2~2.5mm；雄蕊8；花柱3，下部合生。瘦果卵形，具3棱，黑褐色，有光泽，长2~2.5mm，包于宿存花被内。花期6~9月，果期7~10月。

本市各地常见，生于山坡林下、沟边。

19. 疏花蓼

Polygonum praetermissum Hook. f.

一年生草本。茎高30~80cm，下部仰卧，节上生根，上部近直立或上升，有分枝，具稀疏的倒

图22　丛枝蓼

生皮刺。单叶，互生，叶片披针形或狭长圆形，长3~7cm，宽0.5~1.5cm，先端钝或近急尖，基部箭形或耳状戟形，两侧各有1耳片，两面无毛，下面沿中脉具短皮刺，边缘具缘毛；叶柄短或近无柄；托叶鞘筒状，膜质，长1~1.5cm，具纵脉纹，近光滑，顶端偏斜，无缘毛。总状花序呈穗状，花排列稀疏，下部间断；花序梗二歧状分枝，被腺毛；苞片漏斗状，包围花序轴，每苞内具2~5花；花梗伸出苞片外；花被白色，后变为淡红色或红色，长约3mm，4深裂；雄蕊4或5，比花被短；花柱3，中下部合生。瘦果近球形，顶端微具3棱，黑褐色，无光泽，长约3mm，包于宿存花被内。花期6~8月，果期7~9月。

见于永嘉（楠溪江），生于水沟边。温州分布新记录种。

20. 伏毛蓼 无辣蓼 图23

Polygonum pubescens Bl.

一年生草本。茎直立，高50~80cm，带红色，疏生短硬伏毛，中上部多分枝，节部明显膨大。叶互生，嚼之无辛辣味，叶片卵状披针形或长圆状披针形，长3~9cm，宽1~2.5cm，顶端渐尖或急尖，基部楔形，上面绿色，近中部有暗斑，两面密被短硬伏毛，边缘具缘毛；叶柄长4~7mm，密生硬伏毛；托叶鞘膜质，筒状，长6~13mm，具硬伏毛，顶端截形，具长3~8mm的缘毛。总状花序呈穗状，顶生或腋生，花稀疏，长7~15cm，上部下垂，下部间断；花被下部绿色，上部红色，有明显腺点，5深裂；雄蕊8；花柱3，中下部合生。瘦果卵形，具3棱，黑色，密生小凹点，无光泽，长2~3mm，包于宿存花被内。花期8~9月，果期8~10月。

全市各地常见，生于沟边、水旁及田边湿地。

21. 箭叶蓼 图24

Polygonum sagittatum Linn. [*Polygonum sieboldii* Meisn.]

一年生草本。茎高20~40cm，基部外倾，上部近直立，有分枝，四棱形，沿棱具倒生皮刺。单叶，互生，叶片长卵状披针形或长圆形，长2.5~8cm，宽1~3cm，顶端急尖，基部箭形，上面绿色，下面稍带粉白色，两面无毛，下面沿中脉具倒生短皮刺，无缘毛；叶柄长可达2cm，向上渐短至近无柄，具倒生皮刺；托叶鞘膜质，偏斜，无缘毛，长0.5~1.2cm。花序头状，通常成对，顶生或腋生；花序梗疏生短皮刺；花梗短于苞片；花被白色或淡紫红色，长约3mm，5深裂；雄蕊8，短于花被；花柱3，中下部合生。瘦果宽卵形，具3棱，黑色，无光泽，长约2.5mm，包于宿存花被内。花期6~9月，果期8~10月。

见于永嘉、瓯海、文成、平阳、泰顺，生于河岸旁、沟旁、水边及路边湿地。

全草供药用，有清热解毒、止痒功效。

22. 刺蓼 图25

Polygonum senticosum (Meisn.) Franch. et Sav.

一年生草本。茎纤弱蔓生，长1~2 m，多分枝，四棱形，沿棱具倒生皮刺。单叶，互生，叶片三角形或三角状戟形，长3~8cm，宽2~7cm，顶端急尖

图23 伏毛蓼

图24 箭叶蓼

或渐尖，基部戟形或微心形，两面被短柔毛，下面中脉及边缘具小刺；叶柄长2~7cm，具倒生皮刺；托叶鞘下部膜质，筒状，上部具草质绿色肾圆形翅。头状花序顶生或腋生，花序梗密被短柔毛，下部疏生小钩刺，上部兼有短腺毛；花梗比苞片短；花被淡红色，5深裂，裂片长圆形，长3~4mm；雄蕊8，比花被短；花柱3，中下部合生。瘦果近球形，微具3棱，黑褐色，无光泽，长2.5~3mm，包于宿存花被内。花期6~7月，果期7~9月。

本市各地常见，生于山坡、山谷、林下及路旁草丛。

23. 细叶蓼

Polygonum taquetii Lévl.

一年生草本。茎纤弱，高25~60cm，基部常伏卧，节上生根，下部多分枝，无毛。叶片线状披针形或狭披针形，长2~5cm，宽3~6mm，顶端渐尖或急尖，基部楔形，两面有粒状细点，无毛或疏被短柔毛，仅下面脉上具伏毛，边缘具细缘毛；叶柄极短或近无柄；托叶鞘筒状，膜质，长5~6mm，疏生柔毛，顶端截形，缘毛长3~5mm。总状花序呈穗状，顶生或腋生，长3~10cm，细弱间断而下垂，通常数个再组成圆锥状；花梗伸出苞片外；花被淡红色，5深裂；雄蕊7；花柱2~3，中下部合生。瘦果卵形，双凸镜状或具3棱，褐色，有光泽，长1.2~1.5mm，包于宿存花被内。花期8~9月，果期9~10月。

见于瑞安、苍南、泰顺（司前），生于沟边、水边及湿地中。

24. 戟叶蓼 图26

Polygonum thunbergii Sieb. et Zucc.

一年生草本。茎高30~90cm，基部伏卧，节部生根，上部直立或上升，具纵棱，沿棱具倒生皮刺。单叶，互生，叶片戟形，长3~8cm，宽2~5cm，两面疏生刺毛，偶有稀疏的星状毛，边缘具短缘毛，

图25 刺蓼

中部裂片卵形或宽卵形，下部两侧常缢缩，和两侧裂片之间有明显下陷凹口，侧生裂片较小，卵形；叶柄被倒生皮刺，通常具狭翅；托叶鞘膜质，斜筒状，长5~8mm，顶端有短缘毛，近枝端之托叶鞘上部常具草质绿色肾圆形环边。花序头状，顶生或腋生；花序梗具腺毛及短柔毛；花被淡红色或白色，5深裂，裂片长圆形，长3~5mm；雄蕊8；花柱3，中部以下合生。瘦果具3棱，黄褐色，无光泽，长3~4mm，包于宿存花被内。花期7~9月，果期8~10月。

见于永嘉、乐清、瓯海、龙湾、瑞安、文成、平阳、泰顺，生于溪沟边、湿地。温州分布新记录种。

25. 黏液蓼

Polygonum viscoferum Makino

一年生草本。茎直立，高30~70cm，被有伏贴或斜上的长柔毛，上部节间及总花梗能分泌黏液。叶片披针形或狭披针形，长3~10cm，宽0.5~1.3cm，顶端渐尖，基部圆形或楔形，边缘具长缘毛，两面疏生糙硬毛，中脉上的毛较密；叶柄极短或近无柄；托叶鞘筒状，膜质，长6~15mm，具长伏毛，顶端截形，具长0.5~1cm的长缘毛。总状花序呈穗状，纤弱细长，长3~6cm，通常数个再组成圆锥状，花稀疏或密生，下部间断；花序梗无毛，疏生分泌黏液的腺体；花梗比苞片长；花被淡绿色、白色或淡红色，5裂；雄蕊7~8，比花被短；花柱3，中下部合生。瘦果三棱状，黑褐色，有光泽，长约1.5mm，包于宿存花被内。花期7~9月，果期8~10月。

见于永嘉、文成、泰顺，生于路旁湿地、山谷水边、山坡阴处。

图26　戟叶蓼

图 27　黏毛蓼

■ 26. 黏毛蓼　香蓼　图 27

Polygonum viscosum Buch.-Ham. ex D. Don

一年生草本，高 20~90cm。茎直立或上升，多分枝，和叶、花序梗及苞片均密被开展长糙硬毛及短腺毛。叶片卵状披针形或椭圆状披针形，长 3~7cm，宽 1~2.5cm，顶端渐尖或急尖，基部楔形，沿叶柄下延，边缘密生短缘毛；托叶鞘膜质，筒状，长 0.5~1cm，密生短腺毛及长糙硬毛，顶端截形，具缘毛。总状花序呈穗状，顶生或腋生，长 1~3cm，花紧密；花梗略伸出或不伸出苞片外；花被鲜红色，5 深裂，花被片长约 3mm；雄蕊 8；花柱 3。瘦果具 3 棱，黑褐色，有光泽，长约 2.5mm。花期 7~9 月，果期 8~10 月。

见于龙湾、泰顺，生于沟边、溪旁湿地。

5. 虎杖属 Reynoutria Houtt.

多年生草本。茎直立，中空。叶互生，叶片全缘，具叶柄；托叶鞘膜质，偏斜，早落。花序圆锥状，腋生；花单性，雌雄异株；花被 5 深裂；雄蕊 6~8；花柱 3，柱头流苏状；雌花花被片外面 3 枚果时增大，背部具翅。瘦果卵形，具 3 棱。

约 2 种，分布于亚洲。我国 1 种，浙江和温州也有。

■ 虎杖　图 28

Reynoutria japonica Houtt. [*Polygonum cuspidata* Sieb. et Zucc.]

多年生灌木状草本。根状茎横走；茎直立，高 1~2 m，空心，具明显纵棱，具小凸起，无毛，散生红色或紫红斑点。叶片宽卵形或卵状椭圆形，长 5~12cm，宽 4~9cm，近革质，顶端渐尖，基部宽楔形、截形或近圆形，边缘全缘，疏生小凸起，两面无毛，沿叶脉具小凸起；叶柄长 1~2cm，具小凸起；托叶鞘褐色，常破裂而早落。花单性，雌雄异株；圆锥花序腋生，长 3~8cm；花梗远伸出苞片外，中下部具关节；花被白色或淡绿白色，5 深裂；雄花花被裂片中脉明显，无翅，雄蕊 8，长于花被；雌花花被外面 3 枚背部具翅，果时翅扩展下延，花柱 3，柱头流苏状。瘦果卵形，具 3 棱，长 4~5mm，黑褐色，有光泽，包于宿存花被内。花期 8~9 月，果期 9~10 月。

本市各地常见，生于山坡灌丛、山谷溪边、路旁及田边湿地。

根茎药用，有活血、散瘀等功效。

图28 虎杖

6. 酸模属 Rumex Linn.

一或多年生草本。茎直立，常具沟棱。叶基生及茎生，茎生叶互生；托叶鞘膜质，易破裂而早落。花两性，稀单性，通常多花至数花簇生于叶腋内或在节上成假轮生状，再由此等密集的花束组成总状花序或圆锥花序；花被片6，外面3枚果时不增大，内面3枚果时增大，边缘全缘，或具齿或针刺；雄蕊6；花柱3，柱头流苏状。瘦果具3棱，通常包藏于增大的内轮花被片内。

约200种，广布于北温带和南温带。我国27种；浙江7种；温州4种。

分种检索表

1. 多年生草本；花单性，雌雄异株；雌花内轮花被片果时边缘全缘 ………… **1.酸模 R. acetosa**
1. 一二或多年生草本；花两性；内轮花被片果时边缘具小齿或针状刺。
   2. 多年生草本；内轮花被片果时边缘具不整齐的长为0.3~0.5mm的小齿 ………… **3.羊蹄 R. japonicus**
   2. 一二年生草本；内轮花被片果时边缘具长1.5~2mm或3~4mm的刺。
      3. 茎下部叶片基部圆形或近心形；内轮花被片果时边缘具3~4对长1.5~2mm的刺齿 ………… **2齿果酸模 R. dentatus**
      3. 茎下部叶片基部楔形；内轮花被片果时边缘具1对长3~4mm的针状刺 ………… **4.长刺酸模 R. trisetifer**

■ 1. 酸模 图29

Rumex acetosa Linn.

多年生直立草本。高40~100cm。茎通常不分枝。基生叶和茎下部叶的叶片箭形，长3~12cm，宽2~4cm，顶端尖或钝，基部裂片急尖，全缘或微波状；叶柄长2~10cm；茎上部叶较小，近无柄；托叶鞘膜质，易破裂。花序顶生，狭圆锥状；花单性，雌雄异株；花梗中部具关节；花被片6，成2轮；雄花外花被片较小，内花被片椭圆形，长约3mm，雄蕊6；雌花外花被片椭圆形，反折，内花被片果时增大，近圆形，直径3.5~4.5mm，全缘，基部心形，具网纹，背面基部具极小的小瘤，花柱3。瘦果椭圆形，具3锐棱，黑褐色，有光泽，长约2mm。花期5~7月，果期6~8月。

本市各地常见，生于山坡、林缘、沟边、路旁。

全草药用，有凉血、解毒之效；嫩茎、叶可食用及作饲料用。

■ 2. 齿果酸模 图30

Rumex dentatus Linn.

一年生直立草本。高30~100cm。茎自基部分枝，具纵沟棱。茎下部的叶片长圆形或长椭圆形，长4~8cm，宽1.5~3cm，顶端钝或急尖，基部圆形或近心形，全缘或略呈波状，茎上部叶较小；叶柄长2~5cm；托叶鞘筒状，膜质，易破裂。花多数簇生，近轮状排列，再排成顶生或腋生的圆锥花序；花两性，黄绿色；花梗中下部具关节；花被片6，外轮3枚小，椭圆形，长约2mm，内轮3枚果时增大，长卵形，长3.5~5mm，宽2~2.5mm，网纹明显，于背面均具小瘤，边缘每侧具3~4枚长1.5~2mm的针状刺；雄蕊6；花柱3。瘦果卵形，具3锐棱，褐色，有光泽，长约2.5mm。花期5~6月，果期6~7月。

见于乐清、永嘉、鹿城、洞头、瑞安、泰顺，生于路旁及沟边湿地。

丁炳扬 摄

图29 酸模

丁炳扬 摄

图30 齿果酸模

3. 羊蹄 图31

Rumex japonicus Houtt.

多年生直立草本。高35~120cm。茎通常不分枝，具纵沟棱。基生叶具长柄，叶片卵状长圆形至狭长椭圆形，长8~25cm，宽3~10cm，顶端略钝，基部圆形或心形，边缘微波状；茎生的上部叶片较小而狭，基部楔形；托叶鞘膜质，易破裂。花轮生，密集成狭长圆锥花序；花两性；花梗中下部具关节；花被片6，淡绿色，外轮3枚小，内轮3枚果时增大，宽心形，长4~5mm，宽4.5~6mm，网脉明显，边缘具不整齐的小齿，齿长0.3~0.5mm，背面具小瘤；雄蕊6；花柱3。瘦果宽卵形，具3锐棱，暗褐色，有光泽，长约2.5mm。花期5~6月，果期6~7月。

本市各地常见，生于山坡林边、田边路旁、河滩、沟边湿地。

根入药，可清热凉血，亦有小毒，不宜大量服用。

图31 羊蹄

■ 4. 长刺酸模 图 32

Rumex trisetifer Stokes

一或二年生草本，高 30~60cm。茎下部叶长圆形或披针状长圆形，长 8~20cm，宽 2~5cm，顶端急尖，基部楔形，边缘波状；茎上部的叶较小，狭披针形；叶柄长 1~5cm；托叶鞘膜质早落。花序总状，顶生和腋生，具叶，再组成大型圆锥状花序；花两性；花被片 6，2 轮，黄绿色，外花被片披针形，较小，内花被片果时增大，狭三角状卵形，长 3~4mm，宽 1.5~2mm（不包括针刺），顶端狭窄，急尖，基部截形，全部具小瘤，边缘每侧具 1 长 3~4mm 的针刺。瘦果椭圆形，具 3 锐棱，长 1.5~2mm，黄褐色，有光泽。花果期 5~7 月。

见于平阳（怀溪），生于较潮湿处。温州分布新记录种。

丁炳扬 摄

丁炳扬 摄

丁炳扬 摄

图 32 长刺酸模

20. 藜科 Chenopodiaceae

草本或灌木。叶互生，稀对生；单叶，扁平或圆柱状及半圆柱状，稀退化为鳞片状，常为肉质；无托叶。花小，两性、单性或杂性；通常有小苞片；单被花，花被片 5，稀 1~4，分离或基部连合，草质、膜质或稍肉质，极少无花被；雄蕊与花被片同数而对生；雌蕊由 2 心皮组成，子房上位，1 室，胚珠 1，花柱顶生，柱头 2，稀 3~5。胞果，果皮膜质或革质。种子 1，有外胚乳，或无胚乳。

约 100 余属 1400 余种，遍布于全球，大多生于荒漠、盐碱地及海岸沙滩上。我国 42 属约 190 种，主要分布在西北、内蒙古及东北各地区；浙江 5 属 16 种；温州 3 属 8 种 1 亚种。

分属检索表

1. 胚环形或半环形；叶为较宽阔的平面叶，有叶柄。
    2. 植物体无柔毛，常被粉，如具腺毛则植株有强烈气味；花被果时无翅状附属物 ……………… **1. 藜属 Chenopodium**
    2. 植物体有柔毛；花被果时生有翅状附属物 …………………………………………………………………… **2. 地肤属 Kochia**
1. 胚螺旋状；叶圆柱状或半圆柱状，无明显的叶柄 ………………………………………………………………… **3. 碱蓬属 Suaeda**

1. 藜属 Chenopodium Linn.

草本，有时基部木质化。全株被粉粒或腺状毛，稀无毛。叶互生，叶片通常扁平，长圆形或卵形。花小；通常数花聚集成团伞花序（花簇），并再排列成腋生或顶生的穗状、圆锥状或聚伞状的花序；花被片 5，绿色，背面中央略肥厚或具隆脊，果时无变化或稍有增大；雄蕊5，与花被片对生；花柱不明显。胞果卵形或扁球形，果皮薄膜质，不开裂。种子横生，稀斜生或直立；外种皮硬脆或革质状，有光泽。

约 170 种，世界广布。我国 15 种，主产于北部地区；浙江 7 种；温州 4 种 1 亚种。

分种检索表

1. 全株多有腺毛；叶下面具黄褐色腺点，揉搓叶片发出强烈香味 ………………………………… **3. 土荆芥 C. ambrosioides**
1. 全株无腺毛或有粉粒；叶下面无腺点，揉搓后无气味。
    2. 叶片全缘或近基部有不明显的侧裂片 ……………………………… **1. 狭叶尖头叶藜 C. acuminatum** subsp. **virgatum**
    2. 叶缘有牙齿、锯齿或浅裂。
        3. 茎通常由基部分枝，平卧或斜上；叶片小而肥厚，中脉显著；花被片 3~4 …………………… **5. 灰绿藜 C. glaucum**
        3. 茎直立；叶较大，非肉质；花被片 5。
            4. 植株高 20~60cm；中下部的叶片卵状长圆形，3 浅裂，中裂片较长，两侧的边缘几乎平行；种子表面具蜂状网纹 …………………………………………………………………………………………… **4. 小藜 C. ficifolium**
            4. 植株高 50~150cm；中下部叶片菱状卵形或卵状三角形，非三裂状；种子表面具浅沟纹 ……… **2. 藜 C. album**

■ 1. 狭叶尖头叶藜　圆叶藜　图 33

Chenopodium acuminatum Willd. subsp. **virgatum** (Thunb.) Kitam. [*Chenopodium virgatum* Thunb.]

一年生草本。高 20~80cm。茎直立，具条棱及绿色条纹，有时带紫红色，多分枝。叶片狭卵形，长圆形乃至披针形，长 0.8~3cm，宽 0.5~1.5cm，基部楔形；叶柄长 1.5~2.5cm。花两性，簇于枝上部排列成紧密或有间断的穗状花序或圆锥花序；花序轴具圆柱状白色或褐色的毛束；花被片 5，宽卵形，边缘膜质，果时背面大多增厚并彼此合成五角星状；雄蕊 5，花丝极短，花药黄色。胞果扁圆形，包于宿存花被内。种子黑色，有光泽。

见于瑞安（北麂列岛）、平阳（南麂列岛），生于海滨沙滩、河滩沙碱地。

图 33　狭叶尖头叶藜

■ 2. 藜　白藜　图 34

Chenopodium album Linn. [*Chenopodium album* var. *centrorubrum* Makino]

一年生草本，高达 150cm。茎直立，粗壮，具条棱及绿色或紫红色条纹，多分枝。叶片三角状卵形或宽披针形，长 3~7cm，宽 2~5cm，先端急尖或微钝，基部楔形至宽楔形，边缘具不整齐锯齿或全缘，两面被白色粉粒，尤以下面和幼时为多；叶柄与叶片等长或较短。花两性，黄绿色；花簇于枝上部组成圆锥状花序；花被片 5；雄蕊 5，伸出于花被外；柱头 2，线形。胞果全部包于宿存花被内。种子双凸镜状，黑色，有光泽。花期 6~9 月，果期 8~10 月。

本市各地均有分布，生于荒地、低山坡林缘、田间、路边及村旁，分散或成片生长，为很难清除的杂草。

可作饲料或蔬菜；全草供药用，但有毒。

图 34　藜

图35 土荆芥

3. 土荆芥 图35

Chenopodium ambrosioides Linn.

草本。高达100cm，有强烈的芳香气味。茎直立，多分枝，有棱，被腺毛或近无毛。叶长圆状披针形或披针形，长达15cm，宽达5cm，先端急尖或渐尖，基部渐狭具短柄，边缘具不整齐的大锯齿，上部叶较狭小而近全缘。花两性及雌性，通常3~5花簇生于苞腋，而组成穗状花序；花被片5，稀3，卵形，绿色；雄蕊5；子房表面具黄色腺点，柱头3，丝状，伸出花被外。胞果扁球形。种子黑或红褐色，有光泽。花果期6~10月。

原产于热带美洲，本市各地有归化，生于村旁、旷野及路边。

全草供药用。

4. 小藜 图36

Chenopodium ficifolium Smith

一年生草本。高达60cm。茎直立，分枝，具条棱及绿色条纹，幼时具白粉粒。叶片较薄，卵状长圆形，长2~5cm，宽1~3cm；中下部叶片通常3浅裂，中裂片较长，两侧边缘近平行，先端钝或急尖，边缘具深波状锯齿，侧裂片位于中部以下，通常具备2浅裂齿；上部叶片渐小，叶柄纤细，长1~3cm。花两性；花簇生，排列为穗状或圆锥状花序，顶生或腋生；花被片5，宽卵形；雄蕊5，开花时外伸；柱头2，线形。胞果包于花被内。种子双凸镜状，直径约1mm，黑色，有光泽。花期6~8月，果期8~9月。

图36 小藜

图 37　灰绿藜

见于乐清、龙湾、洞头、瑞安、苍南、泰顺，为普通田间杂草。

全草药用。

5. 灰绿藜　图 37

Chenopodium glaucum Linn. [*Blitum glaucum* (Linn.) Koch]

一年生草本。高达 40cm。茎通常由基部分枝，具条棱和紫红色或绿色条纹。叶片长圆状卵形至卵状披针形，长 2~4cm，宽 0.5~2cm，肥厚，先端急尖或钝，基部渐狭，边缘具缺刻状牙齿，上面绿色，中脉明显。花两性或兼有雌性；花簇腋生，呈短穗状，或为顶生有间断的穗状花序；花被片 3~4，浅绿色，稍肥厚；雄蕊 1~2。胞果顶端露出于花被外；果皮薄膜质，黄白色。种子扁球形，暗褐色或红褐色。花期 5~9 月，果期 8~10 月。

见于乐清、瑞安沿海及其岛屿，生于盐碱地、江河边、田野及村旁。

2. 地肤属　**Kochia** Roth

一年生草本，稀为亚灌木，常被具节柔毛，稀无毛。茎常多分枝。叶互生，叶片线形、长圆形或披针形；无柄或几无柄。花小，两性，或兼有雌性，无梗，单生或 2~3 花簇生于叶腋，无小苞片；花被近球形，草质，通常有毛，花被片 5，内曲，基部连合，果时背面各具 1 膜质横翅状附属物；雄蕊 5，着生于花被基部，花丝扁，花药宽长圆形，外伸；子房宽卵形，花柱纤细，柱头 2~3，丝状。胞果扁球形，包于革质花被内；果皮膜质，不与种子贴生。种子横生，扁圆形。

15 种，广布于全球的温带地区。我国 7 种，主产于北部各地区；浙江 1 种，温州也有。

■ **地肤** 图 38

Kochia scoparia (Linn.) Schrad.[*Chenopodium scoparia* Linn.]

一年生草本。高达1m。茎直立，圆柱状，具条棱，淡绿色或带紫红色，分枝稀疏，斜上，幼时有短柔毛。叶片披针形或线状披针形，长3~7cm，宽3~10mm，先端短渐尖，基部渐狭，常具3主脉；茎上部叶较小，无柄，具1脉。花两性或雌性，1~3花生于叶腋，排成穗状圆锥花序；花被片淡绿色；翅状附属物三角形至倒卵形，膜质，边缘微波状；雄蕊5。胞果扁球形，包于花被内。种子卵形，黑褐色，稍有光泽。花期6~9月，果期8~10月。

见于永嘉、鹿城、洞头、平阳、文成、泰顺，生于宅旁、荒野、路边及海滨。

果实供药用。

图 38　地肤

3. 碱蓬属 **Suaeda** Forsk. ex Scop.

草本、半灌木或灌木。茎通常无毛，少有粉。叶互生，肉质，叶片半圆柱形；常无柄。花小，两性，或兼有雌性；单生或 2 至数花簇生，生于叶腋或腋生于短枝上；具苞片和小苞片；花被近球形或坛状，5 裂，稍肉质或草质，裂片呈兜状，果时常增厚成肉质或海绵质，具翅状、角状或龙骨状凸起；雄蕊 5，花丝短，扁平。胞果包于花被内；果皮膜质，与种皮分离。

约 100 余种，分布于世界各地，生于海滨、荒漠及盐碱土地区。我国有 20 种 2 变种，主产于新疆及北方各地区；浙江 4 种；温州 3 种。

分种检索表

1. 花簇生于叶片近基部，其总花梗与叶柄合并成短枝状（外观似花簇着生在叶柄上），花被果时呈五角状 …………………… **2. 碱蓬 S. glauca**

1. 花簇生于叶腋，无总花梗。

　2. 小灌木；茎下部分枝；叶基部有关节 …………………… **1. 南方碱蓬 S. australis**

　2. 一年生草本；茎上部多分枝，细瘦；叶基部无关节 …………………… **3. 盐地碱蓬 S. salsa**

■ **1. 南方碱蓬** 图 39

Suaeda australis (R. Br.) Moq. [*Chenopodium australe* R. Br.]

小灌木。高达 50cm。茎基部多分枝，斜升或直立，下部常生有不定根，灰褐色至淡黄色，通常有明显的残留叶痕。叶片线形至线状长圆形，半圆柱状，稍弯，肉质，长 1~3cm，宽 2~3mm，先端急尖或钝，基部渐狭；枝上部的叶较短，狭卵形。花两性，花簇腋生，无总花梗；花被 5 深裂，绿色或带紫红色，裂片卵状长圆形，果时增厚，有时上部呈兜状，不具附属物；雄蕊 5；柱头 2，近锥形，直立。胞果扁圆形；果皮膜质，易与种子分离。种子双凸镜状，黑褐色，有光泽。花果期 8~11 月。

见于乐清、龙湾、苍南，生于海滩沙地、盐田堤埂等处，常成群生或与盐地碱蓬 *Suaeda salsa* (Linn.) Pall. 混生。

图 39　南方碱蓬

2. 碱蓬　图 40

Suaeda glauca (Bunge) Bunge [*Schoberia glauca* Bunge]

一年生草本。高30~100cm。茎直立，圆柱状，浅绿色，具细条棱，上部多细长分枝，上升或斜升。叶片丝状线形，半圆柱状，肉质，长1.5~5cm，宽约1.5mm，灰绿色，光滑，通常稍向上弯曲。花两性，兼有雌性，单生或2~5花簇生于叶腋的短柄（总花梗）上，通常与叶具共同的柄；两性花花被杯状，黄绿色；雌花花被近球形，较肥厚，灰绿色，花被裂片卵状三角形，果时增厚，呈五角星状；雄蕊5；柱头2，稍外弯。胞果扁球形，包于花被内。种子双凸镜形，黑色。花果期7~9月。

见于乐清、龙湾、瑞安、平阳，生于海滨的堤岸、荒地、盐田旁等含盐碱的土壤上。

为我国盐碱土指示植物。

3. 盐地碱蓬　翅碱蓬　图 41

Suaeda salsa (Linn.) Pall. [*Suaeda heteroptera* Kitag.; *Chenopodium salsum* Linn.]

一年生草本。高达80cm，植株绿色或晚秋变紫红色。茎直立，圆柱状，黄褐色，有微条棱，分枝多集中于茎的上部，细瘦。叶片线形，半圆柱状，肉质，长1~3cm，宽1~2mm，先端尖或微钝，无柄，枝上部的叶较短。花两性或兼有雌性；花簇通常含3~5花，腋生，无总花梗，在分枝上排列成有间断的穗状花序；花被5深裂，半球形，稍肉质；雄蕊5；柱头2，黑褐色，有乳头凸起。胞果包于花被内，成熟后常破裂而露出种子。种子双凸镜形或歪卵形，黑色，有光泽。花期8~9月，果期9~10月。

见于乐清、龙湾、洞头、瑞安、平阳，生于海滨盐碱土上，在海滩、堤岸及盐田旁湿地常形成单种群落，有时与碱蓬 *Suaeda glauca* (Bunge) Bunge 或南方碱蓬 *Suaeda australis* (R. Br.) Moq. 混生。

图40 碱蓬

图41 盐地碱蓬

存疑种

■ 猪毛菜

Salsola collina Pall.

《南麂列岛自然保护区综合考察文集》有记载，未见标本；且《浙江植物志》和《中国植物志》均未记载浙江有分布，有待进一步确认。

21. 苋科 Amaranthaceae

一年生或多年生草本，少数为攀援藤本或灌木。单叶，互生或对生，无托叶。花小，两性、单性或杂性；花单生或簇生于叶腋内，排列成穗状花序、头状花序或圆锥花序；苞片和2小苞片干膜质；花被片3~5，干膜质，常宿存；雄蕊常和花被片同数且对生，花药2室或1室；有或无退化雄蕊；心皮2~3，合生，子房上位，1室，花柱短或长，柱头头状或2~3裂。果实为胞果，果皮薄膜质，稀为浆果状或小坚果。种子扁球形或近肾形。

约70属900种，广布于热带和温带地区。我国15属约44种，南北均产；浙江5属19种1变种；温州4属16种1变种。

本科植物不少种类可供药用；有些供蔬食；有些供观赏。

分属检索表

1. 叶互生。
   2. 子房含2至多数胚珠；花丝下部连合成杯状 ………… **4. 青葙属 Celosia**
   2. 子房含1胚珠；花丝离生 ………… **3. 苋属 Amaranthus**
1. 叶对生。
   3. 花组成有或无总花梗的头状花序 ………… **2. 莲子草属 Alternanthera**
   3. 花组成细长的穗状花序，花开放后反折并贴近花序轴 ………… **1. 牛膝属 Achyranthes**

1. 牛膝属 Achyranthes Linn.

草本或半灌木。茎直立，四棱形，节膨大，枝对生。叶对生，全缘。花两性，排成顶生或腋生的穗状花序，花在开放后常反折而贴近花序轴；苞片及小苞片披针形或刺状，小苞片基部加厚，两侧各有1短膜质翅；花被片4~5，干膜质，中脉明显，先端具芒尖，花后变硬；雄蕊5，远短于花被片。胞果卵状长圆形或卵形，包于花被内，不开裂，和花被片及小苞片同脱落。种子长圆形，凸镜状。

约15种，分布于热带及亚热带地区。我国3种4变种，主要分布于南部各地区；浙江3种1变种，温州也有。

分种检索表

1. 叶片卵形、椭圆形或倒卵形；退化雄蕊顶端有缘毛或细齿。
   2. 叶片以倒卵形或长椭圆形为主；退化雄蕊顶端有流苏状长缘毛 ………… **1. 土牛膝 A. aspera**
   2. 叶片以卵形或椭圆形为主；退化雄蕊顶端平圆，有缺刻状细齿 ………… **2. 牛膝 A. bidentata**
1. 叶片披针形或宽披针形，狭长如柳叶；退化雄蕊方形，顶端有不明显牙齿 ………… **3. 柳叶牛膝 A. longifolia**

■ 1. 土牛膝

Achyranthes aspera Linn.

多年生草本。高30~100cm。茎四棱形，有分枝，被柔毛。叶片卵形、倒卵形成长椭圆形，长4~9cm，宽2.5~7cm，先端圆钝或急尖，具凸尖，基部楔形，两面密生贴伏柔毛。穗状花序顶生或生于茎上部的叶腋，直立，长10~30cm；花序轴密生柔毛；花绿色，开放后反折而贴近花序轴；苞片卵形，较花被片短，小苞片刺状，基部两侧各有1薄膜质翅；花被片5，披针形；雄蕊5，花丝基部合生；退化雄蕊顶端截平状，具流苏状长缘毛。胞果卵形。花期7~9月，果期9~10月。

见于瑞安、洞头、文成、泰顺，生于山坡林缘、路旁、沟边及村庄附近。

根供药用。

图 42 牛膝

2. 牛膝 图 42

Achyranthes bidentata Bl.

多年生草本。高 5~12cm。根圆柱形，土黄色。茎直立，常四棱形，节部膝状膨大，绿色或带紫色，几无毛。叶片卵形至椭圆形，长 5~12cm，宽 2~6cm，先端锐尖至长渐尖，基部楔形，两面贴生柔毛。穗状花序腋生或顶生，长 3~12cm；花序轴密生柔毛；花在后期反折；苞片宽卵形，小苞片刺状，基部两侧各有 1 卵形膜质的小裂片；花被片 5；雄蕊 5。胞果长圆形，长约 2mm，黄褐色。花期 7~9 月，果期 9~11 月。

本市各地常见，生于山坡疏林下、路旁阴湿处。

根供药用。

2a. 少毛牛膝

Achyranthes bidentata var. **japonica** Miq. [*Achyranthes japonica* (Miq.) Nakai]

本变种与原种的主要区别在于：根细瘦；叶片质薄，两面仅脉上具稀柔毛或无毛；穗状花序较长，通常为 7~15cm，花排列稀疏；花被片具 3 脉。花果期同原变种的。

见于乐清、瓯海、泰顺，多生长于山坡林下阴处。

根供药用。

3. 柳叶牛膝 长叶牛膝 图 43

Achyranthes longifolia (Makino) Makino [Achyranthes *bidentata* Bl. var. *longifolia* Makino]

多年生草本。高达100cm。茎多分枝，节稍膨大，疏生柔毛。叶片披针形或宽披针形，长 7~22cm，宽1.5~5.5cm，先端长渐尖，基部楔形，两面疏生短柔毛，绿色或紫红色。穗状花序顶生或腋生，长2.5~7cm；花序轴密生柔毛；花开放后开展或反折；苞片卵形，小苞片针状，基部两侧各有1耳状薄片；花被片5；雄蕊5，花丝基部合生；退化雄蕊方形，顶端有不明显牙齿。花果期8~11月。

见于乐清、永嘉、洞头、瑞安、文成、泰顺，生于阴湿的山坡疏林下、路边草丛中。

根供药用。

图 43 柳叶牛膝

2. 莲子草属 Alternanthera Forsk.

一年生或多年生草本。茎匍匐或直立，多分枝。叶对生，全缘。花小，白色，两性，集成腋生或顶生的头状花序；有或无总花梗；苞片及小苞片干膜质，宿存；花被片5，干膜质，常不等；雄蕊2~5，花丝基部连合成管状或杯状，花药1室；常有退化雄蕊；子房球形或卵形，1室，1胚珠，倒生，花柱短，柱头头状。胞果扁压，不裂，边缘翅状。种子凸镜状。

约200种，主要分布于热带和亚热带地区。我国5种；浙江4种；温州3种。

分种检索表

1. 头状花序小，直径3~6mm，无总花梗。
    2. 叶片椭圆状披针形或倒卵状长圆形，宽5~20mm；花被片长卵形，先端急尖，无毛 ……… **3. 莲子草 A. sessilis**
    2. 叶片线形或线状披针形，宽3~6mm；花被片长椭圆状披针形，先端渐尖，背面疏被长柔毛 ……… **1. 狭叶莲子草 A. nodiflora**
1. 头状花序较大，直径8~15mm，有长的总花梗 ……… **2. 喜旱莲子草 A. philoxeroides**

1. 狭叶莲子草 图44

Alternanthera nodiflora R. Br.

一年生草本。茎匍匐或上升，多分枝，长达50cm，节间有纵沟，沟内密生白色柔毛，节上具长柔毛。叶片线形或线状披针形，长2~5cm，宽3~6mm，先端急尖或圆钝，基部渐狭，边缘有不明显的锯齿。头状花序1~4个簇生于叶腋，无总花梗，直径3~6mm；苞片和小苞片长约1mm；花被片5，长椭圆状披针形，长2~2.5mm，先端渐尖，中脉细，背而基部疏生长柔毛；雄蕊3；退化雄蕊三角状钻形；花柱极短。胞果宽倒心形，长不及2mm，短于花被片，边缘有狭翅。花果期6~9月。

见于鹿城、文成、泰顺，生长于田野湿地。

图44 狭叶莲子草

2. 喜旱莲子草 革命草 空心莲子草 水花生 图45

Alternanthera philoxeroides (Mart.) Griseb.

多年生草本。茎基部匍匐，节上生细根，上部斜升，中空，节腋处具白色或锈色柔毛。叶片长圆形或倒卵状披针形，长2.5~5cm，宽0.7~2cm，先端急尖或圆钝，基部渐狭，全缘，上面有贴生毛，边缘有睫毛。头状花序单生于茎上部的叶腋，球形；总花梗长1~5cm；苞片和小苞片卵形或披针形，白色，具1脉；花被片长圆形，白色；雄蕊5；退化雄蕊5，线形，顶端裂成3~4窄条。花果期5~9月。

原产于南美洲，本市各地有归化，多生于池沼、湖港、水沟边或湿地。

本种生长繁殖快，适应性强，全草为很好的猪饲料；也可作绿肥；全草供药用。

3. 莲子草 图46

Alternanthera sessilis (Linn.) DC.

一年生草本。高10~50cm。茎匍匐或上升，多分枝，节间有纵沟，沟内有柔毛，节上密被白色长柔毛。叶片椭圆状披针形或倒卵状长圆形，长2.5~6.5cm，宽0.5~2cm，先端急尖或圆钝，基部渐狭成短柄，全缘或有不明显的锯齿，两面无毛或疏生柔毛。头状花序1~4个簇生于叶腋，无总花

梗，直径3~6mm；苞片和小苞片卵状披针形，长约1mm，白色；花被片5，长卵形，长约2mm，先端急尖，中脉粗；雄蕊3，花丝基部合生成杯状；退化雄蕊三角状钻形，全缘；花柱极短。胞果宽倒心形，侧扁，边缘有狭翅，深棕色。花期6~8月，果期8~10月。

见于本市各地，生于水沟、池边、田堤及海边潮湿处。

全草供药用；嫩叶可作野菜及饲料用。

图45　喜旱莲子草

图46　莲子草

3. 苋属 **Amaranthus** Linn.

一年生草本。叶互生，全缘，有柄。花单性或杂性，雌雄同株或异株，簇生于叶腋或组成穗状花序；每花有1苞片及2小苞片，干膜质，常为针刺状；花被片5或3，绿色、白色或淡红色，薄膜质，宿存；雄蕊通常与花被片同数，花丝离生，花药2室；无退化雄蕊。胞果卵球形或近球形。种子扁球形，凸镜状，通常黑色或褐色，平滑，有光泽。

约40种，分布于全球。我国14种，南北各地均有分布；浙江10种；温州9种。

分种检索表

1. 花被片 5；雄蕊 5；果实盖裂（环状横裂）。
  2. 叶腋有针刺 2；苞片常变成锐刺 ······ **7. 刺苋 A. spinosus**
  2. 叶腋无针刺；苞片不变成锐刺。
    3. 植株密被细柔毛，幼枝更甚。
      4. 圆锥花序的花穗细长（直径 5~7mm），绿色；花被片长圆状披针形；胞果超出宿存花被片。
        5. 顶生圆锥花序较大，由多数 (30~60) 花穗密集而成；小苞片长 2~4mm ······ **5. 大序绿穗苋 A. patulus**
        5. 顶生圆锥花序小，仅由数个花穗组成；小苞片长 4~6mm ······ **4.绿穗苋 A. hybridus**
      4. 圆锥花序的花穗较粗（直径 1~1.5cm），淡绿色或黄绿色；花被片倒卵状长圆形；胞果短于花被片 ······ **6. 反枝苋 A. retroflexus**
    3. 植株无毛或近无毛。
      6. 圆锥花序直立；苞片和花被片先端芒刺明显；胞果与宿存花被片等长 ······ **3. 繁穗苋 A. cruentus**
      6. 圆锥花序下垂，中央花穗尾状；苞片和花被片先端芒刺不明显；胞果超出花被片 ······ **2. 尾穗苋 A. caudatus**
1. 花被片 3；雄蕊 3；果实不裂或盖裂（环状横裂）。
  7. 叶片较大，长 4~12cm，颜色有多种；胞果盖裂，花穗较粗，直径 1~1.5cm ······ **8.苋 A. tricolor**
  7. 叶片较小，长 1.5~6cm，绿色；胞果小开裂，花穗或腋生花簇细小。
    8. 茎通常直立，稍分枝；花簇不为腋生；果皮皱缩 ······ **9.皱果苋 A. viridis**
    8. 茎通常匍匐上升，从基部分枝；花簇常为腋生；果皮近平滑 ······ **1.凹头苋 A. blitum**

1. 凹头苋　野苋　图 47

Amaranthus blitum Linn. [*Amaranthus lividus* Linn.; *Amaranthus ascendens* Loisel.]

一年生草本。全株无毛。茎匍匐上升，从基部分枝，淡绿色或紫红色。叶片卵形或菱状卵形，长1.5~4cm，宽1~2.5cm，先端凹缺，具1芒尖，基部宽楔形，全缘；叶柄略短于叶片。花簇腋生，直至下部叶腋，顶生者成直立穗状花序或圆锥花序；苞片和小苞片长圆形；花被片3，长圆形或披针形，先端急尖，黄绿色，雄蕊3；柱头3或2。胞果扁卵形，不裂；果皮略皱缩而近平滑，超出宿存花被片。种子扁球形，黑色，有光泽。花期6~8月，果期8~10月。

原产于美洲热带，本市各地有归化，生于田野、村旁草地。

全草药用。

2. 尾穗苋　老枪谷　图 48

Amaranthus caudatus Linn.

一年生草本。高达 1m 以上。茎直立，粗壮，具棱，淡绿色或带粉红色。叶片菱状卵形，长 5~12cm，宽

图 47　凹头苋

图 48 尾穗苋

图 49 繁穗苋

2~6cm，先端短渐尖或钝，具凸尖，基部楔形，稍不对称，全缘，绿色或粉红色，两面无毛或仅脉上有短柔毛；叶柄长 3~6cm。圆锥花序顶生，下垂，中间花穗特长，粗约 1cm，呈尾状；花单性，雄花和雌花混生于同一花簇。胞果卵圆形，长 3mm，上半部粉红色，超出宿存花被片，盖裂。种子扁球形，凸镜状，棕红色，具厚的周缘。花期 7~8 月，果期 9~10 月。

原产于美洲热带，本市鹿城、瑞安、泰顺、苍南有栽培或逸生。

主要供观赏；根可供药用。

3. 繁穗苋 老鸦谷 图 49

Amaranthus cruentus Linn [*Amaranthus paniculatus* Linn.]

一年生草本，高 1~2m。茎直立，具钝棱，几无毛。叶片卵状长圆形或卵状披针形，长 5~13cm，宽 3~6cm，先端急尖或圆钝，具小芒尖，基部楔形，全缘，两面无毛。圆锥花序由多数穗状花序组成，中间花穗较长，直立或稍下垂，其余花穗较开展，紫红色，有时黄绿色；苞片和小苞片披针状钻形，背部中脉凸出成长芒；花单性或杂性；雄蕊 5；柱头 3。胞果近椭圆形，通常与宿存花被片等长，盖裂。种子扁豆形，直径约 1mm，棕褐色，有光泽。花期 7~8 月，果期 9~10 月。

原产于中美洲，本市洞头、瑞安、平阳、泰顺等地有栽培或逸生。

嫩茎、叶可作蔬菜；栽培供观赏。

4. 绿穗苋 图 50

Amaranthus hybridus Linn.

本种与大序绿穗苋 *Amaranthus patulus* Bertol. 相似，其区别在于：高 30~50cm，茎单一或稍分枝；叶片长 3~4.5cm，宽 1.5~2.5cm；顶生圆锥花序简单，由数个穗状花序组成，中间花穗最长，通常长 4~8cm，直径 6~10mm；小苞片较长，约 4~6mm。

原产于美洲，本市永嘉、泰顺等地有归化，生长于海拔 400m 以下的路旁和荒地。

图 50　绿穗苋

■ 5. 大序绿穗苋　台湾苋　图 51

Amaranthus patulus Bertol. [*Amaranthus hybridus* Linn. var. *patulus* (Bertol.) Thell.]

一年生草本。高达 150cm。茎直立，从基部多分枝，绿色或暗紫红色，具棱，有细柔毛。叶片卵形或菱状卵形，长 4~11cm，宽 3~5cm，先端急尖或微凹，具凸尖，基部楔形，近全缘，上面浓绿色，近无毛，下面淡绿色。圆锥花序常绿色，有时紫红色，中间花穗最长，长 3~4cm，直径 5~7mm；花单性，雌雄同株，雄花多生于花穗上部；花被片 5，长圆状披针形，先端急尖，白色，膜质，中脉绿色；雄蕊 5；柱头 3。胞果卵球形，超出宿存花被片；果皮稍皱，盖裂。种子扁球形，凸镜状，黑色，有光泽。花期 7~8 月，果期 9~10 月。

原产于南美洲热带，本市乐清、永嘉、鹿城（七都）、瑞安、文成、苍南、泰顺有归化，生于海拔 600m 以下的荒地及路旁。

图 51　大序绿穗苋

6. 反枝苋 图 52

Amaranthus retroflexus Linn.

一年生草本。茎直立，高 30~70cm，有分枝，具钝棱，密被短柔毛。叶片菱状卵形或长圆形，长 5~8cm，宽 2.5~4cm，先端钝或微凹，具小凸尖，基部楔形，全缘或有波状缘。圆锥花序，淡绿色或黄绿色，由少数穗状花序组成，中央花穗最长，直立，粗 1~1.5cm，花序轴密被柔毛；苞片和小苞片卵状披针形，白色；花雌雄同株；花被片 5 或 4，匙形，先端圆钝或截形，具短凸尖，薄膜质，白色，中脉淡绿色；雄蕊与花被片同数。胞果卵球形，长约 2mm，包于宿存花被片内，盖裂。种子近球形，黑色。花期 6~8 月，果期 8~9 月。

原产于美洲，本市洞头、平阳、文成、泰顺等地有归化，生长于草地路旁。

图 52 反枝苋

7. 刺苋 野刺苋菜 图 53

Amaranthus spinosus Linn.

一年生草本。高达 100cm。茎直立，多分枝，绿色或紫红色，幼时被毛。叶片菱状卵形或卵状披针形，长 3~8cm，宽 1.5~4cm，先端钝或稍凹入面有小芒刺，基部渐狭，全缘，无毛或幼时沿叶脉稍有柔毛；叶柄长 1.5~6cm，无毛，基部两侧有硬刺 1 对，长 8~15mm。花单性，雄花集成顶生圆锥状花序；雌花簇生于叶腋或穗状花序的下部；苞片狭披针形，常变成尖刺状；花被片 5，黄绿色，与苞片等长或稍长；雄蕊 5；柱头 2~3。胞果长圆形，长 1~1.2mm，盖裂。种子扁球形，黑色或棕褐色，有光泽。花果期 6~10 月。

原产于美洲，全市各地有归化，生于田野、荒地、屋旁和路边，为常见的杂草。

嫩茎、叶可作野菜及饲料用；根、茎、叶供药用。

图 53 刺苋

图 54 皱果苋

■ 8. 苋 苋菜 雁来红 三色苋

Amaranthus tricolor Linn. [*Amaranthus manqostanus* Linn.; *Amaranthus gangetieus* Linn.]

一年生草本。高达 150cm。茎绿色或紫红色。叶片卵状椭圆形、菱状卵形或披针形，长 4~12cm，宽 2~6cm，绿色、紫红色或绿色杂有紫红色斑痕，先端钝圆或凹，具凸尖，基部楔形，全缘，无毛；叶柄长 2~6cm，绿色或红色。花密集成球形花簇，直径 1~1.5cm，腋生或排成顶生穗状花序；雄花和雌花混生。胞果卵状长圆形，盖裂，包于宿存花被片内。种子近圆形，黑色或黑棕色，有光泽。花期 6~8 月，果期 7~9 月。

原产于印度，本市各地有分布，有栽培或逸生。

嫩茎、叶作蔬菜食用；叶杂有各种颜色者可供观赏。

■ 9. 皱果苋 绿苋 野苋 图 54

Amaranthus viridis Linn.

一年生草本。高 30~80cm，全株无毛。茎直立，梢分枝。叶片卵形、三角状卵形或卵状椭圆形，长 3~7cm，宽 2~5cm，先端凹缺，少数圆钝，具芒尖，基部楔形或近截形，全缘或略呈波状，两面绿色或带紫红色，上面常有“V”字形灰白色斑；叶柄细弱，与叶片近等长。花簇小，排成穗状花序或再集成顶生圆锥花序，中央花穗细长，直立；花被片 3，比苞片长，内曲，先端急尖，中脉绿色；雄蕊 3，比花被片短；柱头 3 或 2。胞果倒卵圆形，不裂，绿色；果皮极皱宿，超出宿存花被片。花期 6~8 月，果期 8~10 月。

原产于热带美洲，本市永嘉、鹿城、瓯海、洞头、瑞安、文成、苍南、泰顺等地有归化，多生于田野、村旁杂草地。

全草供药用。

4. 青葙属 Celosia Linn.

一年生草本。叶互生。花两性，成顶生或腋生的密穗状花序或再排成圆锥状；总花梗有时扁化；每花有 1 苞片和 2 小苞片，着色，干膜质；花被片 5，着色，干膜质，光亮，宿存；雄蕊 5，花丝下部合生成杯状，花药 2 室；无退化雄蕊；子房卵形或近球形，胚珠 2 至多数，花柱 1，细长。胞果盖裂。种子黑色，有光泽。

约 60 种，分布于亚洲、非洲和美洲的热带和温带地区。我国 3 种；浙江 2 种；温州 1 种。

丁炳扬 摄

■ **青葙** 野鸡冠花 图55

Celosia argentea Linn.

一年生草本。高30~100cm。全株无毛。茎直立，有或无分枝。叶片披针形至长圆状披针形，长5~8cm，宽1~3cm，先端急尖或渐尖，基部渐狭成柄，全缘。花多数，密集成顶生穗状花序，长3~10cm，花初开时淡红色，后变白色；苞片和小苞片披针形，长3~4mm；花被片5，长圆状披针形；花丝基部合生成杯状，花药紫色；子房卵形，胚珠数枚，花柱紫红色。胞果卵形，长3~3.5mm，包在宿存的花被片内。种子扁球形，黑色，有光泽。花期6~9月，果期8~10月。

原产于印度，本市各地有归化，生于田间、山坡、荒地上。

旱地杂草；种子供药用。

丁炳扬 摄

图55 青葙

22. 紫茉莉科 Nyctaginaceae

草本、灌木或乔木。单叶，对生或互生，全缘；无托叶。花两性，稀单性，单被；常为聚伞花序；常具连合或分离的苞片，苞片花萼状，有时带有鲜艳的颜色；花被合生，呈花瓣状，花被筒钟状、管状或高脚碟状，顶端3~5裂；雄蕊1至多数，花丝分离或基部合生；子房上位，1心皮，1室，1胚珠。果实为瘦果，具棱或翅，常为宿存花萼的基部所包围。

约30属300多种，主要分布于美洲热带和亚热带地区。我国6属13种；浙江野生2属2种，温州均有。

1. 黄细心属 **Boerhavia** Linn.

草本。茎直立或平卧。叶对生，常不等，全缘或波状，具柄。花小，两性，聚伞圆锥花序；花被合生，上半部钟状，下半部管状，在子房之上缢缩；上位子房。果小，倒卵状陀螺形或棍棒状。

约40种，广布于热带、亚热带。中国4种；浙江1种，仅见于温州。

■ 匍匐黄细心 图56

Boerhavia repens Linn.

蔓性草本。长可达50cm。根肉质化。茎匍匐，缺腺体或被短柔毛。叶背苍白色，叶基部圆形到楔形，全缘，先端圆或渐尖；叶柄长1cm。花序腋生，2~5花成聚伞花序，花梗1mm；花被白色、粉红色或淡紫色；雄蕊1~3。瘦果棍棒状，直径3~3.5mm，5棱，稀疏被微柔毛，有时具无柄腺体。花期夏秋。

见于苍南（七星岛），生于山坡草丛。

图56 匍匐黄细心

2. 紫茉莉属 **Mirabilis** Linn.

多年生草本。根肥厚，圆锥状。叶对生。花两性，单生或数花簇生于枝端，每花基部具一5裂绿色萼状的总苞；花被有各种颜色，筒状，在子房之上稍收缩，缘部5裂，花瓣状；雄蕊3~6，与花被等长或外伸，花丝不等长，基部合生。瘦果，球形或倒卵状球形，具棱。

约50种，主要分布于美洲热带地区。我国1种，浙江及温州也有。

本属与黄细心属*Boerhavia* Linn.的主要区别在于：花为1至数花簇生，果实球形或倒卵状球形，无黏腺；而黄细心属为聚伞圆锥花序，果为倒卵状陀螺形或棍棒状，具黏液。

■ 紫茉莉 胭脂花 图 57

Mirabilis jalapa Linn.[*Nyctago jalapa* (Linn.) DC.]

草本。高可达 1m。根圆锥形，深褐色。茎直立，多分枝，节稍膨大，无毛或疏生细柔毛。叶片卵形或卵状三角形，长 4~12cm，宽 2.5~7cm，先端渐尖，基部截形或心形，全缘，两面无毛。花通常 3~6 花呈聚伞状簇生于枝端，每花基部有 1 萼状总苞；花被红色、粉红色、白色或黄色，漏斗状，筒部长 4~6cm，基部膨大成球形面包裹子房；雄蕊 5，花丝细长，花药扁圆形；花柱单一，线形，与雄蕊近等长，柱头头状，微裂；花早晨、傍晚开放而中午收拢。瘦果近球形，熟时黑色，具细棱。种子白色；胚乳粉质。花果期 7~10 月。

原产于美洲热带，本市有栽培或逸生。

可供观赏；根、叶供药用，有小毒，孕妇忌服。

图 57 紫茉莉

23. 商陆科 Phytolaccaceae

草本，稀为木本。单叶，互生，全缘；托叶小或无。花辐射对称；常具苞片和2小苞片；总状或圆锥花序；花被片4~5，离生或基部连合，叶状或花瓣状，宿存；雄蕊4~5或更多，与花被片互生，或多数而成不规则排列，花丝分离或基部合生；子房上位，心皮1至多数。果实为浆果、蒴果或翅果。种子球形、肾形。

约 17 属 70 多种，主要分布于非洲南部和美洲热带及亚热带。我国 2 属 5 种；浙江 2 属 4 种；温州野生的 1 属 2 种。

商陆属 Phytolacca Linn.

草本或灌木。具肉质根。茎直立或攀援，光滑无毛。叶互生，全缘；无托叶。花通常两性，少数退化为单性花；总状花序或圆锥花序，顶生或与叶对生；花被片常花瓣状，开展或反折，宿存；雄蕊 8~20，生于花被的基部，花丝分离或基部稍合生；心皮常 7~10，每室 1 胚珠，花柱离生。肉质浆果，幼时多汁，而后干燥，扁球形。种子肾形，稍扁平，黑色。

约 25 种，分布于热带和亚热带地区。我国 4 种，南北各地均有分布；浙江 3 种；温州 2 种。

■ 1. 商陆 图 58

Phytolacca acinosa Roxb. [*Phytolacca esculenta* Van Houtte]

多年生草本。高 1~1.5m。根肥大，肉质，圆锥形，分叉，外皮灰黄色或灰褐色。茎直立，圆柱形，具纵沟，绿色或带紫红色。叶片薄纸质，卵状椭圆形，长 11~30cm，宽 5~12cm，先端急尖或渐尖；叶柄长 1.5~3cm。总状花序顶生或与叶对生，圆柱状，直立，通常比叶短；总花梗长 2~4cm；花两性；花梗长 6~8mm；花被片 5；雄蕊 8~10；心皮 7~9。浆果，由分果组成，扁球形，直径 6~8mm，熟时紫黑色；果序直立。种子肾圆形，黑褐色，平滑，略有光泽。花果期 6~9 月。

见于瓯海、平阳、苍南、泰顺，生于海拔 1100m 以下的山坡疏林下、林缘及沟边阴湿处。

根供药用，有毒，孕妇及体虚弱者忌服。

胡仁勇 摄

图 58 商陆

■ 2. 美洲商陆 垂序商陆 图 59

Phytolacca americana Linn. [*Phytolacca decandra* Linn.]

多年生草本。根肉质，圆锥形。茎直立，通常带紫红色。叶片纸质，干时带黄绿色，卵状长椭圆形或长椭圆状披针形，长 8~20cm，宽 3.5~10cm，先端急尖或渐尖，基部楔形；叶柄长 3~4cm。总状花序顶生或与叶对生，弯垂，通常比叶长，花序轴较细弱，总花梗长5~10cm；花两性，乳白色，微带红晕；雄蕊10；心皮通常10，合生。浆果扁球形，成熟时紫黑色；果序明显下垂。种子肾形，稍扁平，黑褐色，平滑，有光泽。花果期6~10月。

原产于北美洲，本市各地有归化。

本种与商陆 *Phytolacca acinosa* Roxb. 的主要区别在于：花序较纤细，花较少而稀；花序、果序弯垂；雄蕊和心皮常为10。

图59 美洲商陆

24. 番杏科 Aizoaceae

草本或半灌木。单叶，对生、互生或假轮生，常肉质；托叶干膜质或无。花两性，辐射对称，单生、簇生或成聚伞花序；萼片4~5，与子房贴生或分离；无花瓣或花瓣多数，线形，1至多轮；雄蕊2~5或多数，外层的变成花瓣状，形似头状花序；子房上位或下位，2至多室，每室含1至多数胚珠。蒴果，有的为坚果或核果状，常为宿萼包被。种子通常肾形；胚弯曲或环状，有胚乳。

约20属650种。我国6属约14种；浙江3属3种；温州野生2属2种。

1. 粟米草属 Mollugo Linn.

一年生草本。常呈叉状分枝。叶对生或轮生，全缘，早落。花小，两性，聚伞花序或总状花序；萼片5，宿存；花瓣缺；雄蕊3~5；子房下位，3~5室。蒴果球形；果皮膜质。种子肾形。

约25种，分布于热带、亚热带。我国5种；浙江1种，温州也有。

■ 粟米草 图60

Mollugo stricta Linn.

一年生草本。高10~30cm。茎纤细，多分枝，披散，无毛，老茎通常淡红褐色。基生叶莲座状，茎生叶3~5片假轮生或对生；叶片披针形或线状披针形，长1.5~3.5cm，宽3~7mm，先端急尖或渐尖，基部渐狭；叶柄短或近无柄，全缘，中脉明显。花小，黄褐色，排成顶生或与叶对生的二歧聚伞花序；萼片5，椭圆形，边缘膜质，宿存；雄蕊3，花丝基部扩大；子房上位，3室，花柱3。蒴果近球形，3瓣裂。种子多数，肾形，栗褐色，具多数颗粒状凸起。花果期7~9月。

见于全市各地，生于山野路旁、田埂边。

全草入药。

图60 粟米草

2. 番杏属 Tetragonia Linn.

草本或半灌木。叶互生，扁平，全缘，肉质。花单生或簇生；萼4~5裂，萼筒与子房合生；花瓣缺；雄蕊7~16；子房下位，3~9室。坚果。

约28种。我国仅1种，温州也有。

本属与粟米草属 *Mollugo* Linn. 可以从叶序、雄蕊数量、果实类型等进行区别。

■ 番杏 图61

Tetragonia tetragonioides (Pall.) Kuntze

一年生或两年生肉质草本。茎粗壮，从基部分枝，斜生或匍匐状；表皮细胞内有针状结晶体，呈颗粒状凸起。叶片卵状棱形或卵状三角形，长4~8cm，宽3~5cm，先端钝或急尖，全缘，边缘呈波状；叶柄肥粗。花单生或2~3花簇生于叶腋，近无梗；花萼4~5裂，裂片开展；雄蕊4~10；子房下位，3~8室。坚果陀螺形，骨质。种子数枚。花果期8~10月。

见于洞头、瑞安（北麂列岛）、平阳（南麂列岛）、苍南（北关岛、七星岛），生于海滨草地、岩石旁。

嫩叶可作蔬菜食用；也可供药用，能清热解毒。

陈贤兴 摄

陈贤兴 摄

图61 番杏

25. 马齿苋科 Portulacaceae

草本，通常肉质，稀半灌木。单叶，互生或对生，全缘；托叶干膜质，有时柔毛状或缺。花两性，辐射对称或两侧对称，单生或成聚伞花序、总状花序或圆锥花序；萼片2，稀5，离生或基部与子房合生；花瓣4~5，稀更多，离生或基部稍联合，覆瓦状排列；雄蕊与花瓣同数，且对生或更多；子房上位、半下位或下位，1室，特立中央胎座或基生胎座，胚珠1至多数，花柱单一，柱头2~8。果实多数为蒴果，盖裂或2~3瓣裂。种子细小；胚环状，胚乳粉质。

约19属500余种，分布于全球。我国2属6种，南北各地区均有分布；浙江2属3种；温州野生2属2种。

1. 马齿苋属 Portulaca Linn.

肉质草本，平卧或斜升。叶互生或近对生，扁平或圆柱形。花单生或簇生于枝端，有梗或无梗；有数片叶状总苞；萼片2，基部合生成筒状，且与子房合生；花瓣4~6，着生在萼筒上；雄蕊8或更多；子房半下位，1室，胚珠多数，花柱线形，柱头3~8。蒴果盖裂。种子多数，肾状圆卵形。

约150种，分布于热带至温带地区。我国5种，分布于南北各地区；浙江1种，温州也有。

■ 马齿苋 图62

Portulaca oleracea Linn.

一年生草本。茎肉质，光滑无毛。茎多分枝，平卧或斜升，长15~35cm，淡绿色或带暗红色。叶互生，有时近对生，肥厚多汁，叶片倒卵形或楔状长圆形，长1 0~25mm，宽5~15mm，先端钝圆或截形，基部楔形，全缘，上面暗绿色，下面淡绿色或带暗红色，中脉稍隆起；叶柄粗短。3~5花簇生于枝端，无梗；总苞片4~5，三角状卵形；萼片2；花瓣5，黄色，倒卵状长圆形，长4~5mm，先端微凹；雄蕊8~12，花药黄色；花柱连同柱头稍长于雄蕊。蒴果卵球形，长约5mm。种子多数，肾状卵圆形，黑色。花期6~8月，果期7~9月。

见于本市各地，生于田间、菜园及路旁。

常见杂草；全草供药用；也作蔬菜食用；可作饲料。

图62 马齿苋

2. 土人参属 Talinum Adans.

草本或半灌木。茎直立，肉质。叶互生或对生，扁平，全缘；无托叶。花两性，成顶生的总状花序或圆锥花序，稀单生于叶腋；萼片2，卵形，常脱落，少有宿存；花瓣5，稀8~10，早落；雄蕊5至多数，常与花瓣基部合生；子房上位，1室，胚珠多数，柱头3。蒴果圆球形或卵形，薄膜质，3瓣裂。种子近球形或压扁。

约 50 种，分布于非洲、美洲和亚洲。我国 1 种，浙江及温州也有。

本属与马齿苋属 *Portulaca* Linn. 的主要区别在于：本属为直立草本或半灌木，子房上位，蒴果瓣裂；而马齿苋属为平卧或斜开的肉质草本，子房半下位，蒴果盖裂。

■ 土人参 图63

Talinum paniculatum (Jacq.) Gaertn. [*Talinum patense* (Linn.) Willd.; *Portulaca paniculata* Jacq.]

一年生或多年生肉质草本。高达 60cm。全株无毛。根粗壮，圆锥形，分枝，形如人参，皮棕褐色，断面乳白色。茎圆柱形，绿色，基部稍木质化，具分枝。叶互生或近对生，叶片倒卵形或倒卵状长椭圆形，长 5~7cm，宽 2~3.5cm，先端圆钝或急尖，有时微凹，具短尖头，基部渐狭成柄，全缘，肉质，光滑。圆锥花序；苞片膜质，披针形；花小，淡红色或淡紫红色；萼片 2，卵形，早落；花瓣 5；雄蕊 10 以上；子房球形，柱头 3 深裂。蒴果近球形，直径约 3mm。种子多数，扁圆形，黑色，有光泽，具微细腺点。花期 6~8 月，果期 9~10 月。

原产于美洲热带，本市各地有栽培或逸为野生，墙角、路边及山麓岩石旁常见生长。

观赏植物；根可供药用。

图63 土人参

26. 落葵科 Basellaceae

一年生或多年生缠绕草本。全体光滑无毛。单叶，互生，全缘，多为肉质；无托叶。花两性，辐射对称，排成穗状、总状或圆锥花序，稀单生；苞片小，小苞片花被状；花被片5，离生或下部合生，通常白色或淡红色，宿存；雄蕊5，与花被对生，花药2室；雌蕊由3结合心皮组成，子房上位，1室，胚珠1，基生，花柱常3深裂。果实为浆果状核果，通常有宿存的肉质花被和小苞片包围。种子单生，常为圆球形，具螺旋形或半环形的胚，通常具胚乳。

4属约25种，分布于美洲、亚洲和非洲。我国2属3种；浙江2属2种；温州野生1属1种。

落葵薯属 Anredera Juss.

缠绕草本。茎多分枝。叶互生，全缘。花小，黄白色；总状花序；小苞片2，紧贴花被；花被5裂；雄蕊5，花丝在花蕾中反折。果实卵球形，包于宿存花被及小苞片内。种子凸镜状。

约10种。我国2种；浙江1种，温州也有。

■ 落葵薯 图64

Anredera cordifolia (Tenore) Steenis

缠绕草本。肉质根状茎；幼茎紫红色。叶腋常具珠芽；叶片宽卵形至卵状披针形，长2~6cm，宽1.5~4.5cm，叶基心形或圆形，全缘。花两性，有短柄，总状排列，长约20cm；雄蕊与花被片同数且对生。花期6~10月，果期8~12月。

原产于美洲热带地区，本市各地有逸生或归化。

全草供药用。

朱圣潮 摄

朱圣潮 摄

朱圣潮 摄

图64 落葵薯

27. 石竹科 Caryophyllaceae

草本，稀半灌木。茎节通常膨大。单叶对生，全缘或稍有锯齿；托叶干膜质或缺。花两性，稀单性，辐射对称，常排成二歧聚伞花序，稀单生；花萼4~5，离生或联合成管状，常具膜质边缘，宿存；花瓣与萼片同数，稀缺，常有瓣柄；雄蕊与花瓣同数而互生或为花瓣的2倍，也有少于花瓣数的，花药2室，纵裂；子房上位，1室，很少为不完全2~5室，特立中央胎座，花盘小，环形或分裂为腺体。蒴果，顶端瓣裂或齿裂，裂片与心皮同数或为2倍，稀浆果或者瘦果。

75~80属约2000种，在全球温带地区分布。我国30属390种；浙江14属39种1亚种1变种；温州野生10属18种1亚种1变种。

分属检索表

1. 萼片分离，稀基部联合；花瓣近无瓣柄。
  2. 植株无块根；花不呈二型。
    3. 花瓣深2裂。
      4. 花柱3，稀2；蒴果常6瓣裂。
        5. 蒴果球形、卵圆形或长椭圆形 ········ **10. 繁缕属 Stellaria**
        5. 蒴果椭圆形或卵形，多少有种阜 ········ **5. 种阜草属 Moehringia**
      4. 花柱5，稀3~4。
        6. 蒴果5瓣裂 ········ **6. 牛繁缕属 Myosoton**
        6. 蒴果10齿裂 ········ **2. 卷耳属 Cerastium**
    3. 花瓣全缘或近于全缘，不2裂。
      7. 花柱4~5，与萼片同数互生 ········ **8. 漆姑草属 Sagina**
      7. 花柱2~4，少于萼片数 ········ **1. 蚤缀属 Arenaria**
  2. 植物具纺锤状块根 花呈二型 ········ **7. 孩儿参属 Pseudostellaria**
1. 萼片合生；花瓣具瓣柄。
  8. 花柱3~5。
    9. 蒴果齿数同于花柱(5) ········ **4. 剪秋罗属 Lychnis**
    9. 蒴果齿数3或5 ········ **9. 蝇子草属 Silene**
  8. 花柱2；蒴果成熟后多为4裂 ········ **3. 石竹属 Dianthus**

1. 蚤缀属 Arenaria Linn.

一年生或多年生小草本。茎常丛生，多分枝，直立或铺散。叶片对生，线形，卵形或卵状披针形，全缘。花白色，通常排列成顶生聚伞花序，稀单生于叶腋；萼片5；花瓣5，通常全缘，稀顶端有齿；雄蕊10，稀5，着生于环状花盘上，1~2轮；子房1室，胚珠多数，花柱2~4，常为3。蒴果卵形，6或3瓣裂而再次2裂。种子多数，球形或肾形，具疣状凸起或平滑。

300余种，主产于北温带或寒带。我国102种22变种，分布于西北、西南；浙江1种，温州也有。

■ 蚤缀 图65

Arenaria serpyllifolia Linn.

一年或二年生小草本。高10~20cm。全株生白色短柔毛。根具细长须根。茎丛生，叉状分枝，基部常匍匐延生，上部直立，节间长1~3cm。叶小型，叶片卵形或倒卵形，长3~7mm，宽2~4mm，先端渐尖，基部近圆形，具缘毛，两面疏生柔毛及细乳头状腺点。蒴果卵球形，稍长于宿存萼片，成熟时先端6裂。花期4~5月，果期5~6月。

本市各地常见，生于路旁、荒地及田野中。

全草入药。

图65 蚤缀

2. 卷耳属 Cerastium Linn.

一年生或多年生草本。全株被柔毛或腺毛，稀无毛。叶片对生，卵形至披针形。二歧聚伞花序，顶生，花白色；萼片5，稀4；花瓣与萼片同数，先端深凹或2裂；雄蕊10，稀5或更少，下位生；子房1室，胚珠多数，花柱5，与萼片对生，少为3~4。蒴果圆柱形，先端齿裂，齿裂数为花柱数的2倍。种子卵圆形，稍扁，常具疣状凸起；胚环形。

约100种，分布于北温带。我国23种，产于西南、西北至东北；浙江1种1亚种，温州均产。

1. 簇生卷耳

Cerastium fontanum Baung. subsp. **vulgare** (Hartm.) Greuter et Burdet [*Cerastium caespitosum* Gilib.]

一年生或多年生草本。茎单一或丛生，基部多分枝，高15~25 cm，下部被有多细胞的单毛，上部混生有腺毛。下部叶片近匙形，基部渐狭成柄；中上部叶片狭卵形至狭卵状长圆形，长1.5~2.5cm，宽0.5~1cm，先端尖，基部近无柄，中脉明显，两面密生短柔毛，全缘，具缘毛。蒴果圆柱状，长约宿萼的2倍。花期4~5月，果期5~6月。

据《泰顺县维管束植物名录》记载产于泰顺，未见标本。

可供药用。

2. 球序卷耳 图66

Cerastium glomeratum Thuill.

一年生草本。全株密被白色长柔毛。茎直立，丛生，高10~25cm，下部有时带紫红色，上部有腺毛混生，节间长2~3cm，向上逐渐伸长。下部叶片

图66 球序卷耳

倒卵状匙形，基部渐狭成短柄，略抱茎；上部叶片卵形至长圆形，长 1~2cm，宽 0.5~1.2cm，先端钝或略尖，基部近无柄，全缘，两面密生柔毛，主脉明显。蒴果圆柱形，长超过宿萼近 1 倍。花期 4 月，果期 5 月。

本市各地常见，生于田野、路旁及山坡草丛中。田间杂草；可药用。

本种与簇生卷耳 *Cerastium fontanum* Baung. subsp. *vulgare* (Hartm.) Greuter et Burdet 的主要区别在于：叶片卵形至长圆形，长 1~2cm，宽 0.5~1.2cm；花瓣长于花萼。

3. 石竹属 **Dianthus** Linn.

多年生草本，稀为一年生。茎单一或丛生。叶对生，叶片线形或披针形；托叶膜质或缺。花顶生，单一或呈圆锥状聚伞花序；萼筒管状，顶端 5 齿裂，具脉 7~11 条；苞片 2 至多数，鳞片状排列于萼筒基部；花瓣 5，全缘、齿裂或细深裂成丝状，基部有长瓣柄。蒴果圆柱状或长椭圆形，顶端 4 齿裂或瓣裂。种子圆形或盘状，扁平或凹入；胚直生，具胚乳。

约 600 种，广布于北温带，大部分产于欧洲和亚洲。我国 16 种，南北均产；浙江 6 种；温州野生 2 种。

1. 石竹 图 67

Dianthus chinensis Linn.

多年生草本，高 30~75cm。茎直立，丛生，光滑无毛或有时被疏柔毛。叶片线状或线状披针形，长 3~7cm，宽 0.4~0.8cm，先端渐尖，基部渐狭呈短鞘围抱茎节，全缘或有细锯齿，或有时具睫毛，具 3 脉，主脉明显。花红色、粉红色或白色等，单生或组成疏散的聚伞花序；萼下苞片 4~6，宽卵形，长约为萼筒的 1/2 或更长；花瓣 5，倒三角形，边缘有不整齐的浅锯齿；雄蕊 10。蒴果圆筒形，比宿萼长或近等长。种子扁卵形，边缘具狭翅。花期 5~7 月，果期 8~9 月。

见于洞头，本市各地有栽培，生于路边荒地。

图 67　石竹

图 68　瞿麦

2. 瞿麦　图 68

Dianthus superbus Linn.

多年生草本。高 25~60cm。茎丛生，直立，光滑无毛，上部二歧分枝，节间长 3~5cm。叶片线形至线状披针形，长 6~12cm，宽 4~5mm，先端渐尖，基部成短鞘围抱茎节，全缘，有时边缘具短糙毛，两面无毛，中脉明显。花淡红色或紫红色；萼下苞片 4~6，宽卵形，长约为萼筒的 1/4；花瓣 5，广倒卵形。蒴果圆筒形，等长或稍长于萼筒。花期 5~6 月，果期 6~7 月。

见于乐清、龙湾、洞头、瑞安、平阳、苍南，生于海边沙滩或山坡草丛。

药用植物。

本种与石竹 *Dianthus chinensis* Linn. 的主要区别在于：花瓣先端深裂成丝状或流苏状。

4．剪秋罗属 Lychnis Linn.

一年生或多年生草本。茎直立。叶片对生，长披针形至卵状椭圆形。花白色或红色，排成圆锥状聚伞花序；萼片卵圆形，筒状或肿胀，顶端5齿裂，具10条脉；花瓣5，先端2裂，有时全缘，基部具瓣柄，喉部具副花冠；雄蕊10，与花瓣互生；子房1室或在基部为不完全数室，胚珠多数，花柱5。蒴果具宿存的萼，顶端5裂齿。种子多数，表面具疣状凸起或狭翅。

约 25 种，分布于北温带和北极地带。我国 6 种，分布于东北、华北、西北至长江流域；浙江 3 种；温州 1 种。

剪夏罗

Lychnis coronata Thunb.

多年生草本。高 50~90cm。全株光滑无毛。根状茎竹节状，表面黄色，内面白色。茎丛生，直立，近方形，稍分枝，节部膨大。叶片对生，长披针形至卵状椭圆形，长 5~13cm，宽 2~5cm，先端渐尖，基部渐狭，边缘具细锯齿，两面无毛；无柄。花期 5~7 月，果期 7~8 月。

据《泰顺县维管束植物名录》记载产于泰顺，未见标本。

可供药用。

5. 种阜草属 **Moehringia** Linn.

一年生或多年生草本。茎纤细，丛生。叶线形、长圆形至倒卵形或卵状披针形；无柄或具短柄。花两性，单生或数花集成聚伞花序；萼片5；花瓣5，白色，全缘；雄蕊通常10；子房1室，具多数胚珠，花柱3。蒴果椭圆形或卵形，6齿裂。种子平滑，光泽，种脐旁有白色、膜质种阜，有时种阜可达种子周围的1/3。

约25种，分布于北温带。我国3种，产于东北、华北、西北、华东、华中、西南及西北；浙江1种，温州也有。

■ **三脉种阜草** 安徽繁缕 图69

Moehringia trinervia (Linn.) Clairv. [*Stellaria ahweiensis* Migo]

一年生矮小草本。高10~15 cm。茎丛生，下部平卧，上部直立，多分枝，茎一侧有1列长柔毛。叶片卵圆形，长0.5~1.2cm，宽0.3~0.7cm，先端渐尖，基部渐狭，全缘，生有长睫毛，两面近无毛，中脉明显；生于基部的叶具细长柄，向上渐变短，叶柄被有柔毛和腺毛。蒴果圆锥状，与宿萼近等长或过之，成熟时6瓣裂。花期4月，果期4~5月。

本市各地常见，生于山地路边。

《Flora of China》将安徽繁缕归并于本种，但有学者认为浙江的应该是无瓣繁缕 *Stellaria pallida* (Dumort.) Crepin [*Stellaria* apetala Ucria]。本志同意《Flora of China》观点。

图69 三脉种阜草

6. 牛繁缕属 **Myosoton** Moench

多年生草本。茎基部匍匐，上部渐上升。叶片对生，卵形或长圆状卵形。花单生于叶腋或排成顶生的二歧聚伞花序；萼片5，基部稍合生；花瓣5，先端2深裂；雄蕊10；子房1室，胚珠多数，花柱5。蒴果卵圆形或长圆形，成熟时5瓣裂，每瓣先端又2深裂。种子圆肾形，表面具疣状凸起。

单种属，广布于温带及亚热带地区。我国各地都有，浙江及温州也有。

■ **牛繁缕** 图70

Myosoton aquaticum (Linn.) Moench

多年生草本。长20~80cm。茎有棱，带紫红色，基部常匍匐生，几无毛，上部渐直立，生白色短柔毛。基生叶片小，卵状心形，长0.5~1cm，宽0.3~0.8cm，有明显的叶柄；上部的叶较大，椭圆状卵形或宽卵形，长1~4cm，宽0.5~2cm，先端渐尖，基部稍抱茎。蒴果卵形或长圆形，长过于宿存萼片，成熟时5瓣裂。花期4~5月，果期5~6月。

本市各地常见，生于荒地、路旁及较阴湿的草地。田间杂草；可供药用。

胡仁勇 摄

图70 牛繁缕

7. 孩儿参属 Pseudostellaria Pax

多年生草本。常有纺锤形或近球形的块根。茎直立或斜升，有时匍匐生，无毛或具1~2列毛。叶对生，具明显的中脉。花两性；顶部的花较大，显著；萼片4~5；花瓣4~5，比萼长。蒴果球形，略带肉质，成熟时3瓣裂，稀2或4瓣裂。种子光滑或具细刺或细疣状凸起。

约18种，分布于亚洲。我国9种，产于华东、东北、华北至青藏高原，浙江3种；温州1种。

■ **孩儿参** 太子参 图71

Pseudostellaria heterophylla（Miq.）Pax

多年生草本。块根纺锤形，肉质。茎通常单生，直立，基部带紫色，近四方形，上部绿色，具2列白色短柔毛。茎中下部的叶片对生，狭长披针形；茎端长4叶，对生成“十字”排列。蒴果卵球形。花期4~5月，果期5~6月。

见于永嘉、泰顺，生于林地阴湿环境中。

可供药用，以根入药，有补气益血、生津、补脾胃的作用。浙江省重点保护野生植物。

康华靖 摄

康华靖 摄

康华靖 摄

图71 孩儿参

8. 漆姑草属 Sagina Linn.

一年生或多年生细弱草本。茎丛生。叶片对生，线形或线状锥形，基部合生成短鞘状。花小，白色，单生于叶腋或顶生呈聚伞状；萼片4~5，先端圆钝；花瓣4~5，或缺，先端全缘或微凹，通常比萼片短或近等长；雄蕊与萼片同数或较少，有时为其2倍，周位生。蒴果4~5瓣裂长达基部。种子多数，肾形，表面有瘤状凸起。

约30种，分布于北温带。我国4种，南北均有分布；浙江1种，温州也有。

■ 漆姑草 图72

Sagina japonica（Sw.）Ohwi

一年生或二年生小草本，高5~15cm。茎由基部分枝，成丛生状，稍铺散，无毛或上部疏生短柔毛。叶片对生，线形，长5~15mm，宽约1mm，基部有薄膜，连成短鞘状，具1条脉，无毛。蒴果广卵形，稍长于宿存的萼片，通常5瓣裂。花期4~5月，果期5~6月。

本市各地常见，生于撂荒地、河岸沙质地及路旁草地。

药用植物。

图72 漆姑草

9. 蝇子草属 Silene Linn.

一二年生或多年生草本。茎直立、平卧、铺散或攀援，常有黏质。花单生或排成聚伞花序，白色、粉红色或红色；萼合生，萼筒膨大，钟形或圆筒形，具10~30条纵脉，顶端5齿裂；花瓣5，先端2裂或丝裂，基部狭窄成瓣柄；喉部常具2鳞片状副花冠。蒴果顶端3~5齿裂或瓣裂。种子肾形，表面具小疣状凸起；胚环形。

约600种，分布于北温带和北极地区。我国约110种，分布于东北、华北、西北、西南和长江中下游地区；浙江7种；温州5种。

分种检索表

1. 花萼圆锥状，具30条平行脉……………………………… **3. 麦瓶草 S. conoidea**
1. 花萼不为圆锥状，通常具10条平行脉。
  2. 一年或二年生植物。
    3. 全株密被灰色短柔毛……………………………… **1. 女娄菜 S. aprica**
    3. 全株被白色长硬毛和腺毛……………………………… **5. 西欧蝇子草 S. gallica**
  2. 多年生植物。
    4. 花萼细长管状……………………………… **4. 蝇子草 S. fortunei**
    4. 花萼阔钟形……………………………… **2. 狗筋蔓 S. baccifer**

图 73 女娄菜

1. 女娄菜 图 73

Silene aprica Turcz. ex Fisch. et Mey.

一年生或二年生草本。高 15~60cm。全株密被灰色短柔毛。茎直立，基部多分枝。基生叶倒披针形或匙形，有时簇生，长 3~6cm，宽 1~2cm，先端急尖，基部渐狭成柄，稍抱茎；茎生叶片线状倒披针形至披针形，较基生叶小，近无柄。蒴果卵圆形，顶端 6 齿裂，较宿存萼稍长或等长。花期 4~5 月，果期 5~6 月。

见于洞头、瑞安、文成、平阳、泰顺，生于山坡草地或旷野路旁草丛中。

药用植物。

2. 狗筋蔓 图 74

Silene baccifer（Linn.）Roth [*Cucubalus baccifer* Linn.]

多年生草本。全株有毛。茎多分枝，上升或伏卧，长1~2m。单叶对生，叶片卵状披针形或长圆形，两面无毛，仅中脉上有毛，边缘具缘毛；有短柄。圆锥状聚伞花序，或单生于分枝的叉上，微下垂；花梗有柔毛。浆果状蒴果，成熟时黑色，有光泽，不规则开裂。种子肾形，黑色，有光泽。花期7~8月，果期8~9月。

见于乐清，生于路边草丛。

药用植物。

3. 麦瓶草 图 75

Silene conoidea Linn.

一年生草本。茎直立，高 15~60cm，全株密被腺毛。基生叶片匙形；茎生叶片长卵形或披针形，长 5~7cm，宽 3~8mm，先端尖，基部稍抱茎，两面密被腺毛。花紫红色，着生于叶腋或分枝的顶端组成圆锥花序；萼筒圆锥形，长 2~3cm，果时基部膨大呈圆形，顶端 5 齿裂，具脉 30 条；花瓣 5，倒卵形，全缘或先端微凹，基部渐狭呈瓣柄，两侧有耳。蒴果卵圆形或圆锥形，有光泽，顶端 6 齿裂，具宿存萼。种子多数，肾形。花期 4~5 月，果期 5~6 月。

见于泰顺，生于路边草丛。

全草供药用；嫩苗可作蔬食。

图 74 狗筋蔓

图 75 麦瓶草

■ 4. 蝇子草 图 76

Silene fortunei Vis.

多年生草本。高 50~150cm。茎丛生，直立，基部木质化，有粗糙短毛，节膨大，上部常分泌黏汁。基生叶片匙状披针形；茎生叶片线状披针形，长 1~6cm，宽 1~10mm，先端尖或锐尖，基部渐狭成柄，两面均无毛。蒴果长圆形，长约 1.5cm，成熟时顶端 6 齿裂。花期 7~8 月，果期 9~10 月。

见于乐清、洞头、瑞安、平阳、苍南、泰顺，生于石质山坡。

根入药，具解热、活血散瘀、生肌长骨和止痛、止血的功效。

■ 5. 西欧蝇子草 图 77

Silene gallica Linn.

二年生草本。高 15~30cm，全株被白色长硬毛和腺毛。茎直立，单一或丛生，多分枝。叶对生，茎下部叶片匙形，上部叶片倒披针形，长 1~3cm，宽 6~8mm，先端圆形，具小凸尖，基部渐狭，略抱茎。花白色或粉红色，排成顶生疏散的总状聚伞花序；苞片叶状，线状披针形；花梗短，长约 5mm。蒴果卵形，成熟时顶端 6 齿裂。花期 4~6 月。

原产于欧洲南部，本市龙湾、苍南有归化。

用于观赏绿化。

图 76 蝇子草

图 77　西欧蝇子草

10. 繁缕属 Stellaria Linn.

一年生或多年生草本。茎簇生，铺散或疏松向上升，平滑或有毛。叶片对生，卵形或卵状椭圆形，稀为线性。花呈顶生圆锥状聚伞花序，稀单生于叶腋；萼片 5，稀 4，先端急尖或渐尖；花萼与萼片同数，先端 2 裂几达基部，有时无花瓣；雄蕊 10，稀为 5 或更少，下位或周位生；子房 1 室，稀 3 室，胚珠多数，稀少数或单生，花柱 3，稀 2。蒴果球形，卵圆形或长椭圆形，瓣裂，裂片常为花柱的 2 倍。种子扁平或肾状球形。

约 190 种，广布于温带至寒带。我国 64 种，各地区均产；浙江 13 种 1 变种；温州 4 种 1 变种。

分种检索表

1. 茎下部叶具长柄，向上逐渐变短至近无柄。
  2. 茎光滑无毛；叶干时边缘常皱缩成波状 ………… **3. 中华繁缕 S. chinensis**
  2. 茎一侧常具 1 列柔毛。
    3. 多年生草本；叶大型，长 4~8cm ………… **2. 长瓣繁缕 S. bungeana var. stubendorfii**
    3. 一或二年生草本；叶小型，长 2.5cm 以下。
      4. 叶片卵圆形；雄蕊 5 ………… **4. 繁缕 S. media**
      4. 叶片长圆形至卵状披针形；雄蕊 8~10 ………… **5. 鹅肠繁缕 S. neglecta**
1. 叶全部近无柄 ………… **1. 雀舌草 S. alsine**

1. 雀舌草 图78

Stellaria alsine Grimm [*Stellaria uliginosa* Murr.]

一年生草本。高10~20cm。全株无毛。茎单出或成簇，基部平卧，上部直立并有多数疏散的分枝，茎常四棱形，有时略带紫色。叶片匙状长卵形至卵状披针形，长0.5~1.5cm，宽0.3~0.6cm，先端尖，全缘或呈微波形；无柄或近于无柄。蒴果卵圆形，与宿萼近等长或过之，成熟时先端6瓣裂。花期4~5月，果期6~7月。

本市各地常见，生于田间、溪岸或潮湿地。

药用植物。

2. 长瓣繁缕

Stellaria bungeana Fenzl. var. **stubendorfii** (Regel) Y. C. Chu

多年生草本。高50~80cm。茎下部无分枝，上部倾斜上升或直立，有分枝，全株茎上被有1行短柔毛。叶片卵状长圆形或卵圆形，长4~8cm，宽2~4cm，先端急尖，基部圆或稍狭，密生细缘毛，两面疏生短柔毛，幼叶被毛较密；生于中下部的叶具叶柄，其他则渐变无柄。蒴果长圆形，稍长于宿存萼片，成熟时6瓣裂。花期4~6月，果期7~8月。

见于文成、苍南，生于溪沟边、田埂上。

3. 中华繁缕

Stellaria chinensis Regel

多年生草本。茎纤细，稍硬，直立或半匍生，长20~80cm，具纵棱，基部4棱明显，光滑无毛。叶片卵形或卵状披针形，长2~4.5cm，宽0.5~2cm，先端渐尖或锐尖，基部渐狭，宽楔形或近圆形，全缘，干时边缘常波状皱缩，具缘毛；下部叶柄细长，中上部叶柄渐短，具柔毛和腺毛。聚伞花序顶生或生于叶腋；总花梗细长，长2~4cm；苞片披针形，近膜质；花梗纤细；雄蕊10；子房卵形，花柱3，线性。蒴果卵球形。种子卵形，稍扁，褐色，表面有乳头状凸起。花期4~5月，果期6~7月。

据《泰顺县维管束植物名录》记载产于泰顺，但未见标本。

药用植物。

丁炳扬 摄

丁炳扬 摄

胡仁勇 摄

图78 雀舌草

4. 繁缕 图 79

Stellaria media（Linn.）Villars

一年生或二年生草本。高10~30cm。茎细柔，基部多分枝，常平卧，略呈红褐色，节上生根；上部茎直立上举、叉状分枝，茎一侧具1列短柔毛。叶片卵形或者圆卵形，长0.5~2.5cm，宽0.5~1.8cm，先端渐尖或急尖，基部渐狭或亚心形，全缘，密生柔毛和睫毛；生于基部的叶具长柄，向上叶柄变短以至近无柄。蒴果卵圆形，稍长于宿萼，成熟时6瓣裂。花期4~5月，果期5~6月。

欧亚大陆广布种，本市各地均常见，多生于山坡、林下、田边、路旁。

药用植物。

5. 鹅肠繁缕 图 80

Stellaria neglecta Weihe

一年生或二年生草本。高 15~20cm。茎簇生，柔弱，有纵棱，上部稍分枝，茎一侧具 1 列短柔毛。

胡仁勇 摄

丁炳扬 摄

图 79 繁缕

图 80　鹅肠繁缕

叶片长圆形至卵状披针形，长 1~2cm，宽 0.5~1cm，先端渐尖或急尖，基部圆钝，全缘，中下部常疏生睫毛，中脉明显；基部的叶具长柄，向上逐渐变短至近无柄。二歧聚伞花序顶生；苞片叶状，较小型；花梗纤细，长 5~12mm；萼片 5，卵状披针形，长 3~4mm，先端较钝，边缘膜质，外面疏生柔毛；花瓣 5，白色。蒴果卵圆形，稍长于宿萼，成熟时 6 瓣裂。种子近圆形，扁平，褐色。花期 5~6 月，果期 6~7 月。

见于乐清，生于山地杂木林下及路边草丛中。

存疑种

《泰顺县维管束植物名录》记载有下列物种分布，但未见标本。

■ 1. 长萼瞿麦

Dianthus longicalyx Miq.

叶片线形或线状披针形。花 2~10，聚伞状；苞片卵形，先端有短急尖的芒。

■ 2. 剪秋罗

Lychnis senno Sieb. et Zucc.

植株被粗毛。萼齿三角形；花瓣深红色，瓣片不规则深裂。

■ 3. 蔓孩儿参

Pseudostellaria davidii (Franch.) Pax

茎伏卧或上升，常叉状分枝，花后茎端延长成鞭状。块根短纺锤形。

■ 4. 拟漆姑

Spergularia marina (Linn.) Griseb.

披散草本。茎基部平卧或上升，无毛，上部直立，被腺毛。叶片线形，稍肉质；托叶广三角形，白膜质。

28. 睡莲科 Nymphaeaceae

水生草本。常具肥厚地下茎。叶基生，常二型；漂浮或出水叶常盾形或心形，具长柄，芽时常内卷；沉水叶细弱，有时细裂。花两性；花瓣 3 至多数；萼片 3~12，常 4~6；雄蕊 6 至多数，花药 2 室，纵裂；心皮 3 至多数，离生，或联合成多室子房，或嵌生在膨大的花托内，柱头离生，胚珠 1 至多数，成熟时心皮不开裂，或由于种子外面胶质膨大成不规则开裂。坚果或浆果。种子具直生胚；胚有肉质子叶。

8 属约 100 种，广布于热带和温带。我国 6 属约 15 种，南北各地均有分布；浙江 6 属约 9 种；温州野生 3 属 3 种。

分属检索表

1. 子房上位，心皮离生，不和花托愈合，每心皮有胚珠 2~3；花药侧向；坚果，不开裂 …………………… **1. 莼属 Brasenia**
1. 子房下位或半下位，心皮合生，和花托愈合，每心皮胚珠多数；花药内向；浆果，开裂。
    2. 子房下位；叶柄、叶脉及果实具刺 …………………………………………………………………… **2. 芡属 Euryale**
    2. 子房半下位；叶柄、叶脉及果实不具刺 ……………………………………………………………… **3. 睡莲属 Nymphaea**

1. 莼属 **Brasenia** Schreb.

多年生水生草本。匍匐根状茎细长；茎纤细，多分枝，包在胶质鞘内。叶二型；漂浮叶互生，盾状，全缘，具长叶柄；沉水叶至少在芽时存在，叶柄及花梗被黏液。花小，单生于叶腋；萼片3~4，花瓣3~4，宿存；雄蕊12~18或更多，花药侧向；心皮离生，每心皮具胚珠2~3。坚果。

单种属，分布于东亚、大洋洲、非洲和北美洲，浙江及温州也有。

■ 莼菜 图 81

Brasenia schreberi J. F. Gmel.

多年生水生草本。嫩茎、叶及花梗被黏液。叶片椭圆状长圆形，上面绿色，背面带紫色，无毛；叶柄有柔毛。花单生于叶腋，直径 1~2cm；花梗长 6~10cm；萼片 3~4，花瓣状；花瓣 3~4，暗紫色，萼片及花瓣条形，宿存；雄蕊 12~18，花药线形，长约 4mm；心皮线形，具微柔毛。坚果长卵形，长约 1cm，顶部有弯刺，成熟时不开裂。种子卵形。花期 5~7 月，果期 9~11 月。

见于乐清（雁荡山）、文成（铜铃山）、泰顺（罗阳、司前），生于水田、池塘、湖泊或沼泽中。

嫩茎、叶可作蔬菜食用。国家 I 级重点保护野生植物。

图81 莼菜

2. 芡属 **Euryale** Salisb. ex Koenig et sims

多刺水生草本。根状茎粗壮。茎不明显。叶二型；初生叶为沉水叶；次生叶为浮水叶，浮水叶盾状，圆形，具皱褶。花抽出水面；萼片4，宿存；花瓣较萼片小；雄蕊多数，花药内向，花药先端截状；子房下位，柱头盘凹入，边缘与萼筒愈合。浆果球状，不整齐开裂，顶端有直立宿存萼片。种子多数，有浆质假种皮和黑色厚种皮；胚乳粉质。

单种属，分布于东南亚，我国南北均产，浙江及温州也有。

■ 芡实　鸡头米

Euryale ferox Salisb. ex Koenig et Sims

水生草本。地下茎短，白色须根。叶二型；沉水叶箭形或圆肾形，两面无刺；浮水叶革质，圆形，上面深绿色，叶脉下陷，背面紫红色，有短柔毛，叶脉明显隆起，两面叶脉分叉处有锐刺，叶柄及花梗中空，密生硬刺。花单生，紫红色；萼片内面紫红色，外面密生稍弯硬刺；花瓣长圆状披针形或披针形，紫红色，成数轮排列，向内渐变成雄蕊；子房卵球形，无花柱，柱头红色。浆果球形，直径约10cm，密生硬刺。种子球形，直径6~10mm，黑色。花期7~8月，果期8~9月。

《泰顺县维管束植物名录》记载有分布，未见标本，生于池塘、湖泊和沼泽中。

种子供药用，也可食用、酿酒；全草可作为饲料或绿肥。浙江省重点保护野生植物。

3. 睡莲属 **Nymphaea** Linn.

水生草本。根状茎肥厚。叶二型；沉水叶膜质；浮水叶圆形或卵形，基部弯缺，心形，上面绿色，背面常紫红色。花挺出水面；萼片4；花瓣数轮，白色、黄色、蓝色或粉红色；雄蕊多数，花药细小，线形；心皮环状，多数，藏于肉质花托内，子房半下位，多室。浆果于水下成熟。种子坚硬，有肉质杯状假种皮。

约 35 种，广布于热带和温带。我国 5 种，南北均产；浙江 2 种；温州 1 种。

■ 睡莲　子午莲　图 82

Nymphaea tetragona Georgi

多年生水生草本。根状茎粗短，直立。叶纸质，全缘，漂浮于水面，心状卵形或卵状椭圆形，先端钝圆，基部深弯缺，上面绿色，背面带紫红色，两面无毛，具小点；叶柄细长。花单生于花梗顶端；花萼基部四棱形，萼片 4，革质，宽披针形，宿存；花瓣白色，宽披针形，较萼片小；子房短圆锥形，柱头盘状，具 5~8 条辐射线。浆果球形，直径 2~2.5cm，被宿存萼片包裹。种子椭圆形，黑色。花期 6~8 月，果期 8~10 月。

见于永嘉、文成、泰顺，生于湖泊、池塘和沼泽中。

根状茎供食用或酿酒；全草可作绿肥。浙江省重点保护野生植物。

周庄 摄

周庄 摄

图 82　睡莲

29. 金鱼藻科 Ceratophyllaceae

沉水草本。无根。茎纤细，具分枝。叶无柄，轮生，叶片一至四回二叉状分歧，裂片丝状或线形，边缘一侧具锯齿或微齿。花单性，雌雄同株，异节着生，单生于叶腋，近无梗；花被片8~12；雄蕊10~20，花丝极短，药隔延伸成着色的粗大附属体，附属体上有2~3小刺尖；雌蕊1，子房上位，1室，具1直生胚珠。坚果卵形或椭圆形，不开裂，顶端具长刺状宿存花柱，基部具2刺或缺，有时上部也具2刺或缺。种子无胚乳；子叶肉质。

1 属 6 种，世界广布。我国 1 种 2 亚种，南北各地均有分布；浙江 1 种 1 亚种，温州均产。

金鱼藻属 Ceratophyllum Linn.

特征和分布同科。

1. 金鱼藻 图 83

Ceratophyllum demersum Linn.

多年生沉水草本。茎细长，分枝短。叶片亮绿色，粗糙无柄，一至二回二叉状分枝，裂片丝状或线形，长 1.5~2cm，宽 1~5mm，边缘仅 1 侧有数枚细锯齿。花直径 1~3mm。坚果暗绿色至棕红色，果体（不包括刺）长 4~5mm，具 3 刺或无刺，基部 2 刺向下斜伸，长 0.1~12mm，顶生刺长 0.5~14mm。花果期 6~9 月。

见于本市各地，生于湖泊、池塘和沼泽中。

全草可作绿肥。

2. 五刺金鱼藻

Ceratophyllum platyacanthum Cham. subsp. **oryzetorum** (V. Kom.) Les [*Ceratophyllum demersum* Linn. var. *quadrispinum* Makino]

多年生沉水草本。茎细长。叶片深绿色，一至二回二叉状分枝，裂片线形，长 1~2cm，宽 3~5mm。坚果暗绿色至褐色，果体（不包括刺）长 4~5mm，具 5 刺，上部 2 刺较短，0.5~9.5mm，不下延，基部 2 刺向下斜伸，长 1.5~12.5mm。花果期 6~9 月。

《泰顺县维管束植物名录》记载有分布，未见标本，生于湖泊、池塘和沼泽中。

全草可作绿肥。

本种外形与金鱼藻 *Ceratophyllum demersum* Linn. 极相似，其果实具 5 刺，以此与其相区别。

王金旺 摄

王金旺 摄

王金旺 摄

图 83　金鱼藻

30. 毛茛科 Ranunculaceae

草本，稀木质藤本或灌木。叶互生，少对生或基生，单叶或复叶；叶柄基部偶扩大成鞘状。花两性，兼单性，同株或异株，辐射对称，稀两侧对称；单生或组成各式聚伞花序、总状花序或圆锥花序；萼片(2~)4~5，或更多，绿色，或花瓣状，或特化成分泌器官，偶早落；花瓣存在或缺，(2~)4~5，或更多，常有分泌组织(或蜜腺)，或特化成分泌器官；雄蕊、雌蕊多数，稀少数，螺旋状排列。蓇葖果或瘦果，稀蒴果或浆果，花柱常宿存。

约 59 属 2500 种，分布于北半球温带和寒温带。我国 42 属约 720 种；浙江 18 属 64 种 10 变种；温州野生 10 属 32 种 4 变种。

分属检索表

1. 子房有胚珠数枚或多数；果为蓇葖果。
  2. 花两侧对称
    3. 上萼片无距；花瓣有爪 ………… **1. 乌头属 Aconitum**
    3. 上萼片有距；花瓣无爪 ………… **6. 翠雀属 Delphinium**
  2. 花辐射对称
    4. 花多数组成圆锥花序或总状花序；花有短柄；心皮 1~8，成熟时为蓇葖果 ………… **3. 升麻属 Cimicifuga**
    4. 花单独顶生或少数组成单歧聚伞花序。
      5. 叶为单叶；花瓣小，具蜜腺 ………… **5. 黄连属 Coptis**
      5. 叶为一回或二回以上的三出复叶；心皮分生，少数在基部合生（人字果属），成熟时形成蓇葖果；多年生草本。
        6. 叶的裂片和齿牙顶端微凹；花瓣有长爪；心皮 2，基部合生 ………… **7. 人字果属 Dichocarpum**
        6. 叶的裂片和齿牙顶端全缘；无花瓣，或花瓣存在，无爪；心皮通常在 2 以上，完全分生。
          7. 具退化雄蕊；花小，萼片白色 ………… **9. 天葵属 Semiaquilegia**
          7. 无退化雄蕊；心皮有细柄 ………… **5. 黄连属 Coptis**
1. 子房有胚珠 1；果为瘦果。
  8. 叶对生；萼片镊合状排列；花柱在结果时伸长呈羽毛状；无花瓣 ………… **4. 铁线莲属 Clematis**
  8. 叶互生或基生；萼片覆瓦状排列；
    9. 花瓣存在，黄色；萼片通常比花瓣小，多为绿色；瘦果平滑或有瘤状凸起；常为陆生，稀水生 ………… **8. 毛茛属 Ranunculus**
    9. 无花瓣；萼片通常花瓣状，白色、黄色、蓝绿色，稀淡绿色。
      10. 叶为三出复叶或多回复叶；花下无总苞；花多数 ………… **10. 唐松草属 Thalictrum**
      10. 叶为单叶的裂片，稀复叶；花下有总苞；总苞不与花萼紧接；瘦果成熟时花柱不延长或羽毛状 ………… **2. 银莲花属 Anemone**

1. 乌头属 Aconitum Linn.

草本。直根或数个块根。茎直立或缠绕。单叶互生，偶均基生；掌状分裂，稀不分裂。总状花序，稀聚伞状；花两性，两侧对生；萼片 5，花瓣状，紫色、蓝色或黄色，上萼片 1，船形、盔形或圆筒形，侧萼片 2，下萼片 2；花瓣 2，有爪，瓣片常有唇和距；退化雄蕊 3~6 或缺；雄蕊多数，花药纵裂，花丝下部有翼；心皮多数。蓇葖果有网脉。种子多数，四面体形，沿棱生翅或在表面生横膜翅，或两者兼具。

约有 350 种，产于北半球温带，主要分布于亚洲，其次在欧洲和北美洲。我国 200 种；浙江 3 种 3 变种；温州 3 种。

本属植物块根含多种乌头碱，有剧毒，可供药用，亦可用于制箭毒供猎射用及杀虫用；花可供观赏。

分种检索表

1. 根为多年生直根；上萼片圆筒形；茎缠绕，疏生反曲的微柔毛；叶掌状分裂至中部 …………………………………… **2. 赣皖乌头 A. finetianum**
1. 根由2个或数个块根组成；上萼片盔形、高盔形、船形或镰刀形。
   2. 茎缠绕；叶掌状深裂，边缘有少数小裂片或卵形粗齿牙；花梗有伏毛 …………………… **3. 瓜叶乌头 A. hemsleyanum**
   2. 茎直立；叶的中央裂片菱形或宽菱形，先端急尖；花梗有短伏毛 …………………………………… **1. 乌头 A. carmichaelii**

■ 1. 乌头 图84

Aconitum carmichaelii Debx.

多年生草本。块根倒圆锥形。茎直立，高60~150cm，中部以上疏被反曲短柔毛。叶互生，薄革质或纸质，五角形，3全裂；中全裂片菱形或宽菱形，先端急尖；侧全裂片斜扇形，不等的2深裂，上面疏被短伏毛，下面仅沿脉被脱落性短柔毛。总状花序顶生；花梗有短伏毛；萼片蓝紫色，外面被短柔毛，上萼片高盔形，下缘稍凹，侧萼片长1.5~2cm；花瓣无毛，微凹，具距，拳卷；雄蕊多数；心皮3~5。蓇葖果。种子三棱形，两面生横膜翅。花期9~10月，果期10~11月。

见于乐清（雁荡）、永嘉（巽宅、岩坦）、文成、平阳（顺溪），生于海拔100~500m的山坡草地或灌丛中。

块根和子根均可入药，但生品有大毒；此外，花可供观赏。

■ 2. 赣皖乌头

Aconitum finetianum Hand.-Mazz.

多年生草本。直根圆柱形。茎缠绕，长约1m，疏被反曲的短柔毛，中部以下几无毛。叶片掌状分裂至中部，两面疏被紧贴的短毛，叶柄长达30cm，几无毛；茎上部叶渐变小，叶柄与叶片近等长或稍短。总状花序具花4~9；轴和花梗均密被淡

王金旺 摄

王金旺 摄

尤志勉 摄

图84 乌头

黄色反曲的小柔毛；萼片白色带淡紫色，外面被紧贴的短柔毛，上萼片圆筒形，侧萼片倒卵形，下萼片狭椭圆形；花瓣与上萼片等长，无毛，距与唇近等长或稍长，顶端稍拳卷。蓇葖果长 0.8~1.1cm。种子倒圆锥状三棱形，长约 1.5mm，生横狭翅。花期 8~9 月，果期 9~10 月。

据《泰顺县维管束植物名录》记载泰顺有分布，但未见标本。

■ 3. 瓜叶乌头

Aconitum hemsleyanum Pritz.

多年生草本，块根圆锥形。茎缠绕，无毛，常带紫色，稀疏地生叶，分枝。茎中部叶的叶片五角形或卵状五角形；中央深裂片梯状菱形或卵状菱形，短渐尖，不明显3浅裂，浅裂片具少数小裂片或卵形粗牙齿，侧深裂片斜扇形，不等2浅裂；叶柄比叶片稍短，疏被短柔毛或几无毛。总状花序生于茎或分枝顶端，有花2~6；轴和花梗无毛或被贴伏的短柔毛；花梗常下垂；萼片深蓝色，外面无毛或变无毛，上萼片高盔形或圆筒状盔形，几无爪，侧萼片近圆形。蓇葖果长1.2~1.5cm，喙长约2.5mm。种子三棱形，沿棱有狭翅并有横膜翅。花期8~10月，果期9～11月。

据《泰顺县维管束植物名录》记载泰顺有分布，但未见标本。

2. 银莲花属 Anemone Linn.

多年生草本。根状茎圆柱形。叶基生，单叶掌状分裂或三出复叶；叶柄长，基部扩大呈近鞘状。花单生或数花排成聚伞花序；叶状苞片，对生或轮生，形成总苞；花整齐；无花瓣；萼片5至多数，花瓣状，白色、黄色或蓝紫色；雄蕊多数，花丝丝形或线形；心皮多数或少数，子房内有1枚下垂的胚珠。瘦果近球形或侧扁，具喙。

约 150 种，分布遍全球。我国约 55 种；浙江 2 种 2 变种；温州 1 种。

本属植物多含白头翁素，有的根状茎可供药用，或作土农药用；有些种的花观赏价值高，可供观赏。

■ 打破碗花花

Anemone hupehensis (Lem.) Lem.

多年生草本。根状茎斜向或垂直。茎高20~120cm。基生叶3~5，具长柄；三出复叶，有时兼具1~2片或全部为单叶，边缘有锯齿，两面疏生短糙毛，侧生小叶较小。聚伞花序具二至三回分枝，每分枝上有3花；叶状苞片3，具柄，轮生；花较大，淡紫红色，直径3~7cm；花梗长3~10cm；萼片5，紫红色，较小，内方的花瓣状，外面密生短绒毛；雄蕊长约为萼片长度的1/4；心皮多数，密集成球形，生于圆形的花托上，子房具长柄，被短绒毛。聚合果球形，瘦果密被绵毛。花期7~10月。

据《浙江植物志》记载乐清有分布，但未见标本。

根状茎可供药用。

3. 升麻属 Cimicifuga Linn.

多年生草本。根状茎粗壮。茎直立。叶大型，三出或羽状复叶，基生叶具长柄；小叶卵形、菱形或狭椭圆形，边缘具粗锯齿。总状或圆锥花序；苞片极小；花小，两性，稀单性而雌雄异株；萼片5，早落，白色或紫红色，花瓣状；花瓣无；具退化雄蕊；雄蕊多数；心皮1~8。蓇葖果，具喙状宿存花柱。种子少数，四周具膜质鳞翅。

约 18 种，分布于北半球温带。我国 8 种；浙江 3 种；温州 1 种。

■ 小升麻 图 85

Cimicifuga japonica (Thunb.) Spreng. [*Cimicifuga acerina* (Sieb. et Zucc.) Tanaka]

多年生草本。根状茎块状粗大，横走，棕黑色，生多数须根。茎直立，上部密生灰色短柔毛。叶1~2，近基生，一回三出复叶；顶生小叶片广卵状心形或卵形，具5~7对浅裂片，边缘具不整齐锯齿或牙齿，上面近叶缘处被糙毛，下面沿脉被白柔毛；侧生小叶略小，稍斜；叶柄长15~32cm。花序顶生，单一或1~5分枝，高出叶片，花近无梗，小且多数；花序轴密被灰色短柔毛；萼片白色；退化雄蕊基部具蜜腺；雄蕊8；心皮1~2。蓇葖果，宿存花柱向外方伸展。种子椭圆状卵形，表面具多数横向短鳞翅。花期8~9月，果期10~11月。

见于永嘉（大青岗）、泰顺（乌岩岭），生于海拔800m以上的山地林下阴湿草丛中，或沟边石砾上。

根状茎有小毒，供药用，能清热解毒、活血消肿、降血压；叶可作土农药。

周庄 摄

王金旺 摄

图85 小升麻

4. 铁线莲属 Clematis Linn.

多年生草质或木质藤本，稀草本或直立灌木。叶对生，或与花簇生，偶见茎下部叶互生，三出复叶至二回羽状复叶或二回三出复叶，稀单叶；有叶柄。花两性，稀单性，排成聚伞或圆锥花序，有时单生或1至数花与叶簇生；萼片4或6~8，花瓣状；花瓣缺；雄蕊多数，有时具退化雄蕊；心皮多数。瘦果多数，聚成头状，宿存花柱伸长呈羽毛状或不伸长而呈喙状。

约300种，世界广布。我国133种，各地区均有，以西南地区为多；浙江27种4变种；温州12种3变种。

分种检索表

1.单叶，叶片边缘具刺头状浅齿……………………………………**9.单叶铁线莲C.henryi**
1. 三出复叶或羽状复叶，如为单叶，则叶片全缘。
　2.小叶柄具关节……………………………………**14.柱果铁线莲C.uncinata**
　2. 小叶柄不具关节。
　　3. 小叶片边缘具锯齿。
　　　4.一回三出复叶，即小叶3……………………………………**1.女萎C.apiifolia**
　　　4. 一至二回羽状复叶或二回三出复叶。
　　　　5. 除茎上部有三出叶外，常为5~21小叶，为一至二回羽状复叶或二回三出复叶……………………………………**11.裂叶铁线莲C.parviloba**
　　　　5. 除茎上部有三出叶外，常为5小叶，为一回羽状复叶……………………**8.粗齿铁线莲 C. grandidentata**
　　3. 小叶片全缘。
　　　6. 2对生叶的叶柄因基部扩大而联合呈舟状……………………**5. 舟柄铁线莲 C. dilatata**
　　　6. 2对生叶的叶柄基部决不扩大联合呈舟状。
　　　　7. 一回三出复叶或单叶。
　　　　　8. 草质藤本；茎幼时疏被柔毛，后逐渐脱落，仅节处宿存；单花顶生；无苞片；花萼外面边缘无毛……………………**12.天台铁线莲C.patens var. tientaiensis**
　　　　　8. 木质藤本；茎无毛或有毛；花单生或组成花序；苞片钻形；花萼外面边缘有毛。
　　　　　　9. 枝无毛。
　　　　　　　10. 瘦果狭，镰刀状狭卵形。
　　　　　　　　11. 小叶片革质，长圆形、卵形或阔卵形，基部宽楔形至近圆形，先端锐尖或钝；多花……………………**4.厚叶铁线莲C.crassifolia**
　　　　　　　　11. 小叶片薄革质或革质，卵状披针形、狭卵形或长椭圆状卵形，基部圆形、浅心形、 宽楔形或斜肾形，顶端锐尖至渐尖；常具1~3花，稀7以上……………………**6. 山木通 C. finetiana**
　　　　　　　10.瘦果扁，卵形至椭圆形……………………**2.小木通C.armandii**
　　　　　　9. 枝被短柔毛；圆锥状聚伞花序具多花……………………**10. 毛柱铁线莲 C. meyeniana**
　　　　7. 一回羽状复叶或二回三出复叶。
　　　　　12. 二回三出复叶；萼片6……………………**7. 重瓣铁线莲 C. florida var. plena**
　　　　　12. 一回羽状复叶；萼片通常4，偶5。
　　　　　　13. 茎干后常变黑色；叶片两面网脉不明显……………………**3. 威灵仙 C. chinensis**
　　　　　　13. 茎干后不变黑色；叶片上面网脉不明显或明显，下面网脉凸出……………**13. 圆锥铁线莲 C. terniflora**

1. 女萎　花木通　钥匙藤　图 86

Clematis apiifolia DC.

藤本。小枝和花序梗、花梗密生贴伏短柔毛。三出复叶，连叶柄长5~17cm，叶柄长3~7cm；小叶片卵形或宽卵形，长2.5~8cm，宽1.5~7cm，常有不明显3浅裂，边缘有锯齿，上面疏生贴伏短柔毛或无毛，下面通常疏生短柔毛或仅沿叶脉较密。圆锥状聚伞花序多花；花直径约1.5cm；萼片4，开展，白色，狭倒卵形，长约8mm，两面有短柔毛，外面较密；雄蕊无毛，花丝比花药长5倍。瘦果纺锤形或狭卵形，长3~5mm，顶端渐尖，不扁，有柔毛，宿存花柱长约1.5cm。花期7~9月，果期9~10月。

见于本市各地，生于山坡灌丛、沟边及路旁草丛。

全株入药，能清热明目、利尿消肿、通乳。

尤志勉 摄

尤志勉 摄

丁炳扬 摄

图 86　女萎

1a. 钝齿铁线莲

Clematis apiifolia var. **argentilucida** (Lévl. et Vant.) W. T. Wang
[*Clematis apiifolia* DC. var. *obtusidentata* Rehd. et Wils.]

本种与原种的主要区别在于：小叶片较大，长5~13cm，宽 3~9cm，通常下面密生短柔毛，边缘有少数钝齿牙。

见于瑞安、泰顺，生于海拔 500~800m 的山坡林中或沟边。

2. 小木通　川木通

Clematis armandii Franch.

木质藤本。小枝有棱，被白色短柔毛，后脱落。三出复叶；小叶片革质，卵状披针形至卵形，长 4~12 cm，宽 2~5cm，顶端渐尖，基部圆形、心形或宽楔形，全缘，两面无毛。聚伞花序或圆锥状聚伞花序，腋生或顶生；腋生花序基部有多数宿存芽鳞，三角状卵形至长圆形，长 0.8~3.5cm；花序下部苞片近长圆形，3 浅裂，上部苞片渐小；萼片4(~5)，开展，白色，偶带淡红色，大小变异极大，外面边缘密生短绒毛至稀疏；雄蕊无毛。瘦果扁，卵形至椭圆形，疏生柔毛，宿存花柱长 5cm，有白色长柔毛。花期 3~4 月，果期 4~7 月。

见于永嘉（岩坦）、泰顺，生于山坡、山谷、路边灌丛中、林边或水沟旁。

干燥藤茎可入药，具有清热利尿、通经下乳的功效。

3. 威灵仙　图 87

Clematis chinensis Osbeck

木质攀援藤本。植株暗绿色，干后黑色。茎、小枝近无毛或疏被短柔毛。一回羽状复叶；小叶5，有时3或7，小叶片卵形至卵状披针形，长1.5~8cm，宽1~5cm，全缘，先端锐尖至渐尖，基部宽楔形、圆形至浅心形，两面近无毛或疏生短柔毛，两面网脉不明显。常为腋生或顶生的圆锥状聚伞花序，具多花；花直径1~2cm；萼片4(~5)，开展，白色，先端常凸尖，背面边缘密被绒毛或中间有短柔毛，余无毛。瘦果扁，3~7，长5~7mm，有柔毛，宿存花柱长2~5cm。花期6~9月，果期8~11月。

图 87 威灵仙

见于本市各地，生于山坡灌丛、沟边及路旁草丛。

根或根茎入药，具有祛风除湿、通络止痛的功效。

4. 厚叶铁线莲 图 88

Clematis crassifolia Benth.

常绿藤本。除心皮及萼片外，其余无毛。茎光滑、带紫红色，圆柱形，有纵纹。三出复叶；小叶革质，长圆形、卵形或阔卵形，长 5~12cm，宽 2.5~6.5cm，基部宽楔形至近圆形，先端锐尖或钝，全缘。圆锥状聚伞花序腋生或顶生，多花；总花梗 3~5cm；苞片线状钻形；花直径 2.5~4cm；萼片 4，开展，白色或略带粉红色，披针形或倒披针形，外面近无毛，边缘密生短绒毛，内面有较密短柔毛；雄蕊花丝干时明显皱缩，比花药长 3~5 倍；子房具短柔毛。瘦果镰刀状狭卵形，被短柔毛，宿存花柱羽状。花期 12 月至翌年 1 月，果期 2 月。

见于泰顺（乌岩岭），生于海拔 600m 以上的山沟岩缝中。

5. 舟柄铁线莲 图 89

Clematis dilatata Péi

木质藤本。茎、枝有纵棱，初被柔毛，后变无毛。一至二回羽状复叶，具小叶5~13，基部1~2对复叶常仅有3或2小叶；小叶革质，长卵形、卵形、卵圆形或长圆状披针形，全缘，顶端锐尖或钝，有时渐尖，基部圆形或浅心形，网脉凸出；叶柄基部扩大而联合，抱茎而呈舟状，有时较不明显。圆锥状聚伞花序顶生或腋生，比叶短；花序梗、花

图 88 厚叶铁线莲

图89 舟柄铁线莲

梗有较密柔毛；花直径达5.5cm；萼片5~6(~7)，白带红色，内外面均有柔毛，边缘密生绒毛。瘦果狭扁卵形，长约5mm，有柔毛，宿存花柱长达3.5cm。花期5月，果期6月。

见于永嘉（金溪）、文成（石垟），生于山坡林中或山谷溪边。温州分布新记录种。浙江省重点保护野生植物。

6. 山木通 图90

Clematis finetiana Lévl. et Vant.

木质藤本。全株无毛，干后棕红色。茎圆柱形，有纵条纹。三出复叶，基部有时为单叶；小叶片薄革质或革质，卵状披针形、狭卵形至卵形，全缘，顶端锐尖至渐尖，基部圆形、浅心形或斜肾形。花

图90 山木通

常单生，或为聚伞花序、总状聚伞花序，腋生或顶生，常有1~3花，稀7花以上而成圆锥状聚伞花序，常比叶长或近等长；苞片小，钻形，有时下部苞片为宽线形至三角状披针形；萼片4(~6)，白色，外面边缘密生短绒毛，中间被疏毛，内面无毛。瘦果镰刀状狭卵形，有柔毛，宿存花柱长达3cm，有黄褐色长柔毛。花期4~6月，果期7~11月。

见于本市各地，生于山坡疏林、溪边、路旁灌丛。

干燥根或根茎入药，具有祛风除湿、通络止痛的功效。

7. 重瓣铁线莲

Clematis florida Thunb. var. **plena** D. Don

草质藤本。茎棕色或紫红色，具6纵棱，节部膨大，疏被短柔毛。二回三出复叶，叶柄常扭曲；小叶片卵形至狭卵形，全缘，极稀有分裂，顶端钝尖，基部圆形或阔楔形，两面无毛，小叶柄显著。花单生于叶腋；花梗长6~11cm，近于无毛，在中下部生1对叶状苞片；苞片宽卵圆形或卵状三角形，长1~2cm，基部无柄或具短柄，被黄色柔毛；花直径约5cm；萼片6，白色，内面无毛，外面密被绒毛，边缘无毛；雄蕊均成花瓣状，白色或淡绿色；柱头膨大或头状。瘦果倒卵形，扁平，边缘增厚，宿存花柱伸长成喙状。花期6月，果期8月。

见于文成（石垟）、泰顺，生于山坡、溪边及灌丛阴湿处。

具有较高的观赏价值。浙江省重点保护野生植物。

8. 粗齿铁线莲

Clematis grandidentata (Rehd. et Wils.) W. T. Wang

落叶藤本。小枝密生白色短柔毛，老时外皮剥落。一回羽状复叶，小叶5，有时茎端为三出叶；小叶片卵形或椭圆状卵形，长5~10cm，宽3.5~6.5cm，顶端渐尖，基部圆形、宽楔形或微心形，常有不明显3裂，边缘有粗大锯齿状牙齿，上面疏生短柔毛，下面密生白色短柔毛至较疏，或近无毛。聚伞花序腋生或顶生，常有3~7花；花直径2~3.5cm；萼片4，开展，白色，近长圆形，顶端钝，两面有短柔毛，内面较疏至近无毛；雄蕊无毛。瘦果扁卵圆形，长约4mm，有柔毛，宿存花柱长3cm。花期5~7月，果期7~10月。

据《泰顺县维管束植物名录》记载泰顺有分布，但未见标本。

9. 单叶铁线莲　雪里开　图91

Clematis henryi Oliv.

木质藤本。小枝有柔毛。单叶，对生；叶片

尤志勉 摄

丁炳扬 摄

尤志勉 摄

图91　单叶铁线莲

卵状披针形，长7~15cm，宽2~7cm，顶端渐尖，基部浅心形，边缘具刺头状的浅齿，两面无毛或背面仅叶脉上幼时被紧贴的绒毛，网脉明显；叶柄长2~6cm。花常单生，稀为具2~5花的聚伞花序，腋生；总花梗与叶柄近等长，下部有2~4对交叉对生的线状苞片；花白色或淡黄色，直径2~2.5cm；萼片4，长1~2cm，内面无毛，外面上部及边缘有绒毛。瘦果狭卵形，长约3mm，被短柔毛，宿存花柱长达4.5cm。花期11~12月，果期翌年3~4月。

见于乐清、永嘉、瓯海、瑞安、文成、平阳、苍南、泰顺，生于溪边、山谷、阴湿的坡地、林下及灌丛中，缠绕于树上。

块根入药，具有化痰散结、行气止痛的功效。

■ 10. 毛柱铁线莲 图92

Clematis meyeniana Walp.

木质藤本。茎圆柱形，被短柔毛，具有纵棱。三出复叶；小叶片近革质，卵形或卵状长圆形，有时为宽卵形，长3~9cm，宽2~5cm，顶端锐尖、渐尖或钝急尖，基部浅心形、圆形或宽楔形，全缘，两面无毛。圆锥状聚伞花序具多花，腋生或顶生，常比叶长或近等长；苞片小，钻形；萼片4，白色，长0.7~1.2cm，内面无毛，外面边缘有绒毛；雄蕊无毛；花瓣缺。瘦果镰刀状狭卵形或狭倒卵形，长约4.5mm，有柔毛，宿存花柱长达2.5cm。花期6~8月，果期8~10月。

见于乐清（百岗尖）、文成（铜铃山）、泰顺（乌岩岭），生于山坡疏林及路旁灌丛。

图92 毛柱铁线莲

■ 11. 裂叶铁线莲

Clematis parviloba Gardn. et Champ.

木质藤本。枝有棱，被柔毛。一至二回羽状复叶或二回三出复叶，基部两对常2~3裂至3小叶，茎上部有时为三出复叶；小叶片卵状披针形、长卵形至卵形，长1.5~8.5cm，宽1~3cm，全缘或有粗锯齿或牙齿，顶端渐尖，基部圆形，两面有贴伏柔毛，下面较密。聚伞花序或圆锥状聚伞花序腋生或顶生，1至多花，常与叶近等长；花梗上小苞片显著；花直径1.5~3.5cm；萼片4，白色，长0.8~2cm，宽3~7mm，外面有绢状毛，内面近无毛。瘦果卵形，长约5mm，被柔毛，宿存花柱长达4cm。花期5~9月，果期7~10月。

见于乐清、文成、平阳、苍南、泰顺，生于山坡、山谷灌丛中、林边、路边或沟旁。

■ 12. 天台铁线莲

Clematis patens C. Morr. et Decne. var. **tientaiensis** (M. Y. Fang) W. T. Wang [*Clematis patens* subsp. *tientaiensis* M. Y. Fang]

草质攀援藤本。茎圆柱形，棕黑色或暗红色，有纵棱，幼时疏被柔毛，后逐渐脱落，仅节处宿存。叶为三出复叶或单叶；小叶片亚革质，卵状披针形，长6~7cm，宽2~4cm，全缘，无毛。单花顶生；花梗粗壮，较萼片短，长3.5~4cm，被淡黄色柔毛，无苞片；花大，直径8~14cm；萼片5~6，白色，内面无毛，3条直的中脉及侧脉明显，外面沿3条中脉形成一披针形的带，被长柔毛，外侧疏被短柔毛和绒毛，边缘无毛。瘦果卵形，宿存花柱长3~3.5cm，被金黄色长柔毛。花期5~6月，果期6~7月。

据《浙江植物志》记载乐清（雁荡）有分布，但未见标本。

花较大，具有较高的观赏价值；浙江省重点保护野生植物。

图93 圆锥铁线莲

13. 圆锥铁线莲 图93

Clematis terniflora DC.

木质藤本。茎、小枝有短柔毛，后近无毛。一回羽状复叶，小叶通常5，有时3或7，偶见基部一对2~3裂至2~3小叶；小叶片狭卵形至宽卵形，全缘，顶端钝或锐尖，有时微凹或短渐尖，基部宽楔形至圆形，有时浅心形，两面近无毛或沿叶脉疏生短柔毛，上面网脉不明显或明显，下面网脉凸出。圆锥状聚伞花序腋生或顶生，稍比叶短，多花；花序梗与花梗均被短柔毛；花直径1.5~3 cm；萼片4，白色，外面有短柔毛，边缘密生绒毛。瘦果橙黄色，扁，倒卵形至宽椭圆形，边缘增厚，有贴伏柔毛，花柱宿存。花期6~8月，果期8~11月。

见于永嘉（四海山）、泰顺，生于林缘或路旁草丛中。

14. 柱果铁线莲 小叶光板力刚 图94

Clematis uncinata Champ. ex Benth.

木质藤本。植株干时变黑，除花柱有羽状毛及萼片外面边缘有短柔毛外，其余无毛。茎圆柱形，有纵棱。一至二回羽状复叶，有5~15小叶，但常为5小叶，有时茎基部为单叶或三出复叶；小叶片纸质或薄革质，宽卵形、卵形、长圆状卵形至卵状披针形，全缘，顶端渐尖至锐尖，基部圆形或宽楔形，上面亮绿色，下面略被白粉，两面网脉凸出，小叶柄中上部具关节。圆锥状聚伞花序腋生或顶生，多花；萼片4，白色，干时变褐色至黑色，长1~1.5cm。瘦果圆柱状钻形，干后变黑，长5~8mm，宿存花柱长1~2cm。花期6~7月，果期7~9月。

见于本市各地，生于山地、山谷、溪边的灌丛中。

图 94　柱果铁线莲

5. 黄连属 Coptis Salisb.

多年生草本。根状茎黄色，具多数须根。叶基生，3 或 5 全裂，偶一至三回三出复叶；有长柄。单歧或多歧聚伞花序，或为单花；苞片披针形，羽状分裂；花小，萼片 5，黄绿色或白色，花瓣状；花瓣比萼片短，倒披针形或匙形，基部有时下延成爪，中央具或不具蜜槽；雄蕊多数；心皮 5~14。蓇葖果。种子长椭圆形，具不明显条纹。

约 16 种，分布于北温带；我国 6 种；浙江 1 种 1 变种；温州 1 变种。

■ 短萼黄连 图 95

Coptis chinensis Franch. var. **brevisepala** W. T. Wang et Hsiao

多年生草本。根状茎黄色，具多数须根。叶基生，坚纸质或稍带革质，卵状三角形，3 全裂，中央裂片具柄，具 3 或 5 对羽状裂片，边缘具细刺尖的锐锯齿，侧生裂片，不等的 2 深裂，脉在两面隆起，仅上面沿脉具短柔毛；叶柄长 5~12cm。二歧或多歧聚伞花序，花 3~8；苞片披针形，羽状深裂；花小，黄绿色；萼片 5，长约 6.5mm，仅比花瓣长 1/5~1/3，不反卷；花瓣线形或线状披针形，中央有蜜槽；雄蕊 12~20；心皮 8~12。蓇葖果。种子长椭圆形，褐色。花期 2~3 月，果期 4~6 月。

见于永嘉（四海山）、文成、平阳（顺溪）、苍南（莒溪）、泰顺，生于海拔 600~1500m 的山坡、林下等较湿润的地。

可入药，民间习称“浙黄连”。浙江省重点保护野生植物。

图 95 短萼黄连

6. 翠雀属 Delphinium Linn.

一年生或多年生草本。单叶，互生或基生，掌状或羽状分裂。总状花序顶生；花两侧对称；萼片5，紫色、蓝色、白色或黄色，离生或基部稍合生，上萼片基部延长成囊形至钻形的距；花瓣（上花瓣）2，无爪，有距，有分泌组织；退化雄蕊（下花瓣）2；雄蕊多数；离生心皮3~7。蓇葖果。种子近四面体形或扁球形，有翅或横膜翅。

约 300 种以上，广布于温带地区。我国 160 种；浙江 1 种 1 变种；温州 1 种。

图 96　还亮草

■ 还亮草　图 96

Delphinium anthriscifolium Hance

一年生草本。茎高12~75cm，无毛或被白色柔毛，分枝。叶互生，二至三回近羽状复叶，偶为三出复叶；叶片菱状卵形或三角状卵形，羽片2~4对，对生，稀互生，上面疏被短柔毛，下面无毛或近无毛。总状花序，花2~15；花序轴和花梗被反曲的柔毛；茎部苞片叶状；花直径不超过1.5cm；萼片淡紫色，椭圆形至长圆形，被毛，萼距钻形或圆锥状钻形，长5~15mm；花瓣紫色，无毛，具不等3齿；退化雄蕊斧形，2裂近基部；雄蕊无毛；心皮3。蓇葖果。种子扁球形，具螺旋状生长的横膜翅。花期3~6月，果期6~8月。

见于本市各地，生于海拔 200~1200m 的山麓林缘、溪边、阴湿山坡或草丛中。

全草供药用。

7. 人字果属 Dichocarpum W. T. Wang et Hsiao

多年生草本。具根状茎。茎直立。叶基生和茎生，或全部基生，鸟趾状复叶或掌状三出复叶；小叶片和齿牙先端微凹，有腺体。单歧或二歧聚伞花序；苞片 3 浅裂或全裂；花辐射对称；萼片 5，花瓣状，白色、淡黄色或粉红色，椭圆形或倒卵形；花瓣 5，金黄色，有细长爪；雄蕊 5~25，花丝狭线形，花药卵球形或宽椭圆形；心皮 2，长椭圆形，基部合生，胚珠多数，2 列着生于腹缝线上。蓇葖果 2，二叉状或成水平展开，顶端具细喙。种子圆球形，种皮褐色，偶有小疣状凸起，有纵脉。

约 16 种，分布于亚洲东部和喜马拉雅山区。我国 9 种；浙江 2 种，温州也有。

■ 1. 蕨叶人字果　图 97

Dichocarpum dalzielii (Drumm. et Hutch.) W. T. Wang et Hsiao

多年生草本。全体无毛。根状茎较短，密生黄褐色须根。叶 3~11，全为基生，为鸟趾状复叶，小叶 5~7；中央小叶片菱形，中部以上具 3~4 对浅裂片，边缘上部疏生浅牙齿；侧生小叶片斜菱形或斜卵形，远较小。单歧聚伞花序具花 3~8；花梗长 2~3cm；苞片不为叶状，3 全裂；萼片 5，白色，狭倒卵状椭圆形；花瓣金黄色，具细爪，瓣片近圆形，先端微凹，偶全缘；雄蕊多数，花药宽椭圆形；子房狭倒卵形。蓇葖果连喙长 1.1~1.5cm，倒“人”字叉开。种子近圆球形，褐色，光滑。花期 4~5 月，果期 5~6 月。

见于文成、泰顺（司前），生于山地林下阴湿处。

图 97 蕨叶人字果

2. 人字果 图 98

Dichocarpum sutchuenense (Franch.) W. T. Wang et Hsiao

多年生草本，全体无毛。根状茎粗壮横走，暗褐色，密生须根。叶基生和茎生；基生叶为鸟趾状复叶，中央小叶片宽倒卵状圆形，中部以上具 5 对浅裂片，先端微凹，侧生小叶片斜卵圆形或倒卵形；茎生叶常 1，似基生叶。复单歧聚伞花序，花 (1~)3~8；下部和中部苞片似茎生叶，较小，最上部苞片 3 全裂，无柄；萼片白色，倒卵状椭圆形，先端钝；花瓣金黄色，具细爪，瓣片近圆形，先端微凹，偶全缘；雄蕊多数，花药宽椭圆形；心皮与雄蕊约等长，子房倒披针形。蓇葖果。种子圆球形，黄褐色，光滑。花期 4~5 月，果期 5~6 月。

见于泰顺（乌岩岭），生于山坡林下阴湿处或沟边。

本种与蕨叶人字果 *Dichocarpum dalzielii* (Drumm et Hutch.) W. T. Wang et Hsiao 的区别在于：叶有茎生叶和基生叶，中央小叶片宽倒卵状圆形；花莛上的苞片叶状。

图 98 人字果

8. 毛茛属 **Ranunculus** Linn.

草本，陆生或水生。根纤维状簇生或基部增厚呈纺锤形，稀根状茎。茎直立，斜升或匍匐。叶基生兼茎生，单叶或三出复叶。花单生或成聚伞花序；花两性；萼片 6，绿色，早落；花瓣 5 或更多，黄色，基部有点状或袋穴状的蜜槽；雄蕊多数；离生心皮多数，螺旋状着生在花托上。聚合果球形或长圆形；瘦果平滑或有瘤状凸起，少数有刺。

约有 600 种，广布于全球温带、亚寒带及高山地区。我国 115 种；浙江 9 种；温州 8 种。

本属不少植物含毛茛苷，分解后为原白头翁素，可供药用。

分种检索表

1. 基生叶为三出复叶或 3 深裂。
  2. 植物体高大，高 15~90cm，全体有粗硬毛。
    3. 瘦果聚集成球形的聚合果。
      4. 茎直立；萼片平展，不向下反折；瘦果边缘有棱线，果喙顶端弯钩状 …………… **1. 禺毛茛 R. cantoniensis**
      4. 茎常匍匐或上升；萼片向下反折；瘦果有较宽的边缘，果喙成锥状外弯 …………… **7. 扬子毛茛 R. sieboldii**
    3. 瘦果聚集成长圆形的聚合果 …………… **2. 茴茴蒜 R. chinensis**
  2. 植物体矮小，高 5~17cm，全体无毛或有疏毛。
    5. 须根伸长，全部肉质增厚呈圆柱状；茎下部伏卧，节上有时生根 …………… **5. 肉根毛茛 R. polii**
    5. 须根呈肉质膨大呈卵球形，顶端质地硬呈爪状；茎上升，节不生根 …………… **8. 猫爪草 R. ternatus**
1. 基生叶 3 深裂或不分裂。
  6. 植物体有毛 …………… **3. 毛茛 R. japonicus**
  6. 植物体无毛。
    7. 瘦果无刺 …………… **6. 石龙芮 R. sceleratus**
    7. 瘦果有刺 …………… **4. 刺果毛茛 R. muricatus**

1. 禺毛茛　图 99

Ranunculus cantoniensis DC.

多年生草本。须根簇生。茎直立，高 25~80cm，上部有分枝，与叶柄均密被黄白色糙毛。三出复叶，变异较大；基生叶和下部叶具长柄，叶片宽卵形，边缘密生细锯齿或牙齿，先端急尖，两面贴生糙毛；上部叶渐小，3 全裂，或有短柄。花生于茎和分枝的顶端；花梗长 2~5cm，与萼片均生糙毛；萼片卵形，平展；花瓣 5，椭圆形，长约为宽的 2 倍，基部渐狭成爪，蜜槽上有倒卵形小鳞片；花托长圆形，生白色短毛。聚合果球形；瘦果扁平，无毛，边缘有棱线，喙基部扁宽，顶端弯钩状。花期 4~5 月，果期 5~6 月。

见于本市各地，生于平原、丘陵的沟边、路旁水湿地。

可药用，有毒，大多鲜用外敷发泡用。

2. 茴茴蒜

Ranunculus chinensis Bunge

一年生草本。须根多数簇生。茎直立，高 15~50cm，中空，有纵棱，分枝多，与叶柄均密被淡黄色糙毛。三出复叶，基生叶与下部叶具长柄，叶片宽卵形至三角形，两面伏生糙毛；中央小叶具长柄，3 深裂；侧生小叶具短柄，不等的 2~3 裂。花序有较多疏生的花；萼片 5，狭卵形，外面被柔毛；花瓣 5，宽卵圆形，与萼片近等长或稍长，黄色，或上面白色，基部有短爪，蜜槽有卵形小鳞片；花托在果期显著伸长，圆柱形，密被白短毛。聚合果长圆形；瘦果扁平，无毛，边缘有棱线，喙极短，

呈点状。花期 4~6 月，果期 5~7 月。

见于永嘉（四海山）、泰顺，生于溪边或湿草地。

全草有毒，大多外敷治疗。

3. 毛茛 驮猫脚气 老虎脚底板 图 100

Ranunculus japonicus Thunb.

多年生草本。根壮茎短，具多数簇生的须根。茎直立，高 30~60cm，中空，有槽，具分枝，被开展或贴伏柔毛。基生叶为单叶，多数，三角状肾圆形或五角形，掌状 3 深裂不达基部，中央裂片宽菱形或倒卵圆形，3 浅裂，边缘疏生锯齿，侧生裂片不等的 2 裂，两面贴生柔毛，叶柄被开展柔毛；茎生叶渐向上叶柄变短，叶片变小，甚至变线形。聚伞花序有多数花，疏散；萼片 5，椭圆形，生白色柔毛；花瓣 5，黄色，倒卵状圆形，基部有爪，蜜槽倒卵状，覆有鳞片。聚合果近球形；瘦果扁平，边缘有棱线，无毛，喙短直或外弯。花期 4~6 月，果期 6~8 月

见于本市各地，生于郊野、路边、田边、沟边及向阳山坡草丛中。

全草可供药用，有毒，大多鲜用外敷发泡用。

图 99 禺毛茛

图 100 毛茛

4. 刺果毛茛 图101

Ranunculus muricatus Linn.

一年生草本。全体近莲座状，近无毛。须根扭转伸长。茎高10~30cm，自基部分枝，倾斜上升。基生叶叶片近圆形，先端钝，基部截形，3中裂至深裂，裂片边缘具缺刻状浅裂；叶柄长2~9cm，无毛或边缘疏生柔毛，基部有膜质鞘。花与叶对生；萼片长椭圆形，带膜质，有时被柔毛；花瓣5，黄色，狭倒卵形或宽卵形，先端圆，基部渐狭成爪，蜜槽上有小鳞片；花托疏生柔毛。聚合果球形；瘦果扁平，椭圆形，边缘有棱翼，两面各生弯刺，有疣基，喙长达2mm，顶端稍弯。花期3~5月，果期5~6月。

见于乐清（雁荡）、永嘉（乌牛）、鹿城、平阳（西湾），生于路旁、田耕或水沟边潮湿处杂草丛中。温州分布新记录种。

图101 刺果毛茛

5. 肉根毛茛

Ranunculus polii Franch. ex Hemsl.

一年生草本。须根伸长，全部肉质增厚呈圆柱形，直径1.5~3mm。茎高5~15cm，自基部多分枝，铺散，或下部节生根，倾斜上升，无毛。基生叶多数，三出复叶，小叶卵状菱形，一至二回三深裂达基部，末回裂片披针形至线形，顶端尖，无毛，小叶柄光滑，叶柄长2~6cm；下部叶与基生叶相似，上部叶近无柄，叶片二回3深裂，末回裂片线形。花单生于茎顶和分枝顶端；萼片卵圆形；花瓣5，黄色或上面白色，倒卵形，下部渐窄成短爪，蜜槽点状。聚合果球形，直径4~6mm；瘦果长圆状球形，稍扁，生细毛，有纵肋，喙短。花果期4~6月。

据《泰顺县维管束植物名录》记载泰顺有分布，但未见标本。

6. 石龙芮 图 102

Ranunculus sceleratus Linn.

一年生草本。须根簇生，纤维状。茎直立，高15~45cm，上部多分枝，无毛或几无毛。基生叶和下部叶的叶片肾状圆形至宽卵形，深裂，裂片倒卵状楔形，具粗圆齿裂2~3，无毛；上部叶较小，3全裂，裂片披针形至线形，全缘，无毛，基部扩大成膜质宽鞘，抱基。聚伞花序有多数花，花小；萼片5，船形，淡绿色，倒卵形，外被短柔毛；花瓣黄色，基部具爪，蜜槽呈袋穴状，花无鳞片；果托在果期伸长增大呈圆柱形，被短柔毛。聚合果长圆形；瘦果倒卵形，稍扁，两侧有皱纹，无毛，喙极短，近点状。花果期5~8月。

见于本市各地，生于河沟边及平原湿地。

全草有毒，可供药用。

图 102 石龙芮

7. 扬子毛茛 西氏毛茛 图 103

Ranunculus sieboldii Miq.

多年生草本。须根簇生。茎铺散，斜升，高20~30cm，下部匍匐，节上生根，多分枝，密生开展的白色或淡黄色柔毛。三出复叶，基生叶与茎生叶相似，宽卵形至圆肾形，背面疏被柔毛；中央小叶宽卵形或菱状卵形，3浅裂至较深裂，边缘有锯齿；侧生小叶不等2裂。花与叶对生；萼片狭卵形，外面生疏毛，花期向下反折，迟落；花瓣5，黄色或上面变白色，狭椭圆形，有长爪，蜜槽小鳞片位于爪的茎部；花托粗短，密生白柔毛。聚合果圆球形；瘦果扁平，无毛，边缘有宽约0.4mm的宽棱，喙长约1mm，锥状外弯。花期4~9月，果期5~10月。

见于本市各地，生于平原至山地林缘的湿草地。

全草有毒，可供药用。

图 103 扬子毛茛

图 104 猫抓草

8. 猫爪草 小毛茛 图 104

Ranunculus ternatus Thunb.

一年生草本。须根肉质膨大呈卵球形，顶端质地硬呈爪状。茎直立，细弱，高5~17cm，多分枝，几无毛或有疏毛，节不生根。基生叶为三出复叶或单叶，小叶片3浅裂至3深裂，或多次细裂，末回裂片倒卵形或线形，无毛，叶柄长6~10cm；茎生叶无柄，较小，全裂。花单生于茎顶或分枝顶端；萼片5~7，绿色，外面疏生柔毛；花瓣5~7或更多，黄色或变白色，倒卵形，基部具袋状蜜槽；花托无毛。聚合果近球形，直径约6mm；瘦果卵球形，无毛，边缘有纵肋，喙细短。花期3~4月，果期4~7月。

据《泰顺县维管束植物名录》记载泰顺有分布，但未见标本。

干燥块根入药，具有散结、消肿的功效。

9. 天葵属 **Semiaquilegia** Makino

多年生小草本。具块根。茎丛生，纤细，上部具分枝。叶基生和茎生，掌状三出复叶，基生叶具长柄，茎生叶具短柄。聚伞花序；苞片小；花小，辐射对称；萼片 5，白色，花瓣状；花瓣 5，匙形，基部呈囊状；退化雄蕊 2；雄蕊 8~14，分离；离生心皮 3~5。蓇葖果略成星状叉开。种子多数，细小，有多数小瘤状凸起。

2 种，分布于我国长江流域、亚热带地区及日本。我国 2 种；浙江 1 种，温州也有。

天葵 千年老鼠屎 紫背天葵 图 105

Semiaquilegia adoxoides (DC.) Makino

多年生草本。块根椭圆形或纺锤形，黑棕色。茎丛生，高 10~20cm，上部分枝，疏被白色柔毛。基生叶具长柄，茎生叶具短柄，均为掌状三出复叶，扇状菱形或倒卵状菱形，3 深裂。单歧或为蝎尾状的聚伞花序；花小；萼片 5，白色或淡紫色；花瓣 5，匙形，基部囊状；退化雄蕊 2；雄蕊 8~14；心皮 3~5。蓇葖果卵状长椭圆形，表面具凸起的横向脉纹。种子卵状椭圆形，表面有许多小瘤状凸起。花期 3~4 月，果期 4~5 月。

见于本市各地，生于山坡林缘、路旁、水沟边及阴湿处。

块根入药，有小毒，具有清热解毒、消肿散结的功效。

图 105　天葵

10. 唐松草属 Thalictrum Linn.

多年生直立草本。根须状。茎圆柱形或有棱，常分枝。叶基生或茎生，一至五回三出复叶；小叶掌状分裂，有少数牙齿，稀不分裂；叶柄基部扩大成鞘状；托叶有或无。花两性或单性异株，单歧聚伞花序或圆锥状，稀总状花序；萼片 4~5，花瓣状，较小，早落；花瓣缺；雄蕊多数；心皮 2~20(~68)。瘦果椭圆球形或狭卵形，有纵肋或翅。

约 200 种，多分布于北温带。我国约 70 种；浙江 6 种 1 变种；温州 3 种。

本属不少植物的根和根状茎含有小檗碱，可供药用。

分种检索表

1. 花柱拳卷，常呈钩状，腹面上部生狭条状柱头组织。
   2. 顶生小叶大，卵形，长 5~10cm，先端急尖或微钝 ………………………… **2. 大叶唐松草 T. faberi**
   2. 顶生小叶宽倒卵形或近圆形，长大多在 2.5cm 以下，先端钝圆；花序分枝少，有少数花；瘦果圆柱状椭圆形 ………………………… **3. 华东唐松草 T. fortunei**
1. 花柱直，不拳卷，腹面上部或全部密生柱头组织，形成明显的柱头，柱头有时有翅，心皮有柄；茎生叶 1~2 枚 ………………………… **1. 尖叶唐松草 T. acutifolium**

图 106 尖叶唐松草

1. 尖叶唐松草 图 106

Thalictrum acutifolium (Hand.-Mazz.) Boivin

多年生草本。植株无毛或叶背疏被柔毛。根肉质，胡萝卜形。茎高25~65cm，中部以上分枝。基生叶2~3，二回三出复叶，草质，顶生小叶有较长柄，卵形，先端急尖或钝，基部圆楔形或心形，不分裂或不明显3浅裂，边缘具疏牙齿，下面脉凸起；茎生叶1~2，较小，一至二回三出复叶，有短柄。花序稀疏；花梗长3~8mm；萼片4，白色或带粉红色，卵形，早落；雄蕊多数，花药长圆形，花丝上部倒披针形；心皮6~12，有细柄，花柱极短，腹面全部离生柱头组织。瘦果扁，狭长圆形，稍不对称，有8细纵肋。花期4~7月，果期6~8月。

见于乐清、永嘉、瓯海、瑞安、文成、平阳（顺溪）、苍南（莒溪）、泰顺，生于山地沟边、路旁、林缘及湿润草丛中或湿润、腐殖质丰富的岩石上。

图 107 大叶唐松草

2. 大叶唐松草 兰蓬草 大叶马尾莲 图 107

Thalictrum faberi Ulbr.

多年生草本。全体无毛。根茎短，下部密生棕黄色细长须根。茎高 35~110cm，上部分枝。二至三回三出复叶，叶片长达 30cm；小叶片大，坚纸质，顶生小叶片大，宽卵形，长 5~10cm，宽 3.5~9cm，先端急尖或微钝，基部圆形，浅心形或截形，3浅裂，边缘每侧有粗尖齿5~10，下面脉凸起，网脉明显。圆锥状花序；萼片白色或淡蓝色，早落；花药长圆形，花丝比花药窄或等宽；心皮3~6，花柱长几与子房等长，稍拳卷，沿腹面生柱头组织。瘦果狭卵形，约具10细纵肋，宿存花柱拳卷。花期7~9月，果期10~11月。

见于瑞安（红双林场）、文成（石垟）、泰顺（乌岩岭），生于海拔600~1300m的山地林下，较湿润的溪谷疏林及阴湿草丛中。

根可供药用。

3. 华东唐松草 图108

Thalictrum fortunei S. Moore

多年生草本。全体无毛。须根末端稍增粗。茎高20~60cm，自下部或中部分枝。二至三回三出复叶，基生叶和下部茎生叶具长柄，叶草质，下面粉绿色；顶生小叶近圆形、宽倒卵形，长不过2.5cm，先端圆，基部圆形或浅心形，边缘具浅圆齿；侧生小叶片斜心形，具膜质全裂托叶。单歧聚伞花序，分枝少，花少；萼片4，白色或淡紫蓝色；花丝上部倒披针形，花药椭圆形，先端钝；心皮3~6，子房长圆形，花柱短，沿腹面生柱头组织。瘦果无柄，圆柱状椭圆形，有6~8纵肋，宿存花柱顶端常拳卷。花期3~5月，果期5~7月。

见于乐清（百岗尖）、永嘉（龙湾潭、四海山）、泰顺，生于海拔100~1500m的山坡、林下阴湿处。

全草供药用。

丁炳扬 摄

丁炳扬 摄

图108 华东唐松草

31. 木通科 Lardizabalaceae

藤本，稀直立灌木。叶互生，掌状复叶或三出复叶，稀羽状复叶。总状花序或伞房花序，稀圆锥花序，稀单花，整齐，雌雄同株或异株，稀杂性，各部轮状排列，3基数；萼片6，有时3；花瓣缺，或在雄花中蜜腺状；雄蕊6，分离或花丝多少合成管，花药2室，纵裂，药隔常凸出于药室之上而呈角状；雌花具退化雄蕊6或无，子房上位，心皮3至多数，上位，分离。蓇葖果或浆果，开裂或不开裂。种子多数，稀单生，卵形或近肾形，种皮脆壳质。

9属约50种，多分布于亚洲东部。我国7属42种4亚种2变种；浙江5属11种3亚种；温州4属9种3亚种。

分属检索表

1. 掌状复叶，小叶片近等形，有明显的小叶柄；果大，长3cm以上；藤本。
  2. 落叶或半常绿；小叶全缘或波状，先端微凹；总状花序；萼片3，稀4~6；花丝几无，分离，花药内弯；心皮3~9 ······ **1. 木通属 Akebia**
  2. 常绿；小叶全缘，先端尖；伞房花序，萼片6；花丝长，分离或合生，花药直，通常具尖凸药隔；心皮3。
    3. 萼片较厚，先端钝 雄蕊花丝分离 ······ **2. 八月瓜属 Holboellia**
    3. 萼片薄，先端渐尖 雄蕊花丝合成管状 ······ **4. 野木瓜属 Stauntonia**
1. 三出复叶，中央叶和两侧叶不等形，无小叶柄或仅具短柄；果小，球形，长约1cm ······ **3. 大血藤属 Sargentodoxa**

1. 木通属 Akebia Decne.

落叶或半常绿藤本。叶互生或在短枝上簇生，具长柄，掌状或三出复叶，全缘或波状。花单性，雌雄同株同序；总状花序腋生；萼片3，稀4~6，紫红色；花瓣缺；雄花雄蕊6，分离，花丝极短，花药内弯，具退化雌蕊；雌花退化雄蕊6或9，离心皮雌蕊3~9。肉质蓇葖果长椭圆形，熟时沿腹缝开裂。种子卵形，黑色，排列成行，下陷于果肉中。

4种。我国3种2亚种；浙江2种1亚种，温州也有。

本属大部分种类的根、藤和果实均作药用；果味甜，可食。

1. 木通 五叶木通 图109

Akebia quinata (Houtt.) Decne.

落叶木质藤本。茎皮灰褐色。幼枝略带紫色，无毛，具圆形皮孔。掌状复叶，叶柄长2.5~10cm，小叶5，倒卵形或椭圆形，先端微凹，凹处具小尖头，基部宽楔形或圆形，全缘，上面深绿色，下面淡绿色，中脉上面平，下面略凸起，小叶柄长8~15mm，中央的最长。总状花序，长约4.5~10cm；花梗细，梗长3~5mm；萼片3，稀4~6，紫红色；雄花较小，花丝几无，离生，花药内弯；雌花萼片暗紫色，离生心皮3~9。肉质蓇葖果浆果状，椭圆形或长椭圆形，长6~8cm，直径2~4cm，熟时暗紫色，沿腹缝开裂，露出白瓤和黑色种子。花期4月，果8月。

见于本市各地，生于海拔300~1500m的山地灌木丛、林缘和沟谷中。

干燥茎藤及果实入药。

2. 三叶木通 图110

Akebia trifoliata (Thunb.) Koidz.

落叶木质藤本。小枝灰褐色，有稀疏皮孔。掌状复叶，叶柄长5.5~10.5cm；小叶3，卵形或宽卵形，中央小叶较大，先端钝圆或凹缺，具小尖头，

图 109 木通

图 110 三叶木通

图 111 白木通

基部截形或圆形，边缘浅波状圆齿或浅裂，上面深绿色，下面淡绿色，中央小叶柄最长。总状花序长6~12.5cm；花梗长2~5mm；萼片近圆形，淡紫色，雄花萼片3，紫色，花丝几无，花药内弯。雌花萼片较大，3，紫色，心皮3~9，圆柱形。果椭圆形，稍弯，长6~14cm，直径达5~8.5cm，熟时淡红色，沿腹缝开裂。种子黑褐色，扁圆形。花期5月，果期9月。

见于本市各地，生于荒野山坡疏林中。

茎藤和果实均可药用。

本种与木通 *Akebia quinata* (Houtt.) Decne. 的主要区别在于：小叶3，边缘浅波状圆齿或浅裂。

2a. 白木通 图 111

Akebia trifoliata subsp. **australis** (Diels) T. Shimizu [*Akebia trifoliata* var. *australis* (Diels.) Rehd.]

本种与原种的主要区别在于：小叶革质，全缘或近全缘，质地较厚；果实黄褐色。

见于乐清、永嘉、文成、泰顺，生于山地、沟谷边、疏林或丘陵灌丛中。

2. 八月瓜属 Holboellia Wall.

常绿藤本，植物体无毛。叶具长柄，掌状复叶；小叶3~9，全缘。花雌雄同株；伞房花序稀为总状花序，腋生；萼片6，花瓣状，紫色或绿白色，先端钝，肉质，2轮排列；花瓣变成蜜腺，圆形，小，6数；雄花雄蕊6，花丝分离或合生，退化雌蕊小；雌花退化雄蕊6，心皮3。肉质浆果，不开裂，内有多数黑色种子数列。

约14种；我国12种2变种，产于秦岭以南各地区。浙江2种，温州也有。

1. 五月瓜藤

Holboellia angustifolia Wall. [*Holboellia fargesii* Reaub.]

常绿木质藤本。茎枝灰褐色，具线纹。掌状复叶，叶柄长2~5cm；小叶5~7，稀9，近革质或革质，狭长椭圆形至倒卵状披针形，长5~9cm，宽1.2~2cm，先端渐尖、急尖、钝或圆，偶凹入，边缘略背卷，上面绿色，下面灰白色。雌雄同株，花色多样，组成伞房式的短总状花序；雄花萼片6，外轮线状长圆形，内轮较小，花瓣极小，近圆形，花丝圆柱状；雌花外轮萼片倒卵状圆形或广卵形，内轮较小，花瓣小，卵状三角形，心皮3，棒状，柱头头状，具罅隙。果紫色，长圆形，顶端圆而具凸头。种子椭圆形，褐黑色。花期4~5月，果期7~8月。

见于乐清（雁荡）、瑞安、文成（西坑）、苍南（莒溪）、泰顺，生于山坡杂木林及沟谷林中。温州分布新记录种。

果可食；根可供药用。

图 112 鹰爪枫

2. 鹰爪枫 图 112

Holboellia coriacea Diels

常绿木质藤本。掌状复叶，柄长5~9cm；小叶3，革质，椭圆形或卵状椭圆形，长4~13cm，宽2~5cm，先端渐尖，基部圆形或宽楔形，全缘，上面深绿色，下面浅黄绿色，叶脉不明显，小叶柄具关节，中央小叶柄最长。伞房状花序；花梗长1.8cm；雄花白绿色或紫色，花萼6，长椭圆形，稍厚肉质，先端钝，蜜腺6，圆形，绿色，雄蕊花药白色，花丝绿色，退化雌蕊3，棒状，先端尖；雌花紫色或白绿色，雌蕊3，离生。果长圆形，紫红色，长4~7cm，直径2cm，略具刺瘤，果瓤白色。种子黑色，扁圆形。花期4月，果期8~9月。

见于永嘉（四海山）、文成、平阳（顺溪）、泰顺，生于林内或路旁杂灌丛中。

果实可食，也可供酿酒；种子可供榨油；茎皮含纤维；根可入药。

本种与五月瓜藤*Holboellia angustifolia* Wall.的区别在于：小叶3，椭圆形或卵状椭圆形，下面浅黄绿色，先端渐尖。

3. 大血藤属 Sargentodoxa Rehd. et Wils.

落叶木质藤本。三出复叶或单叶，互生。花单性，雌雄同株；总状花序，下垂；雄花花梗细长，小苞片2，萼片6，花瓣状，离生，2轮，覆瓦状排列，黄绿色，蜜腺状花瓣6，雄蕊6，与蜜腺对生；雌花的萼片与花瓣同雄花的，有退化雄蕊6，离生心皮螺旋状着生于膨大的花托上。聚合果；小浆果球形，有梗，熟时黑色或蓝黑色。种子1，卵形，黑色。

单种属，分布于我国西南、华中及华东地区，中南半岛北部亦有分布，浙江及温州也有。

大血藤 黄绳藤 图 113

Sargentodoxa cuneata (Oliv.) Rehd. et Wils.

落叶木质藤本。茎灰褐色，折断面具菊花样花纹，有红色汁液流出。三出复叶或单叶，具叶柄；中央小叶长椭圆形或菱状倒卵形，长4~11cm，先端钝或急尖，基部楔形，具小叶柄；侧生小叶较大，偏斜卵形，基部两侧不对称，无小叶柄。雄花序长8~15cm，下垂；花梗长1~1.8cm，具苞片；萼片线状长椭圆形，黄绿色，边缘稍内卷；花瓣极小，菱状圆形；雄蕊花丝短粗，花药纵裂；雌蕊多数，螺旋状着生于膨大的花托上。聚合果呈球形；小浆果球形，熟时黑色或蓝黑色，被白粉。种子卵形，黑色。花期5月，果期9~10月。

见于本市各地，生于山坡或山沟疏林中。

干燥茎入药，具有清热解毒、活血、祛风的功效。

图 113 大血藤

4. 野木瓜属 Stauntonia DC.

藤本。掌状复叶，具柄，小叶3~9。花单性，雌雄同株或异株，异序，稀同序，伞房花序腋生；雄花萼片6，花瓣状，无花瓣或仅6枚极小蜜腺状花瓣，雄蕊6，花丝合生成管状或仅基部合生，花药纵裂，药隔常尖凸，退化雌蕊3；雌花萼片与雄花的相似，退化雄蕊6，离生心皮3，直立。果为浆果状，不开裂或腹缝开裂。种皮脆壳质。

约25种，分布于亚洲东部。我国约23种2亚种；浙江4种2亚种，温州也有。

分属检索表

1. 花有蜜腺状花瓣6，舌状；花药顶端角状附属体约与药室等长；掌状复叶有小叶5~7，侧脉和网脉在两面显著凸起……………………………………………………………………………… **1. 野木瓜 S. chinensis**
1. 花无蜜腺状花瓣；花药顶端具凸头状附属体或无附属体；掌状复叶有小叶3~9。
  2. 花药顶端具凸头状附属体，花丝合生成管状。
    3. 花药凸头长约1~1.5mm；掌状复叶有小叶3~7。
      4. 小叶3，厚革质，长圆形或卵状长圆形，先端急尖，下面粉绿色，边缘明显向下反卷………………………………………………………………… **2. 显脉野木瓜 S. conspicua**
      4. 小叶3~7，革质或近革质，匙形、倒卵形或宽匙形，先端尾尖，下面浅绿色，上面无光泽。
        5. 小叶匙形，长6~10cm，宽2~3cm，先端尾尖较短 ····· **5a. 五指那藤 S. obovatifoliola subsp. intermedia**
        5. 小叶倒卵形或宽匙形，长4~10cm，宽2~4.5cm，先端尾尖长可达小叶长的1/4………………………………………… **5b. 尾叶那藤 S. obovatifoliola subsp. urophylla**
    3. 花药顶端具极微小的凸头，仅略可见；掌状复叶有小叶3~5……………………… **4. 倒卵叶野木瓜 S. obovata**
  2. 花药离生，顶端无附属体，钝头或凹入，花丝上部稍分离，下部合生成细圆筒状；小叶5~7，长圆状倒卵形、长圆形或近椭圆形……………………………………………………… **3. 钝药野木瓜 S. leucantha**

1. 野木瓜　七叶莲　图114

Stauntonia chinensis DC.

木质藤本。掌状复叶有小叶5~7，小叶革质，长圆形、椭圆形或卵状矩圆形，先端急尖，侧脉和网脉显著在两面凸起，网眼内有白色斑点。花雌雄同株，短总状花序腋生，具花3~4；雄花萼片外面淡黄色或乳白色，内面紫红色，密腺状花瓣6，舌状，花丝合生为管状，花药顶端角状附属体与药室近等长；雌花萼片和密腺状花瓣与雌蕊的相似。果矩圆形，熟时黄褐色。种子近三角形，压扁；种皮深褐色至进黑色，有光泽。花期4~5月，果期10~11月。

见于文成、平阳，生于山坡路边林中。温州分布新记录种。

2. 显脉野木瓜　腺脉野木瓜　三叶绳　图115

Stauntonia conspicua R. H. Chang

常绿藤本。全体无毛。复叶互生，叶柄长4~8(~12)cm；小叶3，厚革质，长圆形或卵状长圆形，先端急尖，基部圆，边缘反卷，上面绿色，干时脉凸起，下面粉绿色，脉凸起或平，小叶柄长1~4cm。伞房或总状花序，腋生；花3~4，稀单生；单性同株；雄花紫色，萼片6。雄蕊6，花丝合生

图114　野木瓜

图 115 显脉野木瓜

成筒状，花药离生，长 5~6mm，顶端角状附属物长 1mm，退化雄蕊 3；雌花萼片与雄花的同，退化雄蕊 6，离生心皮 3。浆果椭圆形，长约 6cm，直径 3cm，黄色。种子宽卵形。花期 5 月，果期 10 月。

见于文成、泰顺，生于山坡路边林中。

■ 3. 钝药野木瓜　短药野木瓜　图 116

Stauntonia leucantha Diels ex Y. C. Wu

常绿藤本。掌状复叶，叶柄长4~8cm；小叶革质，5~7，长圆状倒卵形、长圆形或近椭圆形，长5~9cm，宽2~3cm，先端尖，基部圆形或宽楔形，上面绿色，下面灰绿色，中脉在两面平，侧脉上凹下凸，边缘微反卷，小叶柄长0.7~2.4cm。伞房花序长4.5~7cm；花单性，雌雄同株；雌花萼片6，2轮，外轮披针形，长1.4~1.6cm，宽4~5mm，内轮线形，先端匙形，较外轮小，退化雄蕊6，离生心皮3；雄花萼片与雌花的同，略小，雄蕊6，花丝下部联合，上部稍分离，花药离生，顶端钝，无附属物，退化雌蕊3。浆果长圆形，长约6cm，直径2.5cm。花期4~5月，果期8~10月。

见于永嘉、文成、泰顺，生于山坡林下、路边、溪沟边。

■ 4. 倒卵叶野木瓜　图 117

Stauntonia obovata Hemsl.

常绿藤本。掌状复叶，叶柄长 2~6cm；小叶 3~5，革质，倒卵形、椭圆状倒卵形，长 4.7~7.8cm，宽 2.5~3.7cm，先端圆，基部圆钝，上面绿色，下面苍白色，小叶柄长 1~1.5cm。伞房花序；花单性，雌雄异株；花梗纤细；萼片 6，2 轮，外轮长椭圆形或卵状披针形，渐尖，长 1cm，宽 3~4mm，内轮线形，和外轮等长或过之，无花瓣；雄蕊 6，花丝联合，花药具微小的凸头；雌花比雄花小，不育雄蕊 6，离生心皮 3。果斜长圆状椭圆形，暗褐色，长 4～5cm，直径 3.5～4cm。种子扁卵状肾形，褐黑色，有光泽。花期 2～4 月，果期 9～11 月。

见于永嘉、文成、泰顺，生于海拔 300~800m 的山地、山谷疏林或密林中。

图 116 钝药野木瓜

图 117　倒卵叶野木瓜

5a. 五指那藤　五指挪藤　图 118

Stauntonia obovatifoliola Hayata subsp. **intermedia** (Wu) T. Chen [*Stauntonia hexaphylla* (Thunb.) Decne. f. *intermedia* Wu]

常绿藤本。掌状复叶，叶柄长 7.2~9cm；小叶 5~7（~8），匙形，长 6~10cm，宽 2~3cm，先端尾尖，较短，具芒尖，长 3mm，易断，基部圆或宽楔形，

图 118　五指那藤

三出脉，干时叶面脉平或微凹，下面脉隆起成细小网格，小叶柄长1~2.5cm。总状花序；花萼6，2轮，外轮披针形，长1.2~1.4cm，宽2~3mm，先端尖，纵脉4~5条；内轮较外轮小，无花瓣；雄蕊6，花药长3.5mm，顶端角状附属物长1~2mm，花丝靠合，圆柱形。果圆柱形，长约6~7.5cm，直径约4cm，橙黄色。花期3~4月，果期8~11月。

见于乐清、永嘉、瑞安、文成、泰顺，生于山坡、林下、路边等。

5b. 尾叶那藤　尾叶挪藤　图119

Stauntonia obovatifoliola subsp. **urophylla** (Hand.-Mazz.) H. N. Qin[*Stauntonia hexaphylla* (Thunb.) Decne. f. *urophylla* Hand.-Mazz.]

常绿藤木。掌状复叶，叶柄长3~4.8cm，小叶5(~7)，倒卵形、长椭圆状倒卵形或长椭圆形，长4~10cm，宽2~4.5cm，先端具长而弯的尾尖，可达小叶长的1/4基部圆钝，上面绿色，干时中脉凹陷，细脉平或微隆起，下面主细脉均隆起成网格，小叶柄长1~3cm。伞房花序；花梗长约1.3cm，纤细；雄花花萼6，2轮，外轮卵状披针形，长1.1~1.3cm，内轮披针形，花药长4.5mm，顶端角状附属物长约1mm，花丝合成筒状。果长圆形或椭圆形，长4~6cm。种子三角形，压扁；种皮深褐色，有光泽。花期4月，果期6~7月。

见于全市各地，生于山坡林下、路边等地。

图119　尾叶那藤

32. 小檗科 Berberidaceae

灌木或多年生草本。单叶或羽状复叶，互生，稀对生，或簇生，或基生。花单生或成各类花序；两性，辐射对称；萼片与花瓣覆瓦状排列，离生，2~3 轮，每轮常 3 数，稀 2 或 4 数，稀萼片与花瓣均缺；花瓣有或无蜜腺，或成蜜腺状距；雄蕊与花瓣同数且对生，稀为花瓣的 2 倍，花药瓣裂，稀纵裂；子房上位，1 室。浆果或蒴果，稀蓇葖果。

17 属 650 种。我国 11 属约 320 种；浙江 7 属 18 种 1 亚种；温州 5 属 11 种。

分属检索表

1. 灌木或者小乔木。
  2. 叶为二至三回羽状复叶；小叶全缘；花药纵裂；侧膜胎座 …… **5. 南天竹属 Nandina**
  2. 叶为单叶或羽状复叶；小叶通常具刺齿；花药瓣裂，外卷；基生胎座。
    3. 单叶；枝通常具刺 …… **1. 小檗属 Berberis**
    3. 羽状复叶；枝通常无刺 …… **4. 十大功劳属 Mahonia**
1. 多年生草本。
  4. 单叶，叶盾状，3~9 深裂；数花簇生或伞形花序，不具蜜腺；种子多数 …… **2. 八角莲属 Dysosma**
  4. 根状茎横生；复叶，小叶不分离，具齿；花具蜜腺；花瓣 4，常有矩或囊；蒴果 …… **3. 淫羊藿属 Epimedium**

1. 小檗属 Berberis Linn.

落叶或常绿灌木，稀小乔木。树皮呈灰色，断面黄色。具长短枝，枝上常具针刺。单叶，互生或簇生，叶片与叶柄间具关节。花黄色，单生、簇生或排成花序；花梗基部常具苞片，先端具 2~4 小苞片；花瓣状萼片常 6，2 轮，稀 3 或 9，1 或 3 轮；花瓣 6，近基部具 2 腺体；雄蕊 6，花药瓣裂；胚珠 1 至多数，花柱短或缺，柱头头状。浆果红色或蓝黑色，具种子 1 至多数。

约 500 种。我国约 200 种；浙江 7 种；温州 3 种。

分种检索表

1. 常绿灌木；叶革质，边缘具 5~18 刺齿；萼片 3 轮；果有宿存花柱。
  2. 叶片长圆状椭圆形或披针形，下面淡绿色；3~7 花簇生，花瓣基部不缢缩呈爪状；浆果紫红色 …… **1. 天台小檗 B. lempergiana**
  2. 叶片长圆形、长圆状倒卵形或长圆状椭圆形；7~20 花簇生，花瓣基部缢缩呈爪状；浆果倒卵状长圆形，红色 …… **2. 假豪猪刺 B. soulieana**
1. 落叶灌木；叶纸质；果无宿存花柱 …… **3. 庐山小檗 B. virgetorum**

■ 1. 天台小檗　长柱小檗　图 120

Berberis lempergiana Ahrendt

常绿灌木。老枝深灰色；刺三分叉，长 1~3cm。叶片革质，长圆状椭圆形或披针形，先端尖或钝有小尖头，基部楔形，叶缘每边具5~12刺齿，针刺纤细向前，上面深绿色，有光泽，下面淡绿色稍具光泽。总状花序，花3~7，簇生；花萼3轮，外轮最小，内轮最大；花瓣6，长圆状倒卵形，基部不缢缩呈爪状，先端缺裂，基部具2邻接腺体；雄蕊药隔先端延伸，平截；子房近无柄。浆果椭圆形，长7~10mm，直径5~5.5mm，深紫色，顶端具宿存花柱，长约1mm，被白粉。种子2~3，

图 120 天台小檗

倒卵状球形或椭圆形。花期4~5月，果期7~10月。

见于乐清、永嘉、瓯海、瑞安、文成、平阳、苍南、泰顺，生于海拔 1200m 左右的山坡林下灌丛中。

干燥根可入药。

2. 假豪猪刺 拟豪猪刺

Berberis soulieana Schneid.

常绿灌木。茎枝具棱脊，灰黄色；刺三叉，长 1~2.5cm。叶片革质，长圆状倒卵形或长圆状椭圆形，先端急尖，具硬尖刺，基部急狭，柄极短，每边具 5~18 刺齿，齿距 3~7mm，刺齿长 1.5~3mm，坚硬，中脉上凹下凸。7~20 花簇生，黄色；萼片 3 轮，内轮最大；花瓣倒卵形，较内轮萼片短，先端缺裂，花瓣基部缢缩呈爪状，具 2 分离腺体；雄蕊药隔略延伸，先端圆形。浆果倒卵状长圆形，长 7~8mm，直径约 5mm，红色，被白粉，顶端宿存花柱长 0.5mm，具种子 2~3。花期 3~4 月，果期 9~10 月。

见于文成、苍南，生于海拔 500~1500m 的山坡林下。温州分布新记录种。

3. 庐山小檗 图 121

Berberis virgetorum Schneid.

落叶灌木。枝略具棱脊，断面黄色；刺常单一不分叉，稀 3 叉，长 1~2.5cm，具沟槽，顶端尖锐。叶片纸质，长圆状棱形，上面黄绿色，下面灰白色，先端急尖或短渐尖或微钝，基部楔形渐狭下延，全缘或波状，中脉和侧脉明显隆起。总状花序具花 3~15；花黄色；萼片 2 轮，内轮较外轮大；花瓣椭圆状倒卵形，基部缢缩呈爪状，具 2 分离的长圆形腺体；雄蕊药隔先端不延伸，钝形；胚珠单生，无柄。浆果长圆状椭圆形，长 8~12mm，直径 4.5mm，熟时红色，无宿存花柱，不被白粉。花期 4~5 月，果期 6~10 月。

见于瑞安、文成、泰顺，现各地均有栽培，生于海拔 700~1500m 的山坡灌丛中。

根可入药。

图 121 庐山小檗

2. 八角莲属（鬼臼属）Dysosma Woods.

多年生草本。根状茎粗短或横走，多须根。茎直立，单生，光滑，基部被大鳞片。单叶，盾形，掌状裂。花多数排成伞形花序状；两性，下垂；萼片 6，膜质，早落；花瓣 6，暗紫红色；雄蕊 6，花丝扁平，花药内向纵裂，药隔大而常延伸；雌蕊单生，子房上位，1 室，胚珠多数，花柱显著。浆果。种子多数，无肉质假种皮。

约 7 种，为我国特有植物；浙江 2 种，温州也有。

■ 1. 六角莲 图 122

Dysosma pleiantha (Hance) Woods.

多年生草本。全株无毛。根状茎粗壮，横生，结节状。茎高 20~60cm。茎生叶常 2，盾状，长圆形或近圆形，较大，5~9 浅裂，边缘有针刺状细齿，且微向下反卷，8~9 射出脉自中心直达裂片先端；叶柄长。5~8 花排成伞形花序状，生于两叶柄交叉处；花两性；花梗下垂；萼片 6，椭圆状长圆形至卵形，早落；花瓣 6，紫红色，长圆形至倒卵状椭圆形；雄蕊 6，花丝扁平，较花药短或近等长，花药镰状弯曲；雌蕊 1，子房上位，柱头头状。浆果近球形至卵圆形，幼时绿色，有黑色斑点，熟时近黑色。种子多数。花期 4~6 月，果期 7~9 月。

见于乐清、永嘉、瑞安、文成、平阳、泰顺，生于海拔 400~1400m 的山坡沟谷杂木林下湿润处或阴湿溪谷草丛中。

干燥根茎入药，有毒，内服慎用。浙江省重点保护野生植物。

图 122 六角莲

图 123 八角莲

■ 2. 八角莲 山荷叶 图 123

Dysosma versipellis (Hance) M. Cheng ex T. S. Ying

多年生草本。根状茎粗壮，横走，有节，具刺激性香味。茎高 20~50cm，淡绿色，无毛。茎生叶 1，偶 2，盾状，圆形，4~9 浅裂，裂片宽三角状卵圆形或卵状长圆形，先端急尖，边缘具针刺状细齿，上面无毛，下面密被毛或疏生毛至无毛。花 5~8 或更多，深红色，排成伞形花序，着生于近叶基处；花梗下弯，被白色长柔毛或无毛；萼片 6，舟状，长椭圆形，外面被脱落性长柔毛；花瓣 6，勺状倒卵形；雄蕊 6，花药与花丝近等长；子房上位，柱头大，盾形。浆果卵形至椭圆形。种子多数。花期 5~7 月，果期 7~9 月。

见于文成、泰顺（乌岩岭），生于海拔 300~1800m 的山坡林下、灌丛中、溪旁阴湿处、竹林下或石灰山常绿林下。

功用与六角莲 *Dysosma pleiantha* (Hance) Woods. 相似。浙江省重点保护野生植物。

本种与六角莲 *Dysosma pleiantha* (Hance) Woods. 的主要区别在于：植株较为高大，果也较大；叶背被毛或疏被毛；花着生于近叶基处，非两叶柄交叉处；萼片外被脱落性长柔毛。

3. 淫羊藿属 Epimedium Linn.

多年生草本。根状茎粗短，木质化，横走。一至三回三出复叶，小叶边缘具刺齿；有柄。总状花序或圆锥花序，与叶对生或顶生；花常有颜色；萼片 8，2 轮，外轮 4，较小，内轮花瓣状；蜜腺状花瓣 4，与萼片对生，常有距或囊；雄蕊 4，与花瓣对生，花药瓣裂；雌蕊 1。蓇果，顶端具宿存花柱，呈喙状。种子多数，有肉质假种皮。

约 50 种。我国 40 种；浙江 3 种；温州 2 种。

■ 1. 朝鲜淫羊藿　淫羊藿　图 124

Epimedium koreanum Nakai [*Epimedium grandiflorum* auct. non Morr.]

多年生草本。根状茎，质硬，粗短，横走，褐色，多须根。地上茎数茎丛生，直立，茎高 15~30cm。叶为二回三出复叶，小叶 9，基生与茎生，基生叶有长柄；小叶片卵形，长约 3cm，先端急尖或渐尖，基部斜心形，下面无毛或被短柔毛，边缘有刺毛状细锯齿。总状花序顶生，具花 4~16；花大，直径 2~4.5cm；萼片 8，排成内外 2 轮，每轮 4，花瓣状，紫红色；花瓣 4，白色，有长距；雄蕊 4。蒴果狭纺锤形。花期 2~5 月，果期 3~6 月。

见于永嘉、瑞安、文成、泰顺，生于海拔 400~1300m 的山坡林下灌草丛中。

干燥根茎和地上部分均可入药。浙江省重点保护野生植物。

图 124　朝鲜淫羊藿

■ 2. 三枝九叶草　箭叶淫羊藿　图 125

Epimedium sagittatum (Sieb.et Zucc.) Maxim.

多年生草本。根状茎粗短，质硬，具须根。地上茎直立，高 25~50cm，无毛。茎生叶 1~3，三出复叶；顶生小叶片卵状披针形；侧生小叶片箭形，基部呈明显不对称心形浅裂，上面无毛，下面疏生长柔毛，边缘具细刺毛状齿。圆锥花序顶生，多花，挺立；花两性，白色，形小；萼片分 2 轮，外轮带紫色斑点，内轮白色；花瓣 4，与内轮萼片近等长，棕黄色，呈囊状；雄蕊花药紫褐色，花丝带紫红色；雌蕊 1，柱头近顶生，浅盘状。蒴果卵圆形，顶端喙状。种子肾状长圆形，深褐色。花期 2~3 月，果期 3~5 月。

见于乐清（雁荡）、永嘉、瑞安、文成、平阳、泰顺，生于海拔 700~1500m 的山坡林下灌草丛中。

干燥根茎和地上部分均可入药；浙江省重点保护野生植物。

本种与朝鲜淫羊藿 *Epimedium koreanum* Nakai 的主要区别在于：叶为一回三出复叶，小叶基部呈明显不对称心形；圆锥花序顶生，花较多且小，花瓣棕黄色，无距；蒴果卵圆形。

图 125　三枝九叶草

4. 十大功劳属 Mahonia Nutt.

常绿灌木。木材黄色。枝无刺。顶芽具宿存芽鳞。一回奇数羽状复叶；叶柄基部阔扁呈鞘状抱茎；叶轴具膨大关节；小叶具刺齿；托叶钻形。总状花序，簇生；花黄色；萼片9，3轮；花瓣6，覆瓦状排列，内侧基部有时具腺体；雄蕊6，分离，花药瓣裂，外卷；雌蕊1，基生胎座。浆果球形，常深蓝色，外被蜡状白粉。种子1至数枚。

约60种，分布于亚洲和美洲的中部和北部。我国35种；浙江3种1亚种；温州3种。

分种检索表

1. 叶柄长2~9cm；小叶2~5对，狭披针形至狭椭圆形，每边具5~10刺齿；总状花序，直立，长3~7cm，簇生；花梗与苞片等长；浆果球形，紫黑色，直径4~6cm ······ **3. 十大功劳 M. fortunei**
1. 叶柄长0.5~2.5cm或近无柄；小叶4~13对。
   2. 叶近无柄；小叶8~13对，长圆形至宽披针形，每边具3~10粗大刺齿；总状花序下垂，长10~20cm，簇生；花梗与苞片近等长；浆果球形或梨形，紫黑色，直径4~6cm ······ **2. 小果十大功劳 M. bodinieri**
   2. 叶柄长0.5~2.5cm；小叶4~10对，卵形、近圆形至卵形，每边具2~6刺齿；总状花序直立，3~9个，簇生，长5~10cm；花梗远长于苞片；浆果卵形，深蓝色，直径1~1.2cm ······ **1. 阔叶十大功劳 M. bealei**

1. 阔叶十大功劳　土黄柏　图126

Mahonia bealei (Fort.) Carr.

常绿灌木。高1~2m。树皮黄褐色，全体无毛。一回奇数羽状复叶，长25~40cm；小叶4~10对，厚革质，叶片卵形，侧生小叶自基部向上渐次增大，顶生小叶较宽，每边具刺齿2~6，边缘反卷，上面蓝绿色，下面黄绿色；侧生小叶无柄，顶生小叶具柄。总状花序3~9个，簇生，直立于小枝顶端；花黄色；萼片分3轮，内轮萼片最大，中轮萼片次之，外轮萼片最小；花瓣6，长倒卵形，先端2裂，基部具2腺体；雄蕊6；子房上位，柱头盘状。浆果卵形，长约16mm，直径1~1.2cm，熟时深蓝色，薄被白粉。花期11月至翌年3月，果期4~8月。

见于本市各地，生于海拔500~1500m的山坡林下阴凉湿润处。

全株供药用；亦栽培为观赏植物。

尤志勉 摄

图126　阔叶十大功劳

2. 小果十大功劳　图127

Mahonia bodinieri Gagnep.

常绿灌木。茎直立，少分枝，高1~2m，全体无毛。一回奇数羽状复叶；小叶近无柄，8~13对，革质，长圆状至宽披针形，每边具3~10粗大刺齿，齿间距约1cm，上面深绿色，下面灰黄绿色，网脉在上面下陷，在下面微隆起；顶生小叶与侧生小叶近等大，有柄，侧生小叶无柄。总状花序簇生于枝顶，直立或下垂，长10~20cm；花梗与苞片等长；花黄色；萼片9；花瓣6，基部具3蜜腺；雄蕊6；子房具胚珠4~5。浆果球形或梨形，紫黑色，被白粉，直径4~6mm。花果期8~11月。

见于乐清、文成、泰顺，生于山地灌丛中。

图 127　小果十大功劳

图 128　十大功劳

3. 十大功劳　狭叶十大功劳　图 128

Mahonia fortunei (Lindl.) Fedde

常绿灌木。树皮灰色，木质部黄色。一回羽状复叶，叶柄长 2~9cm；叶轴上面具沟槽；小叶 2~5 对，革质，狭披针形至狭椭圆形，每边具 5~10 刺齿，上面深绿色，叶脉不明显，下面淡绿色至黄绿色，叶脉隆起，各小叶近无柄或具极短柄。总状花序簇生，4~10 个，直立，长 3~7cm；花黄色；花梗与苞片等长；苞片卵形；萼片 3 轮，内轮卵形，中轮萼片长圆形，内轮萼片长椭圆形，内轮萼片最大；花瓣长椭圆形；雄蕊 6。浆果球形，紫黑色，直径 4~6mm。花期 7~10 月，果期 10~12 月。

见于乐清、瑞安、文成、平阳、苍南、泰顺，生于海拔 1400m 以下的山坡沟谷林中。

全株可供药用；各地亦栽培于庭园供观赏。

5. 南天竹属 Nandina Thunb.

常绿灌木。二至三回羽状复叶，互生；叶轴具关节；小叶全缘，小叶柄基部膨大。圆锥花序顶生；花小，白色；萼片与花瓣近相似，蕾时螺旋状排列，数轮，每轮 3 枚，自外而内渐变，内侧 6 枚为花瓣状，蜜腺 3~6；雄蕊 6，离生，花药纵裂；子房上位，1 室，胚珠 2，具花柱。浆果球形，熟时红色，具 2 种子。

单种属，分布于我国及日本和印度，浙江及温州也有。

南天竹　图 129

Nandina domestica Thunb.

常绿灌木。茎常丛生而少分枝，高1~3m，光滑无毛；茎皮幼时红色，老后呈灰色。二至三回奇数羽状复叶，长30~50cm；小叶革质，叶片椭圆状披针形，长2~8cm，全缘；近无柄，叶柄基部呈褐色鞘状抱茎。圆锥花序直立；花白色；萼片外轮较小，卵状三角形至披针形，长约1.5mm，内轮较大，卵圆形至椭圆状舟形，长5mm；雄蕊6，花瓣状，长3.5mm，离生，花药黄色，2室纵裂，顶端药隔微凸，基部花丝甚短至近无。浆果球形，花柱宿存，熟时红色至紫红色，偶黄色。种子2，扁圆形。花期5~7月，果期8~11月。

见于本市各地，常栽培为绿化观赏植物。

根、茎、叶、果均可入药。

存疑种

台湾十大功劳

Mahonia japonica (Thunb.) DC.

据《中国高等植物图鉴》记载浙江有产，且浙江省自然博物馆标本室有采自乐清和文成的标本被鉴定为本种，但经观察其实是小果十大功劳 *Mahonia bodinieri* Gagnep. 的误定。

尤志勉 摄

丁炳扬 摄

图 129　南天竹

33. 防己科 Menispermaceae

藤本，稀直立灌木或小乔木。单叶，稀复叶，互生，常具掌状脉；叶柄两端常肿胀。聚伞花序或圆锥花序，稀退化为单花；花小，整齐，单性，雌雄异株；萼片6，稀少于6或更多，常分离；花瓣6，常2轮，分离或合生，覆瓦状或镊合状排列；雄花内雄蕊2至多数，常为6，花丝及花药离生或合生；心皮常3~6，分离，子房上位。核果；外果皮革质至膜质，中果皮常为肉质，内果皮骨质或木质化，表面有皱纹，稀平坦。种子马蹄形或肾形。

约65属350种，主要分布于热带、亚热带，少数在温带。我国19属约78种；浙江7属12种1变种；温州7属10种1变种。

分属检索表

1. 叶片盾状着生；雄蕊合生。
  2. 叶片全缘或近全缘；心皮1。
    3. 萼片2轮，分离；雌花被辐射对称 ………… 7. 千金藤属 Stephania
    3. 萼片1轮，合生；雌花被不成辐射对称；雄花苞片不显著 ………… 2. 轮环藤属 Cyclea
  2. 叶片通常3~7浅裂 心皮2~4 ………… 4. 蝙蝠葛属 Menispermum
1. 叶片（至少上部）非盾状着生；雄蕊离生；心皮通常3(2~6)。
  4. 花药横裂。
    5. 外轮萼片与内轮近等长或稍短，有黑色斑点缠绕；花两性；柱头头状 ………… 3. 秤钩风属 Diploclisia
    5. 外轮萼片比内轮遥小，无黑色斑点 ………… 1. 木防己属 Cocculus
  4. 花药纵裂。
    6. 雄花中有6雄蕊 ………… 5. 细圆藤属 Pericampylus
    6. 雄花中有9~12雄蕊 ………… 6. 汉防己属 Sinomenium

1. 木防己属 Cocculus DC.

藤本或攀援灌木，稀直立灌木或小乔木。叶全缘或分裂，非盾状着生。聚伞花序或聚伞状圆锥花序；萼片6(~9)，2轮排列，外轮遥小，无黑色斑点；花瓣基部常耳状，先端常2裂；雄蕊6~9，花丝分离；雌花有不育雄蕊6或无，心皮3~6。核果倒卵形至近球形；内果皮扁，背肋两侧有小横肋状雕纹。种子马蹄形，扁平。

约8种，分布于亚洲东部和南部、非洲、夏威夷群岛及北美洲。我国2种1变种，浙江也有；温州1种1变种。

■ 1. 木防己　土木香　白木香　绵纱藤　图130

Cocculus orbiculatus (Linn.) DC. [*Cocculus trilobus* Thunb.]

缠绕性落叶藤本。全株几被柔毛。根圆柱形，粗而长。茎木质化，纤细而韧。单叶互生，叶纸质，宽卵形或卵状椭圆形，长3~14cm，宽2~9cm，先端急尖、圆钝或微凹，基部心形或截形，全缘或呈微波状；柄长1~3cm。聚伞状圆锥花序腋生或顶生；花小，黄绿色，具短梗；雄花萼片、花瓣、雄蕊各6，萼片分2轮，花瓣6，先端2裂，基部耳状，内折；雌花序较短，花少，萼片、花瓣同雄花的，有退化雄蕊6，离生心皮6，子房三角状卵形。核果近球形，

图 130　木防己

蓝黑色，被白粉；内果皮坚硬，扁马蹄形，两侧有小横纹凸起。花期 5~6 月，果期 7~9 月。

见于本市各地，生于路边、溪沟边、灌丛中、林下等地，缠绕在灌木或草丛上。

■ 1a. 毛木防己

Cocculus orbiculatus var. **mollis** (Hook. f. et Thoms) Hara

本变种与原种的主要区别在于：萼片背面被柔毛，叶两面密被柔毛；而前者萼片背面无毛，仅叶背密被柔毛。

见于苍南、泰顺，生于路边、溪沟边、灌丛中、林下等地，缠绕在灌木或草丛上。

2. 轮环藤属 Cyclea Arn. ex Wight

多年生藤本。叶脉掌状；叶柄较长，盾状着生。多聚伞圆锥花序，偶总状花序状；雄花萼片 4~5，稀 6，1 轮，合生，少分离，冠檐全缘或 4~8 裂，花瓣 1~2，或缺，雄蕊合生成盾状聚药雄蕊，花药 4~5，横裂；雌花萼片和花瓣各 1~2，心皮 1。核果倒卵状球形或近圆球形；内果皮骨质，背肋两侧有 2~3 列小瘤体。

约 29 种。我国 12 种 1 变种；浙江 2 种；温州 1 种。

■ 轮环藤　图 131

Cyclea racemosa Oliv.

多年生缠绕藤本。枝初时被柔毛，老时脱落。叶互生，膜质，叶片卵状三角形，长 5~7cm，宽 3~5cm，先端急尖或略钝，基部截形或近心形，上面具疏柔毛，下面浅灰色，掌状脉常为 5 条，多可达 7 条，脉上部有疏柔毛；叶柄盾状着生，长 4~5.5cm。雄花序为短而有少数花的聚伞花序以及单花再组成的近总状花序，单生或 2~3 个簇生；苞片、花梗均密被长柔毛；花梗长 1.5~2mm；雄花萼片坛状钟形，常合生，常 4~5 裂，绿色或浅紫色；聚药雄蕊合生成柱状，雌花萼片与花瓣对生，心皮 1，花柱短。核果扁圆形，具长糙硬毛。

见于永嘉、瑞安、平阳、苍南、泰顺，生于山地林中。

图 131 轮环藤

3. 秤钩风属 Diploclisia Miers

木质藤本。叶革质，脉掌状；叶柄非盾状着生。聚伞花序或圆锥花序；雄花萼片 6，2 轮，覆瓦状排列，干时现黑色条状斑纹，花瓣 6，两侧内折，抱着花丝，雄蕊 6，分离，花药横裂；雌花萼片和花瓣与雄花的相似，萼片有黑色斑点，不育雄蕊 6，心皮 3。核果倒卵形，弯曲；内果皮骨质，背肋两侧有小横肋状雕纹。种子马蹄形。

约 2 种。我国 2 种；浙江 1 种，温州也有。

■ 秤钩风　青枫藤　杜藤　图 132

Diploclisia affinis (Oliv.) Diels

常绿藤本。老枝紫褐色，小枝黄绿色。单叶互生，叶片革质，非盾状着生或多少盾状着生，下面灰白色，宽卵形至肾形，先端急尖，基部截形至圆形或浅心形，基出脉 5 条，边缘波状，长 4~7cm，宽 4~9cm；叶柄长 4~8cm。聚伞花序，腋生；花梗永存；雄花萼片 6，分内、外 2 轮，白色，阔椭圆形，外轮较内轮长，花瓣 6，卵形，基部耳形，内折抱着花丝，雄蕊 6，分离；雌花的萼片、花瓣与雄花

图 132 秤钩风

的相同，具退化雄蕊，子房半球形。核果倒卵形；内果皮坚硬，背面呈龙骨状凸起，两侧压扁，具平行的小横纹。花期 4~5 月，果期 7~9 月。

见于永嘉、瑞安、文成、泰顺，生于山坡、林下等地。

藤、叶可供药用，能治毒蛇咬伤、祛风除湿等。

4. 蝙蝠葛属 Menispermum Linn.

多年生缠绕藤本。叶常浅裂或呈角形；叶柄盾状着生。总状或圆锥形花序，有梗，萼片 2~8，2 轮；花瓣 6~8，短于萼片；雄花有雄蕊 12~24，分离；雌花不育雄蕊 6~12，心皮 2~4，罕为 1，胎座迹叶状，两层，柱头阔，近无柄。核果扁球形或卵圆形；内果皮背面有鸡冠状凸起。

约 3 种，分布于东亚温带地区。我国 1 种，浙江及温州也产。

■ 蝙蝠葛　小青藤　黄根藤　图 133

Menispermum dauricum DC.

多年生缠绕藤本。全株近无毛。根状茎横走，细长，多分枝，圆柱形；茎木质化。小枝带绿色。叶互生，圆肾形或卵圆形，边缘3~7浅裂，长和宽近相等，先端渐尖，基部浅心形或截形，光滑无毛，仅嫩叶边缘具缘毛，叶背苍白色，掌状脉5~7；叶柄盾状着生，长6~12cm。花序圆锥状，腋生；雄花萼片6，花瓣6~8，雄蕊12或更多，花药球形，药室4；雌花花萼、花冠与雄花的相似，具退化雄蕊，雌蕊心皮分离，约3。核果，扁球形，熟时黑紫色；内果皮坚硬，半月形，环状凸起表面有灰白色短尖毛。种子1。花期5月，果期10月。

见于永嘉、瑞安、文成、泰顺，生于山坡沟谷两旁灌木丛中，常攀援于岩石上。

根可供药用，有小毒。

图 133　蝙蝠葛

5. 细圆藤属 Pericampylus Miers

藤本。叶近盾状或基部着生。聚伞花序或聚伞状圆锥花序，单生或 2~3 个簇生于叶腋；雄花萼片 9，3 轮，覆瓦状排列，花瓣 6，边缘内卷，抱着花丝，雄蕊 6，分离，罕合生，药室纵裂；雌花的花萼和花瓣与雄花的相似，不育雄蕊 6，心皮 3。核果扁球形；内果皮骨质，背部中肋两侧有圆锥状或短刺状凸起，胎座迹片状。种子马蹄形。

约 3 种，分布于印度、马来西亚。我国 1 种，浙江及温州也有。

■ 细圆藤　图 134

Pericampylus glaucus (Lam.) Merr.

攀援木质藤本。嫩枝被黄色柔毛，老枝无毛。叶互生，卵状三角形至三角形，长和宽相等，先端钝或急尖，基部截形、心形或近圆形，幼叶两面被绒毛，老时脱落，或仅脉上疏被柔毛，掌状脉3~5；叶柄较长，被毛。聚伞状圆锥花序腋生；雄花序疏被柔毛，2~3 个簇生；雄花萼片 9，2 轮，外被柔毛，外轮 3，卵形至线形，内轮 6，较大，宽匙形，花瓣 6，两侧内折抱着花丝，雄蕊 6，离生，相互靠合；雌花的萼片和花瓣与雄花的相似，退化雄蕊 6，离生心皮 3。核果球形，两侧压扁；内果皮骨质，背部两侧具疣状凸起。花期 4~6 月，果期 9~10 月。

见于永嘉、瑞安、文成、平阳、泰顺，生于林缘或密林与灌木林中。

茎藤或叶可供药用。

图 134 细圆藤

6. 汉防己属 Sinomenium Diels

藤本。叶脉掌状；叶柄非盾状着生。多数小聚伞花序组成圆锥花序；雄花萼片 6，2 轮，覆瓦状排列，花瓣 6，雄蕊 9~12，常 9，分离，药室裂口在顶部汇合；雌花萼片和花瓣与雄花的相似，不育雄蕊 9，心皮 3。核果扁球形；内果皮近革质，背部由许多小刺状凸起组成隆起的鸡冠状背肋，两侧各有 1 行小横肋状雕纹。种子半月形。

单种属，分布于东亚。我国 1 种，浙江及温州也产。

■ 汉防己 风龙 图 135

Sinomenium acutum (Thunb.) Rehd. et Wils.

落叶木质藤本。叶互生，厚纸质或革质，宽卵形或近圆形，长和宽近相等，先端渐尖，基部圆形、截形或近心形，基部叶常 5~7 浅裂，上部叶 3~5 浅裂，上面浓绿色，下面苍白色，近无毛，基出脉 5~7，脉在两面凸出。圆锥花序腋生；雄花序长 10~20cm；花小，淡绿色；雄花萼片 6，淡黄色，平分为 2 轮，背面具细柔毛，花瓣 6，雄蕊 9~12，药室 4；雌花序较雄花序略短；雌花花萼、花冠同雄花的，退化雄蕊 9，子房上位，离生心皮 3。核果近球形，压扁，蓝黑色；内果皮扁，马蹄形，边缘具瘤状凸起，背部隆起。花期 6~7 月，果期 8~9 月。

见于乐清、永嘉、瓯海、瑞安、文成、平阳、泰顺，生于山区路旁及山坡林缘、沟边。

可供药用。

图 135 汉防己

7. 千金藤属 Stephania Lour.

草质或木质藤本。叶三角形至圆形，纸质，稀近革质；叶柄盾状着生，两端肿大。聚伞花序集成头状，再组成伞形花序，稀圆锥花序或总状花序；雄花萼片4~10，分离，花瓣2~4(~5)，稀无，聚药雄蕊；雌花萼片3~6，花瓣2~4。核果近球形，红色或橙红色；外果皮肉质，内果皮骨质，背面有小疣状凸起。种子近球形。

约60种，主要分布于亚洲、非洲、太平洋热带地区。我国约39种；浙江4种，温州也有。

分种检索表

1. 叶片下面被紧贴柔毛；雄花仅1轮萼片，常4枚 ······ **4. 粉防己 S. tetrandra**
1. 叶片下面无毛；雄花有2轮萼片，每轮3~4枚。
  2. 有块根，不规则团块状；叶片扁圆形，膜质；雄花序腋生，小花多数，排成头状聚伞花序，再形成总状花序排列 ······ **1. 金线吊乌龟 S. cephalantha**
  2. 无块根；叶片草质或近纸质。
    3. 叶片长宽近相等，下面通常粉白色；花序无毛；胎座常不穿孔 ······ **2. 千金藤 S. japonica**
    3. 叶片长明显大于宽，下面通常绿色；花序被短硬毛；胎座穿孔 ······ **3. 粪箕笃 S. longa**

1. 金线吊乌龟　头花千金藤　金线吊鳖　白首乌　图136

Stephania cephalantha Hayata

多年生缠绕藤本。全株无毛。块根椭圆形，粗壮，外皮黄褐色。茎下部木质化。小枝细弱，圆柱形。叶片膜质，三角状扁圆形，宽与长近相等或略宽，上面深绿色，下面粉白色；叶柄盾状着生。雄花为头状聚伞花序再成总状花序，腋生；总花梗丝状；花小，淡绿色；雄花萼片4~6，花瓣3~5，雄蕊6，花丝愈合成柱状体，花药合生成圆盘状，环列于柱状体顶部；雌花萼片3~5，花瓣3~5，无退化雄蕊，

尤志勉 摄

尤志勉 摄

尤志勉 摄

图136　金线吊乌龟

子房上位，柱头 3~5 裂。核果球形，熟时紫红色；内果皮坚硬，扁平，马蹄形，有小疣状凸起及横槽纹。花期 6~7 月，果期 8~9 月。

见于本市各地，生于阴湿山坡、林缘、路旁或溪边等处。

根可供药用，治风湿痹痛、毒蛇咬伤及各种出血等症。

2. 千金藤　天膏药　金丝荷叶　图 137

Stephania japonica (Thunb.) Miers

多年生缠绕藤本，全体无毛。块茎粗长。小枝细弱，具细纵条纹。叶片草质或近纸质，宽卵形至卵形，长和宽近相等，先端钝，基部近截形或圆形，上面深绿色，有光泽，下面粉白色，偶沿叶脉具细毛；叶柄盾状着生。花序腋生，伞状至聚伞状；花小，有梗；雄花萼片6~8，花瓣3~5，长为萼片之半，花丝联合成柱状体，花药6，合生，环列于柱状体顶部；雌花萼片与花瓣同数，3~5，无退化雄蕊，子房上位，柱头3~6裂。核果近球形，熟时红色；内果皮坚硬，扁平，马蹄形，背部有小疣状凸起。花期5~6月，果期8~9月。

图 137　千金藤

见于本市各地，生于山坡溪畔、路旁矮林缘或草丛中。

根可供药用，治风湿性关节炎、毒蛇咬伤等。

3. 粪箕笃

Stephania longa Lour.

草质藤本。长 1~4m 或稍过之。除花序外全株无毛。枝纤细，有条纹。叶纸质，三角状卵形，长明显大于宽，顶端钝，有小凸尖，基部近截平或微圆，上面深绿色，下面常绿色，掌状脉 10~11 条，向下的常纤细；叶柄长 1~4.5cm，基部常扭曲。复伞形聚伞花序腋生，雄花序较纤细，被短硬毛；雄花萼片 8，偶有 6，排成 2 轮，背面被乳头状短毛，花瓣 4 或有时 3，聚药雄蕊；雌花萼片和花瓣均 4，稀 3，子房无毛，柱头裂片平叉。核果红色；背部有 2 行小横肋，每行约 9~10 条，小横肋中段稍低平，胎座穿孔。花期 6~8 月，果期秋季。

见于泰顺（司前），生于山地、疏林中干燥处，常缠绕于灌木上。

全株入药。

4. 粉防己 石蟾蜍 四蕊千金藤 金丝吊葫芦

图 138

Stephania tetrandra S. Moore

多年生缠绕藤本。块根粗大，圆柱形。小枝纤细。叶幼时纸质，老时膜质，三角状广卵形，长与宽近相等或不及，先端尖或钝，具小凸尖，基部截形或心形，上面深绿色，下面灰绿色，两面被毛，下面较密；叶柄盾状着生。头状聚伞花序再组成总状花序；花小，黄绿色；雄花萼片被毛，3~5，常 4，花瓣 4，雄蕊 4，合生，花药环列于花丝柱状体顶部；雌花萼片、花瓣与雄花的同数，无退化雄蕊，子房上位，花柱 3。核果球形，熟时红色；内果皮坚硬，扁平马蹄形，背部 2 行小横肋成柱状，两侧中央下陷，具疣状凸起及横槽纹。花期 5~6 月，果期 7~9 月。

见于本市各地，生于山坡、丘陵草丛或灌木丛边缘。

根可供药用。

尤志勉 摄

图 138 粉防己

34. 木兰科 Magnoliaceae

乔木，灌木或木质藤本。单叶互生，全缘，稀分裂；托叶有或无，托叶大，包被幼芽，脱落后在枝上留有环形托叶痕。花大，两性，稀单性，单生于枝顶或腋生；花被 2~4 轮，每轮 3 枚；雄蕊多数，螺旋状排列，花丝短，花药 2 室，纵裂；离心皮雌蕊多数，螺旋状排列，1 室，倒生胚珠 1 至多数；花托隆起或不隆起。聚合果。

约 15 属 335 种，分布于北美洲、南美洲南回归线以北和亚洲东南部、南部热带及亚热带至温带地区。我国 14 属约 165 种；浙江 8 属 20 种 1 亚种；温州 8 属 16 种。

《Flora of China》将本科分为木兰属 *Magnolia* Linn.、玉兰属 *Yulania* Spach、厚朴属 *Houpoea* N. H. Xia et C. Y. Wu、天女花属 *Oyama* (Nakai) N. H. Xia et C. Y. Wu、长喙木兰属 *Lirianthe* Spach 等，本志为方便应用仍然采用广义的概念。

分属检索表

1. 具托叶；花托显著隆起。
  2. 叶全缘；蓇葖果。
    3. 花顶生，雌蕊群无柄或具短柄。
      4. 心皮具 4 或较多胚珠 ………… **5. 木莲属 Manglietia**
      4. 心皮具 2 胚珠。
        5. 叶柄具有托叶痕；雌蕊群无柄 ………… **4. 木兰属 Magnolia**
        5. 叶柄具无托叶痕；雌蕊群具短柄 ………… **7. 拟单性木兰属 Parakmeria**
    3. 花腋生，雌蕊群具显著的柄，部分心皮不发育，分离 ………… **6. 含笑属 Michelia**
  2. 叶有裂片，先端平截；翅果 ………… **3. 鹅掌楸属 Liriodendron**
1. 无托叶；花托平。
  6. 藤本；单性花；聚合浆果。
    7. 聚合果球形；芽鳞常早落 ………… **2. 南五味子属 Kadsura**
    7. 聚合果穗状；芽鳞常宿存 ………… **8. 五味子属 Schisandra**
  6. 小乔木或灌木；花两性；盘状聚合蓇葖果 ………… **1. 八角属 Illicium**

1. 八角属 Illicium Linn.

常绿小乔木或灌木。无毛。单叶互生或集生于小枝顶部，全缘，具透明腺点；无托叶。花两性，单生或 2~3 花集生于叶腋或近枝顶；花被片通常 7~21，淡黄白色，红色或紫红色，覆瓦状排成数轮，中间的较大，常有腺点；雄蕊多数；心皮通常 7~15，离生，单轮排列于一扁平的花托上。聚合蓇葖果。

约34种，大多数分布于亚洲东部和东南部，少数分布于北美洲。我国约28种2变种；浙江2种；温州1种。

■ 披针叶茴香　红毒茴　图 139

Illicium lanceolatum A. C. Smith

小乔木。全株无毛，具香气。叶片革质，倒披针形或椭圆状倒披针形，长 6~15cm，宽 2~4.5cm，全缘，先端尾尖或渐尖，基部窄楔形，边缘微反卷，上面绿色有光泽，侧脉在上面下陷，网脉不明显。花腋生或近顶生；花被片 10~15，轮状着生，外轮 3 枚绿色，其余红色，大小不等；心皮 10~13，轮状排列，柱头淡红色。聚合果有蓇葖 10~13，先端有长而弯曲的尖头。花期 5~6 月，果期 8~10 月。

见于乐清、永嘉、瑞安、文成、平阳、苍南、泰顺，常生于阴湿沟谷两边林中。

叶、果可提供芳香油；花红色，可供观赏；种子有毒，极易当作八角误食而致命。

图 139 披针叶茴香

2. 南五味子属 Kadsura Juss.

藤本。无毛。叶互生，全缘或有锯齿，有油腺点。花单性同株，有时异株，单生或 2~4 花聚生于叶腋；花梗细长；花被片 7~24，覆瓦状排成数轮；雄蕊 13~80，分离或结合成球状；心皮 20~300，分离，每心皮有胚珠 2~5。果时成熟心皮聚集于一短棒状的花托上，形成圆球形或椭圆状的肉质聚合果。

约 22 种，分布于亚洲南部和东部。我国 7 种；浙江 2 种；温州 1 种。

■ 南五味子 图 140

Kadsura longipedunculata Finet et Gagnep.

常绿藤本。全株无毛。小枝紫褐色，疏生皮孔或不明显，表皮有时剥裂。叶片革质或近纸质，椭圆形或椭圆状披针形，长 5~13cm，宽 2~6cm，先端渐尖，基部楔形，边缘有疏齿，侧脉 5~7 对；叶柄长 1~1.5cm。花单性，异株，单生于叶腋；淡黄色或白色，有芳香；具 3~15cm 细长花梗；雌、雄花花被片相似，8~17；雄蕊 30~70；雌蕊群椭圆形，心皮 40~60。聚合果球形，直径 1.5~3.5cm，深红色至暗紫色。种子 2~3，稀 4~5。花期 6~9 月，果期 9~12 月。

见于乐清、永嘉、瓯海、瑞安、文成、平阳、泰顺，生于海拔 1000m 以下的杂木林中。

图 140 南五味子

3. 鹅掌楸属 **Liriodendron** Linn.

落叶乔木。叶先端平截，两侧有裂片，具长柄；托叶与叶柄离生。花单生枝顶；花被片9，3成一轮；雄蕊花药侧向开裂；雌蕊群无柄，心皮多数，分离，每心皮胚珠2。聚合果纺锤形；坚果木质顶端具翅，成熟时果自中轴散落，中轴宿存。果内种子1~2。

2种，间断分布于北美和中国。我国1种，浙江及温州也有。

■ 鹅掌楸　马褂木　图141

Liriodendron chinense (Hemsl.) Sarg.

乔木。小枝灰色。叶长6~16cm，近基部具1对侧裂片，下面苍白色，具乳头状白粉点，无毛；叶柄长4~14cm。花杯状；花被片外轮3枚，绿色，倒卵状椭圆形，长4~4.7cm，宽2.2~2.4cm，内2轮花被片直立，宽倒卵形，长4~4.5cm，宽2~2.6cm，橙黄色，边缘色淡，基部微带淡绿色，并具大小不等的褐色斑点；雄蕊46~53。聚合果长4cm；带翅坚果长约1.5cm。花期5月，果期9月。

见于永嘉、文成、苍南，生于海拔500~1200m的常绿阔叶林中。

叶奇特，花大而美丽，可作观赏；亦可作材用。国家Ⅱ级重点保护野生植物。

图141　鹅掌楸

4. 木兰属 Magnolia Linn.

落叶或常绿，乔木或灌木。叶全缘，稀先端缺裂。花大，两性，单生于枝顶，稀与叶对生；花被片9~21，每轮3~5枚，近相等；雌蕊群无柄，胚珠2。蓇葖果沿背缝线开裂。种子1~2；外种皮鲜红色，肉质，内种皮坚硬，成熟时连种子悬垂于蓇葖之外。

约90种，分布于亚洲东部、拉丁美洲和北美洲热带、亚热带地区。我国约31余种；浙江6种1亚种；温州5种。

分种检索表

1. 托叶痕为叶柄的 1/2~2/3；花与叶同时开放或稍后于叶开放 ……………… **4. 厚朴 M. offcinalis**
1. 托叶痕为叶柄的 1/6~1/3；花先于叶开放。
  2. 花被片均为花瓣状。
    3. 小枝被柔毛；叶先端短急尖；花白色或具紫红色条纹 ……………… **3. 玉兰 M. denudata**
    3. 小枝无毛；叶先端渐尖或短尾尖；花紫红色或粉红色。
      4. 乔木；叶片侧脉 10~13 对；花被片 9，淡紫红色 ……………… **1. 天目木兰 M. amoena**
      4. 灌木；叶片侧脉 6~8 对；花被片 12~15，初淡红色，后变白色，沿中间红色 ……………… **5. 景宁木兰 M. sinostellata**
  2. 外轮花被片呈萼片状，绿色或褐色 ……………… **2. 黄山木兰 M. cylindrica**

■ 1. 天目木兰

Magnolia amoena Cheng

落叶乔木。树皮灰色，平滑。小枝较细，绿色无毛。顶芽密被平伏白色长绢毛。叶片倒披针形、倒披针状椭圆形，长 9~15cm，宽 3~5cm，先端渐细尖或急尖呈尾状，基部楔形，上面无毛，下面沿主、侧脉和脉腋有弯曲短柔毛，侧脉 10~13 对；叶柄长 1~1.5cm；托叶痕长为叶柄的 1/5~1/3。花先于叶开放，粉红色，直径约 6cm；花被片 9，倒披针形或匙形，长 5~6.5cm，宽 1.4~1.7cm。聚合果呈不规则细柱形，常弯曲，长 6~14cm，直径 2~2.5cm；果序梗长约 1cm，被灰白色柔毛。花期 3 月下旬至 4 月中旬，果期 9~10 月。

据《泰顺县维管束植物名录》记载泰顺有产，但未见标本。浙江省重点保护野生植物。

图 142　黄山木兰

■ 2. 黄山木兰　图 142

Magnolia cylindrica Wils.

落叶乔木。树皮淡灰褐色，平滑。幼枝、叶柄被淡黄色平伏毛；2 年生枝紫褐色。叶片纸质，倒卵形或倒卵状椭圆形，长 6~13cm，宽 3~6cm，先端钝尖或圆，上面绿色，无毛，下面灰绿色，被均匀向前的伏贴短绢毛；托叶痕长为叶柄的 1/6~1/4。花先于叶开放，无香气；花被片 9，外轮 3 枚膜质，萼片状，绿色，长 1.2~1.5cm，宽约 4mm，内 2 轮，白色；花梗密被黄色绢毛。聚合果圆柱形，下垂，熟时带暗红色。花期 4~5 月，果期 8~9 月。

见于永嘉、文成、泰顺，散生于海拔 900m 以上的阔叶林中。

可用于园林观赏。

■ 3. 玉兰 图 143

Magnolia denudata Desr.

落叶乔木。树皮深灰色，老则不规则块状剥落。小枝灰色。冬芽密生灰绿色开展之柔毛。叶纸质，薄，宽倒卵形或倒卵状椭圆形，长 8~18cm，宽 6~10cm，先端宽圆或平截，有一短尖头，基部楔形，全缘，下面被有柔毛；叶柄长 1~2.5cm。花先于叶开放，直径约 12~15cm，大而显著；花被片 9，长圆状倒卵形，长 9~11cm，宽 3.5~4.5cm；雌蕊群无毛。聚合果不规则圆柱形，长 8~17cm，部分心皮不发育；蓇葖木质白色皮孔。花期 3 月，果期 9~10 月。

本市各地常见栽培，有时逸生。

花大而洁白，为优良园林观赏树；花蕾入药，花可供提制浸膏。

图 143 玉兰

■ 4. 厚朴 凹叶厚朴 图 144

Magnolia officinalis Rehd. et Wills. [*Magnolia officinalis* subsp. *biloba* (Cheng) Law]

落叶乔木。树皮灰色，有凸起圆形皮孔。顶芽大，无毛。叶片大，常 7~12 片集生于枝梢，长圆状倒卵形，长 20~30cm，宽 8~17cm，先端短急尖或圆钝，基部楔形，全缘，伏柔毛，侧脉 15~25 对；叶柄长 2.5~5cm；托叶痕长约为叶柄的 2/3。花大，与叶同时开放，白色，直径约 15cm；花梗粗短，被柔毛；花被片 9~12，肉质，外轮 3 枚淡绿色，外有紫色斑点。聚合果单生于枝顶，长圆状卵形，长 9~15cm，基部宽圆。花期 4~5 月，果期 9~10 月。

见于永嘉、文成、泰顺，生于海拔 1200m 以下的林中。文成、永嘉等县有大面积人工栽培。

树皮"厚朴"为著名中药材；花、果亦可入药；花大美丽，为观赏树种。国家Ⅱ级重点保护野生植物。

图 144 厚朴

■ 5. 景宁木兰 图 145

Magnolia sinostellata P. L. Chiu et Z. H. Chen

落叶灌木。一年生小枝绿色，老枝条灰褐色。叶椭圆形至倒卵状椭圆形，长 7~12cm，宽 2.5~4cm，先端渐尖或尾尖，基部楔形，全缘，上面无毛，下面无毛或沿脉腋有白色柔毛，侧脉 6~8 对；叶柄长 0.3~1.2cm，无毛；托叶痕长约为叶柄的 1/2。花蕾长 1.5~2cm；花先于叶开放，直径约 5~7cm；花被片 12~15，初时淡红色，后逐渐变白色，仅外面中下部或沿中间红色。

图 145 景宁木兰

见于乐清（百岗尖），生于海拔 900m 左右的灌木林中。温州分布新记录种。

可供观赏。浙江省重点保护野生植物。

5. 木莲属 Manglietia Bl.

常绿乔木。叶革质，全缘；托叶痕与叶柄相连。花两性，单生于枝顶；花被片通常9，排成3轮；雄蕊多数；雌蕊群无柄，每心皮具4或更多胚珠。聚合蓇葖果，蓇葖果全发育，排列紧密，沿背及腹缝2瓣裂，先端多具喙。种子1至多数，红色或褐色。

约 30 种，主要分布于亚洲热带及亚热带地区。我国约 29 种；浙江 1 种，温州也有。

图 146 木莲

■ **木莲** 乳源木莲 图 146

Manglietia fordiana Oliv. [*Manglietia yuyuanensis* Law]

乔木。树皮灰色，平滑。芽、幼枝疏生红褐色平伏短毛，后无毛。叶厚革质，长椭圆状倒披针形，长 8~17cm，宽 3~6cm，先端渐尖或短渐尖，基部楔形，上面深绿色，下面灰绿色，侧脉不显，8~14 对；叶柄长 1~2.5cm；托叶痕长 3~4mm。花梗长 1.5~2cm；花被片 9，3 轮，外轮绿色，中轮与内轮肉质，白色；雌蕊群椭圆状卵形，长 1.3~1.5cm，心皮的露出面有乳头状凸起。聚合果卵形，长 2.5~3.5cm；果皮有瘤点；蓇葖先端具短喙。花期 3~4 月，果 10 月成熟。

见于永嘉、瑞安、文成、苍南、泰顺，散生于海拔 480~1200m 的山地阔叶林中。

本种可用于园林观赏；果及树皮入药。

6. 含笑属 Michelia Linn.

常绿乔木或灌木。叶全缘；托叶与叶柄贴生或分离。花两性，单生于叶腋；芳香花被片6~21，3或6枚1轮，近相等；雄蕊多数；雌蕊群具柄，超出雄蕊群之上，心皮分离，通常部分心皮发育不全，每一心皮具2枚以上胚珠。聚合果。

约 50 种，分布于亚洲热带和亚热带地区。我国约 41 种；浙江 8 种；温州野生 2 种。

图 147 深山含笑

1. 深山含笑 图 147

Michelia maudiae Dunn [*Michelia chingii* Cheng]

乔木。树皮浅灰色或灰褐色。各部无毛。芽和幼枝稍具白粉。叶片革质，长圆状椭圆形，长7~18cm，宽4~8cm，先端急尖或钝尖，上面深绿色，有光泽，侧脉7~18对，中脉隆起，网脉明显；叶柄长2~3cm；无托叶痕。花被片9，白色，芳香，直径5~7cm；雌蕊群柄长5~8mm。聚合果长7~15cm；蓇葖先端有短尖头，每一蓇葖内有种子2~3，红色。花期3月中下旬，果期9~10月。

见于永嘉、瑞安、文成、平阳、苍南、泰顺，生于海拔300~1100m的山谷常绿阔叶林内。

可供观赏；花蕾可入药。

2. 野含笑 图 148

Michelia skinneriana Dunn

乔木。树皮灰白色，平滑。芽、幼枝、叶柄、叶下面中脉、花梗均密被褐色长柔毛。叶片革质，窄倒卵状椭圆形、倒披针形，长5~12cm，宽1.5~4cm，先端尾状渐尖，基部楔形；叶柄长2~4mm；托叶痕达叶柄顶端。花淡黄色；花被片6，外轮3，基部被褐色毛；雌蕊群柄长4~7mm，密被褐色毛。聚合果长4~7cm，常因部分心皮不发育而弯曲；蓇葖熟时黑色，具短尖的喙。花期5~6月，果期8~9月。

见于瓯海、瑞安、文成、泰顺，生于海拔800m以下的山谷山坡杂木林中；浙江省重点保护野生植物。

本种与深山含笑 *Michelia maudiae* Dunn 的主要区别在于：叶柄具托叶痕；芽、幼枝、叶下面均被毛。

图 148 野含笑

7. 拟单性木兰属 **Parakmeria** Hu et Cheng

常绿乔木。全体无毛。托叶不连生于叶柄上。花单生于枝顶；雄花与两性花异株；花被片约12；雄花的雄蕊10~30（~76），花药室内向开裂；两性花的雄蕊群与雄花的相同，雌蕊约10~20，雌蕊群具柄明显，心皮发育时全部互相愈合。聚合果之蓇葖沿背缝及顶端开裂。种子2。

我国特有属，共5种，分布于西南至东南部；浙江1种，温州也有。

■ 乐东拟单性木兰　图149

Parakmeria lotungensis (Chun et Tsoong) Law

乔木。树皮灰白色。一年生枝稍细，深褐色；二年生枝暗灰色。叶片革质，椭圆形，长6~11cm，宽2.5~3.5cm，先端钝尖，基部楔形，沿叶柄下延，边缘略下卷，中脉在两面凸起，下面侧脉稍凸起；叶柄长1.5~2cm；无托叶痕。花白色；花被片9~14，外轮3~4枚质较薄，开放时微反曲外弯，内轮色肉质稍厚，内向弯曲；雄蕊多数，花药背部紫红色；两性花的心皮数变化悬殊，有的仅有极少数心皮，着生于雌蕊群柄的顶端。聚合果长圆形，或呈蒴果状；蓇葖有种子1或2。种皮红色。花期5月，果期10~11月。

见于瑞安、泰顺，生于海拔500~800m的常绿阔叶林中。

用作园林绿化树种。浙江省重点保护野生植物。

图149　乐东拟单性木兰

8. 五味子属 **Schisandra** Michx.

藤本。芽鳞较大，常宿存。叶纸质或膜质，在长枝上互生，短枝上密集，边缘通常有小齿。花单性，单生或数花聚生；花药离生于雄蕊柱上，或结成一球状或扁平五角状的肉质体；心皮12~120，离生，花时心皮密集成一头状体，果时成熟心皮排列于一延长的花托上。聚合果穗状；果皮肉质。种子2。

约30种，主要分布于亚洲东部。我国19种；浙江4种，温州也有。

分种检索表

1. 叶下面被白粉；枝具明显棱；芽鳞大，常宿存；叶片宽椭圆状卵形 ………………………… **2. 粉背五味子 S. henryi**

1. 叶下面无白粉；枝圆柱形或具不明显棱。

　2. 叶片卵圆形或近圆形，膜质，边缘中部以上仅具浅小齿；花黄色，具红斑点 ……………… **1. 二色五味子 S. bicolor**

　2. 叶片椭圆形或卵状椭圆形，边缘基部以上有锯齿。

　　3. 叶片椭圆形、倒卵状椭圆形，通常最宽处在中部以上，网脉不明显；种皮光滑 ………………………………………………………… **3. 华中五味子 S. sphenanthera**

　　3. 叶片卵状椭圆形，通常最宽处在中部以下，网脉明显；种皮具皱纹或瘤点 ……………… **4. 绿叶五味子 S. viridis**

■ 1. 二色五味子 图150

Schisandra bicolor Cheng [*Schisandra repanda* (Sieb. et Zucc.) Radlk.]

落叶藤本。无毛。一年生枝淡红色，稍具纵棱。芽细小。叶互生，常集生于短枝先端，叶片近圆形，长5.5~9cm，宽3.5~8cm，先端短尖，基部宽楔形，下延成极窄的翅，上面绿色，下面灰绿色，两面无毛，边缘中部以上疏生浅小齿；叶柄长2~4.5cm，淡红色。花单性，生于短枝先端的苞腋；雄花梗纤细；雌花梗较粗；花被片7~13，外轮绿色或近黄绿色，内轮黄色，具红色斑点。聚合果，长3~7cm，黑色。种皮具小瘤点。花期6~7月，果期9~10月。

见于乐清、永嘉、文成、泰顺，生于海拔500~1200m的山地林缘。

全株入药。

吴棣飞 摄

图150 二色五味子

丁炳扬 摄

丁炳扬 摄

图151 粉背五味子

■ 2. 粉背五味子 翼梗五味子 图151

Schisandra henryi Clarke

落叶藤本。幼枝淡绿色，老枝紫褐色，具5棱，有翅膜，皮孔明显。芽鳞大，常宿存，无毛。叶片革质，宽卵形、宽椭圆状卵形，长6~11cm，宽5~8cm，先端渐尖或短尾状，基部阔楔形至窄楔形，下面被白粉显著，叶缘疏生细浅齿瘤乃至全缘；叶柄长2~5cm。花单性，雌雄异株，单生于叶腋，黄绿色；花梗长4~7cm。聚合果有小浆果15~45，红色。种皮有瘤状凸起。花期5~10月，果期7~10月。

见于永嘉、瑞安、文成、泰顺，生于溪沟边林下。

全株入药。

■ 3. 华中五味子 东亚五味子 图152

Schisandra sphenanthera Rehd. et Wils.[*Schisandra elongata* (BL.) Baill.]

落叶藤本。全体无毛。枝细长，圆柱形，红褐色，密生黄色瘤状皮孔。叶片薄纸质，椭圆状卵形或宽卵形，长4~11cm，宽2~7cm，先端渐尖或短尖，基部楔形至圆形，上面绿色，下面带灰绿色，脉上偶有短柔毛，侧脉4~5对，网脉干时在两面不明显凸起；叶柄长2~4cm，具极窄的翅。花单性，雌雄异株，橙黄色；花被片5~9，2~3轮；雌蕊群近球形。果时花托延长排成穗状的聚合果，红色，轴粗，长6~17cm；果梗较细，长3~13cm。花期4~6月，果期6~10月。种子椭圆形；种皮光滑。

见于永嘉、瑞安、文成、平阳、苍南、泰顺，生于海拔 300~1200m 的山坡林缘或灌丛。

全株入药；果实可作园艺栽培，也可食用，还可用于果酒和果醋的制备以及肥皂或机械润滑油的制备。

4. 绿叶五味子 图 153

Schisandra viridis A. C. Smith

落叶藤本。无毛。枝条近圆柱形。叶片卵状椭圆形，长 4~16cm，宽 2~8cm，先端渐尖，基部钝或楔形，锯齿或波状疏齿，上面绿色，下面浅绿色，无白粉，侧脉 3~6 对，网脉在两面明显；叶柄长 1.5~4cm。雄花花被片 6~7，黄色或黄绿色；雄蕊群倒卵形或近球形；雌花花被片与雄花的相似；雌蕊群椭圆形；花梗长 4~7cm。聚合果有浆果 15~20。种子肾状椭圆形；种皮具皱纹或瘤点。花期 4~6 月。果期 6~9 月。

见于文成、平阳、泰顺，生于海拔 600~900m 的山地。

全株入药；果可供食用。

《Flora of China》将其作为阿里山五味子的亚种 *Schisandra arisanensis* Hayata subsp. *viridis* (A. C.Smith.) R. M. K. Saunders，但原种标本未见，故本志仍作为种处理。

图 152　华中五味子

图 153　绿叶五味子

35. 蜡梅科 Calycanthaceae

落叶或常绿灌木。小枝有纵棱，皮孔明显。鳞芽或叶柄内芽。单叶互生，羽状脉，全缘或具不明显的浅细锯齿；有短柄；无托叶。花两性、单生；具短柄；花被片多数，螺旋状排列；雄蕊4至多数；离生心皮雌蕊，着生于壶状花托内，子房上位，1室，倒生胚珠2枚，仅1枚发育。聚合瘦果包于肉质果托内；果托熟时先端撕裂，外被柔毛。

约2属7种2变种，分布于亚洲东部及北美洲。我国2属7种；浙江2属3种；温州1属2种。

蜡梅属 Chimonanthus Lindl.

常绿或落叶灌木。枝有棱，皮孔明显。叶革质或纸质。花腋生，芳香；花被片15~27，黄色或淡黄色；雄蕊4~7；心皮6~14。

我国特有属，共6种；浙江2种，温州也有。

1. 柳叶蜡梅

Chimonanthus salicifolius S. Y. Hu

半常绿灌木。小枝细，被硬毛。叶片薄革质，长椭圆形，长卵状披针形或线状披针形，长6~11cm，先端钝尖或渐尖，基部楔形，全缘，上面粗糙，下面灰绿色，有白粉，被柔毛；叶柄被短毛。花单生于叶腋，稀双生，淡黄色；花被片15~17。果托梨形，长卵状椭圆形，先端收缩；瘦果长1~1.4cm，深褐色，被疏毛，果脐平。花期10~12月，果期翌年5月。

据《泰顺县维管束植物名录》记载泰顺有分布，但未见标本。

叶可入药，亦可代茶，加工制成“黄金茶”。

2. 浙江蜡梅 图154

Chimonanthus zhejiangensis M. C. Liu

常绿灌木。全株具香气。叶片革质，卵状椭圆形、椭圆形，先端渐尖，基部楔形至阔楔形，长5~13cm，宽2.5~4cm，上面光亮，深绿色，下面淡绿色，无白粉，均无毛。花多单生于叶腋，淡黄色；花被片16~20，背面均有短柔毛。果托薄而小，多钟形，外网纹微隆起，先端微收缩，口部四周退化雄蕊木质化，斜上伸展；瘦果椭圆形，长1~1.3cm，有柔毛，暗褐色，果脐周围领状隆起。花期10~12月，果期翌年6月。

见于文成、平阳、泰顺，生于海拔800m以下的灌丛。

叶可供提炼香精，亦可入药。

本种与柳叶蜡梅 *Chimonanthus salicifolius* S. Y. Hu的主要区别在于：叶革质，下面无白粉；果托钟形，果脐周围隆起。

周庄 摄

周庄 摄

图154 浙江蜡梅

36. 番荔枝科 Annonaceae

常绿或落叶乔木、灌木及木质藤本。单叶互生，全缘；无托叶。花两性，辐射对称，单生或成花序；萼片与花瓣极相似，萼片3，分离或部分合生，通常镊合状排列；花瓣6，2轮；雄蕊多数，螺旋状排列；花托通常凸起，呈圆柱状或圆锥状。成熟心皮分离，少数合生成一肉质的聚合浆果，通常不开裂，少数呈蓇葖状开裂，多具果柄。

约129属2200余种，广布于世界热带和亚热带地区，尤以东半球为多。我国22属约114种；浙江1属1种，温州也有。

瓜馥木属 Fissistigma Griff.

攀援状灌木。单叶互生，侧脉明显，网脉平行。花单生、簇生或为圆锥花序；花序顶生、腋生或与叶对生；萼片3，基部合生，有毛；花瓣6，镊合状排列；雄蕊多数，顶端截形；心皮多数，分离，有毛，胚珠2或多数。成熟心皮浆果状。

约75种，分布于热带非洲、大洋洲和亚洲热带、亚热带地区。我国22种；浙江1种，温州也有。

■ 瓜馥木 图155

Fissistigma oldhamii (Hensl.) Merr.

藤状灌木。小枝紫褐色，被锈色短柔毛。叶革质，光亮，叶片倒卵状椭圆形或长椭圆形，长5~13cm，宽2.5~4.5cm，先端钝，基部宽楔形或圆形，上面除中脉外无毛，下面被锈色短柔毛，侧脉13~20对，明显，网脉平行；叶柄密生褐色短毛。花与叶对生或腋生；萼片卵圆形，有毛。果圆球形，长约1.3cm，宽约1cm；柄密被黄色柔毛。花期4~9月，果期7月至翌年2月。

见于乐清、永嘉、瑞安、文成、平阳、苍南、泰顺，生于林下或林缘路边。

茎皮纤维为工业原料；花可供提制油或浸膏；种子油可作工业原料；根可入药；果味甜，可食。

丁炳扬 摄

王金旺 摄

周庄 摄

图155 瓜馥木

37. 樟科 Lauraceae

常绿或落叶，乔木或灌木。具油细胞，有香气。单叶，全缘，羽状脉、三出脉或离基三出脉；无托叶。花小，两性或单性，成腋生或近顶生的花序；花被萼片状，通常裂片6，早落或宿存；花药2~4室，瓣裂；子房上位，1室，胚珠1。浆果状核果，有时基部有宿存花被，或花被筒增大为杯状或盘状，并承托果实基部，稀全部包被；果梗圆柱形，有时肉质。

约45属2500种，广布于热带及温带地区。我国20属约400种；浙江11属46种9变种；温州野生8属35种8变种。

分属检索表

1. 花两性，第3轮雄蕊花药外向。
  2. 花药4室。
    3. 常绿性，聚伞状圆锥花序。
      4. 花被片花后脱落……………………………………**1. 樟属 Cinnamomum**
      4. 花被片果时宿存。
        5. 宿存花被片不紧贴果实基部，反卷或开展……………………**5. 润楠属 Machilus**
        5. 宿存花被片紧贴果实基部，直立或开展……………………**7. 楠木属 Phoebe**
    3. 落叶性，叶异型；总状花序，花先于叶开放……………………**8. 檫木属 Sassafras**
  2. 花药2室；花被宿存，果完全包裹于花后增大的花被筒内……………………**2. 厚壳桂属 Cryptocarya**
1. 花单性异株，第3轮雄蕊花药内向。
  6. 花药4室。
    7. 叶具离基三出脉；花2基数，花被裂片4，每轮2，发育雄蕊6，每轮2……………………**6. 新木姜子属 Neolitsea**
    7. 叶常具羽状脉；花3基数，花被裂片6，每轮3，发育雄蕊9或12，每轮3……………………**4. 木姜子属 Litsea**
  6. 花药2室……………………………………**3. 山胡椒属 Lindera**

1. 樟属 Cinnamomum Trew

常绿乔木或灌木。叶互生，或对生，有时近枝顶集生；革质，离基三出脉、三出脉至羽状脉。聚伞状圆锥花序，两性，稀杂性；花被筒短，杯状或钟状，花被片6，近等大，花后脱落；花药4室，排成上下两列。果着生于杯状、钟状或倒圆锥状果托上；果托边缘波状或具不规则小齿。

约250种，分布于亚洲至太平洋各群岛、大洋洲、拉丁美洲和北美洲。我国46种；浙江9种；温州野生的5种。

分种检索表

1. 叶互生，羽状脉至近离基三出脉，侧脉脉腋通常下面具腺窝，在上面具泡状隆起。
  2. 圆锥花序腋生；叶干时上面不为黄绿色，下面不为黄褐色，叶柄上面具凹槽……………………**2. 樟树 C. camphora**
  2. 圆锥花序顶生及腋生；叶干时上面黄绿色，下面黄褐色，叶柄上面平……………………**4. 沉水樟 C. micranthum**
1. 叶对生或近对生，三出脉至离基三出脉，稀近羽状，下面脉腋无腺窝，上面脉腋无泡状隆起。
  3. 叶两面无毛，或幼时下面被微毛，后脱落……………………**3. 浙江樟 C. chekiangense**
  3. 叶下面被平伏绢状柔毛。
    4. 叶片椭圆形、卵状椭圆形至披针形，较小，老叶通常长3.5~13cm，宽2~5cm，小枝、芽、叶密被黄色绢毛或柔毛……………………**5. 细叶香桂 C. subavenium**
    4. 叶片长圆形或椭圆形，较大，老叶长10~20cm，宽4~7cm……………………**1. 华南樟 C. austrosinense**

图 156 华南樟

1. 华南樟 图 156

Cinnamomum austrosinense H. T. Chang

乔木。小枝略具棱脊而稍扁，被灰褐色平伏短柔毛。顶芽小而近球形，密被灰褐色短柔毛。叶近对生或互生，椭圆形，长 10~20cm，宽 4~7cm，上面幼时被浅灰黄色微柔毛，后脱落至无毛，下面灰绿色，密被浅灰黄色平伏短柔毛，三出脉或离基三出脉；叶柄长 1~1.5cm，密被灰黄色短柔毛。圆锥花序生于当年生枝叶腋；总梗长度超过花序长度的一半，均密被平伏浅灰黄色短柔毛；花黄绿色；花被裂片卵圆形。果椭圆形，长 9~12mm，直径 7~8mm；果托浅杯状，边缘具浅齿裂，齿端平截。花期 6~7 月，果期 10~11 月。

见于永嘉、瑞安、文成、苍南、泰顺，生于海拔 200~900m 的溪边或山坡的常绿阔叶林中。

可供材用；树皮、枝、叶均可供提取芳香油。

2. 樟树 香樟 图 157

Cinnamomum camphora (Linn.) Presl

乔木。树皮老时不规则纵裂。叶互生，叶片卵状椭圆形，先端急尖，基部宽楔形至近圆形，边缘呈微波状起伏，下面薄被白粉，幼时略被微柔毛，离基三出脉，近基部第 1、第 2 对侧脉长而显著，侧脉及支脉脉腋在上面显著隆起，在下面有明显腺窝，窝内常被柔毛；叶柄细，长 2~3cm，无毛。圆锥花序生于当年生枝叶腋；花常淡黄绿色；花梗长

图 157 樟树

1~2mm，无毛；花被片椭圆形，长约2mm，外面无毛，里面密被短柔毛。果近球形，直径6~8mm，熟时紫黑色；果托杯状，顶端平截。花期4~5月，果期8~11月。

见于本市各地，广布于海拔1000m以下的平原、山区。

为珍贵用材；亦广为园林绿化树种；根、枝、木材、叶可供提取樟脑、樟油；种子可供榨油。国家Ⅱ级重点保护野生植物。

3. 浙江樟 图158

Cinnamomum chekiangense Nakai

乔木。树皮有芳香及辛辣味。小枝幼时被细柔毛，渐变无毛。叶互生或近对生，长椭圆状披针形至狭卵形，先端长渐尖至尾尖，基部楔形，上面无毛，下面微被白粉及细短柔毛，后变几无毛，离基三出脉；叶柄长0.7~1.7cm，被细柔毛。圆锥状具伞花序生于去年生小枝叶腋；总梗与花梗均被黄白色伏柔毛，具2~5花；花黄绿色；花被片长椭圆形，先端圆钝至急尖，两面均被白色柔毛。果卵形，熟时蓝黑色，微被白粉；果序总梗与果梗近等粗；果托碗状，长约5~6mm，边缘常具6圆齿。花期4~5月，果期10月。

见于乐清、永嘉、瑞安、文成、平阳、泰顺，生于海拔600m以下的山坡沟谷杂木林中。

可作材用；树皮、枝、叶可供提取芳香油；干燥树皮、树枝可入药；可作园林绿化树种。

《Flora of China》将其并入天竺桂 *Cinnamomum japonicum* Sieb.，但据观察，两者形态差异较大：天竺桂叶下面、花序总梗、花梗、花被片外面均无毛；花序具花3~10，花序总梗长1~6cm。本志暂不作归并。

图158 浙江樟

4. 沉水樟 图159

Cinnamomum micranthum (Hayata) Hayata

乔木。树皮不规则纵裂。小枝无毛，疏生皮孔；芽鳞外被褐色绢状短柔毛。叶互生，长椭圆形至卵状椭圆形，先端短渐尖，基部宽楔形至近圆形，两侧常略不对称，叶面深绿色，稍具光泽，无毛，脉腋在上面隆起，在下面具小腺窝，窝穴中有微柔毛，网脉在两面结成蜂窝状小穴；叶柄长2~3cm，无毛。圆锥花序顶生，间有腋生；花被裂片外面无毛，里面密被柔毛。果椭圆形至扁球形，长1.5~2.3cm，直径1.5~2cm，无毛，具斑点，有光泽；果托壶形，自基部向上急剧增大呈喇叭状，边缘全缘或具波状齿。花期7~8月，果期10月。

见于乐清、永嘉、瑞安、文成、平阳、苍南、泰顺，生于海拔700m以下沟谷山坡的常绿阔叶林中。

可供提取芳香油。浙江省重点保护野生植物。

图159 沉水樟

图 160 细叶香桂

■ 5. 细叶香桂 香桂 图 160

Cinnamomum subavenium Miq.

乔木。小枝密被黄色贴生绢状短柔毛。叶互生或近对生，革质，叶片椭圆形至卵状披针形，长 3.5~13cm，宽 2~5cm，先端急尖至渐尖，基部圆形或楔形，上面幼时密被黄色贴生绢状短柔毛，后变无毛，下面幼时密被黄色贴生绢状短柔毛，后变稀疏，三出脉，中脉及侧脉在上面凹陷，在下面明显隆起；叶柄长 0.5~1.5cm，被黄色绢状短柔毛。圆锥花序腋生；总花梗与花梗均被黄色绢状短柔毛；花淡黄色；花被片近椭圆形，两面密被黄色短柔毛。果椭圆形，熟时蓝黑色；果托杯状，边缘全缘。花期 6~7 月，果期 8~10 月。

见于乐清、永嘉、瑞安、文成、苍南、泰顺，生于海拔 1200m 以下的沟谷、山坡常绿阔叶林中。

为优良用材树种；树皮与叶等可作香料；树皮可入药。

2. 厚壳桂属 Cryptocarya R. Br.

常绿乔木或灌木。叶互生，羽状脉。圆锥花序腋生或近顶生；花两性；花被筒陀螺形或卵形，宿存，花后顶端收缩，花被裂片6，早落；发育雄蕊生于花被筒喉部，花药2室；子房无柄，包于花被筒内。果球形，完全为花后增大的花被筒所包，外面具纵棱或平滑。

200~250种，分布于热带、亚热带。我国19种；浙江1种，温州也有。

■ 硬壳桂

Cryptocarya chingii Cheng

小乔木。幼枝被灰黄色短柔毛，老后无毛。叶互生，革质，叶片长圆形至椭圆状长圆形，长5~13cm，宽2~5cm，先端骤尖，基部楔形，边缘稍反卷，上面榄绿色，稍具光泽或晦暗，下面粉绿色，被贴生灰黄色丝状短柔毛，羽状脉，侧脉5~6对，与中脉在上面稍凹陷，在下面隆起；叶柄长5~10mm，上面稍具沟槽。圆锥花序腋生及顶生，长3~6cm，多少松散；总梗长2~3cm；花序各部密被灰黄色丝状短柔毛。果熟时椭圆状球形，暗红色，无毛，具12纵棱。花期6~10月，果期9月至翌年3月。

据《浙江植物志》记载平阳顺溪为模式标本产地，但未见标本。

3. 山胡椒属 Lindera Thunb.

乔木或灌木。叶互生，全缘，稀3裂。花单性异株，伞形花序单生或簇生；总苞片4，交互对生；花被片6（7~9），近等大，花后脱落，稀宿存；雄花通常具发育雄蕊9，每轮3枚，花药2室，内向瓣裂；雌花通常具9退化雄蕊，子房上位，花柱明显，柱头近盘状。浆果状核果；果托盘状或浅杯状。

约100种，分布于亚洲及北美洲。我国约50种；浙江13种；温州11种。

分种检索表

1. 常绿性；叶革质或近革质。
  2. 叶具羽状脉。
    3. 叶片倒披针形至倒卵状长圆形，长10~23cm，宽5~7.5cm；果熟时紫黑色……………… **6. 黑壳楠 L. megaphylla**
    3. 叶片卵形、宽卵形至椭圆形或长椭圆形，长3~12cm，宽1.5~5cm；果熟时红色。
      4. 幼枝及叶下面疏被黄白色短柔毛，后脱落至无毛或近无毛……………… **3. 香叶树 L. communis**
      4. 幼枝及叶下面密被黄褐色长柔毛，老时枝条或脉上仍残存黑色长柔毛……………… **7. 绒毛山胡椒 L. nacusua**
  2. 叶具三出脉……………… **1. 乌药 L. aggregata**
1. 落叶性；叶纸质。
  5. 叶片先端常具3浅裂，下面被毛至无毛，三出脉……………… **9. 三桠乌药 L. obtusiloba**
  5. 叶片全缘。
    6. 二至三年生小枝通常绿色或黄绿色，无皮孔。
      7. 羽状脉；花序总梗密被毛。国梗长1~1.6cm……………… **10. 山橿 L. reflexa**
      7. 三出脉或离基三出脉；花序总梗无毛；国梗长0.4~0.7cm……………… **8. 绿叶甘橿 L. neesiana**
    6. 二至三年生小枝通常不为黄绿色或绿色。
      8. 叶具离基三出脉，中脉与叶柄于秋后常变为红色；小枝紫褐色，细瘦平滑……………… **11. 红脉钓樟 L. rubronervia**
      8. 叶具羽状脉。
        9. 叶片倒披针形至倒卵状披针形，最宽处在中部以上；果……………… **4. 红果钓樟 L. erythrocarpa**
        9. 叶片卵形、椭圆形至椭圆状披针形，最宽处在中部以下；果熟时黑色或黄褐色。
          10. 叶片椭圆形，长为宽的2倍或不及；芽鳞无脊；花序具总梗……………… **5. 山胡椒 L. glauca**
          10. 叶片椭圆状披针形，长逾宽的3倍；芽鳞具脊；花序无总梗……………… **2. 狭叶山胡椒 L. angustifolia**

图 161　乌药

1. 乌药　图 161

Lindera aggregata (Sims) Kosterm.

常绿灌木至小乔木。小枝绿色至灰褐色，幼时密被金黄色绢毛，后渐脱落变无毛。叶互生，革质，叶片卵形，卵圆形至近圆形，长 3~6cm，宽 1.5~4cm，先端长渐尖至尾尖，基部圆形至宽楔形，上面绿色有光泽，下面灰白色，幼时密被灰黄色伏柔毛，后渐脱落，三出脉，在上面凹下，在下面隆起；叶柄长 0.5~1cm，幼时被黄褐色柔毛，后渐脱落。伞形花序着生于二年生枝叶腋；总梗极短或无，花梗被柔毛；花被片外被白色柔毛；雄蕊 9。果卵形至椭圆形，熟时黑色。花蕾于秋季形成，翌年 3~4 月开花，10~11 月果熟。

见于永嘉、瑞安、文成、苍南、泰顺，生于山区、半山区海拔 1000m 以下的山坡、谷地林下灌丛中。

根入药。

温州各地常见的还有其变型红果乌药 *Lindera aggregata* (Sims) Kosterm. f. *rubra* P. L. Chiu，其与原种的主要区别在于：前者果实成熟后为红色。

图 162　狭叶山胡椒

2. 狭叶山胡椒　图 162

Lindera angustifolia Cheng

落叶灌木或乔木。小枝黄绿色，无毛。冬芽芽鳞具脊。叶互生，坚纸质，叶片椭圆状披针形至长椭圆形，长6~14cm，宽1.5~3.7cm，先端渐尖，基部楔形，上面绿色，无毛，下面粉绿色，被短柔毛，羽状脉，侧脉8~10对；叶柄长约5mm，初被柔毛，后变无毛。花蕾于秋季形成，成对生于冬芽基部或叶腋；伞形花序无总梗；雄花序具3~4花；花梗长3~5mm；雌花序具2~7花；花梗长3~6mm。果球形，直径约8mm，熟时黑色，无毛；果托直径约2mm；果梗长约5~15mm。花期3~4月，果期9~10月。

见于乐清、永嘉、鹿城、瑞安、泰顺，生于山坡疏林或灌丛中。

叶与果实可供提取芳香油；种子可供榨油。

3. 香叶树　图 163

Lindera communis Hemsl.

常绿小乔木。一年生枝细瘦，绿色，初被黄

图 163 香叶树

白色短柔毛，后无毛。叶互生，革质，卵形或宽卵形，长 3~8cm，宽 1.5~3.5cm，先端常突短尖至圆钝，基部宽楔形至近圆形，下面灰绿色，初被黄白色柔毛，羽状脉，中脉在上面凹下，下面隆起；叶柄长 5~8mm，被黄褐色微柔毛或近无毛。伞形花序具花 5~8，单生或成对生于叶腋；总苞片 4，早落；花梗长 2~2.5mm。果卵形或近球形，直径约 7~8mm，熟时红色，无毛；果序总梗长不及 2mm，果梗长 4mm，被黄褐色微柔毛。花期 3~4 月，果期 9~10 月。

见于乐清、永嘉、鹿城、龙湾、瑞安、文成、平阳、苍南、泰顺，生于海拔 500m 以下的低山丘陵地带，散生或混生于常绿阔叶林中。

果与叶可供提取芳香油，供作香料；种子可供榨油，供作工业原料；木材为细木工、家具用材。

■ 4. 红果钓樟　红果山胡椒　图 164

Lindera erythrocarpa Makino

落叶灌木至小乔木。小枝灰白色至灰黄色，皮孔多数，显著隆起。叶互生，纸质，叶片倒披针形至倒卵状披针形，长7~14cm，宽2~5cm，先端渐尖，基部狭楔形下延，上面绿色，疏被贴伏短柔毛至几无毛，下面灰白色，被平伏柔毛，脉上较密，羽状脉；叶柄长0.5~1cm，常呈暗红色。伞形花序位于腋芽两侧；具总苞片4及花15~17；花梗长约1.8mm；花被片6；花柱与子房近等长，均淡绿色。果球形，直径7~8mm，熟时红色；果梗长1.5~1.8cm，顶端较粗；果托直径3~4mm。花期4月，果期9~10月。

见于永嘉、文成、泰顺，生于海拔 1200m 以下山地丘陵的杂木林中。

■ 5. 山胡椒　图 165

Lindera glauca (Sieb. et Zucc.) Bl.

落叶灌木至小乔木。小枝灰白色，幼时被褐色柔毛，后变无毛。芽鳞无脊。叶互生，纸质，叶片椭圆形、宽椭圆形至倒卵形，长 4~9cm，宽 2~4cm，先端急尖，基部楔形，上面深绿色，下面粉绿色，被灰白色柔毛，羽状脉；叶柄长 3~6mm；枯叶常滞留至翌年发新叶时脱落。伞形花序腋生于新枝下部，与叶同时开放；总梗短或不明显，与花梗、花被片同被柔毛；每花序具 3~8 花；花梗长约 1~1.2cm；花被片黄色。果球形，直径约 6~7mm，熟时紫黑色，有光泽；果梗长 1.2~1.5cm。花期 3~4 月，果期 7~8 月。

见于本市各地山区，生于海拔 900m 以下的山坡灌丛或杂木林中。

可作材用；果、叶供提取芳香油；种子可供榨油；根、树皮、果及叶入药。

图 164 红果钓樟

图 165　山胡椒

6. 黑壳楠

Lindera megaphylla Hemsl. [*Lindera megaphylla* f. *trichoclada* (Rehd.) Cheng]

常绿乔木。小枝紫黑色，具隆起的圆形皮孔，无毛。叶近枝顶集生，革质，叶片倒卵状披针形至倒卵状长椭圆形，先端急尖至渐尖，基部楔形，下面灰白色，两面无毛，羽状脉；叶柄长 1.5~3cm，被柔毛。伞形花序成对生于叶腋，具花 9~16 对；雄花序总梗长 1~1.5cm，雌花序总梗长 0.6cm，总梗与花梗均密被褐色柔毛；雄花被片椭圆形，雌花被片线状匙形。果椭圆形或卵形，长约 1.8cm，直径约 1.3cm，熟时紫黑色；果托浅杯状；基部具果梗长达 1.5cm。花期 3~4 月，果期 9~10 月。

据《浙江植物志》记载泰顺有分布，但未见标本。

7. 绒毛山胡椒　图 166

Lindera nacusua (D. Don) Merr.

常绿小乔木。幼枝密被黄褐色长柔毛。叶互生，薄革质，叶片椭圆形、长椭圆形，长 6~12cm，宽 3~5cm，先端常尾尖至渐尖，基部（宽）楔形，下面被黄褐色长柔毛，中脉上尤密，老时仍残存黑色长柔毛，侧脉 5~7 对，与中脉同在上面凹下，在下面隆起，支脉在下面明显隆起成网格；叶柄粗，长 5~7mm，密被黄褐色柔毛。伞形花序；花黄色；每雄花序常具 7~8 花，每雌花序具 3~6 花。果近球形或近卵形，熟

图 166　绒毛山胡椒

时红色，有光泽；果梗粗壮；果托浅盘状，外面与果梗同被黄褐色柔毛。花期3~4月，果期10~11月。

见于瑞安、文成、泰顺，生于海拔320~500m的沟谷阔叶林中。

■ 8. 绿叶甘橿

Lindera neesiana (Nees) Kurz.

落叶灌木或小乔木。小枝绿色至黄绿色，具黑色斑块，光滑无毛。叶片纸质，宽卵形至卵形，长5~14cm，宽2.5~8cm，先端渐尖，基部圆形至宽楔形，上面深绿色无毛，下面灰绿色，幼时密被细柔毛，后变无毛，三出脉或离基三出脉；叶柄长1~1.2cm，无毛。伞形花序生于顶芽及腋芽两侧；具总梗，长约4mm，无毛；每花序具花7~9。果圆球形，直径6~8mm，熟时红色；果梗长4~7mm。花期4~5月，果期8~9月。

见于永嘉、瑞安、泰顺，生于海拔300~800m的山坡沟谷杂木林中或灌丛中。

■ 9. 三桠乌药 图167

Lindera obtusiloba Bl.

落叶灌木或小乔木。小枝黄绿色，平滑无毛。叶互生，纸质，叶片卵圆形、扁圆形至近圆形，先端急尖，三裂或全缘，基部圆形、平截形至近心形，上面灰绿色，有光泽，下面幼时淡绿色，被棕黄色柔毛，后渐变近无毛，呈灰绿色，有时带红色，三出脉，网脉明显，在下面隆起；叶柄长0.7~3cm，幼时密被黄白色短柔毛，后变无毛。伞形花序，常具花5，黄色，开于叶前；花梗长6~12mm，密被绢毛。果近卵形，长8mm，直径5~6mm，熟时暗红色，后变紫黑色；果梗长1~2cm。花期3~4月，果期8~9月。

见于泰顺（乌岩岭白云尖），生于海拔1000~1300m的山地林中。温州分布新记录种。

种子可供榨油；枝叶可供提取芳香油；木材材用。

■ 10. 山橿 图168

Lindera reflexa Hemsl.

落叶灌木或小乔木。小枝幼时被绢状柔毛，后无毛。叶互生，纸质，叶片卵形、倒卵状椭圆形，长4~15cm，宽4~10cm，先端渐尖，基部宽楔形至圆形，上面绿色，幼时沿中脉被微柔毛，后脱落，下面带灰白色，被白色细柔毛，后无毛，羽状脉，侧脉6~8对；叶柄长0.6~1.5cm，幼时被柔毛，后无。伞形花序总梗密被红褐色微柔毛；花梗密被白色柔毛。果圆球形，直径约7mm，熟时鲜红色，稍有光泽；果核具紫褐色网纹；果梗长约2cm，上部膨大成倒圆锥形，顶端直径约3mm。花期4月，果期8月。

图167 三桠乌药

图168 山橿

见于乐清、永嘉、瑞安、文成、平阳、苍南、泰顺，生于海拔1000m以下的山坡沟谷林下或林缘或灌木丛中。

根及果实入药；种子含油；枝、叶、果可供提取芳香油。

■ 11. 红脉钓樟

Lindera rubronervia Gamble

落叶灌木或小乔木。小枝紫褐色至黑褐色。叶互生，纸质，叶片卵形、卵状椭圆形至卵状披针形，长4~8cm，宽2~2.5cm，先端渐尖，基部楔形，上面深绿色，沿中脉疏生短柔毛，下面淡绿色，被柔毛，离基三出脉，网脉明显，叶脉与叶柄秋后常变红色；叶柄细弱，长0.5~1cm，被短柔毛。伞形花序；总苞片里面密被柔毛；花先于叶开放至与叶同放，黄绿色；花梗长2~2.5mm，密被白色柔毛。果近球形，直径约0.6~1cm，熟时紫黑色；果核褐色具灰白色斑点；果梗长10~15mm；果托直径约3mm。花期3~4月，果期8~9月。

见于永嘉、泰顺，生于海拔700m以下的沟谷或灌丛中。

4. 木姜子属 Litsea Lam.

叶互生，羽状脉。花单性，雌雄异株；伞形花序，或由伞形花序再组成总状花序或圆锥花序；总苞片花后脱落；每轮花被裂片3，常排成2轮，早落；雄花具发育雄蕊9或12，每轮3枚，花药4室，内向；子房上位，花柱之柱头常盾状。浆果状核果，基部具杯状、盘状或扁平的果托。

约200种，分布于热带亚洲和大洋洲。我国约72种；浙江4种5变种；温州3种5变种。

分种检索表

1. 落叶性；叶纸质或膜质。
  2. 小枝与叶下面均无毛……………………………………………………………………**2. 山鸡椒L. cubeba**
  2. 小枝与叶下面被毛……………………………………………………………………**4. 木姜子L. pungens**
1. 常绿性；叶革质或薄革质。
  3. 小枝无毛或被灰黄色长柔毛；叶片长2.5~8cm，侧脉10对以下，叶柄长1cm以下。
    4. 小枝与幼叶下面均无毛。
      5. 树皮不呈不规则圆形块片剥落；叶片卵状长圆形，长2.5~5.5cm，宽1~2.2cm，基部楔形或钝，老叶柄无毛；几无果梗，果熟时蓝黑色，被白粉……………**5. 豺皮樟 L. rotundifolia var. oblongifolia**
      5. 树皮呈不规则圆形块片剥落；叶片长圆形至披针形，长5~10cm，宽1.7~2.7cm，叶柄上面具柔毛，下面无毛；具压扁而粗壮的果梗，果熟时由红色变紫黑色……………**1b. 豹皮樟 L. coreana var. sinensis**
    4. 小枝与幼叶下面均被毛；叶片倒卵状披针形至卵状椭圆形，长6~9cm，叶柄全部有毛……………………………**1a. 毛豹皮樟L. coreana var. lanuginosa**
  3. 小枝密被褐色绒毛；叶片长圆状披针形或倒披针形，长5~22cm，侧脉10~20对，叶柄长1~2.5cm……………………………**3. 黄丹木姜子L. elongata**

■ 1a. 毛豹皮樟

Litsea coreana var. **lanuginosa** (Migo) Yang et P. H. Huang

常绿乔木。幼枝密被灰黄色长柔毛。叶片倒卵状披针形、椭圆形或卵状椭圆形，长6~9cm，先端突尖至短渐尖，基部楔形，侧脉9~12对，幼叶两面全部被灰黄色柔毛，下面尤密，老叶下面仍有稀疏毛；叶柄长1~2.2cm，全部有灰黄色长柔毛。果基部具果梗，长约5mm。

据《浙江植物志》记载平阳有分布，但未见标本。

本变种与原种朝鲜木姜子 *Litsea* coreana Lévl. 的主要区别在于：后者小枝及叶片完全无毛。

图 169 豹皮樟

1b. 豹皮樟 图 169

Litsea coreana Lévl. var. **sinensis** (Allen) Yang et P. H. Huang

常绿乔木。树皮呈不规则块片状剥落，现浅色斑痕。叶互生，革质，叶片长圆形至披针形，先端常急尖，上面幼时仅中脉基部有毛，下面无毛，侧脉 9~10 对，中脉在下面隆起，网脉不明显；叶柄长 0.5~1.5cm，上面被柔毛。伞形花序腋生；总苞片 4；每花序具花 3~4；花梗粗短，密被长柔毛；花被片 6，卵形至椭圆形，长约 2mm，外面被长柔毛。果近球形，直径 6~8mm，熟时紫黑色，顶端有短尖头；基部果托扁平，花被片宿存；果梗长 5mm。花期 8~9 月，果期翌年 5 月。

见于乐清、永嘉、瑞安、文成、泰顺，生于海拔 1000m 以下的山坡沟谷林中。

可作材用；根入药。

本变种与原种朝鲜木姜子 *Litsea coreana* Lévl. 的主要区别在于：后者叶片倒卵状椭圆形或倒卵状披针形，先端钝渐尖，幼时基部沿中脉无毛；叶柄全无毛。

2. 山鸡椒 山苍子 图 170

Litsea cubeba (Lour.) Pers.

落叶小乔木。小枝绿色，无毛；枝叶揉碎散发浓郁芳香味，干时呈绿黑色。叶互生，薄革质，叶片披针形或长圆状披针形，长4~11cm，宽1.5~3cm，先端渐尖，基部楔形，上面绿色，下面粉绿色，两面无毛，侧脉6~10对，与中脉在两面微隆起；叶柄长5~15mm，微带红色。伞形花序单生或簇生；总梗长6~10mm；总苞片4，近膜质；每花序具花4~6；花黄白色；花被片6。果近球形，直径4~6.5mm，熟时紫黑色；果核具2纵脊；果梗长3~5mm，先端稍膨大，疏被毛。花期2~3月，果期9~10月。

见于乐清、永嘉、瓯海、瑞安、文成、平阳、苍南、泰顺，生于海拔 1200m 以下的向阳山坡、旷地、疏林内，或在采伐地与火烧迹地常见。

叶、花、果均富含芳香油，为提取柠檬醛的重要原料；种仁可用于榨油供工业用；根及果均可入药，其果实为“毕澄茄”。

图 170　山鸡椒

2a. 毛山鸡椒　毛山苍子

Litsea cubeba var. **formosana** (Nakai) Yang et P. H. Huang

本变种与原种的区别在于：小枝、芽、叶下面及花序均被灰白色丝状短柔毛。

见于乐清、永嘉、瑞安、瓯海、文成、苍南、泰顺，生于海拔 1200m 以下的向阳山坡疏林、荒山、旷地。

用途同原种。

3. 黄丹木姜子　图 171

Litsea elongata (Wall. ex Nees) Benth. et Hook. f.

常绿乔木。小枝密被黄褐色绒毛。叶互生，革质，叶片长圆状披针形至长圆形，先端钝至短渐尖，基部楔形或近圆形，上面无毛，下面沿中脉及侧脉被黄褐色长柔毛，余处被短柔毛，侧脉10~20对，中脉、侧脉在上面平或稍凹下，在下面隆起，侧脉间网脉相连，明显；叶柄长1~2.5cm，密被褐色绒毛。伞形花序单生；常具长2~5mm的粗短总梗，密被褐色绒毛；花被片黄白色；花丝被长柔毛。果长圆形，长1.1~1.3cm，直径0.7~0.8cm，熟时紫黑色；果托杯状。花期8~11月，果期翌年6~7月。

见于乐清、永嘉、瑞安、文成、平阳、苍南、泰顺，生于海拔 500~1500m 的山坡沟谷杂木林中。

3a. 石木姜子

Litsea elongata var. **faberi** (Hemsl.) Yang et P. H. Huang

本变种与原种主要区别在于：叶片狭披针形或长圆状披针形，长 5~16cm，宽 1.2~2.5 (~3.6) cm，先端尾尖至长尾尖，中脉及侧脉在叶上面下陷，横脉在下面微隆起；花序总梗较细长，长 5~10mm。

见于永嘉、文成、泰顺，生于海拔 750~950m 的山坡路边。

4. 木姜子

Litsea pungens Hemsl.

落叶小乔木。老枝无毛。叶互生，常集生于枝端，叶片膜质，披针形至倒卵状披针形，长 5~15cm，宽 2.5~5.5cm，先端短尖，基部楔形，幼叶下面被白色绢毛，后渐脱落变无毛，或仅中脉疏生毛，或脉腋有簇毛，侧脉 5~7 对，在两面均隆起；叶柄细，长 1~1.5cm，幼时有柔毛，后变无毛。伞形花序腋生；总梗长 5~8mm，无毛；花先于叶开放，黄色；花梗长 5~6mm，被柔毛；花被片倒卵形，外面被稀疏柔毛。果球形，直径 0.7~1cm，熟时蓝黑色；果梗长 1~2.5cm，先端略增粗。花期 3~5 月，果期 9~10 月。

见于瑞安、文成、泰顺，生于海拔 800~1600m 的山坡沟谷杂木林中。

果可供提取芳香油；种子可供榨油。

图 171　黄丹木姜子

■ 5. 豺皮樟

Litsea rotundifolia Hemsl. var. **oblongifolia** (Nees) Allen

常绿小乔木。树皮灰色至灰褐色。小枝灰褐色，无毛，有时幼枝有微柔毛。叶互生，薄革质，叶片卵状长圆形至倒卵状长圆形，长2.5~5.5cm，宽1~2.2cm，先端钝至短渐尖，基部楔形或钝，上面绿色无毛，有光泽，下面粉绿色，无毛，侧脉6~8对，中脉在下面隆起，网脉不明显；叶柄长4~7mm，初被柔毛，后渐变无毛。伞形花序腋生，常3个花序成簇；几无总梗及花梗。果球形，直径约6mm，熟时由红色转蓝黑色，被白粉；几无果梗。花期8~9月，果期9~11月。

据《浙江植物志》记载永嘉、文成、泰顺、苍南有分布，但未见标本。

根、叶入药；种子可供榨油。

5. 润楠属 Machilus Nees

常绿乔木或灌木。芽鳞多数，覆瓦状排列。叶互生，全缘，羽状脉。圆锥花序顶生；花两性；花被裂片6，2轮；发育雄蕊9，3轮，花药4室，通常外面2轮花丝无腺体，花药内向，第3轮花丝基部两侧具有柄腺体，花药外向。果球形，基部具宿存花被片，常反曲；果梗不增粗，稀增粗而呈肉质。

约100种，分布于东南亚至日本。我国约80种；浙江11种，温州也有。

分种检索表

1. 小枝无毛。
  2. 小枝干后不变黑色；芽鳞外面无毛或被毛不为黄棕色。
    3. 叶下面无毛；果熟时果梗呈鲜红色。
      4. 叶片卵形至倒卵状披针形，长4.5~10cm，宽2~4cm，基部楔形……………………**10. 红楠 M. thunbergii**
      4. 叶片椭圆形至长椭圆形，长9~18cm，宽3~5.5cm，基部近圆形至宽楔形……………**9. 凤凰润楠 M. phoenicis**
    3. 叶下面被毛，至少幼时被毛。
      5. 叶片长椭圆形或倒卵状长圆形。
        6. 叶片倒卵状长圆形，长14~24cm，宽3.5~7cm，先端短渐尖，侧脉14~20对；叶柄较粗，长1~3cm；果球形……………………**3.薄叶润楠M.leptophylla**
        6. 叶片长椭圆形，长6~10cm，宽1.5~2.8cm，先端急尖至钝，侧脉10~13对;叶柄纤细，长0.8~1.2cm；果扁球形……………………**6.雁荡润楠M.minutiloba**
      5. 叶倒披针形。
        7. 叶片先端急尖至钝，侧脉6~8（~10）对，弧曲上伸至近叶缘网结；花被裂片外面无毛……………………**4.木姜润楠M.litseifolia**
        7. 叶片先端尾状渐尖，常镰状弯曲，侧脉10~12对；花被裂片外面被灰白色细小柔毛……………………**1.浙江润楠M.chekiangensis**
  2. 小枝干后常变黑色；芽鳞外面密被黄棕色细小柔毛。
    8. 叶片椭圆形至窄椭圆形，有时倒披针形，先端渐尖至尾状渐尖，侧脉12~17对；花序总梗较细，长4~5cm；果径约1cm……………………**8. 刨花楠 M. pauhoi**
    8. 叶片倒披针形，先端突渐尖至渐尖，侧脉9~11对；花序总梗粗壮，长8~11cm；果径6~7mm……………………**5.长序润楠M. longipedunculata**
1. 小枝被锈色或黄褐色绒毛。
  9. 叶片倒卵形至倒卵状长圆形。
    10.叶片基部楔形；花序和叶下面的绒毛为锈色；圆锥花序单生或2~3花集生于小枝顶端，近无总梗……………………**11. 绒毛润楠 M. velutina**
    10.叶片基部多少圆形；花序和叶下面的绒毛多为黄褐色；圆锥花序丛生于小枝顶端，具总梗……………………**2. 黄绒润楠 M. grijsii**
  9.叶片长披针形，长11~18cm，宽1.5~3cm，下面带粉绿色，被疏柔毛……………………**7.建楠M.oreophila**

1. 浙江润楠 图172

Machilus chekiangensis S. Lee

乔木。小枝无毛，基部具密集而显著的芽鳞痕。叶革质，常集生于枝顶，叶片倒披针形、椭圆形、椭圆状披针形，先端尾尖，常呈镰状弯曲，基部渐狭呈楔形，下面疏被短伏毛；叶柄长0.8~1.5cm。圆锥花序生于当年枝条基部，有灰白色柔毛或无毛；总花梗长4~11cm；花黄绿色；宿存花被裂片两面有灰白色柔毛。果序圆锥状，总梗长3~6cm；果球形，直径6~7mm，宿存花被裂片向外反卷，两面被灰白色绢毛，里面较疏；果梗纤细而被毛，与宿存花被裂片近等长。花期2月，果期6月。

见于泰顺，生于海拔200m以下的阔叶林中。

图172 浙江润楠

2. 黄绒润楠 图173

Machilus grijsii Hance

灌木或小乔木。芽、小枝、叶柄、叶下面密被黄褐色短绒毛。叶片革质，倒卵状长圆形，先端渐尖，基部常近圆形，上面无毛，中、侧脉在上面凹下，在下面隆起，网脉不明显；叶柄较粗，长0.7~1.8cm。花序丛生于小枝顶端，长3~5.5cm，密被黄褐色短绒毛；总梗长1~3.3cm；花梗长约5mm；花被裂片长椭圆形，两面被黄褐色绒毛，腺体肾形无柄。果球形或近扁球形，直径约1cm，熟时紫黑色，无毛，有光泽；果梗鲜红色，稍有光泽，增粗呈肉质。花期2月下旬至4月中旬，果期5~6月。

见于乐清、永嘉、文成、泰顺，生于海拔500m以下的山地山坡灌丛间或密林中或林缘。

图 173 黄绒润楠

3. 薄叶润楠 图 174

Machilus leptophylla Hand.-Mazz.

乔木。顶芽近球形，外部芽鳞外被早落的小绢毛，里面芽鳞外被黄褐色绢毛。叶互生或轮生，坚纸质，叶片倒卵状长圆形，长 14~24cm，宽 3.5~7cm，先端短渐尖，基部楔形，幼时下面被贴生银白色绢毛，中脉在上面凹下，在下面隆起，侧脉在两面均微隆起且略带红色；叶柄长 1~3cm，上面具浅凹槽，无毛。圆锥花序集生于新枝基部；总梗及花梗疏被灰色柔毛；花白色，有香气。果球形，直径约 1cm，熟时紫黑色；果梗长 5~10mm，肉质，鲜红色。花期 4 月，果期 7 月。

见于乐清、永嘉、瓯海、瑞安、文成、苍南、泰顺，生于海拔 1200m 以下的阴坡沟谷、溪边杂木林中。

建筑、家具用材；种子可供榨油；可为园林观赏树种。

4. 木姜润楠

Machilus litseifolia S. Lee

乔木。芽鳞近无毛。叶常集生于枝顶，革质，叶片倒卵状披针形或倒披针形，长 6~12cm，宽 2~4.2cm，先端钝，基部楔形或两侧不对称，上面暗绿色，有光泽，下面粉绿色，幼时密被贴生柔毛，老后两面无毛，中脉在上面凹下，在下面隆起，侧脉 6~8 对，弧曲延伸至近叶缘网结，网脉细明；叶柄细，长 1~2cm。聚伞状圆锥花序生于新生枝近基部，或兼有近顶生；总梗红色，稍粗壮；花梗细，长 5~6cm；花被裂片外面无毛。果球形，直径约 7mm，基部宿存花被裂片薄革质，下部多少变厚；果梗长约 5mm。花期 3~5 月，果期 6~7 月。

见于瑞安、文成、泰顺，生于海拔 1300m 以下的山坡疏林或密林中。

5. 长序润楠 图 175

Machilus longipedunculata S. Lee et F. N. Wei

乔木。小枝灰白色，疏生皮孔，无毛，干时黑色。顶芽长卵形，芽鳞外被锈色柔毛及睫毛。叶革质，叶片倒披针形，长 8~13 (~15) cm，宽 2.5~4 (~5.5) cm，先端突渐尖至渐尖，基部楔形，上面深绿色，有光泽，无毛，下面粉绿色，被细柔毛，中脉在上面下陷，在下面隆起，侧脉 9~11 对，纤细，在两面稍隆起，网脉间呈蜂窝状小窝穴；叶柄长 1~2cm，无毛。果序生于新枝基部，果径 6~7mm，基部具长圆形的花

图 174 薄叶润楠

图 175 长序润楠

被裂片，长约 5mm，宽约 2mm，两面被短柔毛。果期 7 月。

见于乐清、永嘉、平阳、苍南、泰顺，生于海拔 100~400m 的山坡、沟谷、溪边杂木林中。

《Flora of China》将其并入浙江润楠 *Machilus chekiangensis* S. Lee，由于两者小枝颜色、顶芽形状、叶形等有差别，且未见花果标本，暂不归并。

6. 雁荡润楠 图 176

Machilus minutiloba S. Lee

乔木。小枝黑褐色，一二年生枝基部的芽鳞痕密集成节状，仅新枝基部和芽鳞痕间有棕色绒毛。顶芽球形，除下部几片芽鳞无毛外均有棕色绒毛。叶集生于枝梢，先端钝，基部楔形，上面绿色无毛，嫩叶下面被微柔毛，中脉在上面稍凹下，在下面明显凸起，侧脉纤细，在两面微凸起，10~13 对，网脉细密网结，明显；叶柄较细，长 0.8~1.2cm。果序圆锥状，腋生于当年枝下部；果序轴长约 7cm，约在中部分枝；果扁球形，直径 1.2cm，宿存花被裂片两面无毛；果梗纤细，长 6~8mm。果期 6 月。

见于乐清（雁荡山）、永嘉（龙湾潭），生于路边林中。该种模式标本采自乐清（雁荡山）。

7. 建楠

Machilus oreophila Hance

灌木或小乔木。冬芽卵球形，与小枝、嫩叶两面中脉均被黄棕色绒毛，老枝变无毛。叶片革质，长披针形、长椭圆状披针形，先端长渐尖，基部楔形，下面被疏柔毛，沿中脉较密，网脉细而清晰；叶柄长1~1.5cm，被绒毛。圆锥花序集生于枝端，长4~7cm，于总梗2/3的上部分枝；总花梗、花梗、花被片两面均被黄棕色小柔毛；花梗长约5mm；花淡黄色；花被裂片长圆形，先端钝。果球形至扁球形，直径约7~10mm，熟时紫黑色；果梗长7~10mm，被小柔毛。花期3~4月，果期5~7月。

见于乐清、瑞安、文成、苍南、泰顺，生于山区沟谷、山坡、林缘。

8. 刨花楠 图 177

Machilus pauhoi Kanehira

乔木。小枝无毛或新枝基部有浅棕色小柔毛。芽鳞外面密被棕色或黄棕色柔毛。叶常集生于枝顶，革质，叶片常为椭圆形或狭椭圆形，长 8~15 (~20) cm，宽 2~4 (~5.5) cm，先端渐尖至尾状渐尖，基部楔形，上面无毛，下面密被灰黄色平伏绢毛，中脉在上面凹下，在下面显著隆起，侧脉 12~17 对；叶柄长 1.2~2.5cm，上面具沟槽。聚伞状圆锥花序生于新枝下部，长 5~9cm，被微柔毛；花梗纤细，长 8~12mm；花被裂片披针形，两面被小柔毛。果球形，直径 10~13mm，熟时黑色，果梗变红色。花期 3 月，果期 6 月。

见于乐清、永嘉、鹿城、瓯海、瑞安、文成、平阳、苍南、泰顺，生于海拔 700m 以下的山坡沟谷杂木林中。

材用；亦可作黏结剂或造纸原料；种子可供提取油脂。

图 176 雁荡润楠

丁炳扬 摄

9. 凤凰润楠 图178

Machilus phoenicis Dunn

小乔木。小枝紫褐色，粗壮，无皮孔。叶互生，厚革质，叶片椭圆形至长椭圆形，长9~18cm，宽3~5.5cm，先端渐尖至短尾尖，基部宽楔形至近圆形，上面深绿色，下面灰白色，具白粉状，中脉在上面稍凹下或近平，在下面显著隆起，带红褐色，侧脉8~12对，下面的较为明显；叶柄粗壮，长

丁炳扬 摄

图177 刨花楠

丁炳扬 摄

丁炳扬 摄

图178 凤凰润楠

1.3~3.6cm，红褐色。聚伞状圆锥花序多数近枝顶集生，长5~8cm，花序全长约2/3以上有分枝；花黄绿色。果球形，直径9~10mm，熟时紫黑色，基部宿存有革质花被裂片；果梗增粗呈肉质状，鲜红色。花期5月，果期6~7月。

见于永嘉、瑞安、文成、泰顺，生于海拔1200m以下的山坡、沟谷矮林或灌丛中。

10. 红楠 图179

Machilus thunbergii Sieb. et Zucc.

乔木。二年生以上小枝疏生显著隆起皮孔。叶片革质，倒卵形至倒卵状披针形，长4.5~10cm，宽2~4cm，先端突钝尖、短尾尖，基部楔形，叶缘微反卷，下面微被白粉，中脉在上面稍凹或平，在下面隆起，近基部带红色，侧脉7~12对，在两面微隆起；叶柄较细，长1~3cm，微带红色。聚伞状圆锥花序于新枝下部腋生，长5~12cm，在上部1/3处具分枝；总梗带紫红色，无毛；苞片被锈色绒毛。果扁球形，直径8~10mm，熟时紫黑色，基部具反折的花被片；果梗长14~20mm，肉质增粗，鲜红色。花期4月，果期6~7月。

见于本市各地，生于海拔1300m以下的山区丘陵阔叶林中。

材用；树皮可做熏香原料；叶与果可供提取芳香油；种子可供榨油；常作园林绿化树种。

11. 绒毛润楠 图180

Machilus velutina Champ. ex Benth.

小乔木。树皮灰褐色。小枝灰绿，与芽、叶下面均被锈色绒毛。叶片革质，窄倒卵形、椭圆形至窄卵形，长5~13cm，宽2.5~5cm，先端短渐尖，基部楔形，上面深绿色，有光泽，侧脉8~11对，中、侧脉均在上面略凹陷，在下面隆起，网脉不明显；叶柄长1~3cm。圆锥花序单生或数个集生于小枝顶端，近无总梗，分枝多而短，与花梗均密被锈色绒毛；花黄绿色，有清香；花被片卵形，被锈色绒毛。果球形，直径约8mm，熟时紫黑色；果梗红色。花期10~11月，果期翌年2~3月。

见于乐清、永嘉、瓯海、瑞安、文成、平阳、苍南、泰顺，生于海拔500m以下的山坡沟谷杂木林中。

可作材用。

丁炳扬 摄

丁炳扬 摄

图179 红楠

周庄 摄

周庄 摄

图180 绒毛润楠

6. 新木姜子属 Neolitsea Merr.

常绿乔木或灌木。叶互生或轮生，离基三出脉。花单性异株；伞形花序单生或簇生；苞片大，宿存；花 2 基数；花被裂片 4；雄花通常具发育雄蕊 6，排成 3 轮，花药 4 室，全部内向；雌花具退化雄蕊 6，子房上位，花柱明显，柱头盾状。浆果状核果；果托盘状或浅杯状；果梗常稍膨大。

约 85 种，分布于印度、马来西亚至日本。我国约 45 种；浙江 1 种 3 变种；温州 3 变种。

分种检索表

1. 幼枝及叶柄均被毛……………………………………**1a. 浙江新木姜子 N. aurata** var. **chekiangensis**
1. 幼枝及叶柄均无毛。
  2. 叶片基部下延，边缘透明面具波状皱折…………………**1c. 浙闽新木姜子 N. aurata** var. **undulatula**
  2. 叶片基部圆形或近楔形，不下延，边缘不透明，无波状皱折…………**1b. 云和新木姜子 N. aurata** var. **paraciculata**

■ 1a. 浙江新木姜子 图 181

Neolitsea aurata (Hayata) Koidz. var. **chekiangensis** (Nakai) Yang et P. H. Huang

小乔木。小枝灰绿色，被易脱落的锈褐色绢状毛。叶互生或近枝顶集生，叶片革质至薄革质，披针形、倒披针形或长圆状倒披针形，长 6~13cm，宽 1~3cm，先端渐尖至尾尖，基部楔形，下面幼时被黄锈色绢状短柔毛，后脱落近无毛，有白粉，离基三出脉，中脉上部有几对稀疏不明显的羽状侧脉；叶柄长 0.7~1.2cm，通常被黄锈色短柔毛。伞形花序位于二年生小枝叶腋；花黄绿色。果椭圆形至卵形，长约 8mm，直径 5~6mm，熟时紫黑色，有光泽。花期 3~4 月，果期 10~11 月。

见于乐清、永嘉、瓯海、瑞安、文成、苍南、泰顺，生于海拔 1100m 以下的山坡杂树林中。

原种新木姜子 *Neolitsea aurata*（Hayata）Koidz. 与本变种的主要区别在于：其叶片长圆形、椭圆形、长圆状披针形或长圆状倒卵形，长 8~14cm，宽 2.5~4cm，叶下面被毛较不易脱落。

■ 1b. 云和新木姜子

Neolitsea aurata var. **paraciculata** (Nakai) Yang et P. H. Huang

本变种与浙江新木姜子 *Neolitsea aurata* var. *chekiangensis* (Nakai) Yang et P. H. Huang 的主要区别在于：幼枝及叶柄均无毛。与浙闽新木姜子 *Neolitsea aurata* var. *undulatula* Yang et P. H. Huang 的主要区别在于：叶片基部不下延，边缘无波状皱褶。

见于瑞安、泰顺，生于海拔 900~1200m 的山坡杂木林中。

周庄 摄

图 181　浙江新木姜子

周庄 摄

■ 1c. 浙闽新木姜子 图 182

Neolitsea aurata var. **undulatula** Yang et P. H. Huang

本变种与浙江新木姜子 *Neolitsea aurata* var. *chekiangensis* (Nakai) Yang et P. H. Huang 的主要区别在于：幼枝及叶柄均无毛。与云和新木姜子 *Neolitsea aurata* var. *paraciculata* (Nakai) Yang et P. H. Huang 的主要区别在于：叶片基部下延，边缘透明而且具波状皱折。

见于泰顺，生于海拔 800~1500m 的山坡沟谷杂木林中。

丁炳扬 摄

图 182 浙闽新木姜子

7. 楠木属 Phoebe Nees

常绿乔木。叶互生，羽状脉。聚伞状圆锥花序腋生；花两性；花被片6；发育雄蕊9，排成3轮，花药4室，第1、2轮花药内向，无腺体，第3轮花药外向，花丝基部具2腺体；雌蕊1，子房上位，卵形或球形，柱头头状或钻状。果卵形、椭圆形或球形，基部具革质或木质的宿存花被片，直立紧贴果实基部，或松散稍外展。

94 种，分布于亚洲及热带美洲。我国约 34 种；浙江 3 种，温州也有。

分种检索表

1. 叶片倒卵状披针形、倒卵状椭圆形或倒卵形，最宽处在叶片上部，先端常为突渐尖。
    2. 花序长 7~15（~18）cm；果卵形，长 1cm 以下，果熟时外面无白粉，宿存花被片多少松散稍外展 ………………………………………… **3. 紫楠 P. sheareri**
    2. 花序长 5~10cm；果椭圆状卵形，果熟时外面被白粉，宿存花被片紧贴果基部 ………… **2. 浙江楠 P. chekiangensis**
1. 叶片披针形至倒披针形，最宽处在叶片中部，长 7~13cm，宽 2~4cm，先端常为长渐尖 …………… **1. 闽楠 P. bournei**

■ 1. 闽楠 图 183

Phoebe bournei (Hemsl.) Yang

大乔木。叶革质，披针形至倒披针形，先端渐尖至长渐尖，近镰状弯曲，基部渐窄或楔形，上面深绿色，有光泽，下面稍淡，被短柔毛，脉上被长柔毛，中脉在上面凹下，在下面隆起，侧脉10~14对，在上面平或凹下，在下面隆起，网脉致密，在下面结成网状；叶柄长5~12mm。花序在新枝中下部腋生，被毛，长3~10cm，分枝紧密；花被裂片两面被短柔毛。果椭圆形或长圆形，长1.1~1.6cm，直径6~7mm，熟时蓝黑色，微被白粉；宿存花被裂片紧包果实基部，两面被毛。花期4月，果期10~11月。

见于永嘉、瑞安、文成、平阳、泰顺，生于海拔 1000m 以下的常绿阔叶林中。

为珍贵用材。国家Ⅱ级重点保护野生植物。

王金旺 摄

图 183 闽楠

图 184 浙江楠

2. 浙江楠 图 184

Phoebe chekiangensis P. T. Li

乔木。小枝具棱脊，密被黄褐色绒毛。叶互生，革质，叶片倒卵状椭圆形至倒卵状披针形，先端渐尖，基部楔形或近圆形，上面幼时有毛，下面被灰褐色柔毛，脉上被长柔毛，侧脉与中脉在上面凹下，在下面隆起，网脉在下面明显；叶柄长1~1.5cm，密被黄褐色绒毛或柔毛。圆锥花序腋生，长5~10cm，总花梗与花梗密被黄褐色绒毛，花梗长2~3cm；花被裂片两面被毛。果椭圆状卵形，长1.2~1.5cm，熟时蓝黑色，外被白粉；宿存花被裂片革质，紧贴果实基部。花期4~5月，果期9~10月。

见于永嘉、瑞安、平阳、泰顺，生于低山丘陵常绿阔叶林中。

为优良园林观赏的园林树种。国家Ⅱ级重点保护野生植物。

3. 紫楠 图 185

Phoebe sheareri (Hemsl.) Gamble

乔木。小枝、叶柄及花序密被褐色柔毛。叶互生，革质，叶片倒卵形、椭圆状倒卵形或倒卵状披针形，长8~18（~27）cm，宽4~9cm，先端突渐尖或突尾状渐尖，基部渐狭呈楔形，上面幼时沿脉有毛，下面密被黄褐色长柔毛，侧脉8~13对，与中脉在上面凹下，在下面隆起，网脉致密，结成网格状；叶柄长1~2.5cm。圆锥花序腋生，长7~15（~18）cm，在上部分枝；花黄绿色；花被裂片两面被毛。果卵形至卵圆形，长8~10mm，直径5~6mm，熟时黑色，基部宿存花被裂片多少松散。花期4~5月，果期9~10月。

见于乐清、永嘉、瑞安、文成、平阳、苍南、泰顺，生于海拔800m以下的山坡阔叶林中。

为优良绿化树种；亦可材用；种子可供榨油。

图 185 紫楠

8. 檫木属 Sassafras Trew

落叶乔木。叶互生，羽状脉或离基三出脉，全缘不裂或2~3浅裂。总状花序；具总苞片；花单性，或两性；花被裂片6，脱落；雄花具发育雄蕊9，排成3轮，花药2室，全部向内，或第3轮侧向；两性花花药4室，第1、2轮内向，第3轮外向。果卵球形；果托浅杯状；果梗上部增粗。

约3种，分布于南美洲和亚洲东部。我国2种；浙江1种，温州也有。

■ 檫木 图186

Sassafras tzumu (Hemsl.) Hemsl.

乔木。小枝无毛。叶互生，常集生于枝顶，叶片卵形或倒卵形，长9~20cm，宽6~12cm，先端渐尖，基部楔形，全缘不裂或2~3裂，两面无毛或下面沿脉疏生毛，羽状脉或离基三出脉；叶柄长2~7cm，常带红色。总状花序先于叶开花，黄色；总梗长4~5cm，基部具总苞片；花两性；花梗与线性苞片同密被棕褐色柔毛；花被裂片外面疏被毛；发育雄蕊9，花药4室。果近球形，直径约8mm，熟时由红色变为蓝黑色，外被白色蜡粉；果托浅杯状；果梗长1.5~2cm，上端增粗呈棒状，肉质，与果托均鲜红色。花期2~3月，果期7~8月。

见于乐清、永嘉、瑞安、文成、苍南、泰顺，在海拔1000m以下山坡沟谷的落叶常绿阔叶混交林中散生。

为优良用材树种；根、叶、果可供提取芳香油；亦作行道绿化树种。

图186 檫木

38. 罂粟科 Papaveraceae

草本，稀为小灌木。植株常含汁液。叶互生，稀对生或轮生，单叶，全缘或分裂，或为复叶；无托叶。花两性；单生或排列成各种花序；萼片2，早落；花瓣4，稀6，有时无，通常分离；雄蕊多数，离生，或4枚、6枚合成2束；子房上位，由2至多数心皮合生为1室，胚珠多数，稀少数或1枚，花柱长或甚短，或近无，柱头单一或2裂，或盘状具辐射线状分歧。蒴果瓣裂或顶孔开裂。种子小，具油质胚乳；子叶1~2。

40属约800种，主要分布于北温带地区。我国19属443种；浙江9属25种1变种；温州野生3属11种。

分属检索表

1. 雄蕊多数，离生；花冠辐射对称。
  2. 茎具花莛（不具叶），其先端成聚伞花序；花瓣4，萼片合生，盔状……………………**2. 血水草属 Eomecon**
  2. 茎有叶；无花瓣，萼片分离……………………**3. 博落回属 Macleaya**
1. 雄蕊6，连合成2束；花冠两侧对称，外花瓣较内花瓣大，内花瓣先端多少联合……………………**1. 紫堇属 Corydalis**

1. 紫堇属 Corydalis Vent.

草本。无毛。具直根、块根、块茎或须根。茎单生或丛生。叶互生，叶片一至三回三出羽状全裂或羽状、掌状分裂。总状花序顶生或腋生；花两侧对称；具苞片；花梗细；萼片2，细小，鳞片状，早落；花瓣4，紫红色、黄色、蓝色、淡紫色或白色，分离或不完全连合；雄蕊6，连合成2束。蒴果，2瓣裂；胎座框与花柱宿存。

约428种，分布于地中海以及欧洲和亚洲。我国357种；浙江15种1变种；温州9种。

分种检索表

1. 植株具块茎或根茎。
  2. 茎上部叶腋具珠芽；距细长钻形；块茎圆柱形，具多个钝角状凸起……………………**8.地锦苗C.sheareri**
  2. 叶腋无珠芽；距圆筒形，末端非钻形。
    3. 叶二至三回羽状全裂，末回裂片先端多细缺刻；下花瓣瓣柄与瓣片近等宽……………………**5. 刻叶紫堇 C. incisa**
    3. 叶一或二回三出全裂，末回裂片披针形、倒卵形、椭圆形或长圆形；下花瓣瓣柄狭细或渐狭。
      4. 块茎不规则球形或椭圆体形，新块茎常叠生于老块茎上；有基生叶；茎基部无鳞片；柱头横直，与花柱成“丁”字形着生……………………**2.伏生紫堇C.decumbens**
      4. 块茎近球形或不规则扁球形；茎近基部具1鳞片；柱头圆形或扁圆形……………………**9.延胡索C.yanhusuo**
1. 植株具直根。
  5. 花淡蔷薇色至近白色……………………**3.紫堇C.edulis**
  5. 花黄色。
    6. 蒴果念珠状或多少念珠状。
      7. 苞片披针形；蒴果狭披针形，多少念珠状，略作镰状弯曲……………………**4.异果黄堇C.heterocarpus**
      7. 苞片披针形或狭卵形；蒴果念珠状……………………**6.黄堇C.pallida**
    6. 蒴果线形或线状长圆形。
      8. 蒴果长3~4.5cm；种子表面密布小凹点……………………**1.台湾黄堇C.balansae**
      8. 蒴果长2~3.5cm；种子表面密生圆锥状小凸起……………………**7.小花黄堇C.racemosa**

图 187　台湾黄堇

■ 1. 台湾黄堇　北越紫堇　图 187

Corydalis balansae Prain

二年生草本。具圆锥形直根。总叶柄长 4~12cm；叶片宽卵形，长 10~20cm，宽 10~15cm，二至三回羽状分裂；一回裂片具柄，柄长 2~12mm，末回裂片卵形或宽卵形，边缘具缺刻，下面苍白色，有柄或无柄。总状花序长 4~11cm，有花 10~30，上部的较小，下部的较大；苞片卵形至披针形；花梗长 1.5~3mm；花瓣亮黄色；子房线形，柱头横直，与花柱成“丁”字形着生，边缘具小瘤状凸起。蒴果长 3~4.5cm，宽 3~4mm；果皮内面黄色。种子黑色，扁球形，表面密布环状排列的小凹点。花期4~6 月，果期5~7 月。

见于乐清、鹿城、龙湾、瑞安、泰顺，生于路边或低海拔山坡林下。

■ 2. 伏生紫堇　图 188

Corydalis decumbens (Thunb.) Pers.

二年生草本。块茎不规则球形或椭圆体形。茎细弱，常 2~4 簇生。基生叶 1~2，叶柄长 6~16cm，叶片近正三角形，二回三出全裂，末回裂片狭倒卵形，有短柄；茎生叶 2，生于茎的近中部或上部，稍具柄至无柄，叶片下面苍白色。总状花序长 3.5~6cm，有花 5~8；花梗长 5~11mm；萼片早落；花瓣红色或红紫色；子房线形，柱头横直，与花柱成“丁”字形着生，边缘具小瘤状凸起。蒴果线形。种子亮黑色或深褐色，扁球形，表面具网纹和疏散分布的乳头状附属物。花期 3~4 月，果期 5 月。

图 188　伏生紫堇

见于瓯海、瑞安、泰顺，生于低山坡林缘、山谷阴湿处草丛中及山脚溪沟边。

块茎可入药。

3. 紫堇

Corydalis edulis Maxim.

一至二年生草本。具细长的直根。茎稍肉质，呈红紫色，自基部分枝。叶基生与茎生，具柄；叶片三角形，二或三回羽状全裂，一回裂片3~4对，二或三回裂片倒卵形，不等地羽状分裂，末回裂片狭倒卵形，先端钝。总状花序长4~9.5cm，具花6~10；花梗长2~4mm；萼片膜质，微红色，边缘撕裂状；花瓣淡蔷薇色至近白色；子房线形，柱头宽扁，与花柱成“丁”字形着生。蒴果线形。种子黑色，扁球形，表面密布环状排列的小凹点。花期3~4月，果期4~5月。

见于乐清、洞头、瑞安、泰顺，生于荒山坡、宅旁隙地或墙头屋檐上。

全草入药，有毒，不宜内服。

4. 异果黄堇　滨海黄堇

Corydalis heterocarpus Sieb. et Zucc. [*Corydalis heterocarpus* var. *japonicus* (Franch. et Sav.) Ohwi]

草本。无毛。主根明显，圆柱形。茎粗壮，劲直，被白霜，圆柱形，受光面常带紫色。叶片二至三回三出羽状，宽卵状三角形，长10~25cm；小叶缺刻状或深裂。总状花序直立，长5~15cm；苞片全缘，披针形；花冠黄色。蒴果狭披针形，多少念珠状，略作镰状弯曲，顶端细尖，下垂。种子2列，扁圆形，黑色，表面密被柱状凸起。花期4~5月。

见于洞头、瑞安（铜盘山岛）等岛屿，生于海滨沙地。

5. 刻叶紫堇　图189

Corydalis incisa (Thunb.) Pers.

一年或多年生本草。根状茎狭椭圆体形或倒圆锥形，周围密生须根；茎多数簇生，具分枝。叶基生与茎生，具长柄，基生叶叶柄基部稍膨大成鞘状。

图189　刻叶紫堇

叶片羽状全裂，一回裂片 2~3 对，具细柄，二或三回裂片倒卵状楔形，不规则羽状分裂，小裂片先端具 2~5 细缺刻。总状花序长 3~12cm，具花 9~26；苞片卵状棱形或楔形，一或二回羽状深裂，末回裂片狭披针状或砖形；花梗长 5~13mm；萼片极小，边缘撕裂；花蓝紫色；下花瓣瓣柄与瓣片近等宽。蒴果线形。种子黑色，扁圆球形。花期 3~4 月，果期 4~5 月。

见于本市各地，生于上坡林下、沟边草丛中或石缝、墙脚边。

全草外用入药。

■ 6. 黄堇　图 190

Corydalis pallida (Thunb.) Pers.

二年生草本。具细长直根。茎簇生。叶基生与茎生，具长柄；基生叶多数，花期枯萎，叶片卵形，二至三回羽状全裂，一回裂片 3~4 对，二或三回裂片卵形、狭卵形或菱形，末回裂片边缘具锯齿，下面有白霜。总状花序顶生或侧生，长达 15cm，有花约 20；苞片披针形或狭卵形；花梗长 3~7mm；萼片小，宽卵形，先端尾状尖，边缘撕裂状；花瓣淡黄色；子房线形，花柱细长，柱头横直。蒴果念珠状，稍下垂，长 2~3cm，宽约 2mm。种子黑色，扁球形，表面密布长圆锥形小凸起。花期 3~4 月，果期 4~6 月。

见于本市各地，生于海拔 500~1000m 的林间、林缘、石砾缝间或沟边阴湿处。

全草入药。

■ 7. 小花黄堇　图 191

Corydalis racemosa (Thunb.) Pers.

一年生草本。具细长的直根。茎有分枝。叶基生与茎生；基生叶具长柄，叶片三角形，二或三回羽状全裂，一回裂片 3~4 对，二回裂片卵形或宽卵形，浅裂或深裂，末回裂片狭卵形至宽卵形或线形，先端钝或圆形。总状花序长 2~7cm；苞片狭披针形或钻形；花梗长 1.5~2.5mm；萼片小，狭卵形，先端尖；花瓣淡黄色；子房线形，柱头具小瘤状凸起。蒴果线形，长 2~3.5cm，宽约 1.7mm。种子黑色，扁球形，表面密生小圆锥状凸起。花期 3~4 月，果期 4~5 月。

见于本市各地，常生于路边石隙、墙缝中或沟边阴湿林下、平原至海拔 1100m 的山坡上。

全草入药。

■ 8. 地锦苗　图 192

Corydalis sheareri S. Moore [*Corydalis sheareri* f. *bulbillifera* Hand.-Mazz.]

多年生草本。块茎椭圆体形或短圆柱形，具多个钝角状凸起；茎簇生，中上部具分枝。叶片三角形，二回羽状全裂，一回裂片1~2对，二回裂片卵形或菱状倒卵形，中部以上不规则羽状浅

图 190　黄堇

图 191 小花黄堇

裂，有时先端外面有暗紫斑；基生叶与茎中下部叶具长柄，叶柄基部两侧具膜质翅；上部叶腋具珠芽。总状花序；苞片狭倒卵形或楔形；花梗长3~11mm；花瓣蓝紫色，距钻形，细长。蒴果线形。种子黑色，卵球形，表面散生圆锥状小凸起。花期3~4月，果期4~6月。

见于鹿城、瑞安，生于沟边林下阴湿处。

9. 延胡索

Corydalis yanhusuo W. T. Wang ex Z. Y. Su et C. Y. Wu

多年生草本。块茎不规则扁球形，顶端略下凹，直径 0.5~2.5cm，外面褐黄色，内面黄色；地上茎近基部具 1 鳞片。无基生叶，茎生叶 2~3，具长柄；叶片宽三角形，二回三出全裂，一回裂片具柄，二回裂片狭卵状或狭披针形，全缘或先端有大小不等的缺刻，具短柄。总状花序顶生，具花 5~10；苞片卵形、狭卵形或狭倒卵形；花梗与苞片近等长；萼片早落；花瓣紫红色。蒴果线形，成熟种子 1~3。种子亮黑色，卵球形，长 1.3~1.8mm，表面具不明显网纹。花期 3~4 月，果期 4~5 月。

据《泰顺县维管束植物名录》记载泰顺有产，但未见标本。浙江中、北部有大面积人工种植。

本种块茎为传统中药材元胡，著名的“浙八味”之一。浙江省重点保护野生植物。

图 192 地锦苗

2. 血水草属 Eomecon Hance

多年生草本。含黄色液汁。根状茎匍匐状。叶基生，叶片心形，边缘宽波状；具长柄。花茎直立；聚伞花序；萼片2，膜质，下部合生；花瓣白色，4，倒卵形；雄蕊多数，花丝线性，花药长圆形；子房1室，心皮2，胚珠多数，生于两侧膜胎座上，花柱明显，顶端2裂。蒴果长椭圆形。种子长圆形。

我国特有属，仅 1 种，分布于中部和南部，浙江及温州也有。

■ 血水草 图 193

Eomecon chionantha Hance

多年生草本。无毛，含黄色汁液。匍匐根状茎。单叶，基生，通常 2~4，叶片卵状心形，先端急尖，基部深凹，边缘宽波状，下面有白粉，基出脉 5~7；叶柄长 10~35cm，基部具狭鞘。花茎高达 65cm；聚伞花序伞房状，具花 3~5；苞片狭卵形；花梗长 1.5~5cm；萼片早落；花瓣白色，4，开展，倒卵形，长 1.2~2cm；雄蕊多数，花丝细柔，花药黄色，长圆形。蒴果长椭圆形，顶端稍狭。种子褐色。4 月下旬开花，花期短，花后果实迅速膨大。

见于乐清、文成、苍南、泰顺，生于林下、路边阴处，常成片生长。

全草可入药。

吴棣飞 摄

王金旺 摄

吴棣飞 摄

图 193 血水草

3. 博落回属 **Macleaya** R. Br.

多年生草本。含橙红色汁液。茎直立，被白粉。单叶，互生，掌状分裂，基部心形，灰绿色，下面具白粉。顶生圆锥花序；萼片黄白色，2，早落；无花瓣；雄蕊少至多数，花丝丝状，花药线形；花柱短，柱头肥厚，2裂。蒴果扁平，有短梗，由顶端向基部2瓣裂。种子1~6。

2种，分布于中国和日本。我国2种；浙江1种，温州也有。

■ 博落回 图194

Macleaya cordata (Willd.) R. Br.

多年生大型草本。含橙红色汁液。茎直立，被白粉。单叶互生，叶片宽卵形或近圆形，长5~30cm，宽5~25cm，7~9浅裂，边缘波状或具波状牙齿，下面被白粉和灰白色细毛；叶柄长2~15cm。圆锥花序，长14~30cm，具多数小花；花两性；萼片2，黄白色，有时稍带红色，有膜质边缘，开花时脱落；无花瓣；雄蕊20~36；子房狭长椭圆形或狭倒卵形，花柱短，柱头2裂，肥厚。蒴果倒披针形或倒卵形，长8~19mm，宽4~6mm，外被白粉。种子褐色，长圆形，长约1.8mm，表面具网纹。花期6~8月，果期10月。

见于本市各地，生于低山草地、丘陵及路边。

根、茎、叶均可入药，全株有毒，不可内服。

图194 博落回

39. 山柑科（白花菜科）Capparaceae

草本、攀援状灌木或小乔木。叶互生，单叶或掌状复叶；托叶常变为刺或腺体。花辐射或稍两侧对称；萼片通常4~8，离生或合生；花瓣4，下位生或着生于环状或鳞片状的花盘上；雄蕊4以上，分离或基部与子房柄合生成雌雄蕊柄，花药背着，2室，纵裂；子房1~3室，无柄或具长短不等的柄，胚珠多数。果实为蒴果或浆果，子房柄延长。种子肾形。

约28属650余种，主要分布于热带和亚热带地区。我国约4属46种；浙江4属4种，温州也有。

分种检索表

1. 复叶。
  2. 草本；蒴果圆柱形，二瓣裂。
    3. 雌雄蕊柄缺失……**1. 黄花草属 Arivela**
    3. 雌雄蕊柄3~7mm……**4. 羊角菜属 Gynandropsis**
  2. 灌木或乔木；浆果，不开裂……**3. 鱼木属 Crateva**
1. 单叶……**2. 山柑属 Capparis**

1. 黄花草属 Arivela Raf.

直立草本。有腺毛或无毛。掌状复叶有3~7（~9）小叶；叶柄长，基部常有小刺状托叶。总状花序通常顶生；萼片4, 分离或基部连合，常宿存；花瓣4，全缘，基部多少有瓣柄；雄蕊14至多数，胚珠多数。蒴果线状圆柱形，成熟时2瓣裂，有梗。种子多数，有假种皮。

约10种，广布于热带和亚热带地区。我国1种，浙江及温州也有。

■ 黄花草　黄醉蝶花　臭矢菜　图195

Arivela viscosa (Linn.) Raf. [*Cleome viscosa* Linn.]

一年生草本，高30~90cm，有臭味。茎分枝，有黄色柔毛及黏性腺毛。掌状复叶有小叶3~5；小叶片倒卵形或倒卵状长圆形，长1~3.5cm，宽1~1.5cm，全缘，两面有乳头状腺毛或渐无毛。总状花序顶生，有毛；苞片叶状，3~5裂；萼片披针形，长约7mm；花瓣4，黄色，基部紫色，倒卵形，长8~10mm，无瓣柄；雄蕊10~20，较花瓣稍短；子房密被淡黄色腺毛，无子房柄。蒴果圆柱形，长4~8cm，宽2~4mm，有明显的纵条纹，有黏性腺毛。有多数种子，种子扁圆形，黑褐色，表面有皱纹。

见于平阳、泰顺，生于山坡、路旁。

种子可供药用，治劳伤；也可供榨油。

周庄 摄

图195　黄花草

2. 山柑属(槌果藤属)Capparis Linn.

灌木,稀小乔木。单叶,稀复叶;托叶常为刺状。花腋生、单生或排列成多种花序;萼片4,2轮排列;花瓣4,白色,覆瓦状排列;雄蕊多数,着生于长子房柄的基部,花丝丝状;子房具长柄,1~4室,侧膜胎座,胚珠多数。果实为浆果,球状椭圆体形或圆筒形,不开裂。种子多数,嵌于果肉内。种皮革质,胚具有卷叠的子叶。

250~400种,广布于全球热带和温带地区。我国约37种;浙江1种,仅见于温州。

图196 锐叶山柑

■ 锐叶山柑 膜叶槌果藤 图196

Capparis acutifolia Sweet

攀援状小灌木。枝有时有小短刺。叶互生,纸质,长卵形至卵状披针形,长7~14,宽1.8~4cm,先端渐尖,基部楔形或宽楔形,全缘,无毛,侧脉7~10对,细脉在两面均隆起;叶柄长约6mm。2~4花腋生,成一短纵列,稀单花;花梗长1~1.5mm,被红褐色毛;萼片4,2大2小,披针形,内面有毛,长4~5mm;花瓣4,白色,狭长圆形,长7~10mm,基部两面及边缘被绒毛;雄蕊20~30;子房卵形,无毛。浆果球形或椭圆形,长7~14mm,直径7~12mm,顶端有短啄。《浙江植物志》记载花期4月,据笔者观察为7月,果期8~10月。

见于乐清(雁荡山)、龙湾(大罗山),生于山坡林下。

3. 鱼木属 Crateva Linn.

乔木或灌木。掌状三出复叶;叶柄顶端常有腺体;托叶小,脱落。伞房花序或总状花序;花大,具苞片;花托盘状,向内凹;萼片4,下部与隆起而分裂的花盘贴合;花瓣4,近相等,具瓣柄;雄蕊多数,近基部与雌蕊柄合生成雌雄蕊柄;子房1室,柱头扁压,无花柱,胚珠多数,生于2侧膜胎座上。肉质浆果。种子多数,肾形。

与山柑属 *Capparis* Linn. 的主区别在于:复叶;花瓣在芽中时的排列为开放式,有爪。

约8种,见于热带地区。我国5种,分布于西南至南部;浙江1种,仅见于温州。

图 197 树头菜

■ **树头菜** 图 197

Crateva unilocularis Buch.-Ham.

乔木，花期有叶。枝灰褐色，常中空，有散生灰色皮孔。小叶薄革质，上面略有光泽，背面苍灰色，侧生小叶偏斜，长 5~18，宽 3~8cm，长约为宽的 2~2.5 倍，中脉带红色，侧脉 5~10 对，网状脉明显；托叶细小，早落；叶柄长 3.5~12cm，顶端有腺体，小叶柄长 5~10mm。总状或伞房状花序着生于小枝顶部，花 10~40 朵；萼片卵披针形；花白色或黄色，有 4~6 对脉；雄蕊多数；雌蕊柄长，柱头头状，近无柄，在雄花中雌蕊不育且近无柄。果球形，表面粗糙，具小斑点。种子多数，暗褐色；种皮平滑。花期3~7月，果期7~8月。

见于洞头、瑞安、苍南、平阳等沿海或岛屿，生于山坡灌草丛。

据《浙江植物志》记载，温州还见有另一近似种鱼木 *Crateva religiosa* Forst. f.，而陈征海等 1993 年报道的树头菜 Crateva *unilocularis* Buch.-Ham 见于洞头大门、苍南马站，与前者的分布区基本重合。经调查与征求本种记录发现者陈征海意见，原《浙江植物志》记载的鱼木应为本种的误定。

嫩叶可食；木材可供做纹盘、乐器、模型或细工之用；果含生物碱；果皮供提制染料；叶为健胃剂。

4. 羊角菜属 Gynandropsis DC.

直立草本。有腺毛或无毛。掌状叶（小叶2~3）螺旋状互生；无托叶。长总状花序通常顶生；花两侧对称；萼片4，底部通常具有腺体；花瓣4，全缘，基部多少有瓣柄；雄蕊6，花丝基部与子房柄贴生；胚珠多数。蒴果长圆状，成熟时2瓣裂，有梗。种子多数，无假种皮。

2 种，广布于泛热带和温暖地区。我国 1 种，浙江及温州也有。

■ **白花菜** 羊角菜

Gynandropsis gynandra (Linn.) Briq. [*Cleome gynandra* Linn.]

一年生草本。高30~100cm。有臭味。茎直立，多分枝，基部木质化，密生黏性腺毛，老时渐变无毛。掌状复叶互生，小叶5，有长柄；小叶片宽倒卵形，长1.5~5cm，宽1~2.5cm，先端急尖或圆钝，全缘或稍有小齿，有稀疏柔毛。总状花序顶生；苞片3，叶状；萼片披针形，长约5.5mm；花瓣白色或淡紫色，倒卵状长圆形，长约7mm，有瓣柄；雄蕊6，不等长；子房柄长1~2mm。蒴果圆柱形，长4~10cm，无毛，具纵条纹。种子肾圆形，红褐色，直径约1.2mm，表面有凸起的皱褶。

《浙江植物志》记载见于全省各地；《泰顺县维管束植物名录》记载有分布，但未见标本。

供观赏；全草供药用，能散寒止痛，主治风湿性关节炎；种子可供榨油。

40. 十字花科 Cruciferae

一至多年生草本，稀灌木或半灌木。根有时膨大成肥大直根，偶有块茎。叶基生莲座状或在茎上互生；单叶或羽状复叶，叶片全缘或大头羽状分裂；通常无托叶。总状花序或复总状花序；花两性，辐射对称；萼片4，排成2轮；花瓣4，呈“十”字形开展，有时有直立的瓣柄，稀无花瓣；雄蕊6，常4长2短成四强雄蕊，花丝基部具蜜腺；子房上位，由2心皮合生而成，侧膜胎座，常有假隔膜分成2室，胚珠1至多数。角果有长有短，通常开裂。种子无胚乳。

约330属3500种，世界广布，主要分布于温带地区。我国102属412种；浙江25属50种；温州野生11属22种1变种。

分属检索表

1. 果实为长角果，线形、圆柱形或长圆状棒形，长度在宽度的3倍以上。
  2. 果实成熟后不开裂，种子间明显缢缩……………………**8. 萝卜属 Raphanus**
  2. 果实成熟后开裂，种子间不缢缩或不明显缢缩。
    3. 植物被星状毛或分叉毛，有时杂有单毛。
      4. 叶片不分裂；花白色或黄色。
        5. 花通常白色；角果每室具1行种子……………………**1. 南芥属 Arabis**
        5. 花淡黄色；角果每室具2行种子……………………**10. 旗杆芥属 Turritis**
      4. 叶片二至三回羽状分裂；花黄色……………………**5. 播娘蒿属 Descurainia**
    3. 植株无毛或被单毛，有时杂有腺毛(南芥属也有单毛的种类，但温州不产)。
      6. 花白色；果线形……………………**3. 碎米荠属 Cardamine**
      6. 花黄色或无花瓣；果棍棒状或线形……………………**9. 蔊菜属 Rorippa**
1. 果实为短角果，球形、卵形、椭圆形或倒三角形，长度在宽度的3倍以下。
  7. 果实不具翅或其他附属物。
    8. 果实球形、肾形、椭圆形或长圆形，而非三角形。
      9. 植株直立；果实球形、椭圆形或长圆形，表面不皱缩。
        10. 基生叶非莲座状；茎和叶无毛或疏被单毛……………………**9. 蔊菜属 Rorippa**
        10. 基生叶常呈莲座状；茎和叶被单毛和叉状毛……………………**6. 葶苈属 Draba**
      9. 植株披散状，茎平卧地面；果实肾球形，表面皱缩……………………**4. 臭荠属 Coronopus**
    8. 果实倒三角形或倒心状三角形……………………**2. 荠菜属 Capsella**
  7. 果实多少有翅，或表面具泡状凸起或棒毛状。
    11. 短角果圆形或倒卵形，顶端具狭翅，常微凹缺……………………**7. 独行菜属 Lepidium**
    11. 短角果卵形或长椭圆形，表面具小泡状凸起或棒状毛……………………**11. 阴山荠属 Yinshania**

1. 南芥属 Arabis Linn.

一至多年生草本，植株通常被单毛、分叉毛或星状毛。茎直立或铺散，不分枝或上部分枝。基生叶莲座状；茎生叶常抱茎。总状花序顶生或腋生；萼片直立或斜展，内轮2枚基部略呈囊状；花瓣基部渐狭成瓣柄；短雄蕊基部蜜腺成环状。长角果线形，稍扁，顶端无喙。种子有或无翅。

约70种，分布于温带亚洲、欧洲和北美洲；我国14种；浙江2种；温州1种。温州分布新记录属。

■ **匍匐南芥** 图 198

Arabis flagellosa Miq.

多年生草本。茎自基部丛生横走的匍匐茎，茎与叶密被单毛或分叉毛。基生叶倒长卵形至匙形，边缘具浅齿，基部下延成有翅的叶柄；茎生叶互生，向下渐小，叶片倒卵形至长椭圆形，先端圆钝，边缘具疏齿或近全缘。总状花序顶生；萼片斜向开展，卵形至长圆形，外面有分歧毛或无毛；花瓣白色，匙形，先端截形或微凹，基部渐狭成瓣柄。长角果线形，扁平，长约4cm，每室有种子1行。种子褐色，卵球形。花期3~4月，果期4~5月。

见于永嘉（枫林北坑），生于海拔约300m的沟谷边疏林下草丛中。温州分布新记录种。

全草药用。

图 198 匍匐南芥

2. 荠菜属 Capsella Medik.

一或二年生草本，被单毛、分叉毛、星状毛或无毛。茎直立，分枝或不分枝。基生叶莲座状；茎生叶基部抱茎，无柄。总状花序顶生或腋生，花后显著伸长；花小；萼片开展，同型；花瓣有短瓣柄；短雄蕊基部两侧具半月形蜜腺。短角果倒三角形，顶端微凹，两侧压扁，每侧具2行种子。种子多数。

单种属，分布于亚洲西南部和欧洲，世界各地有归化。温州也有。

■ **荠菜** 图 199

Capsella bursa-pastoris (Linn.) Medik.

一或二年生草本。幼时被单毛、分叉毛或星状毛。茎直立，不分枝或分枝。基生叶长圆形，羽状分裂，顶裂片显著较大，有时不分裂，叶柄有狭翅；茎生叶互生，长圆形或披针形，先端钝尖，基部箭形，抱茎，边缘具疏锯齿或近全缘。总状花序初成伞房状，花后伸长；花小；萼片长卵形；花瓣白色，倒卵形，较萼片稍长，有短瓣柄。短角果倒三角状心形，果瓣具明显网纹。种子棕色，椭圆形。花期3~5月，果期4~6月，但常可延续至秋季。

本市各地常见，生于农地、绿化带或路边和宅旁草丛。

嫩株可作蔬菜；全草可供药用。

图 199 荠菜

3. 碎米荠属 Cardamine Linn.

一至多年生草本，被单毛或无毛。茎直立或铺散，分枝或不分枝。单叶有锯齿或羽裂，或为羽状复叶。总状花序顶生；萼片直立或稍开展，内轮萼片基部多呈囊状；花瓣具瓣柄；雄蕊 6，稀 4，短雄蕊基部通常具半环形蜜腺。长角果线形，略扁平，2 室，每室具 1 行种子。

约 200 种，世界广布。我国 48 种，全国广布；浙江 8 种；温州 6 种。

分种检索表

1. 一二年生草本；无根状茎。
  2. 茎生叶基部两侧无抱茎的小裂片；长角果成熟时一般性开裂。
    3. 茎和叶片两面均无毛或疏被柔毛；果序轴多少曲折 ………… **1. 弯曲碎米荠 C. flexuosa**
    3. 茎和叶片两面均密被白色柔毛；果序轴多数直伸。
      4. 茎较细瘦，直径 2~3mm；基生和茎下部叶的小叶片边缘有波状齿或圆齿 ………… **2. 碎米荠 C. hirsuta**
      4. 茎较粗壮，直径 3~5mm；基生和茎下部叶的小叶片边缘掌状深裂 ………… **6. 小花碎米荠 C. parviflora**
  2. 茎生叶基部两侧有抱茎的镰刀状小裂片；长角果成熟时果瓣自下而上弹卷开裂 ………… **3. 弹裂碎米荠 C. impatiens**
1. 多年生草本；有根状茎。
  5. 单叶，偶有 1~2 对侧生小裂片，叶片三角状心形，边缘有粗大锯齿 ………… **4. 心叶碎米荠 C. limprichtiana**
  5. 羽状复叶，但在匍匐枝上部为单叶，边缘有浅波状齿或全缘 ………… **5. 水田碎米荠 C. lyrata**

图 200 弯曲碎米荠

1. 弯曲碎米荠 图 200

Cardamine flexuosa With.

一或二年生草本。茎自基部多分枝，斜上呈铺散状，疏被柔毛。羽状复叶；基生叶有柄，有小叶3~7对，顶生小叶片卵形、倒卵形或长圆形，先端3齿裂；茎生叶有小叶3~5对，小叶片多为长卵形或线形；全部小叶近无毛或有时疏被柔毛。总状花序顶生，花多数；萼片长椭圆形；花瓣白色，倒卵状楔形；子房圆柱形，花柱极短，柱头扁球状。长角果线形，无毛；果序轴通常左右弯曲，有时直伸。种子黄褐色，长圆形。花果期2~12月。

本市平原至山区常见，生于农田及地边、园地及绿化带、路边荒地等。

全草可供药用。

本种与碎米荠 *Cardamine hirsuta* Linn. 极相似，在叶形、毛被和花序轴弯曲与否等性状上存在交叉，界线不清，本志主要根据毛被来划分。

2. 碎米荠 图 201

Cardamine hirsuta Linn.

一或二年生草本。茎直立或斜升，常有分枝，下部有时带淡紫色和密被白色粗毛。羽状复叶；基生叶与茎下部叶具柄，有小叶2~5对，顶生小叶叶片宽卵形至肾圆形，侧生小叶叶片卵形或近圆形，较小，基部稍歪斜；茎上部叶具短柄，有小叶3~6对；全部小叶两面及边缘均被疏柔毛。总状花序顶生，花序轴直伸，有时稍曲折；萼片长椭圆形；花瓣白色，倒卵形；子房圆柱状。长角果线形，稍扁。种子褐色，椭圆形。花期2~4月，果期3~5月，但几乎全年可见花果。

本市平原至山区常见，生于农田及地边、园地及绿化带、路边荒地等。

全草可供药用。

3. 弹裂碎米荠 毛果碎米荠 图 202

Cardamine impatiens Linn. [*Cardamine impartiens* var. *dasycarpa* (M. Bieb.) T. Y. Cheo et R. C. Fang]

一二年草本。无毛或被毛。茎直立，不分枝或上部分枝，有纵棱槽。羽状复叶；基生叶有小叶2~8对，顶生小叶倒卵形或长圆形，边缘具3~5钝齿状浅裂，侧生小叶卵形或菱状卵形，最下1对为狭卵形，向下抱茎；茎生叶有小叶3~8对，顶生小叶片卵形或卵状披针形，侧生小叶片与顶生小叶相似但较小，最下一对也向下抱茎。总状花序顶生或腋生；萼片长圆形；花瓣白色，长圆形。长角果线形，果瓣稍压扁，成熟后自下而上弹卷开裂。种子棕黄色，椭圆形。花期4~6月，果期5~7月。

图 201　碎米荠

图 202　弹裂碎米荠

见于乐清、永嘉、泰顺等地，生于山坡或山谷疏林下或水沟边草丛。

全草可供药用。

■ 4. 心叶碎米荠　心叶诸葛菜　图 203

Cardamine limprichtiana Pax

多年生草本。高 15~45cm，被白色单毛。茎直立，稍曲折，多分枝。叶片膜质；基生叶为羽状复叶或单叶，顶生小叶心形，先端短尖或渐尖，基部心形，边缘具钝圆齿，侧生小叶很小，1~3 对，卵形或披针形；茎生叶具较长叶柄，叶片三角状心形，先端尾尖，基部心形，边缘具长圆状锯齿或三角状牙齿；茎上部多为单叶，三角状披针形。总状花序顶生或腋生；花疏散，花瓣白色。长角果线形，果瓣无毛。种子棕褐色。花期 3~4 月，果期 4~5 月。

产于永嘉（枫林北坑），生于海拔 250m 的山谷崖边草丛。温州分布新记录种。

《Flora of China》因本种子叶对折而把它归入诸葛菜属，称心叶诸葛菜 *Orychophragmus limprichtiana* (Pax) Al-shehbaz et G. Yang，但其他形态都与碎米荠属更接近，故仍放在该属。

■ 5. 水田碎米荠　图 204

Cardamine lyrata Bunge

多年生草本。高 30~60cm，无毛。根状茎较短，生多数须根。茎直立，稀分枝，有纵棱槽；匍匐茎细长。生于匍匐茎中部以上的叶为单叶，叶片宽卵形或圆肾形；茎生叶大头羽状全裂，裂片 2~9 对，顶生裂片宽卵形，侧生裂片卵形或菱状卵形，最下一对裂片向下抱茎。总状花序顶生；萼片长卵形或椭圆形；花瓣白色，倒卵形。长角果线形，果瓣压扁，中脉不明显，有种子 1 行。种子褐色，椭圆形，有宽翅。花期 4~6 月，果期 5~7 月。

见于乐清、永嘉、文成和泰顺等地，生于田边水沟或溪沟边草丛中。

全草可供药用；嫩茎、叶也可作蔬菜食用。

浙江自然博物馆有一份采自文成的标本鉴定为浙江碎米荠 *Cardamine zhejiangensis* T. Y. Cheo et R. C. Fang，疑似本种。

■ 6. 小花碎米荠　假弯曲碎米荠　图 205

Cardamine parviflora Linn. [*Cardamine flexuosa* With. var. *fallax* (O. E. Schulz) T. Y. Cheo et R. C. Fang]

一二年生草本。高 25~40cm。茎自基部多分枝，密被短柔毛。羽状复叶；基生叶和茎下部叶有柄，有小叶 4~6 对，小叶片宽倒卵形或近圆形，通常掌状 3~5 深裂，在小叶柄基部和叶轴上常有很小的小叶着生其间；茎上部叶有小叶 3~5 对，小叶片狭卵

图 203　心叶碎米荠

图 204　水田碎米荠

图 205　小花碎米荠

形或线形；全部小叶被短柔毛。总状花序顶生，花多数；萼片长椭圆形；花瓣白色，倒卵状楔形；子房圆柱形，花柱极短。长角果线形。花果期4~6月。

见于永嘉、瑞安，生于海拔300m以下的山脚疏林下或林缘草丛。

本种茎叶被较密的短柔毛，与碎米荠 *Cardamine hirsuta* Linn. 接近，而其茎自基部分枝、小叶片较宽短又似弯曲碎米荠 *Cardamine flexuosa* With.，但其基生叶和茎下部叶的小叶片掌状深裂与文献记载有所不同。

4. 臭荠属 Coronopus J. G. Zinn.

一二年生草本。茎匍匐或近直立，多分枝。叶一至二回羽状分裂。总状花序短，腋生或顶生；花小；萼片开展；花瓣存在或缺；雄蕊2或4；花柱极短。短角果近肾球形，成熟时分离为2室，但不开裂，每室具种子1。

共10种，分布于非洲、欧洲和南美洲。我国2种；浙江1种，温州也有。

■ 臭荠 图206

Coronopus didymus (Linn.) Smith

一或二年生草本。全体有臭味。主茎短而不明显，基部生多数较长的匍匐枝，有柔毛。叶片一至二回羽状分裂，裂片3~7对，线形，先端急尖，基部渐狭，全缘，两面无毛。总状花序腋生，长1~4cm；花小；萼片具白色膜质边缘；花瓣白色，有时黄绿色或青蓝色，长圆形；雄蕊2；花柱极短。短角果扁肾球形，顶端下凹，果瓣表面皱缩成网纹，果熟时从中央分离但不分裂，每室有种子1。种子红褐色，细小，卵形。花果期2~12月。

原产于南美洲，本市各地有归化，但以东部沿海为常见，生于农地、园地、绿化带或路边荒地。

全草供药用。

吴棣飞 摄

丁炳扬 摄

丁炳扬 摄

图206 臭荠

5. 播娘蒿属 Descurainia Webb et Berth

一或二年生草本，稀灌木。植物体被单毛、分枝毛或腺毛，有时无毛。叶二至三回羽状分裂。总状花序伞房状；萼片近直立，早落；花瓣黄色，具爪；雄蕊6，花丝基部宽；子房圆柱形，花柱短。长角果长圆筒状。种子每室1~2行。种子细小，长圆形或椭圆形；子叶背倚胚根。

约40种，主要分布于南、北美洲和密克罗尼西亚。我国1种，浙江及温州也有。温州分布新记录属。

■ 播娘蒿 图207

Descurainia sophia (Linn.) Webb ex Prantl

一或二年生草本。高20~80cm。茎直立，上部分枝，被灰白色分枝短柔毛。叶片轮廓为卵形或狭卵形，二至三回羽状分裂，末回裂片线形或线状长圆形，两面被分枝短柔毛；茎下部叶有柄，向上叶柄逐渐缩短或近于无柄。总状花序顶生，具多数花；具花梗；花小；萼片长圆形，边缘膜质，背面具分枝细柔毛；花瓣黄色，匙形，与萼片近等长；雄蕊比花瓣长。长角果细圆柱形，长2~3cm，宽约1mm，具种子1行。种子黄棕色，椭圆形或长圆形，长约1mm，表面有细网纹。花果期3~5月。

见于瓯海（仙岩），生于田边草丛。温州分布新记录种。

全草及种子可供药用，本种的种子可作中药的"葶苈子"（习称"南葶苈子"）入药。

图207 播娘蒿

6. 葶苈属 Draba Linn.

一至多年生草本。茎直立，常簇状丛生，被单毛、叉状毛或星状毛。单叶；基生叶莲座状；茎生叶少数，互生。总状花序，花小；萼片直立或稍开展，外轮比内轮狭；花瓣具短瓣柄；短雄蕊基部有蜜腺。短角果形状多样，2室，开裂。种子多数，2行排列。

约350种，主要分布于北温带高山地区，南美洲也有。我国48种；浙江1种，温州也有。

■ 葶苈

Draba nemorosa Linn.

一或二年生草本。茎直立，常簇生，下部有单毛或分叉毛，上部无毛。基生叶呈莲座状，叶片长圆状椭圆形，先端钝尖，边缘有疏齿或全缘，两面密被灰白色叉状毛和星状毛；茎生叶互生，向上渐小，叶片卵状披针形或椭圆形，两面毛较基生叶稀疏。总状花序顶生和腋生，花后伸长；萼片卵形；花瓣黄白色，倒卵状长圆形；子房被单毛。短角果椭圆形至倒卵状长圆形，密被单毛，熟时开裂。种子淡褐色。花期3~4月，果期5~6月。

《浙江植物志》记载全省分布，《泰顺县维管束植物名录》也有记载，但未见标本，仅参照《浙江植物志》录于此，以待今后进一步研究。

7. 独行菜属 Lepidium Linn.

一至多年生草本。被短柔毛或腺状毛，或无毛。茎直立，具分枝。单叶，互生。总状花序顶生；花小；萼片短；花瓣2~4，有时退化；雄蕊常为2~4，长雄蕊基部具小蜜腺。短角果两侧压扁，顶端有狭翅，2室，每室有种子1。

约180种，世界广布。我国16种；浙江2种，温州也有。

1. 独行菜 图208

Lepidium apetalum Willd.

一或二年生草本，高可达30cm。茎直立或斜升，多分枝，被微小头状腺毛。基生叶莲座状，平铺地面，叶片狭匙形或倒披针形，羽状浅裂或深裂；茎生叶狭披针形或长圆形，向上渐狭成线形，有疏齿或全缘，两面无毛或疏生小头状腺毛。总状花序顶生；萼片舟状，椭圆形；花瓣极小，匙形，白色，有时退化成丝状或无花瓣。短角果扁平，近圆形，无毛，

周庄 摄

吴棣飞 摄

周庄 摄

图208 独行菜

图 209　北美独行菜

顶端凹，具 2 室，每室含种子 1。种子近椭圆形，棕色，边缘无翅。花果期 5~7 月。

《浙江植物志》记载分布于全省各地，但检查采自温州的大量标本，未见具头状腺毛的典型标本。

全草及种子可供药用，本种的种子也可作中药的“葶苈子”（习称“北葶苈子”）入药。

2. 北美独行菜　图 209

Lepidium virginicum Linn.

一或二年生草本。高可达 80cm。茎直立，上部多分枝，具紧贴的棒状短毛。基生叶叶片匙形或倒披针形，羽裂或大头羽裂，裂片长圆形，边缘有锯齿或钝齿，先端急尖；茎生叶有短柄，叶片倒披针形或线形，先端急尖，基部渐狭，边缘有锯齿或近全缘。总状花序顶生，具紧贴的棒状短毛；萼片长圆形；花瓣白色；子房宽卵形。短角果扁圆形，顶端微凹，仅顶端两侧有狭翅。种子赤褐色，卵状长圆形，边缘具狭翅。花期 4～7 月，果期 5~9 月。

原产于北美洲，本市各地均有归化，生于田间地角、绿化地和四旁荒地。

本种与独行菜 *Lepidium apetalum* Willd. 的主要区别在于：本种植株具棒状短毛，种子卵状长圆形，边缘有狭翅；而独行菜植株具头状腺毛，种子近椭圆形，无翅。

8. 萝卜属 Raphanus Linn.

一年或多年生草本。无毛或被单毛。根粗壮，肉质。茎直立，多分枝。叶大头羽裂。总状花序伞房状；花较大；萼片直立，内面 2 枚基部囊状；花瓣具长瓣柄；短雄蕊基部有 1 对较大蜜腺，长雄蕊基部有小蜜腺。长角果圆柱形，种子间果瓣缢缩，顶端具长喙，不开裂。种子无翅。

共 3 种，分布于地中海地区。我国 2 种；浙江及温州除栽培 1 种外，还有 1 变种。

蓝花子　图 210

Raphanus sativus Linn. var. **raphanistroides** (Makino) Makino

二年生草本。主根细长，不呈肉质肥大。茎直立，高约 35cm，与叶柄常疏被白色硬刺毛。基生叶叶片通常大头羽裂，侧生裂片 2~3 对，向基部渐缩小，边缘有不整齐大牙齿或缺刻，有叶柄；茎生叶叶片长圆形至披针形，不裂或稍分裂。总状花序顶生和腋生；萼片直立，披针形，外轮萼片较狭；花瓣蓝色，倒卵形或宽倒卵形，有长瓣柄。长角果肉质，圆柱

图 210　蓝花子

形，长约2cm，种子之间缢缩，不开裂。种子红褐色，卵球形。花期4~5月，果期5~6月。

见于洞头（大朴山、小门）、瑞安（北麂、铜盘），生于滨海路边草丛。温州分布新记录变种。

《Flora of China》将其归并于原种，但因其基生叶侧裂片2~3对，花蓝色，角果长约2cm而不同，本志仍保留其变种地位。

9. 蔊菜属 Rorippa Scop.

一至多年生草本。无毛或被单毛。茎直立或铺散，通常具分枝。叶片全缘或羽状分裂。总状花序；萼片开展，内、外轮相等；花瓣与萼片等长，稀无花瓣；短雄蕊基部有1环状蜜腺，长雄蕊外侧有1小蜜腺。长角果或短角果，线形、圆柱形、椭圆形或球形，开裂。种子多数。

约75种，全球广布。我国9种；浙江4种，温州也有。

分种检索表

1. 花序具叶状苞片，花几无梗；短角果圆柱形或长圆形 ………………………… **1.广州蔊菜 R. cantoniensis**
1. 花序无苞片，花明显具梗；短角果球形或为长角果。
  2. 短角果球形；基生叶有不整齐粗齿，但非羽状分裂 ………………………… **3. 球果蔊菜 R. globosa**
  2. 长角果线形或线状圆柱形；基生叶通常羽状分裂。
    3. 花无花瓣；长角果线形，长2~4cm ………………………… **2. 无瓣蔊菜 R. dubia**
    3. 花有花瓣；长角果线状圆柱形或长圆状棒形，长1.5~2.5cm ………………………… **4. 蔊菜 R. indica**

■ 1. 广州蔊菜　图211

Rorippa cantoniensis (Lour.) Ohwi

一或二年生草本。无毛。茎直立或铺散状，分枝或不分枝。单叶互生；基生叶叶片倒披针形，羽状深裂，裂片4~6对，顶生裂片较大，边缘有缺刻状齿；茎生叶叶片羽状浅裂，卵状披针形，边缘具不整齐的缺刻或疏锯齿，基部具耳状小裂片，略抱茎。总状花序顶生；苞片叶状，宽披针形；花小，近无柄，单生于苞片腋内；萼片长圆形；花瓣黄色。短角果圆柱形至长圆形，有多数种子。种子淡褐色，宽卵形。花果期5~8月。

见于永嘉、瑞安、泰顺等地，生于路边草丛。

采自永嘉的标本（骆争荣等 019），其基生叶未见，茎生叶的叶片较小，近于不裂。

嫩茎、叶可作饲料。

吴棣飞 摄

陈贤兴 摄

图211　广州蔊菜

图 212 无瓣蔊菜

2. 无瓣蔊菜 图 212

Rorippa dubia (Pers.) Hara

一年生草本。植株较柔弱。茎直立或铺散，有分枝。基生叶和茎下叶叶片大头状羽裂，顶生裂片较大，宽卵形或长椭圆形，先端圆钝，边缘有不整齐钝锯牙，侧生裂片 1~3 对，宽披针形，向下渐小，两面无毛，有叶柄；茎上部叶向上渐小，多不分裂，边缘具不整齐锯齿。总状花序顶生和腋生；萼片长圆形；花瓣退化或缺。长角果线形，细直，有多数种子，每室 1 行。种子淡褐色，不规则圆形。花果期 4~7 月。

见于乐清、洞头、瑞安、文成、苍南、泰顺等地，生于田地边、宅旁或路边草丛。

全草可供药用。

3. 球果蔊菜 风花菜 图 213

Rorippa globosa (Turcz. ex Fish. et Mey.) Hayek

一或二年生草本。茎直立，有分枝，基部木质化。单叶互生，叶片长圆形至倒卵状披针形，先端渐尖至圆钝，基部渐狭，两侧下延成短叶耳而半抱茎，边缘有不整齐粗齿，两面无毛或疏被毛。总状

图 213 球果蔊菜

花序顶生；花小；萼片椭圆形；花瓣淡黄色，倒卵形，与萼片近等长。短角果球形，具短喙，有多数种子。种子棕褐色，表面有纵沟。花果期5~6月。

见于瑞安、泰顺等地，生于农田边草丛或海滨滩涂。

幼嫩植株可作饲料；种子含油脂，可供食用或工业用。

4. 蔊菜 图214

Rorippa indica (Linn.) Hiern

一或二年生草本。茎直立或斜生，有分枝，具纵棱槽，有时带紫色。基生叶和茎下部叶叶片大头状羽裂，顶生裂片较大，卵形或长圆形，先端圆钝，边缘有齿牙，侧生裂片2~5对，向下渐小，两面无毛，有叶柄；茎上部叶向上渐小，多不分裂，边缘具疏齿。总状花序顶生和腋生；萼片卵状长圆形；花瓣黄色，与萼片近等长。长角果线状圆柱形或长圆状棒形，直伸或稍内弯，有多数种子，每室2行。种子淡褐色，宽卵形。花果期4~8月。

本市各地常见，生于菜地、果园、绿化带及地边或路边荒地。

全草和种子可供药用。

丁炳扬 摄

吴棣飞 摄

吴棣飞 摄

图214 蔊菜

10. 旗杆芥属 Turritis Linn.

二年生草本。茎直立，基部具单毛及分叉毛，上部无毛，具白粉。基生叶簇生，具柄，密被毛；茎生叶互生，无毛。总状花序顶生；萼片直立，内轮2枚基部略呈囊状；花瓣基部具瓣柄；短雄蕊蜜腺呈环状，与长雄蕊蜜腺相连合。长角果线形，略呈四棱形，2室，每室具2行种子。种子多数。

共2种，分布于亚洲、北美洲、欧洲和非洲北部。我国1种，浙江及温州也有。温州分布新记录属。

■ 旗杆芥 图215

Turritis glabra Linn.

二年生草本。高0.3~0.5m。茎单一，基部密被粗单毛，上部光滑无毛。基生叶开展，叶片倒披针形至长圆形，先端钝，基部渐狭，边缘羽裂或具波状齿，两面均被单毛和分叉毛；茎生叶卵状披针形至长圆形，先端锐尖，基部箭形或戟形，抱茎，光滑无毛。总状花序顶生，果时延长；萼片宽披针形；花瓣淡黄色，长匙形或狭长椭圆形；子房圆柱形。长角果狭圆柱形，长3.5~8cm，宽1.5~2mm，几贴于果序轴上或斜上伸展，果瓣压扁，无毛。种子卵圆形或近圆形，褐色。花果期4~5月。

见于洞头（大巨岛），生于路边草丛。温州分布新记录种。

仅见保存于浙江自然博物馆的一号标本（浙江药用植物志编写组629），被误定为鼠耳芥 *Arabidopsis thaliana* (Linn.) Heynh.（拟南芥），但茎较粗壮，茎中上部及叶几无毛，角果远较长而明显不同。

图215 旗杆芥

11．阴山荠属（泡果荠属）Yinshania Ma et Y. Z. Zhao

一至多年生草本。无毛或被单毛或分叉毛。茎直立或近直立。羽状复叶，稀单叶，茎上部叶常成苞片状。总状花序顶生和腋生；花梗开展，上升或下倾；萼片开展；花瓣具瓣柄；短雄蕊基部有1对蜜腺；子房圆球形或长椭圆形。短角果表面具小泡状凸起，2室，种子排成2行，具1至多数种子。

共13种，分布于我国和越南北部。我国13种均产；浙江6种；温州4种。

分种检索表

1. 叶片长圆状倒卵形，茎中部和下部的顶生小叶宽1cm以下；短角果近球形或卵形，具1~3种子。
  2. 茎上部叶为单叶，通常3深裂；短角果宽卵形，不扁平 ······ **1. 紫堇叶阴山荠 Y. fumarioides**
  2. 茎上部叶不为单叶，决不3深裂；短角果椭圆形，明显扁平 ······ **3. 湖南阴山荠 Y. hunanensis**
1. 多年生草本；叶片卵圆形或近心形，茎中部和下部的顶生小叶宽1cm以上；短角果长圆形或椭圆形，具7~10种子。
  3. 顶生小叶片长1~2cm；果实椭圆形，果梗长8~10mm ······ **2. 武功山阴山荠 Y. hui**
  3. 顶生小叶片长2~4cm；果实长圆形，果梗长4~7mm ······ **4. 河岸阴山荠 Y. rivulorum**

■ 1．紫堇叶阴山荠　浙江泡果荠　图216

Yinshania fumarioides (Dunn) Y. Z. Zhao [*Hilliella warburgii* (O. E. Schulz) Y. H. Zhang et H. W. Li]

一或二年生矮小草本。全株无毛。茎直立，自基部分枝。基生叶和茎下部叶为单叶，叶片近圆形，纸质，边缘3~5浅至深裂；茎中部叶为三出复叶，顶生小叶片长圆状倒卵形，两边具钝锯齿，侧生小叶片较短，不等的2裂；茎上部叶为单叶，叶片3深裂，近无柄。总状花序顶生和腋生；花梗纤细；花小；萼片长圆形；花瓣淡紫红色或白色，椭圆形，基部收缩成短瓣柄；子房倒卵形，具胚珠2。短角果宽卵形，具种子2。种子褐色，卵形，密生小瘤状凸起。花果期4~9月。

见于乐清（雁荡山）、永嘉（瓯北、黄南和四海山）等地，生于阴湿的山坡岩石边草丛。

■ 2．武功山阴山荠　武功山泡果荠　图217

Yinshania hui (O. E. Schulz) Y. Z. Zhao [*Hilliella hui* (O. E. Schulz) Y. H. Zhang et H. W. Li]

一年生细小柔弱草本。全株无毛。茎直立或匍匐弯曲，具分枝。基生叶为具1~2对小叶的复叶，或为具1侧生小叶的单叶，叶片膜质，顶生小叶片卵形或近心形，侧生小叶片较小，歪卵形；中部茎生叶为三出复叶；最上部叶为单叶，叶片歪卵形，具极短叶柄；所有小叶片均先端微缺，边缘具波状弯曲钝齿。总状花序顶生，具花6~8，有时在花序

图216　紫堇叶阴山荠

图 217　武功山阴山荠

基部叶腋生 1 小花序，有花 3；萼片长圆形；花瓣淡紫红色，倒卵状楔形；子房短椭圆形，1 室，具胚珠 8，排成 2 行。短角果椭圆形，密被小泡状凸起。花果期 4~5 月。

见于文成（猴王谷）、泰顺，生于山谷林下阴湿处。

3. 湖南阴山荠　湖南泡果荠

Yinshania hunanensis (Y. H. Zhang) Al-Shehbaz et al. [*Hilliella hunanensis* Y. H. Zhang]

多年生草本，根状茎肥厚。茎柔弱，高约 30cm，无毛。基生叶为复叶，具 5 小叶，小叶片膜质，上面疏生极短的糙伏毛或近无毛，顶生小叶卵形或椭圆形，先端微凹，基部圆楔形，边缘有 5~7 圆齿，侧生小叶 2 对，叶片歪卵形，最下一对小叶较小；茎生叶与基生叶相似，但具 3 小叶，叶柄较短。总状花序顶生，常不规则扭曲，果期长达 14cm，具 10 余花，中部以下具叶状苞片；花瓣匙形，长约 2mm；子房倒卵状椭圆形，有胚珠 4。短角果扁，椭圆形，果瓣表面具小泡状凸起。种子卵状椭圆形，红褐色，表面具小瘤状凸起。花果期不详。

据《植物分类学报》（2003）记载永嘉有产，标本存于浙江农林大学植物标本馆，但笔者在该标本馆未见到该号标本。

本种与紫堇叶阴山荠 *Yinshania fumarioides* (Dunn) Y. Z. Zhao 近缘，但叶较大，上面疏被极短的糙伏毛，花较大，花瓣长约 2mm，短角果扁椭圆形，花柱在果期长 1.5mm 可加以区别。

4. 河岸阴山荠　河岸泡果荠　图 218

Yinshania rivulorum (Dunn) Al-Shehbaz et al. [*Hilliella rivulorum* (Dunn) Y. H. Zhang et H. W. Li]

一或二年生矮小草本。全株无毛。茎单一或丛生，常略屈曲。基生叶为单叶，叶片肾圆形或卵圆形，纸质；茎生叶为三出复叶，顶生小叶片卵形或菱状椭圆形，侧生小叶片椭圆形或三角状心形，先端短渐尖，基部两侧不等，楔形或微心形；最上部叶为单叶，叶片心状卵形，具极短叶柄；所有小叶片均先端微缺，边缘具波状弯曲钝齿。总状花序顶

图 218　河岸阴山荠

生和腋生，疏散；萼片长圆形；花瓣淡紫红色，长圆状倒卵形；子房长圆形，1 室，胚珠 12~18。短角果长圆形，两端渐尖；果梗在果成熟后常下倾。种子 7~10。花未见，果期 11 月。

见于文成（石垟和百丈），生于溪沟边阴湿的林下。温州分布新记录种。

存疑种

■ 鼠耳芥　拟南芥

Arabidopsis thaliana (Linn.) Heynh.

一或二年生草本。茎直立，分枝或不分枝，下部被粗硬毛。基生叶莲座状，叶片长圆形或倒卵形，两面被二至三叉状分枝毛；茎生叶线状披针形。长角果线形，长 1~1.7cm，宽约 1mm，每室有 1 行种子。

《浙江植物志》记载洞头有产。浙江自然博物馆有一份标本，但植株较粗壮，茎中上部及叶几无毛，角果长 3.5~8cm，宽 1.5~2mm，每室有约 45 种子，应该是旗杆芥 *Turritis glabra* Linn. 的误定。

41. 伯乐树科 Bretschneideraceae

落叶乔木。奇数羽状复叶互生。总状花序顶生；花两性，两侧对称；萼钟状，不明显5裂；花瓣5，不相等，有瓣柄；雄蕊8；子房3室，每室有胚珠2。果为木质蒴果。

我国特有科，1属1种，分布于西南部至东南部，浙江及温州也有。

伯乐树属 **Bretschneidera** Hemsl.

特征与科同。

■ 伯乐树 图219

Bretschneidera sinensis Hemsl.

落叶乔木。小枝幼时密被棕色糠秕状短毛，后脱落，具狭线状褐色皮孔，叶痕大，半圆形，叶迹明显，髓心大，海绵质。芽鳞红褐色，外层有微毛，内层毛较密。奇数羽状复叶，长约50cm，有小叶3~6对，对生，长圆形、狭卵形或狭倒卵形，不对称，长9~20cm，宽3.5~8cm，先端渐尖，基部楔形，偏斜，全缘，下面密被棕色短柔毛。总状花序顶生；总花梗和花梗密被棕色短柔毛；花瓣粉红色。蒴果木质，红褐色，被极短密毛，椭圆形或近球形。花期4~5月，果期9~10月。

见于文成、泰顺，生于海拔500~1500m的阔叶林中。国家Ⅰ级重点保护野生植物。

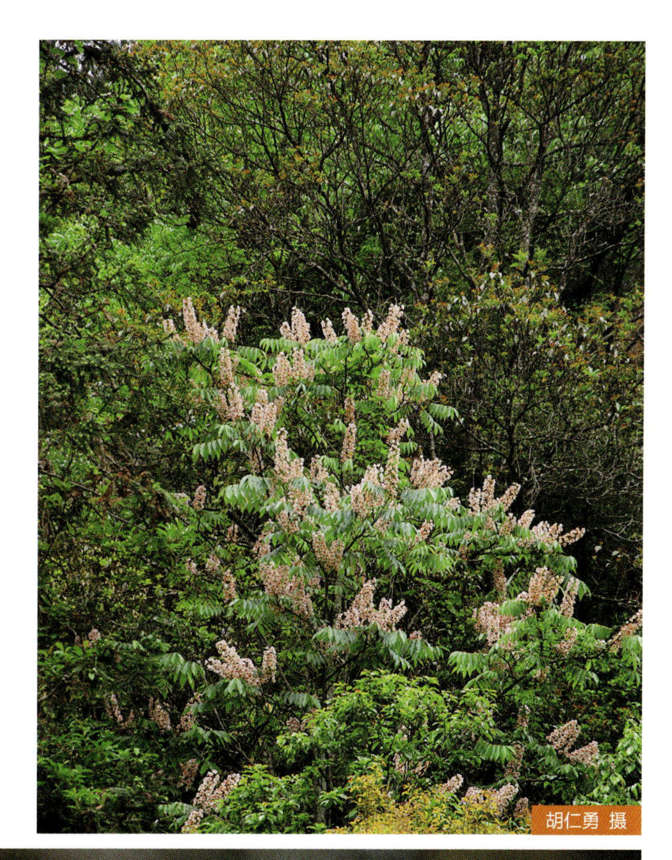

图219 伯乐树

42. 茅膏菜科 Droseraceae

陆生或水生食虫草本。叶互生，常呈莲座状，稀轮生，叶片被头状黏腺毛，幼叶常拳卷；托叶干膜质或缺。花两性；聚伞花序顶生或腋生，稀单花腋生；花萼5裂，稀4或6~8裂，宿存；花瓣5，宿存；雄蕊5，与花瓣互生，稀4或5基数排成2~4轮，花丝分离，稀基部合生；子房上位，有时半下位，球形或卵球形，1室，心皮2~5，侧膜胎座或基生胎座，胚珠多数，花柱2~5。蒴果，室背开裂。种子细小，胚乳丰富。

约4属100余种，主要分布于温带、热带地区。我国2属7种，主要分布于长江以南各地区及沿海岛屿；浙江1属3种，温州也有。

茅膏菜属 **Drosera** Linn.

食虫草本。根茎短，末端具或不具球茎。叶互生或基生呈莲座状，被头状黏腺毛，幼叶常卷曲；托叶膜质，常条裂。聚伞花序幼时弯曲；花萼5裂，稀4~8裂，基部常合生，宿存；花瓣5，分离，花时开展，花后扭转，宿存于顶部；雄蕊与花瓣同数，互生；子房上位，1室。蒴果。种子多数；外果皮具网状脉纹。

约100种，自热带到冻原地带均有分布，主要分布于大洋洲。我国6种；浙江3种，温州也有。

分种检索表

1. 具球茎；茎伸长；叶互生，叶柄盾状着生 …………………………………………… **1. 茅膏菜 D. peltata**
1. 不具球茎；茎短；叶基生，叶柄非盾状着生。
    2. 叶片圆形或扁圆形 …………………………………………… **2. 圆叶茅膏菜 D. rotundifolia**
    2. 叶片匙形或倒卵状匙形 …………………………………………… **3. 匙叶茅膏菜 D. spathulata**

1. 茅膏菜 图220

Drosera peltata Smith ex Willd. [*Drosera peltata* var. *glabrata* Y. Z. Ruan]

多年生草本。茎直立，有时攀援状。鳞茎状球茎紫褐色，球形，直径1.5~9mm。叶互生；叶片半月形或半圆形，边缘密生紫红色头状黏腺毛，基部近平截，下面无毛，叶柄盾状着生，无毛；基生叶退化成鳞片状，圆形或扁圆形，花时脱落。聚伞花序不分枝或分枝；花轴下部的苞片楔形或倒披针形，先端具齿，花轴上部的苞片钻形；花梗长6~15mm；花萼5裂，裂片卵形或披针形，常不对称，外面无毛，稀基部具短腺毛；花瓣5，白色，倒卵形；雄蕊5，子房1室，无毛，花柱2~5。蒴果。种子椭圆球形。花果期4~9月。

见于本市各地，生于向阳山坡草丛中，或林边向阳和疏松而瘦瘠的山坡上。

块茎及全草供药用，具清热解毒、活血消肿、止痛等功效。

2. 圆叶茅膏菜 毛毡苔 图221

Drosera rotundifolia Linn. [*Drosera rotundifolia* var. *furcata* Y. Z. Ruan]

多年生草本。不具球茎。茎极短。叶基生，具扁平的长柄；叶片圆形或扁圆形，长4~10mm，宽5~10mm，边缘密生头状黏腺毛，腺毛紫红色，上面腺毛较短，下面无毛；聚伞花序1~2，腋生，蝎尾1~2；花序梗和花梗被柔毛状腺毛或近无毛；苞片钻形；花萼5裂，下部合生，裂片卵形或狭卵形，边缘疏具小腺齿；花瓣5，白色，匙形；雄蕊5；子房椭圆球形，1室，花柱3。蒴果，熟后开裂为3果瓣。种子椭圆球形，微具网状脉纹，外面包以囊状、两端延伸渐尖的外种皮。花期6~9月，果期9~12月。

见于永嘉、鹿城、瓯海、龙湾、文成、平阳、苍南、泰顺，生于山坡、林缘、路边湿润草丛中。

图 220　茅膏菜

图221 圆叶茅膏菜

■ 3. 匙叶茅膏菜 图222

Drosera spathulata Labill.

多年生本草。不具球茎。茎极短。叶基生，莲座状，叶片倒卵状匙形或匙形，最宽处2~5mm，边缘密被红色长腺毛，上面腺毛较短，下面无毛或疏被腺毛；叶柄扁平，下部无毛；托叶淡红色，先端刚毛状。螺旋状聚伞花序，1~3，幼时上部拳卷；苞片钻形；花萼钟形，5裂至基部；花序梗、花梗、花萼均被头状腺毛，花后腺毛存在或变粉状；花瓣5，淡紫色，倒卵形；雄蕊5，花丝扁平；子房椭圆球形，花柱宿存。蒴果，果瓣倒三角形，内卷。种子小，黑色。花果期3~9月。

见于永嘉、瓯海、瑞安，生于山坡岩边湿润处。

图 222　匙叶茅膏菜

43. 景天科 Crassulaceae

多为一或多年生草本。茎、叶常肥厚肉质。常为单叶,叶互生、对生或轮生,全缘或具缺刻;托叶无。聚伞花序,或花序呈伞房状、穗状、总状或圆锥状,有时单生;花多两性,稀单性而雌雄异株,辐射对称,各部常为4或5数或其倍数;萼片自基部分离,少有在基部以上合生,宿存;花瓣分离或多少合生;雄蕊1或2轮,与花瓣同数或为其2倍,花药基着,稀背着;心皮常与花瓣同数,分离或基部合生,常在基部外侧有1腺状鳞片。蓇葖果,稀为蒴果。种子小。

约35属1500多种,分布于亚洲、非洲、欧洲及美洲。我国13属233种;浙江6属31种1变种;温州野生5属18种。

分属检索表

1. 植株叶缘具芽胞体,其落地成活后即长成一新植株;叶对生;花常下垂,4基数,花瓣管状合生……………………………………1.落地生根属Bryophyllum
1. 植株无芽胞体;叶互生、对生或莲座状;花为5或6基数,少为3~4基数,花瓣分离或基部稍合生但不成管状。
  2. 花茎的基生叶形成多少明显的莲座,于花时枯萎;花密集,花序外形呈狭金字塔形至圆柱形……………………………………3.瓦松属Orostachys
  2. 花茎的基生叶不呈莲座状;花序外形通常不呈狭金字塔形至圆柱形。
    3. 叶片边缘有锯齿或圆齿,稀全缘(浙江产的均不为全缘),扁平,基部无距。
      4. 花序具苞片;花瓣紫色、红色、粉红色或白色,偶为淡黄色或淡绿色;心皮近有柄,基部分离;种子具狭翅……………………………………2.八宝属Hylotelephium
      4. 花序无苞片;花瓣亮黄色;心皮无柄,基部合生;种子在电镜下可见肋状凸起或近光滑……………………………………4.费菜属Phedimus
    3.叶片边缘通常全缘,基部通常有短距……………………………………5.景天属Sedum

1. 落地生根属 Bryophyllum Salisb.

一或多年生肉质草本。叶对生,少数轮生,单叶或复叶,边缘具钝齿,齿隙常有芽胞体。花常下垂,顶生,排成聚伞花序或圆锥花序;花4基数;花萼基部联合成膨大的萼筒,顶端4裂;花冠高脚碟状或壶形,顶端4裂;雄蕊8,成2轮排列,花丝着生于花冠筒基部;鳞片4;心皮4,常有较长的花柱。

约20种,主产于非洲。我国常见栽培及归化1种,浙江及温州也有。

■ 落地生根

Bryophyllum pinnatum (Linn. f.) Oken

多年生肉质草本。高40~150cm。茎直立,有分枝,中空。羽状复叶对生,小叶片长圆形至椭圆形,长5~10cm,宽3~5cm,先端钝,边缘具粗圆齿,圆齿底部易生芽,芽长大后落地即长成一新植株;小叶柄长2~4cm。圆锥花序顶生,长10~40cm;花下垂;花萼钟状而肿胀,淡褐色或紫褐色,长2~4cm;花冠高脚碟形,长达5cm,基部稍膨大,向上狭缩成管,顶端4裂,淡红色或紫红色;雄蕊8,着生于花冠基部;鳞片4,近长方形。蓇葖果包在花萼及花冠内。种子小,多数。花期1~3月。

原产于非洲,本市瓯海(景山)、泰顺有归化,本市各地有栽培。

常栽培供观赏;亦可供药用。

2. 八宝属 **Hylotelephium** H. Ohba

多年生草本。根状茎肉质，短。叶互生、对生或3~5叶轮生，无距，扁平。花序复伞房状，小花序聚伞状，有较密生的花；花两性，5基数，少为4基数或退化为单性；萼片无距，常较花瓣短，基部多少合生；花瓣常离生，先端通常不具短尖，白色、粉红色、紫色、红色，偶为淡黄色或淡绿色；雄蕊10，其中对瓣雄蕊着生在花瓣近基部处；鳞片5；成熟心皮几直立，分离，腹面不隆起，基部狭，近有柄。蓇葖果。种子多数，具狭翅。

约33种，分布于亚洲、欧洲及北美洲；我国16种；浙江3种；温州2种。

1. 八宝 图223

Hylotelephium erythrostictum (Miq.) H. Ohba

多年生肉质直立草本。高30~70cm。块根胡萝卜状。单叶，对生，少有互生或3叶轮生，长圆形或卵状长圆形，长3.5~7cm，宽2~3.5cm，先端急尖或钝，基部渐狭，边缘有疏锯齿；无柄。伞房状花序顶生，花密生；萼片5，卵形，长约1.5mm；花瓣5，白色或粉红色，宽披针形，长4~6mm；雄蕊10，与花瓣近等长或稍短，花药紫色；鳞片5，长圆状楔形，长约1mm，先端有微缺；心皮5，直立，基部几分离。种子褐色，线性，长约1.2mm。花果期8~10月。

见于瑞安、文成、泰顺，生于山坡岩石缝中或林下草丛。

全草供药用，有清热解毒、散瘀消肿之效；花可供观赏。

2. 紫花八宝 图224

Hylotelephium mingjinianum (S. H. Fu) H. Ohba

多年生直立草本。高20~40cm，不分枝。单叶，互生；下部的叶片椭圆状倒卵形，长8~12cm，宽3~5cm，先端急尖，基部渐狭，边缘上部具波状钝齿，下部全缘；上部的叶片狭卵形至线形，较小。伞房状花序顶生，花密集；萼片5，长圆状披针形，长2~3mm，宽约1mm；花瓣5，紫色，倒卵状长圆形，长约5mm，宽约2mm；雄蕊10，花药黄色；鳞片5，匙状长圆形，长约1mm；心皮5，直立，卵形，长

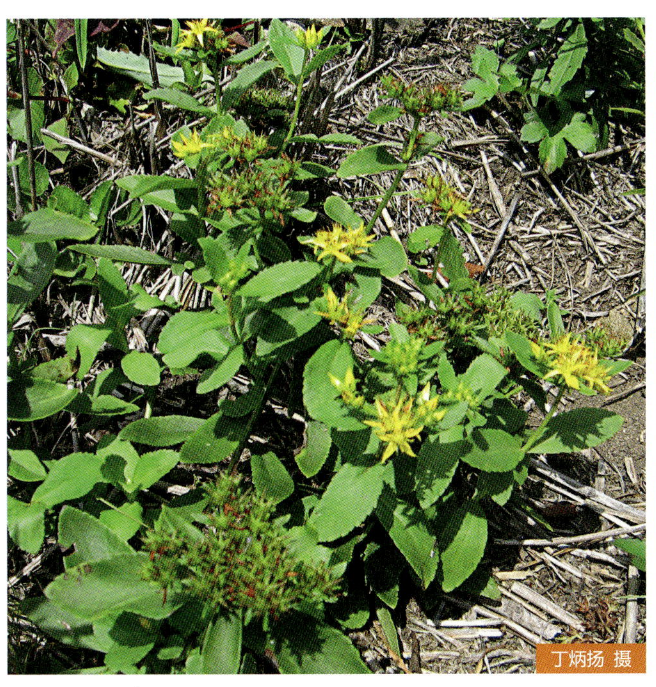

图223 八宝

约 5mm，分离，基部有柄，柄长约 1mm。种子小，褐色，线形，长约 1mm。花果期 9~10 月。

见于永嘉、泰顺，生于山坡潮湿处及溪沟边。

全草供药用，可活血生肌、止血解毒。

本种与八宝 *Hylotelephium erythrostictum* (Miq.) H. Ohba 的主要区别在于：叶互生，花瓣紫色，花药黄色；而八宝的叶对生，少有互生或 3 叶轮生，花瓣白色或粉红色，花药紫色。

图 224　紫花八宝

3. 瓦松属 Orostachys Fisch.

二或多年生肉质草本。叶肉质，线形至卵形，多具暗紫色腺点，常有软骨质的先端，少有为柔软的渐尖头或钝头，第一年呈莲座状，第二年自莲座中央长出不分枝的花茎。花多数，密集成聚伞状圆锥花序或伞房状聚伞花序，外形呈狭金字塔形至圆柱形；花 5 基数；雄蕊 10，基部有鳞片；心皮 5，有柄，基部渐狭，直立，花柱细。蓇葖果分离，先端有喙。种子多数。

13 种，分布于中国、蒙古、朝鲜、日本、哈萨克斯坦及俄罗斯。我国 8 种；浙江 2 种，温州也有。

■ 1. 瓦松　图 225

Orostachys fimbriata (Turcz.) A. Berger

二年生肉质草本。高15~30cm。基生叶莲座状，线状匙形或倒披针形，长3~4cm，宽2~5mm，顶端有1半月形软骨质附属物，中央有长刺，边缘流苏状；茎生叶散生，叶片线形，长2~5cm。总状花序呈塔形，下部有时具分枝，长可达25cm；花梗长约1cm；萼片5，长圆形或披针形，长1~3mm；花瓣5，淡红色，披针状椭圆形，长5~6mm，宽1.2~1.5mm，先端渐尖，基部稍合生；雄蕊10，与花瓣等长或稍短，花药紫色；鳞片5，近四方形，长0.3~0.4mm，先端稍凹；心皮5，稍开展。蓇葖果长圆形，长约5mm。种子多数，细小。花期8~9月，果期9~10月。

见于永嘉、乐清，生于山坡石上、屋瓦上或长有苔藓的树干上。

全草供药用，但有小毒，宜慎用。

图 225　瓦松

《浙江植物志》记载本种在浙江未见标本，笔者经野外调查及标本观察发现浙江确有分布。

■ 2. 晚红瓦松 图 226

Orostachys japonica A. Berger

多年生肉质草本。莲座叶狭匙形，肉质，长1.5~3cm，宽4~7mm，先端长渐尖，有软骨质的刺。花茎上的叶片散生，线形至线状披针形，长2~6cm，宽3~7mm，先端长渐尖，仅有1刺，边缘不呈流苏状，有红斑点。总状花序外形呈狭长圆筒形，长8~20cm，直径2~5cm；苞片与叶相似，较小；花密生，有梗；萼片5，卵形，长约2mm，宽约1mm，先端钝；花瓣5，白色，披针形，长约6mm，宽约2mm，先端有红色小圆斑点；雄蕊10，较花瓣短；鳞片5，小，近四方形，长约0.3mm，先端有微缺；心皮5，分离，花柱细。种子褐色，长约1mm。花期9~10月。

见于本市各地，生于低山岩石上或溪沟旁。

与瓦松 *Orostachys fimbriata* (Turcz.) A. Berger 的主要区别在于：本种莲座叶先端边缘非流苏状。

图 226 晚红瓦松

4. 费菜属 Phedimus Raf.

多年生草本。茎单一，无毛，稀被短柔毛。叶互生或对生，有柄或无柄，叶片扁平，边缘有锯齿或圆齿。聚伞花序顶生，通常具3个主分枝，多花，苞片无；花无梗或近无梗，两性，多为5基数；萼片肉质，基部稍合生，无距；花瓣亮黄色，近分离；雄蕊数为花瓣的2倍，成2轮排列；鳞片全缘或顶端微凹。蓇葖果具多数种子。种子在电镜下表面可见肋状凸起或近光滑。

约20种，分布于亚洲和欧洲。我国8种，主要分布于长江流域及其以北地区；浙江1种1变种；温州1种。

本属种类以往多放在景天属 *Sedum* Linn.，但本属叶片扁平，边缘有锯齿或圆齿，种子在电镜下表面可见多条肋状凸起或近光滑；而景天属的叶片边缘多全缘，种子在电镜下表面多可见乳头状凸起。

■ 费菜 图 227

Phedimus aizoon (Linn.) 't Hart [*Sedum aizoon* Linn.]

多年生肉质草本。高20~50cm。1~3条茎直立，不分枝，无毛。单叶，互生，叶片狭披针形、椭圆状披针形至卵状倒披针形，长3~7cm，宽1~2cm，先端渐尖，基部楔形，边缘有不整齐的锯齿或近全缘；近无柄。聚伞花序顶生，水平分枝，平展。花近无梗；萼片5，线形，肉质，不等长，长3~5mm，先端钝；花瓣5，黄色，长圆形至卵状披针形，长6~10mm，顶端有短尖；雄蕊10，排成2轮，短于花瓣；鳞片5，近正方形，长约0.3mm；心皮5，卵状长圆形，基部合生，腹面有囊状凸起。蓇葖果星芒状排列，长约7mm。种子长圆形，长约1mm，表面具肋状凸起。花期6~7月，果期

图 227　费菜

8~9 月。

见于瑞安、平阳、泰顺，生于山谷沟边、田埂、屋旁荒地及石缝中。

根或全草供药用，有止血散瘀、安神镇痛之效。

5. 景天属 **Sedum** Linn.

一或多年生肉质草本。叶对生、互生或轮生。花序聚伞状或伞房状，腋生或顶生；花两性，整齐；萼片 5 或 4；花瓣与萼片同数；雄蕊 5 或 10；心皮 5 或 4，分离或在基部合生，基部宽阔，无柄，每心皮基部着生有 1 鳞片。蓇葖果具 1 至多数种子。种子电镜下表面多可见乳头状凸起。

约 470 种，主要分布于北半球。我国 121 种，以西南高山为多；浙江 22 种；温州 12 种。

分种检索表

1. 植株被腺毛；花序圆锥状；花白色，具明显的花梗；种子表面具纵纹··························**3. 大叶火焰草 S. drymarioides**

1. 植株常无毛，仅龙泉景天具柔毛，但绝非腺毛；花序聚伞状或伞房状；花黄色（四芒景天的花有时绿白色），无梗或近无梗。

　2. 植物体被锈色柔毛·································**8. 龙泉景天 S. lungtsuanense**

　2. 植物体无毛。

　　3. 茎上部叶通常互生，偶兼有轮生或基部对生的。

　　　4. 萼片、花瓣及心皮均为4，雄蕊8·································**12. 四芒景天 S. tetractinum**

　　　4. 萼片、花瓣及心皮均为5，雄蕊10。

　　　　5. 植株基部带木质，密生残叶；茎细弱，丛生，形如藓状··························**10. 藓状景天 S. polytrichoides**

　　　　5. 植株基部草质；叶老时常脱落。

　　　　　6. 植株上部叶腋有珠芽·································**2. 珠芽景天 S. bulbiferum**

　　　　　6. 植株无珠芽。

　　　　　　7. 叶片较大，匙形至匙状倒卵形，长1~2cm，宽3~8mm··························**1. 东南景天 S. alfredii**

　　　　　　7. 叶片较小，线形或线状匙形，长7~10mm，宽1.5~2.5mm··························**5. 日本景天 S. japonicum**

　　3. 茎上部叶对生或通常轮生。

　　　8. 茎上部叶对生。

9. 叶片先端微凹……………………………………………………………………………………4. 凹叶景天S.emarginatum
9. 叶片先端钝，不微凹。
10. 基生叶残留，交叉呈“十”字形排列，最基部一对基生叶明显较茎生叶大；不育茎匍匐，成对从基生叶叶腋抽出；萼片长5~9mm；花瓣长7~8mm……………………………………………………6. 坤俊景天S. kuntsunianum
10. 基生叶无；无不育茎；萼片长2~3mm；花瓣长4~5mm………………………………………9. 圆叶景天S. makinoi
8. 茎上部叶通常轮生。
11. 植株直立或斜升；3叶轮生，少有对生或4叶轮生；叶片线形，长10~25mm，宽约2mm……7. 佛甲草S. lineare
11. 植株多少明显匍匐；3叶轮生；叶片倒披针形至矩圆形，长15~25mm，宽3~8mm………11. 垂盆草S.sarmentosum

■ 1. 东南景天 图228

Sedum alfredii Hance

多年生草本。高10~20cm。单叶，互生，下部叶常脱落，上部叶常聚生，叶片匙形至匙状倒卵形，长1~2cm，宽3~8mm，先端钝，基部楔形，有短距，全缘。聚伞花序；苞片似叶而较小；花无梗；萼片5，线状匙形，长3~5mm，常不等大，基部有短距；花瓣5，黄色，披针形至披针状长圆形，长4~6mm，宽1.5~1.8mm，基部稍合生；雄蕊10，排成

丁炳扬 摄

吴棣飞 摄
丁炳扬 摄

图228 东南景天

2轮，较花瓣短；鳞片5，匙状方形，长约1.2mm；心皮5，卵状披针形，直立，基部稍合生，全长约4mm。蓇葖果斜叉开。种子多数，褐色，长约0.6mm。花期4~5月，果期6~8月。

见于本市各地，生于山坡旷地、疏林下或岩石上。

■ 2. 珠芽景天 图229

Sedum bulbiferum Makino

一年生草本。高7~20cm。茎下部常横卧。单叶，叶腋常有圆球形、肉质、小型珠芽，基部叶常对生，茎上部叶常互生，叶片卵状匙形或匙状倒披针形，长7~15mm，宽2~4mm，先端钝，基部渐狭，有短距。花序聚伞状，常有2~3分枝；萼片5，披针形或倒披针形，长3~4mm，常不等长，先端钝，基部有短距；花瓣5，黄色，披针形至椭圆形，长4~5mm，宽约1.5mm，先端有短尖；雄蕊10，排成2轮，短于花瓣；鳞片长圆柱状匙形；心皮5，略叉开，基部约1mm以下合生。蓇葖果成熟后呈星芒状排列。种子多数，长圆形，表面具乳头状凸起。花期4~5月。

见于本市各地，生于平原或丘陵的农耕地、绿化带、荒地及沟边阴湿处。

本种为常见的农田杂草。

■ 3. 大叶火焰草 图230

Sedum drymarioides Hance

一年生草本。高 7~25cm。全株被腺毛。茎斜上，分枝多，细弱。单叶，下部叶对生或 4 叶轮生，上部叶互生，叶片卵形至宽卵形，长 1.5~4cm，宽 1.5~2.5cm，先端圆钝，基部宽楔形并下延成柄；叶柄长 1~2cm。花序圆锥状，具少数花；花梗长 3~10mm；萼片 5，长圆形至披针形，长约 2mm；花瓣 5，白色，长圆形，长 3~4mm；雄蕊 10，排成 2 轮，与花瓣近等长或稍短；鳞片 5，宽匙形；心皮 5，长 2.5~5mm，基部合生，上部略叉开。蓇葖果成熟时叉开。种子长圆状卵形，有纵纹。花期 5~6 月，果期 7~8 月。

见于瑞安、文成、泰顺，生于低山阴湿岩石上。

■ 4. 凹叶景天 图231

Sedum emarginatum Migo

多年生草本。高10~15cm。茎斜升，着地部分生有不定根。单叶，对生，匙状倒卵形至宽卵形，长1~2cm，宽5~10mm，先端微凹，基部渐狭；近无柄，有短距。花序聚伞状，顶生，有多花，常

图229 珠芽景天

图 230　大叶火焰草

图 231　凹叶景天

有3分枝；花无梗；萼片5，披针形至狭长圆形，长2~5mm，宽0.7~2mm，先端钝，基部有短距；花瓣5，黄色，线状披针形至披针形，长6~8mm，宽1.5~2mm；鳞片5，长圆形，长约0.6mm，先端圆钝；心皮5，长圆形，长4~5mm，基部合生。蓇葖果略叉开，腹面有浅囊状隆起。种子细小，褐色。花期5~6月，果期6月。

见于瑞安、文成、平阳、泰顺，生于山脚地边或沟边阴湿处。

全草可供药用，有清热解毒、散瘀消肿之效。

5. 日本景天

Sedum japonicum Sieb. ex Miq.

多年生肉质草本。无毛。基部平卧或外倾。不育茎长2~4cm；花茎细弱，分枝多，斜上，高10~20cm。单叶，互生，叶片线形或线状匙形，长7~10mm，宽1.5~2.5mm，先端钝，基部有短距；叶柄无。聚伞花序，有2~4分枝；萼片5，线状长圆形或近三角形，长2~4mm，先端钝，基部有短距；花瓣5，黄色，长圆状披针形，长6~7mm，宽约1.5mm；雄蕊10，排成2轮，较花瓣稍短或近等长；鳞片5，细小，宽楔形；心皮5，基部约2mm以下合生。蓇葖果熟时水平展开。花期5~6月，果期7~8月。

见于永嘉、泰顺，生于山坡阴湿处。

图232 坤俊景天

■ 6. 坤俊景天 图232

Sedum kuntsunianum X. F. Jin, S. H. Jin et B. Y. Ding

多年生草本。高8~12cm。茎下部节上生根。基生叶交叉呈“十”字形排列，叶片椭圆形、宽卵形或近圆形，长1~4cm，宽1~3cm，先端钝，基部楔形渐狭，有短距。不育茎匍匐，成对从基生叶叶腋抽出；其上的叶片宽倒卵形或近圆形，长14~20mm，宽9~15mm，先端钝，基部楔形，有短距。花茎直立或斜升，其上的叶对生，偶在茎基部轮生，叶片近圆形或匙形，长1~2cm，宽6~12mm，先端钝，基部楔形，有短距。聚伞花序2或3分枝，宽3~7cm，具多花；苞片与叶同形而小；花无梗；萼片5，长圆形至线形，长短不一，长5~9mm，宽1~1.5mm，先端钝，基部有短距；花瓣5，黄色，披针形，长7~8mm，宽1.5~2mm，先端渐尖；雄蕊10；鳞片5，卵状匙形，长约0.5mm；心皮5，披针形，长约5mm，基部约1mm合生。蓇葖果略叉开，具多数细小种子。花果期5月。

见于瑞安（金鸡山）、文成（石垟、金星）、泰顺（南院、黄桥），生于沟谷及岩石潮湿处。本种为课题组2013年发表的新种，模式标本采自于文成（石垟）。

■ 7. 佛甲草 图233

Sedum lineare Thunb.

多年生肉质草本。高10~20cm，无毛。茎直立或斜升。单叶，3枚轮生，少有对生或4枚轮生，叶片线形，长10~25mm，宽约2mm，先端钝尖，基部无柄，有短距。聚伞花序顶生，中心有1具短梗的花，花序分枝2~3，上有无梗的花；萼片5，线状披针形，通常不等长，长1.5~7mm；花瓣5，黄色，披针形，长4~6mm；雄蕊10，排成2轮，较花瓣短；鳞片5，楔形至倒三角形，长约0.5mm；心皮5，熟时略叉开，长4~5mm。种子小，具乳头状凸起。花期4~5月，果期6~7月。

见于本市各地，生于低山及平地草坡或阴湿岩石上。

全草可供药用，有清热解毒、散瘀消肿、止血之效。

图233 佛甲草

图 234 龙泉景天

8. 龙泉景天 图 234

Sedum lungtsuanense S. H. Fu

一年生草本。高 10~25cm，全株被柔毛。花茎直立。单叶，互生，叶片匙形，长 7~15mm，宽 3~6mm，先端钝圆或急尖，基部渐狭，有不显著的短距。聚伞花序；萼片 5，匙形，常不等大，长 2~4mm；花瓣 5，狭披针形，长约 5mm，宽约 1mm；雄蕊 10，较花瓣略短；鳞片 5，小，正方状匙形，长约 0.3mm；心皮 5，连同花柱长约 4mm，基部约 1mm 以下合生。花期 6 月。

见于泰顺，生于山坡岩石上或沟边阴湿处。

9. 圆叶景天 图 235

Sedum makinoi Maxim.

多年生草本。高 15~25cm。茎下部节上常生根。单叶，对生，叶片倒卵形或倒卵状匙形，长 15~20mm，宽 6~8mm，先端钝圆，基部渐狭，有短距。花序聚伞状，常二歧分枝；萼片 5，线状匙形，长 2~3mm，基部有短距；花瓣 5，黄色，披针形，长 4~5mm，宽约 1.2mm；雄蕊 10，近等长于或短于花瓣；鳞片 5，长方状匙形，长约 0.6mm；心皮 5，长约 5mm，基部约 1mm 以下合生。蓇葖果斜展。种子细小，卵形，有微乳头状凸起。花期 6~7 月。

见于乐清、永嘉、洞头、瑞安、文成、平阳、苍南、泰顺，生于低山山谷林下阴湿处及沟边岩石上。

10. 藓状景天 图 236

Sedum polytrichoides Hemsl.

多年生草本。高5~10cm。茎带木质，细，丛生，斜上，有多数不育枝，茎下部常具较密的残叶。叶互生，叶片线形至线状披针形，长5~15mm，宽1~2mm，先端急尖，基部有距，全缘。花序聚伞状，顶生，有2~4分枝，花少数；花梗短；萼片5，长卵形，长1.5~2mm，基部无距；花瓣5，黄色，狭披针形，长5~6mm，先端渐尖；雄蕊10，稍短于花瓣；鳞片5，细小，宽圆楔形，基部稍狭；心皮5，稍直立。蓇葖果星芒状叉开，基部约1.5mm以下合生，腹面有浅囊状凸起，卵状长圆形，长4.5~5mm；喙直立，长约1.5mm。种子长圆形，长不及1mm。花期5~6月，果期6~7月。

见于永嘉（龙湾潭、瓯北、桥下），生于岩石上。温州分布新记录种。

11. 垂盆草 图 237

Sedum sarmentosum Bunge [*Sedum sarmentosum* var. *angustifolia* (Z. B. Hu et X. L. Huang) Y. C. Ho]

多年生肉质草本。不育枝及花枝匍匐而节上生根，长 10~30cm。单叶，3 叶轮生，叶片倒披针形至矩圆形，长 15~25mm，宽 3~8mm，先端近急尖，基部有距。聚伞花序，有 3~5 分枝；花无梗；萼片 5，披针形至长圆形，不等长，长 3.5~5mm，先端稍钝，基部无距；花瓣 5，黄色，披针形至长圆形，长 5~8mm；雄蕊 10，短于花瓣；鳞片小，近方形，长约 0.5mm；心皮 5，长 5~6mm，略叉开。蓇葖果有长的宿存花柱。种子细小，卵形，长约 0.5mm，

图 235　圆叶景天

图 236　藓状景天

表面有乳头状凸起。花期 5~7 月，果期 8 月。

见于本市各地，生于山坡阴处或石上。

全草供药用，有清热解毒之效。

金孝锋等（2010）研究发现本种在营养条件有限和光照较弱的环境下其叶片狭长，属于环境饰变，故将狭叶垂盆草 *Sedum sarmentosum* var. *angustifolia* (Z. B Hu et X. L. Huang) Y. C. Ho 做归并处理，本文接受其处理意见。

12. 四芒景天

Sedum tetractinum Fröd.

一年生草本。高10~20cm。单叶，互生或3叶轮生，生于茎下部的常脱落，叶片卵圆形至近圆形，长1~2.5cm，宽0.5~1.3cm，先端圆，有微乳头状凸起，基部突狭成柄。蝎尾状聚伞花序，有总花梗；苞片圆形，长和宽均为4~5mm，有短柄，先端有微乳头状凸起；萼片4，狭三角形，长约0.8mm；花瓣4，黄色或绿白色，长圆状披针形或披针状长圆形，长3.5~5mm，宽常不及1mm；雄蕊8，较花瓣稍短；鳞片4，宽匙形，长约0.7mm；心皮4，连同花柱全长4~5mm，基部稍合生。种子多数，长约1mm，表面有微乳头状凸起。花期8~9月，果期9~10月。

见于瑞安、泰顺，生于山坡、林下及溪边阴湿处。

图 237　垂盆草

44. 虎耳草科 Saxifragaceae

草本、灌木或小乔木，有时攀援状。单叶或复叶，通常无托叶。花两性，稀单性；花序聚伞状、总状或圆锥状，稀单花；花被片4~5基数；萼片有时花瓣状；花瓣常与萼片同数而对生，或缺；雄蕊与萼片同数或为其2倍，稀多数，花丝分离，花药2室，纵裂；心皮2~6，花柱离生，子房上位、半下位或下位，1~5室，多室具中轴胎座或1室具侧膜胎座，每室有多枚倒生胚珠。蒴果或浆果。种子小，多数，胚乳丰富。

80属约1200种，世界广布。我国29属约545种，广布于全国，主要分布于西南部；浙江18属约43种；温州15属29种4变种。

分属检索表

1. 草本。
  2. 叶膜质；心皮常5 …… **8. 扯根菜属 Penthorum**
  2. 叶非膜质；心皮常少于5。
    3. 叶片二至三回三出复叶 …… **1. 落新妇属 Astilbe**
    3. 单叶。
      4. 萼片5；花瓣5；雄蕊10；子房2室，中轴胎座 …… **13. 虎耳草属 Saxifraga**
      4. 萼片4~5；花瓣5或缺；雄蕊4~10；子房1室，侧膜胎座。
        5. 托叶显著；萼片5；花瓣5，有时缺；雄蕊10 …… **15. 黄水枝属 Tiarella**
        5. 托叶缺；萼片4或5；花瓣缺；雄蕊4或8 …… **3. 金腰属 Chrysosplenium**
1. 木本。
  6. 叶对生或轮生；雄蕊数为萼片数的3倍，或者更多。
    7. 蒴果。
      8. 萼片常增大呈花瓣状。
        9. 全部花能育 …… **10. 冠盖藤属 Pileostegia**
        9. 花序有能育花，外围花为不育的放射花。
          10. 花柱1 …… **14. 钻地风属 Schizophragma**
          10. 花柱2或更多。
            11. 放射花具1增大的萼片 …… **11. 蛛网萼属 Platycrater**
            11. 放射花具3~5增大的萼片 …… **6. 绣球属 Hydrangea**
      8. 萼片不增大呈花瓣状。
        12. 叶片具星状毛；花瓣5；雄蕊10~15；蒴果3~5裂 …… **4. 溲疏属 Deutzia**
        12. 叶片不具星状毛；花瓣4；雄蕊20~40；蒴果4裂 …… **9. 山梅花属 Philadelphus**
    7. 浆果 …… **5. 常山属 Dichroa**
  6. 叶互生；雄蕊数与萼片数相同。
    13. 花序周围有放射花；雄蕊多数 …… **2. 草绣球属 Cardiandra**
    13. 无放射花；雄蕊4~5。
      14. 叶片不分裂；子房上位或半下位；蒴果 …… **7. 鼠刺属 Itea**
      14. 叶片掌状分裂；子房下位；浆果 …… **12. 茶藨子属 Ribes**

1. 落新妇属 Astilbe Buch.-Ham.

草本。茎基部常有褐色膜质鳞片或具褐色长毛。二至三回三出复叶，稀单叶；具长柄；托叶膜质；小叶片有锯齿或缺刻。圆锥花序；萼片5，稀4；花瓣1~5，白色或紫红色，线形或匙形，有时具退化花瓣，或花瓣缺；雄蕊8~10，稀5；子房半上位，心皮2。蓇葖果或蒴果，沿花柱间的内缝开裂。种子小，多数。

约18种，分布于东亚和北美洲。我国7种，主要分布于华东、华中和西南；浙江3种，温州也有。

分种检索表

1. 花密集；花瓣 5。
    2. 小叶先端锐尖至短渐尖；花序轴被褐色卷曲长柔毛 …………………………………… **1. 落新妇 A. chinensis**
    2. 小叶先端短渐尖至渐尖；花序轴被腺毛和褐色柔毛 …………………………………… **2. 大落新妇 A. grandis**
1. 花疏生; 花瓣缺或退化花瓣 2~5…………………………………………………… **3. 大果落新妇 A. macrocarpa**

■ 1. 落新妇　红升麻　金毛三七　图 238

Astilbe chinensis (Maxim.) Franch. et Sav.

多年生草本。根状茎粗大，暗褐色。基生叶二至三回三出分裂，小叶片卵状长圆形、菱状卵形或卵形，顶生者较侧生者大，先端锐尖至短渐尖，基部圆形、宽楔形或微心形，边缘有重锯齿，仅叶脉散生锈色伏毛；茎生叶比基生叶小。圆锥花序；花序轴密被褐色卷曲长柔毛；花密集，近无花梗；苞片卵形，较花萼稍短；卵形萼片 5，边缘具腺毛；花瓣 5，线形，紫红色；雄蕊 10，花药紫色；心皮仅基部合生。蓇葖果长约 3mm。种子褐色，细纺锤形，长约 1.5mm。花期 5~6 月，果期 7~9 月。

王金旺 摄

丁炳扬 摄

胡仁勇 摄

图 238　落新妇

见于永嘉、文成、泰顺，生于林下杂草丛、山谷溪沟边。

根状茎供药用，具散瘀止痛、祛风除湿、清热止咳功效；全株含鞣质，用作工业原料。

2. 大落新妇　华南落新妇　图 239

Astilbe grandis Stapf ex Wils.

多年生草本。根状茎粗壮。茎被褐色长柔毛和腺毛。基生叶二至三回三出至羽状分裂，叶轴与小叶柄常被腺毛或无毛，叶腋具长柔毛，小叶片宽卵形或卵状披针形，先端常短渐尖或渐尖，基部浅心形、圆形或宽楔形，边缘有重锯齿，脉上有短硬毛；茎生叶较小。圆锥花序；花密集；花序梗密被褐色柔毛和腺毛；花梗长约1mm；苞片披针形，较花萼短；萼片5，卵形至椭圆形，两面无毛，先端具微腺毛；花瓣5，线形，白色或紫红色；雄蕊10，约与花瓣等长；心皮离生。蓇葖果长约5mm。花期6~7月，果期8~9月。

见于永嘉、瑞安、文成、泰顺，生于林下、灌丛中或沟谷阴湿地。

根状茎供药用，可治筋骨酸痛等症。

3. 大果落新妇　图 240

Astilbe macrocarpa Knoll

多年生草本。根状茎粗短，与茎基部密被棕褐色长毛及鳞片。基生叶二至三回三出或羽状分裂，叶轴与叶柄被褐色长柔毛和腺毛，小叶片菱状椭圆形或卵形，顶生小叶片比侧生者宽，先端长渐尖，边缘有重锯齿，有时 2 浅裂，基部心形，仅脉上被稀疏短伏毛；茎生叶比基生叶小。圆锥花序；花疏生；花序轴与花梗被褐色短腺毛，花梗长约 1mm；苞片钻形，背面具腺毛；萼片 5，卵形，腹面无毛，背面被腺毛，宿存；无花瓣或具线形退化花瓣 2~5；雄蕊 8~10；心皮仅基部合生。蓇葖果长约 6mm。花期 5~6 月，果期 7~9 月。

见于乐清、永嘉、泰顺，生于山坡溪沟边草丛中。

图 239　大落新妇

图 240　大果落新妇

2. 草绣球属 **Cardiandra** Sieb. et Zucc.

亚灌木至灌木。单叶，互生或4~8叶族生，叶缘有粗大锯齿，无托叶。伞房状聚伞花序或圆锥花序；花二型；放射花萼片2，稀3；孕性花萼筒杯状，与子房合生，萼片4~5，三角形；花瓣4~5；雄蕊多数，花丝线形，花药近圆形；子房下位，花柱2~4，柱头侧生。蒴果，顶端孔裂。种子多数，纺锤形，顶端有翅。

约4种，分布于东亚。我国2种，分布于中南、东南各地区和中国台湾；浙江2种；温州1种。

■ 草绣球　人心药　图241

Cardiandra moellendorffii (Hance) Migo

亚灌木。地下茎横卧。茎单生，幼时被基部呈球形的短状毛。叶纸质，椭圆形、倒长卵形，形状变化较大，先端急尖或渐尖，基部沿叶柄两侧下延成楔形，锯齿粗大，正面被短糙伏毛，背面疏生柔毛或仅脉上有疏毛，茎上部叶近对生。伞房状聚伞花序；苞片和小苞片线形或狭披针形，宿存；放射花萼片膜质，白色，宽卵形或近圆形，近相等或1枚稍大，有网脉；孕性花萼筒半球形，萼片三角形，细小；花瓣白色至带淡紫色；雄蕊15~25；子房具不完全3室，胚珠多数。蒴果卵球形，长约3mm，顶端孔裂。花期7~8月，果期9~10月。

见于泰顺，生于山坡林下及溪谷阴湿处。

花球美丽，耐阴性强，可用作观赏花木；块状根茎供药用，可治跌打损伤。

图241　草绣球

3. 金腰属 **Chrysosplenium** Linn.

草本。常具匍匐枝或珠芽。茎肉质。单叶，无托叶。聚伞花序，稀单花，围有苞叶；萼片4，稀5；花瓣缺；雄蕊8或4，花丝钻形或针形；子房1室，由2心皮组成，胚珠多数，侧膜胎座，花柱2，离生。蒴果2瓣裂，裂瓣近等大或明显不等大。种子卵形或椭圆球形，种皮平滑或有微乳头状凸起，有时有纵肋。

约65种，主要分布于亚洲温带。我国35种，主要分布于陕西、甘肃、四川、云南和西藏；浙江约5种；温州3种1变种。

分种检索表

1. 叶对生。
   2. 茎无毛；蒴果2果瓣近等大 ······ **1. 肾萼金腰 C. delavayi**
   2. 茎密被长柔毛；蒴果2果瓣明显不等大 ······ **4. 柔毛金腰 C. pilosum var. valdepilosum**
1. 叶互生。
   3. 叶片小，肾形，长0.5~1.5cm；雄蕊4 ······ **2. 日本金腰 C. japonicum**
   3. 叶片大，倒卵形，长可达22cm；雄蕊8 ······ **3. 大叶金腰 C. macrophyllum**

1. 肾萼金腰 图242

Chrysosplenium delavayi Franch.

多年生草本。不育枝出自茎下部叶腋，其上叶对生，扁圆形，边缘具圆齿，齿端具褐色乳突。花茎无毛。茎生叶对生，叶片阔卵形至扇形，先端钝，边缘具不明显圆齿，腹面无毛，背面疏生褐色乳突。单花，或聚伞花序具2~5花；苞片阔卵形，腹面无毛，背面疏生褐色乳突，苞腋及其近旁具褐色乳突；花梗无毛；花黄绿色；花期萼片开展，扁圆形，先端微凹，凹处具乳突；雄蕊8；子房近下位；花盘8裂，周围疏生褐色乳突。蒴果先端近平截而微凹，2果瓣近等大且水平叉开。种子黑褐色，卵球形，具13~15纵肋，肋上具横纹。花果期3~6月。

胡仁勇 摄

王金旺 摄

图242 肾萼金腰

见于泰顺（司前、泗溪），生于沟谷、溪边潮湿石壁上。

2. 日本金腰 图243

Chrysosplenium japonicum (Maxim.) Makino

多年生草本。茎被稀疏柔毛。基生叶肾形，边缘有浅齿，基部心形，上面散生柔毛，下面近无毛；茎生叶与基生叶同型，互生，边缘有浅齿，具长柄。聚伞花序顶生，花序分枝疏生柔毛；苞叶宽卵形，具浅齿；萼片4，宽卵形，花时直立；雄蕊4；子房近下位。蒴果顶端平截或凹陷，两果瓣等大。种子红褐色，卵形，被乳头状凸起。花果期3~4月。

见于泰顺乌岩岭，生于山谷潮湿处。温州分布新记录种。

3. 大叶金腰 马耳朵草 图244

Chrysosplenium macrophyllum Oliv.

多年生草本。有时具珠芽。茎疏生锈色柔毛或近无毛。匍匐不育枝上叶互生，顶端3~4叶片稍大而密集；基生叶肥厚，倒卵形或宽倒卵形，先端钝圆，基部楔形，腹面疏生棕色柔毛，背面无毛，叶

陈贤兴 摄

图 243　日本金腰

柄宽展，边缘被锈色长柔毛；茎生叶匙形，常1。聚伞花序顶生，疏被锈色长柔毛；苞片卵形或狭卵形，中部以上有钝齿；花有香气；萼片白色或淡黄色，近卵形，先端微凹；雄蕊8，明显高出萼片；子房半下位。蒴果2裂，裂瓣水平状叉开；果喙长3~4mm。种子小，宽卵形，有微小的乳头状凸起。花期12月至翌年3月，果期4~6月。

见于平阳、泰顺，生于山地林下、溪沟边灌丛等阴湿处。

全草供药用，可治小儿惊风、肺疾和耳疾等。

4. 柔毛金腰　毛金腰　图 245

Chrysosplenium pilosum Maxim. var. **valdepilosum** Ohwi

多年生草本。不具珠芽。茎密被锈色长柔毛，后渐脱落。匍匐不育枝顶端叶较大，密集呈莲座状，叶片近圆形或宽卵形，基部楔形，边缘有钝齿；基生叶花期枯萎；茎生叶对生，1~3对，叶片近扇形，基部楔形，具明显浅钝齿，腹面无毛，背面和近边缘处具锈色柔毛，叶柄密被毛。聚伞花序顶生；苞叶长圆形或楔形，有短柄；萼片淡黄色，宽卵形；雄蕊8，长约为萼片之半；子房近上位。蒴果2裂，果瓣明显不等长。种子暗红色，卵形，长约0.6mm，有12纵肋，沿肋有细密的微乳头凸起，纵肋隆起较低。花期5月，果期6~7月。

见于泰顺（乌岩岭），生于林下阴湿处或山谷石缝中。

本变种与原种的主要区别在于：茎生叶和苞叶边缘具较明显的钝齿，上面无毛，下面和叶缘具棕锈色柔毛；种子具浅槽。

图 244 大叶金腰

图 245 柔毛金腰

4. 溲疏属 **Deutzia** Thunb.

灌木。小枝中空或有疏松白色髓心。单叶对生，叶缘有锯齿或粗齿，被星状毛，有时混生柔毛；叶柄短。花两性；花序伞房状、圆锥状、聚伞状或总状，稀单生；萼片 5；花瓣 5；雄蕊 10，稀 12~15，常较花瓣短；子房下位，3~5 室，花柱 3~5，离生。蒴果 3~5 瓣裂。种子褐色，具纵纹。

约 60 种，分布于温带东亚地区和墨西哥及中美。我国约 50 余种，全国均有，以西南最多；浙江约 7 种；温州 4 种。

分种检索表

1. 叶片正面星状毛具辐射枝 4~12，背面星状毛具辐射枝 10~22。
  2. 叶片背面绿色，星状毛较稀，毛不连续覆盖，叶表皮露出。
    3. 花萼被锈色星状毛；内轮花丝先端 2 齿 ······ **1. 齿叶溲疏 D. crenata**
    3. 花萼被灰白星状毛；内轮花丝的齿合生成舌状 ······ **4. 长江溲疏 D. schneideriana**
  2. 叶片背面灰白，密被星状毛，毛连续覆盖，叶表皮不露出 ······ **3. 宁波溲疏 D. ningpoensis**
1. 叶片两面星状毛具辐射枝 3~4 ······ **2. 浙江溲疏 D. faberi**

■ 1. 齿叶溲疏　溲疏

Deutzia crenata Sied. et Zucc. [*Deutzia scabra* Thunb.]

落叶灌木。小枝红褐色，疏生星状毛；老枝灰色。树皮片状剥落。叶纸质，卵形至卵状披针形，先端急尖或渐尖，边缘有细锯齿，轻微反卷，上面疏生具 5 辐射枝的星状毛，下面被具 10~15 条辐射枝的星状毛，毛不连续覆盖；叶柄短，长约 2mm。圆锥花序被星状毛；花萼密被锈色星状毛，萼片卵形；花瓣白色，长卵形，外面疏被星状毛；外轮雄蕊较花瓣略短，花丝顶端有 2 长齿，内轮花丝先端 2 齿，稀舌状；花柱 3，稀 4。蒴果近球形，被星状毛。花果期 5~8 月。

见于乐清、永嘉、泰顺，生于山坡灌丛。

可用作园林观赏植物；根、叶、果实可供药用。

■ 2. 浙江溲疏　天台溲疏　图 246

Deutzia faberi Rehd.

落叶灌木。小枝紫褐色，被星状毛。树皮条片状剥落。叶薄纸质，卵状长圆形、椭圆形，先端渐尖，边缘有细锐锯齿，两面被星状毛，上面星状毛具辐射枝3~4，下面毛较密，星状毛具3~4辐射枝，有时在星状毛中央有1单毛状斜上的辐射枝；叶柄长3~9mm，花枝上的叶无柄或近无柄。圆锥花序被星状毛；萼片三角形，密被具6或7辐射枝的星状毛；花瓣白色，狭长圆形，外被星状毛；雄蕊10，花丝无齿，外轮花丝长约6mm；花柱3。蒴果半球形，顶端平截，密被星状毛及单毛。花果期4~8月。

见于乐清、永嘉，生于山谷溪边灌丛中及山坡林下、林缘。

■ 3. 宁波溲疏　图 247

Deutzia ningpoensis Rehd.

落叶灌木。小枝红褐色，疏被星状毛。树皮薄片状剥落。叶纸质，狭卵形或披针形，先端渐尖，边缘疏生不明显细锯齿或近全缘，上面疏被具 4~6 辐射枝的星状毛，下面密被具 12~15 辐射枝的星状毛，毛连续覆盖；叶柄 1~2mm，被星状毛。圆锥花序疏生星状毛；花梗短，长 1~3mm；萼筒杯状，密被白色短星状毛，萼片三角形或卵形，密被具 10~15 辐射枝的星状毛；花瓣白色，长圆形，被星状毛；内外 2 轮雄蕊形状相同，花丝顶端 2 齿极短，齿不达到花粉囊；花柱 3~4。蒴果近球形，密被星状毛。花果期 5~9 月。

见于乐清、永嘉、瑞安、文成、泰顺，生于谷地溪边、林缘及山坡灌丛中。

本种可用作园林观赏树种；根、叶可入药。

图 246　浙江溲疏

图 247　宁波溲疏

图 248　长江溲疏

■ 4. 长江溲疏　毛叶溲疏　图 248

Deutzia schneideriana Rehd.

落叶灌木。小枝带紫红色，疏被星状毛；老枝灰褐色，无毛。树皮剥落。叶纸质，椭圆状卵形或狭卵形，先端急尖或渐尖，边缘有细锯齿，正面疏被具 5~6 辐射枝的星状毛，背面带灰白色，密被具 12~15 辐射枝的星状毛，中脉星状毛中央有直立的单毛状辐射枝，毛不连续覆盖；叶柄长 3~5mm，疏被星状毛。圆锥花序；花梗被星状毛；萼筒半球形，密被星状毛，萼片三角形；花瓣白色，长圆形，外被星状毛；外轮花丝顶端有 2 齿，齿不达到花粉囊，内轮花丝的齿合生成舌状；花柱 3，长于雄蕊。蒴果半球形，被星状毛。花果期 5~8 月。

见于文成（石垟），生于山坡林缘或溪边灌丛中。温州分布新记录种。

本种可用作园林观赏植物。

5. 常山属 Dichroa Lour.

落叶灌木。单叶，对生，无托叶，叶缘具锯齿。花两性；伞房花序或伞房状圆锥花序；萼片 5~6；花瓣 5~6，离生；雄蕊 10~20；子房下位或半下位，上部 1 室，下部不完全 4~6 室，侧膜胎座，胚珠多数，花柱 4~6，稀 3，分离或下部合生，柱头卵形。浆果，蓝色。种子无翅；种皮有网纹。

12 种，主要分布于东亚。我国 6 种，主要分布于西南至东部；浙江 1 种，温州也有。温州分布新记录属。

■ 常山　黄常山　图 249

Dichroa febrifuga Lour.

落叶亚灌木。小枝稍肉质，圆柱形或稍具 4 棱，无毛或稀被短柔毛。叶片椭圆形、倒卵状椭圆形或披针形，先端渐尖，基部楔形，边缘有锯齿，无毛或叶背被稀疏短毛，侧脉稍弯拱，4~6 对。伞房状圆锥花序顶生，或生于上部叶腋；萼筒倒圆锥形，萼齿 5~6，裂片宽三角形；花瓣蓝色或紫色，肉质，花后反曲；雄蕊 10~20 枚；子房下位，花柱 4~6 枚。浆果蓝色，卵球状，具宿存萼片及花柱。种子长约 1mm；种皮具网纹。花果期 6~10 月。

见于平阳（山门），生于林下沟谷边。温州分布新记录种。

根、叶供药用，具解热、催吐等功效。

图249 常山

6. 绣球属 Hydrangea Linn.

落叶灌木或半灌木，稀为小乔木或木质藤本。树皮剥落。小枝常有白色或棕色髓心。单叶，无托叶。花序聚伞状、伞房状，稀为圆锥状；花二型：放射花萼片3~4，稀2或5；孕性花萼片4~5，花瓣4~5；雄蕊10，稀8或多达25；子房3~4室，稀2或5室，花柱2~5。蒴果常具凸出的纵肋，顶端孔裂。种子细小。

约73种，分布于北半球温带地区。我国约33种，主要分布于西南及东南部；浙江6种；温州4种。

分种检索表

1. 子房半上位；蒴果卵球形，约一半凸出萼筒之外。
  2. 花序圆锥状；种子两端有翅 …… 3. 圆锥绣球 H. paniculata
  2. 花序非圆锥状；种子无翅 …… 2. 中国绣球 H. chinensis
1. 子房下位；蒴果半球形，先端截平，不超出萼筒。
  3. 藤本；花瓣联合成冠盖状，花开后整个脱落；种子周围有翅 …… 1. 冠盖绣球 H. anomala
  3. 灌木；花瓣离生；种子两端有翅 …… 4. 粗枝绣球 H. robusta

■ 1. 冠盖绣球 藤八仙

Hydrangea anomala D. Don

木质藤本，有时灌木状。小枝无毛。树皮片状剥落。常有气生根。叶对生，卵形、椭圆状卵形或卵状长圆形，先端渐尖或短尾状，基部宽楔形或圆形，边缘具细密锐齿，无毛或下面脉腋簇生柔毛；叶柄有狭翅，被稀疏柔毛。伞房状聚伞花序较大，放射花少或无；萼片4，近圆形或宽倒卵形，全缘或具不整齐缺刻，脉网明显，脉上略被柔毛；孕性花小；萼筒倒圆锥形，萼裂片宽卵形；花瓣联合成冠盖状，花开后整个脱落；雄蕊10；子房下位，花柱2，稀3，反曲。蒴果扁球形，先端截平，两侧稍扁。

种子褐色，周围有翅。花果期 5~10 月。

见于乐清、文成、泰顺，生于沟谷、林下或林缘，攀援于林中树上或平卧于岩石上。

本种可作园林观赏植物；叶可供药用；树皮可作收敛剂。

王金旺 摄

■ 2. 中国绣球 图 250

Hydrangea chinensis Maxim. [*Hydrangea angustipetala* Hayata; *Hydrangea jiangxiensis* W. T. Wang et M. X. Nie]

落叶灌木。小枝灰黄色至红褐色，疏被粗伏毛，后无毛。叶对生，纸质，披针形、狭椭圆形或倒卵形，先端渐尖，基部楔形，近全缘或中部以上有稀疏小齿，无毛或仅脉上被伏毛，脉腋常有簇毛。伞形聚伞花序无总花梗，被短柔毛；放射花缺或少数，具 3~4 萼瓣，全缘或有稀疏圆齿；孕性花萼筒杯状，疏被伏毛，萼裂片三角状卵形；花瓣白色或黄色，倒卵状披针形；子房半上位，花柱 3~4，柱头常膨大，宿存。蒴果卵球形，一半以上凸出于萼筒之外，顶端孔裂。种子褐色，无翅。花果期 5~10 月。

王金旺 摄

王金旺 摄

图 250 中国绣球

图 251 圆锥绣球

本市各地常见,生于溪边、路旁灌丛中或疏林下。

本种可作园林观赏植物。

3. 圆锥绣球 水亚木 图 251

Hydrangea paniculata Sieb.

落叶灌木或小乔木。小枝紫褐色，略呈方形，有稀疏细毛。叶对生，有时3叶轮生，卵形或椭圆形，先端渐尖，基部圆形或楔形，边缘有内弯的细密锯齿，上面疏被柔毛或近无毛，下面脉上有长柔毛，脉腋具粗毛。圆锥状聚伞花序塔形，花序轴与花梗被毛；放射花多数，萼片白色，后带紫色，常4，卵形或近圆形，不等大，全缘；孕性花芳香，萼筒陀螺状，萼裂片短三角形；花瓣5，白色，离生，早落；雄蕊10，不等长；子房半上位，花柱3，柱头稍下延。蒴果近卵形，有棱角，约有一半凸出于萼筒之外。种子两端有翅。花果期6~11月。

见于乐清、永嘉、瑞安、文成、平阳、苍南、泰顺，生于山谷溪沟边、山坡灌丛、疏林或林缘。

本种可栽培供观赏；根可供药用。

4. 粗枝绣球 图 252

Hydrangea robusta Hook. f. et Thoms. [*Hydrangea rosthornii* Diels]

灌木或小乔木。小枝褐色，常四棱形，密被棕黄色短糙伏毛。叶纸质，椭圆形、长卵形，先端长渐尖或急尖，基部阔楔形或圆形，边缘具不规则重锯齿，叶背密被灰白色短柔毛和稀疏褐色硬毛，脉上的毛更粗长，叶正面被糙伏毛；叶柄密被糙伏毛。伞房状聚伞花序密被褐黄色短粗毛；放射花萼片4，宽卵形、圆形或倒卵形，边缘具粗齿，稀全缘；孕性花萼筒杯状，萼齿卵状三角形；花瓣卵状披针形，离生；雄蕊10~14，不等长；子房下位，花柱2或3，下弯。蒴果杯状，先端截形，花柱宿存。种子红褐色，两端具翅；种皮具条纹。花果期7~11月。

见于乐清、永嘉、瑞安、文成、平阳、苍南、泰顺，生于山谷、溪流沿岸或山坡灌丛中。

本种可作园林观赏植物。

图 252 粗枝绣球

7. 鼠刺属 Itea Linn.

灌木或小乔木。单叶，托叶小，早落。花白色，两性或杂性；总状花序；苞片线形，早落；萼筒杯状或倒圆锥状，与子房基部合生，顶端 5 裂，裂片宿存；花瓣 5，极狭；雄蕊 5，着生于花盘周边；子房上位或半下位，心皮 2~3，胚珠多数，花柱单一，两侧有沟，柱头头状。蒴果长圆形或狭圆锥形，具槽纹，2 瓣裂。种子纺锤形。

约 27 种，主要分布于东亚亚热带地区。我国 15 种，主要分布于西南；浙江 1 种，温州也有。

■ 峨眉鼠刺 矩形叶鼠刺 牛皮桐 图 253

Itea omeiensis Schneid. [*Itea chinensis* Hook. et Arn. var. *oblonga* (Hand.-Mazz.) Wu]

常绿灌木或小乔木。小枝黄绿色，无毛；老枝褐色，有纵棱。叶互生，薄革质，长圆形，先端急尖或渐尖，基部楔形至圆形，边缘具细密锯齿，两面无毛，正面深绿色，背面淡绿色。总状花序腋生，单生或 2~3 簇生，被微柔毛；萼片狭披针形，长约 1.5mm，无毛或被微柔毛，宿存；花瓣披针形，长约 3mm；雄蕊略超出花冠；子房上位，被白色微柔毛。蒴果深褐色，狭圆锥形，长 7~9mm，顶端有喙，2 瓣裂。花期 4~6 月，果期 6~11 月。

本市各地常见，生于山坡林缘、溪谷灌丛中及岩石旁。

根可入药，花具治咳嗽和喉干的功效。

图 253 峨眉鼠刺

8. 扯根菜属 Penthorum Linn.

草本。茎直立。单叶，互生，无柄或有短柄。聚伞花序，花两性；常着生于花序分枝上侧；花萼 5~8 裂，宿存；花瓣黄绿色，5~8 或缺；雄蕊 10~16，着生于萼筒上；心皮 5~8，下部合生，花柱短，胚珠多数。蒴果 5~8 浅裂，裂瓣先端喙状，成熟后喙下环状横裂。种子卵状长圆形，细小，多数。

2 种，1 种分布于东亚，1 种分布于北美洲。我国 1 种，南北均有，浙江及温州也有。

■ 扯根菜　图 254

Penthorum chinense Pursh

多年生草本。根状茎分枝；茎红紫色，不分枝，稀基部分枝，中下部无毛，上部疏生黑褐色腺毛。叶狭披针形或披针形，先端渐尖或长渐尖，基部楔形，边缘有细锯齿，两面无毛，叶脉不明显。聚伞花序疏生短腺毛；花梗长 0.5~2mm；苞片小，卵形或狭卵形；萼片 5，黄绿色，三角形，先端渐尖；花瓣 5 或缺；雄蕊 10，稍伸出花萼之外；心皮 5~6，子房 5~6 室，每室胚珠多数，花柱 5，分离。蒴果红紫色，五角形，压扁，直径 4~6mm。种子红色，卵状长圆形，表面有锐尖凸起。花果期 7~10 月。

见于永嘉、瓯海、泰顺，生于水田旁草丛、河岸草丛或山坡下溪沟边。

全草供药用；嫩苗可作蔬菜食用。

图 254　扯根菜

9. 山梅花属 Philadelphus Linn.

落叶灌木。小枝具白色髓心。单叶对生，无托叶。总状花序、聚伞花序，有时单生，稀为圆锥形；花两性；萼筒倒圆锥形或近钟形，萼片 4；花瓣 4，白色；雄蕊多数，花丝分离；子房下位或半下位，4 室，稀 3~5 室，中轴胎座，花柱与子房室同数。蒴果，4 瓣裂。种子多数，细小，微具翅，有胚乳。

约 75 种，分布于亚洲、北美洲及欧洲南部。我国约 18 种，产于华东、西南、西北、华北及东北；浙江约 4 种；温州 2 种 1 变种。

■ 1. 绢毛山梅花　建德山梅花　图 255

Philadelphus sericanthus Koehne

落叶灌木。树皮剥落。当年生小枝褐色，无毛，二年生枝灰褐色至深栗色。叶纸质，椭圆形或椭圆状披针形，先端渐尖，基部宽楔形，边缘有浅锯齿，正面疏被短伏毛或近无毛，背面无毛或沿脉散生短伏毛，脉腋有簇毛。总状花序，花 7~30，疏被伏毛；花梗疏被短伏毛；花无香味；花萼外面被较密的白毛粗伏毛，萼片卵形，宿存；花瓣宽倒卵形，外面基部疏被伏毛；花柱无毛，上部 4 裂，柱头匙形。蒴果倒卵形，长约 7mm，直径约 5mm。种子具短尾。花期 5~6 月，果期 7~9 月。

见于永嘉、泰顺，生于山地溪沟边及山坡灌丛中。

可栽植供庭院绿化；也可供药用。

图 255　绢毛山梅花

1a. 牯岭山梅花

Philadelphus sericanthus var. **kulingensis** (Koehne) Hand.-Mazz.

本变种与原种的主要区别在于：萼筒与萼片疏被伏毛，花梗长 1~2cm，无毛。花期稍晚于原变种。

据《泰顺县维管束植物名录》记载泰顺有分布，但未见标本，生于山坡林中。

本种可栽培供庭园绿化。

2. 浙江山梅花　疏花山梅花　图 256

Philadelphus zhejiangensis S. M. Hwang [*Philadelphus brachybotrys* (Koehne) Koehne var. *laxiflorus* (Cheng) S. Y. Hu]

落叶灌木。树皮不剥落。当年生小枝赤褐色，无毛；二年生枝灰褐色或栗褐色。叶薄革质，卵形或卵状椭圆形，先端渐尖，基部宽楔形或近圆形，边缘具疏锯齿，正面疏被粗伏毛或近无毛，背面沿脉被粗伏毛，具三出脉。总状花序；花 5~9，芳香，与花梗均无毛；萼片卵形，外面无毛，内面密被白色绒毛；花瓣宽倒卵形；花丝不等长；花柱无毛，上部 4 裂，柱头线形。蒴果椭圆形，长约 1cm，直径约 6mm，宿存萼片周位。种子具短尾。花期 5~7 月，果期 6~8 月。

见于乐清、永嘉、泰顺，生于阔叶林下溪沟旁及杂木林中。

花美丽，可供庭院绿化及观赏之用。

本种与绢毛山梅花 *Philadelphus sericanthus* Koehne 的主要区别在于：树皮不剥落；叶片薄革质，叶背沿脉被粗伏毛；花萼外面无毛。

图 256　浙江山梅花

10. 冠盖藤属 **Pileostegia** Hook. f. et Thoms.

常绿木质藤本。单叶对生；叶柄短。伞房状圆锥花序；花两性，无放射花；萼片4~5；花瓣4~5，白色或绿白色，上部联合成冠盖花冠，早落；雄蕊8~10，花丝长，花药近球形；子房下位，4~6室，胚珠多数，花柱短，4~6裂。蒴果半球形，顶端近截形，具纵棱，成熟时沿棱脊开裂。种子多数，纺锤形，两端具膜翅。

2种，分布于东南亚至中国和日本。我国2种，分布于西南至东部和中国台湾，浙江及温州也有。

1. 星毛冠盖藤

Pileostegia tomentella Hand.-Mazz.

常绿木质藤本。小枝、叶和花序密被锈褐色星状毛，星状毛具3~6辐射枝。叶革质，全缘或具疏锯齿，长圆形或倒卵状长圆形，背面密被锈褐色星状毛或短柔毛，正面疏生星状毛，基部圆形、浅心形，稀宽楔形，先端锐尖。伞房状圆锥花序；苞片线状钻形；萼片三角状，被星状毛；花瓣白色，卵形。蒴果陀螺状半球形，先端截平。种子棕色。花期3~8月，果期9~12月。

见于泰顺（仕阳），生于山谷溪边灌丛中。

2. 冠盖藤　青棉花藤　图257

Pileostegia viburnoides Hook. f. et Thoms.

常绿木质藤本。具小气生根。小枝灰褐色，无毛。叶薄革质，披针状椭圆形至窄椭圆形，长先端渐尖或急尖，基部平截，全缘或中部以上具浅波状疏齿，两面无毛或下面散生极稀疏长柔毛，细脉明显。伞房状圆锥花序无毛或有极稀疏长柔毛；萼片短三角形；花瓣白色，卵形。蒴果陀螺状半球形，顶端近截形，具纵棱，无毛。种子淡黄色。花期7~8月，果期9~11月。

本市各地常见，生于山谷溪边灌丛中或林下，常攀附于树上及峭壁上或匍匐于岩石旁。

根、老茎、花、叶等供药用。

本种与星毛冠盖藤 *Pileostegia tomentella* Hand.-Mazz. 的主要区别在于：小枝无毛、叶两面无毛或下面散生稀疏长柔毛；种子淡黄色。

图257　冠盖藤

11. 蛛网萼属 **Platycrater** Sieb. et Zucc.

落叶灌木。单叶对生。伞房花序；苞片宿存；放射花少数，具1盾状萼片；孕性花细小，花萼4裂，宿存；花瓣4，白色，卵形，分离，早落；雄蕊多数，着生在一环状花盘的下侧，花丝丝状，基部结合；子房上位，2室，每室胚珠多数，花柱2，分离，宿存。蒴果，顶部孔裂。种子多数，细小，两端有翅。

仅1种，分布于日本和我国东南部，浙江及温州也有。

图 258 蛛网萼

■ **蛛网萼** 盾儿花 梅花甜茶 图 258

Platycrater arguta Sieb. et Zucc.

落叶灌木。茎直立或下部平卧；小枝灰褐色，近无毛。树皮薄片状脱落。叶片膜质至纸质，长圆形、狭椭圆形至椭圆状披针形，先端尾状渐尖，基部楔形，边缘具疏锯齿，上面散生短伏毛，下面沿脉常有疏毛；叶柄近无毛。伞房花序6~10花；花序梗无毛；放射花少数，萼片膜质，半透明，绿黄色，盾状，直径1.5~3cm，3~4钝圆形浅裂，具小突尖，有密集网状凸脉；孕性花萼片三角形，先端渐尖；子房近陀螺形。蒴果倒卵形，干时常带紫红色，顶端孔裂。种子暗褐色，扁椭圆形。花果期4~11月。

见于乐清（雁荡山、黄檀洞）、永嘉（龙湾潭），生于林下、溪沟边岩石上等阴湿处。

本种可栽培供观赏。国家Ⅱ级重点保护野生植物。

12. 茶藨子属 Ribes Linn.

灌木。枝无刺，稀有刺。芽具干膜质或纸质鳞片。单叶掌状分裂，无托叶。总状花序、伞房花序或近无梗的伞形花序，稀簇生或单生；花两性或单性异株；萼筒与子房合生，4~5 裂，与花瓣同色；花瓣 4~5，小或退化成鳞片状；雄蕊 4~5；子房下位，1 室具 2 侧膜胎座，胚珠多数，花柱 2。浆果，顶端具宿存萼片。种子具胚乳。

约 160 种，主要分布于北半球温带和寒带地区。我国 59 种，主要分布于西南、西部和东北部；浙江 2 种 1 变种；温州 1 变种。

■ **华蔓茶藨子** 华茶藨

Ribes fasciculatum Sieb. et Zucc. var. **chinense** Maxim.

落叶灌木。枝无刺，灰褐色，幼时被密柔毛。叶片宽卵形，3~5 裂，中裂片宽卵形，较侧生裂片稍长，先端急尖，基部截形或浅心形，边缘具不整齐的粗钝锯齿，上面近无毛或被微柔毛，下面被柔毛，沿脉毛更密；叶柄被短柔毛或近无毛。雄花 2~9 成伞形花序，花梗有关节，花萼黄绿色，浅碟形，萼片倒卵形，花瓣 5，极小，半圆形，先端圆或平截，雄蕊 5，花丝不显著，花药扁宽椭圆形，退化雌蕊细小，柱头盾形，微 2 裂；雌花 2~4 簇生，子房无毛，花柱粗短，柱头盾形。浆果红褐色，近球形，直径

6~8mm。花期4~5月，果期5~9月。

据《泰顺县维管束植物名录》记载泰顺有产，未见标本，生于山坡疏林或溪沟边灌丛中。

果实可供酿酒或作果酱。

本变种与原种的主要区别在于：小枝幼时及叶下面、叶柄均被密柔毛；花梗被短柔毛。

13. 虎耳草属 Saxifraga Linn.

草本。单叶，基生叶近簇生，茎生叶互生。花序总状、聚伞状、圆锥状或伞房状，有时单生，具小苞片；花两性；萼片5；花瓣5，全缘，脉显著；雄蕊10，稀8，花丝基部宽扁；心皮2，基部合生，子房半下位，有时上位，2室，中轴胎座。蒴果，顶端呈2喙状，成熟时由腹缝线开裂。种子多数，具小凸起或平滑。

约450种，广布于世界温带、寒带，以北半球为多。我国约216种，各地均有分布；浙江2种，温州也有。

1. 虎耳草 图259

Saxifraga stolonifera Curtis

多年生草本。匍匐茎分枝，红紫色，被卷曲长腺毛。叶基生，叶片肉质，圆形或肾形，基部心形或截形，上面具白色或淡绿色斑纹，下面紫红色，两面被伏毛，边缘浅裂，叶柄与茎有赤褐色伸展长柔毛；茎生叶披针形。花序疏圆锥状，被短腺毛；花梗长5~10mm；苞片披针形，具柔毛；花不整齐；萼片5，卵形，花时反折；花瓣5，白色，上方3枚小，有黄色及紫红色斑点，卵形，下方2枚大，无斑纹，披针形；雄蕊10，花丝棒状。蒴果宽卵形，长4~5mm，顶端呈喙状2深裂。种子卵形，具瘤状凸起。花期4~8月，果期6~10月。

本市各地有普遍分布，生于溪边石缝及林下岩石等阴湿处。

全草供药用；也可盆栽供观赏。

图259 虎耳草

图 260　浙江虎耳草

2. 浙江虎耳草　图 260

Saxifraga zhejiangensis Z. Wei et Y. B. Chang

多年生草本。无匍匐茎，茎近无毛。叶基生，叶片掌状肾形至圆肾形，3~9浅裂，裂片长圆形，具不规则齿，基部常圆钝或宽楔形，有时微心形，两面有疏腺毛；叶柄被红褐色长腺毛。多歧聚伞花序圆锥状；花梗有腺毛；苞片线状披针形，边缘有腺毛；萼片5，长卵形或长圆形，背面基部有短腺毛；花瓣5，白色至粉红色，线形，全缘，上方4枚短小，无斑点，具3~5脉，下方1枚长约10~15mm，具3~5脉，边缘多少具腺睫毛；雄蕊10，长约4mm，花药圆形，花丝棒状。花果期9~11月。

见于乐清、永嘉、瑞安、文成、平阳、泰顺，生于阔叶林下、溪边岩石壁上等阴湿处。

本种可用作盆栽观赏植物。

本种与虎耳草 *Saxifraga stolonifera* Curtis 的主要区别在于：无匍匐茎；叶片掌状 3~9 浅裂；花瓣无斑点。该种在《Flora of China》中作为扇叶虎耳草 *Saxifraga rufescens* Balf. f. var. *flabellifolia* C. Y. Wu et J. T. Pan 的异名，分布于四川东北、云南西部，未及浙江，但鉴于该种特殊且稳定的叶形性状，暂不做红毛虎耳草 *Saxifraga rufescens* Balf. f. 的变种处理。

14. 钻地风属 Schizophragma Sieb. et Zucc.

落叶木质藤本。茎平卧或以气生根攀援。小枝表皮紧贴；老枝树皮纵裂，稍剥落。叶对生。伞房状聚伞花序或圆锥花序；放射花萼片1，少数2；孕性花小，4~5基数，萼片宿存；花瓣早落；雄蕊10，花丝扁平；子房下位，4~5室，中轴胎座，胚珠多数，花柱短，单生。蒴果具细棱脊，成熟时于棱间开裂。种子纺锤形，两端有翅。

约 10 种，分布于东亚。我国 9 种，分布于长江以南各地区；浙江 3 种 1 变种，温州也有。

分种检索表

1. 叶片具粗锯齿 ………………………………………… 1. 秦榛钻地风 S. corylifolium
1. 叶片全缘或具小锯齿。
    2. 叶片背面无毛或脉上疏生粗毛 ………………………… 2. 钻地风 S. integrifolium
    2. 叶片背面密被柔毛 ………………………………………… 3. 柔毛钻地风 S. molle

1. 秦榛钻地风　榛叶钻地风

Schizophragma corylifolium Chun

落叶木质藤本。小枝灰黄色，带光泽，有纵裂条纹。叶纸质，宽倒卵形或近圆形，先端渐尖或镰形，基部圆形、宽楔形或稍浅心形，边缘除基部外具粗锯齿，上面深绿色，仅沿脉疏生粗毛，下面灰绿色，被稀疏粗毛，叶脉在上面凹入，在下面隆起；叶柄疏被长柔毛。伞房状聚伞花序总花梗及花梗密生白色粗毛；花二型：放射花萼片白色，宽卵形，基出脉 3~5，中间 1 条较粗；孕性花萼片 5，短三角形，萼筒无毛，具纵棱；花瓣初时绿色，长圆形；雄蕊长于花瓣；子房顶端平坦，被厚大的花盘所覆盖。蒴果倒圆锥形，具纵棱。花期5~6月，果期7~9月。

见于泰顺（乌岩岭），生于山谷溪沟边岩石上或灌丛中。

2. 钻地风 桐叶藤 图261

Schizophragma integrifolium (Franch.) Oliv. [*Schizophragma integrifolium* (Franch.) Oliv. f. *denticulatum* (Rehd.) Chun]

木质落叶藤本。小枝赤褐色，无毛。叶薄革质，卵形、宽卵形或椭圆形，先端渐尖或急尖，基部圆形或截形，有时近心形，全缘或中部以上具稀少疏离小齿，两面绿色，下面无毛或脉上微被柔毛，有时脉腋有簇毛；叶柄近无毛或被疏毛。伞房状聚伞花序被栗褐色柔毛；花二型：放射花萼片乳白色，老时棕色，卵形、椭圆形或长圆状披针形；孕性花萼片三角状卵形，萼筒无毛；花瓣绿色，离生，雄蕊10，不等长；子房顶端凸出于萼筒之上。蒴果褐色，陀螺形，有10细纵棱。花期6~7月，果期8~10月。

见于文成（铜铃山）、泰顺（乌岩岭），生于山坡林中或溪流旁岩石上，常攀援于石壁和树上。

根、藤可供药用，具祛风活血、舒筋、清热解毒功效。

图261 钻地风

2a. 粉绿钻地风

Schizophragma integrifolium var. **glaucescens** Rehd.

本变种与原种的区别在于：叶下面粉绿色，脉腋间常有簇毛。

见于泰顺（乌岩岭），生于山坡林缘或路旁灌丛中，常攀援于石壁或乔木上。

3. 柔毛钻地风 图262

Schizophragma molle (Rehd.) Chun

攀援灌木。具气生根。小枝无毛或密被锈色柔毛。叶对生，叶片纸质，长椭圆形或长卵形，先端渐尖，基部圆形，稀心形，近全缘或边缘具角质尖头的小齿，上面近无毛，背面密被长柔毛；伞房状聚伞花序顶生，密被锈色柔毛；放射花萼片长圆状卵形或椭圆形，黄白色；孕性花小而密，萼筒倒圆锥状，被毛，萼齿三角状；子房近下位。蒴果狭倒圆锥形，具10棱。种子棕褐色，两端具翅。花果期6～10月。

产于平阳（山门）、泰顺（乌岩岭），生于沟谷石壁上。温州分布新记录种。

图262 柔毛钻地风

15. 黄水枝属 Tiarella Linn.

多年生直立草本。具根状茎。叶大多基生，茎生叶少，叶片掌状分裂或为3小叶复叶，托叶小，膜质；基生叶柄长，茎生叶柄短。花序圆锥状或总状；萼筒杯状，萼片5，花瓣状；花瓣5，或缺；雄蕊10，伸出于花冠外；心皮2，不等大，子房近上位，1室，侧膜胎座，花柱丝状，柱头不明显。蒴果膜质，上部分离为不等长的2角，成熟时由腹部纵裂。

3种，分布于亚洲和北美洲；我国1种，浙江及温州也有。

■ 黄水枝 图263

Tiarella polyphylla D. Don

多年生草本。根状茎匍匐，深褐色。茎密被白色伸展长柔毛及腺毛。叶宽卵形或五角形，3~5浅裂，先端急尖，基部心形，边缘有浅齿，两面均被腺毛；托叶膜质，褐色；基生叶柄被腺毛。总状花序密生短腺毛；花小，略俯垂；萼片膜质，狭卵形，具3脉，腹面无毛，背部和边缘有腺毛；花瓣白色或淡红色，披针形，比萼片稍长，或缺；雄蕊通常伸出；心皮下部合生。蒴果裂片不等长，顶端具尾状细尖。种子肾形或近椭圆形。花期4~5月，果期4~7月。

见于泰顺（乌岩岭），生于林下岩石边阴湿处。

全草供药用，具清热解毒、活血祛淤、消肿止痛等功效。

图263 黄水枝

存疑种

■ 美丽溲疏

Deutzia pulchra S. Vid. [*Deutzia pulchra* var. *formosana* Nakai]

灌木或小乔木。老枝表皮片状脱落；花枝被星状毛。叶片近革质，上面疏被具6~12辐射枝的星状毛，下面灰白色，密被具18~22辐射枝的星状毛，毛被连续覆盖；花枝叶柄长0.5~1cm，其余叶柄长1~1.5cm。圆锥花序，密被星状毛；萼筒杯状，裂片三角形，星状毛与叶背的同；花瓣白色；花柱5，长于雄蕊。蒴果半球形，密被星状毛。

浙江自然博物馆有一份采自温州地区的该种无花无果标本，叶柄长约0.2cm，应为宁波溲疏 *Deutzia ningpoensis* Rehd. 的误定。

45. 海桐花科 Pittosporaceae

常绿乔木或灌木。偶或有刺。叶互生或偶对生，在小枝上近轮生；叶片多为革质，全缘，稀有锯齿或分裂；无托叶。花单生或为伞形、伞房或圆锥花序，稀簇生；有苞片及小苞片；花通常两性，有时杂性，辐射对称；萼片 5，分离或基部联合；花瓣 5，白色、红色、蓝色或黄色；雄蕊 5，与萼片对生，花药 2 室，纵裂或孔裂；子房上位，有柄或无，心皮 2~3，稀 5，通常 1 室或不完全 2~5 室，倒生胚珠通常多数，侧膜胎座、中轴胎座或基生胎座，花柱短，柱头单一或 2~5 裂。蒴果或浆果。种子多数，生于黏质的果肉中，胚乳发达，胚小；种皮薄。

9 属约 250 种，分布于澳大利亚和太平洋岛屿，以及非洲、亚洲的热带和亚热带地区。我国 1 属 46 种，分布于西南至中国台湾；浙江 3 种；温州 2 种。

海桐花属 Pittosporum Banks

常绿乔木或灌木。叶互生，常簇生于枝顶呈对生或假轮生状；叶片革质或有时为膜质，全缘或有波状浅齿或皱折。聚伞花序，有时单生或排列成伞形、伞房或圆锥花序，生于枝顶或枝顶叶腋；萼片 5，通常短小而离生；花瓣 5，分离或基部联合，常向外反卷；雄蕊 5，直立，花丝无毛，花药背部着生，内向纵裂；子房上位，被毛或秃净，常有子房柄，心皮 2~3，稀 2~5 室，胚珠多数，花柱单一，短小，或 2~5 裂，常宿存。蒴果圆球形、椭圆形、倒卵形或卵形，成熟时 2~5 瓣裂，果瓣木质或革质，内面常有横条。种子 2 至多数。

约 150 种，分布于东半球热带和亚热带地区。我国 46 种；浙江 3 种；温州 2 种。

1. 崖花海桐　海金子　图 264

Pittosporum illicioides Makino

常绿灌木或小乔木。枝和嫩枝光滑无毛，有皮孔，上部枝条近轮生。叶互生，常簇生于枝顶呈假轮生状；叶片薄革质，倒卵状披针形，边缘平展或略皱折呈微波状，干后有光泽，无毛，侧脉下面微隆起，细脉明显。伞形花序顶生，有花 1~12；花梗长 1~3cm，纤细，无毛，常向下弯；苞片细小，早落；萼片卵形，5，基部联合；花瓣长匙形，5，淡黄色，基部联合；雄蕊 5，长约 6mm，花药 2 室，纵裂；子房上位，长卵形，密被短毛，子房柄短，心皮 3，侧膜胎座，每个胎座胚珠 5~8。蒴果近圆球形，直径 9~12mm，纵肋沟 3，果瓣薄革质，厚不及 1mm。种子红色，长约 3mm。花期 4~5 月，果期 6~10 月。

见于乐清、永嘉、瑞安、文成、平阳、苍南、泰顺，生于山沟溪坑边、林下岩石旁及山坡杂木林中。

根、叶及种子供药用；种子含油脂可供制皂；茎皮纤维可供造纸。

2. 海桐　图 265

Pittosporum tobira (Thunb.) Ait. f.

常绿灌木或小乔木。嫩枝被褐色柔毛，有皮孔。叶互生，常聚生于枝顶呈假轮生状；叶片革质，倒卵形或倒卵状披针形，全缘，先端圆钝，常微凹，基部狭楔形，干后无光泽，中脉下面微隆起。苞片披针形，长 4~5mm，小苞片长 2~3mm，被褐色柔毛；萼片 5，卵形，被柔毛；花瓣倒披针形，离生，白色或黄绿色，芳香；雄蕊二型，退化雄蕊 5，花丝长 2~3mm，花药不育；正常雄蕊 5，花丝长 5~6mm，花药长圆形，黄色，长 2mm；子房上位，长卵形，密被短柔毛，心皮 2~3，侧膜胎座，胚珠多数。蒴果圆球形，有 3 棱，直径约 12mm，被黄褐色柔毛，果瓣木质，厚约 1.5mm，内面黄褐色，具横隔，具多数种子。种子红色，长 3~7mm；种柄长约 2mm。花期 4~6 月，果期 9~12 月。

见于洞头、瑞安、平阳、苍南，生于山坡、林中或林缘。

本种为园林绿化观赏树种；根、叶、种子入药。

与崖花海桐 *Pittosporum illicioides* Makino 的主要区别在于：本种嫩枝被褐色柔毛；叶片先端圆钝，常微凹；花序被黄褐色柔毛；蒴果果瓣木质，厚约 1.5mm。

王金旺 摄

王金旺 摄

王金旺 摄

王金旺 摄

图 264　崖花海桐

图 265 海桐

46. 金缕梅科 Hamamelidaceae

常绿或落叶，灌木或乔木。冬芽具鳞片或裸露。单叶互生，有锯齿或掌状分裂，叶脉羽状或掌状，常有托叶。头状、穗状或总状花序；花较小，两性或单性，雌雄同株，稀异株；萼筒缘部截形或4~5裂；花瓣与萼片同数或缺；雄蕊4~5或多数，花药2室，直裂或瓣裂，药隔凸出；子房半下位或下位，2心皮2室，每室1或数枚垂生胚珠，花柱2，分离。蒴果，4瓣裂。种子多角形，扁平或有窄翅，具明显种脐；胚乳肉质，胚直生。

28属约140种，主要分布于亚洲东部。我国18属80种；浙江11属20种；温州8属16种1变种。

分属检索表

1. 叶常具掌状脉，稀羽状脉；头状或肉质穗状花序；子房每室有胚珠及种子多枚。
  2. 叶有裂片，至少具离基三出脉；花柱宿存，常有宿存萼齿。
    3. 叶掌状3裂，基部心形，两侧裂片平展；花柱常直立，果序为真正的圆球形 ················ **5. 枫香属 Liquidambar**
    3. 叶异形，掌状3裂或单侧裂，或不分裂但有离基三出脉，基部楔形；头状果序半球形，基部平截 ························ ································ **7. 半枫荷属 Semiliquidambar**
  2. 叶不分裂，具羽状脉，无离基三出脉；花柱在结果时脱落，无宿存萼齿 ································ **1. 蕈树属 Altingia**
1. 叶不分裂，具羽状脉；总状或穗状花序；子房每室有胚珠及种子1枚。
  4. 花有花冠。
    5. 花簇生或成头状花序；花各部分4数。
      6. 叶较小，全缘，长不逾5cm；花药4室，药隔伸出成角状 ································ **6. 檵木属 Loropetalum**
      6. 叶片卵圆形，边缘有锯齿，长逾10cm；花药2室，药隔不伸出 ································ **4. 金缕梅属 Hamamelis**
    5. 花成总状花序; 花各部分5数 ································ **2. 蜡瓣花属 Corylopsis**
  4. 花无花冠。
    7. 萼无萼筒或极短, 下位花; 雄蕊4~8 ································ **3. 蚊母树属 Distylium**
    7. 萼有萼筒, 壶形, 周位花; 雄蕊10~11 ································ **8. 水丝梨属 Sycopsis**

1. 蕈树属 Altingia Noronha

常绿乔木。叶片革质，全缘或有锯齿，叶脉羽状。花单性同株，无花瓣；雄花头状或短穗状花序，再组成总状花序，雄蕊多数，花丝极短，花药2室，纵裂；雌花头状花序，总苞片3~4，萼筒与子房合生，子房下位，2室，花柱2，脱落。头状果序近球形；蒴果木质，裂为2瓣。种子多角形或略有翅；种皮角质；胚乳薄。

约12种，分布于印度、中国、马来西亚、印度尼西亚和中南半岛。我国8种；浙江2种，温州也有。

1. 蕈树 图266

Altingia chinensis (Champ.) Oliv. ex Hance

树皮灰色，片状剥落。芽卵形，有多数暗褐色鳞片，边缘有白色柔毛。叶片革质，倒卵状长圆形，长7~13cm，宽2~4cm，先端短急尖，基部楔形，边缘有钝锯齿，上面暗绿色，下面淡绿色，两面无毛，侧脉7~8对，细脉在上面明显，在下面稍隆起。雄花短穗状花序，再组成圆锥状，雄蕊多数，花丝极短；雌花15~26，排成头状花序，单生或再组成圆锥花序，苞片4~5，萼筒与子房合生，萼齿乳突状，子房藏在花序轴内，花柱2，先端外弯，有柔毛。头状果序近球形。种子多数，褐色，多角形，有光泽，

图 266 蕈树

表面有细点状凸起。

见于苍南(莒溪)、泰顺(垟溪),生于山沟林中。温州分布新记录种。

本种可供提取蕈香油,供药用及香料用;材质坚重,纹理至密,可供建筑及制家具;梢木废料等可用于培养香菇。浙江省重点保护野生植物。

2. 细柄蕈树 图 267

Altingia gracilipes Hemsl. [*Altingia gracilipes* var. *serrulata* Tutch.]

树皮灰色,片状剥落。幼枝暗褐色,有灰棕色柔毛。芽宽卵形,有多数紫褐色鳞片,略被微毛。叶片革质,卵形或卵状披针形,先端尾状渐尖,基部宽楔形或近圆形,全缘,侧脉 5~6 对,纤细无毛。雄花头状花序近小球形,常多个排成圆锥花序,花序轴密生灰褐色柔毛,雄蕊多数,花丝极短;雌花有花 5~6,排成头状花序生于当年枝的叶腋,单生或多个排成总状花序式,总花梗被灰褐色柔毛,萼齿鳞片状,子房全藏在花序轴内,花柱 2。头状果序倒圆锥形。种子淡褐色,多数,细小,多角形,具细点状凸起。花期 6~7 月,果期 7~10 月。

见于泰顺(罗阳、司前),生于山坡地。

树皮含芳香性挥发油,可供药用、香料和定香之用。

本种同蕈树 *Altingia chinensis* (Champ.) Oliv. ex Hance 的主要区别在于:雌头状花序仅有雌花 5~6;头状果序倒圆锥形。

图 267 细柄蕈树

2. 蜡瓣花属 **Corylopsis** Sieb. et Zucc.

落叶灌木。混合芽具总苞状鳞片。叶互生，羽状脉，侧脉末端伸出齿外成短芒状；托叶叶状，早落。总状花序下垂；花两性，先于叶开放或同时开放；花数5；雄蕊全缘或2裂，花药2室；子房半下位，2室，每室1胚珠，垂生，花柱2。蒴果木质，成熟时4瓣裂，具宿存花柱。种子长椭圆形；胚乳肉质，胚直立。

29种，分布于东亚。我国20种，主要分布于长江流域和南部各地区；浙江2种1变种，温州也有。

1. 腺蜡瓣花 图268

Corylopsis glandulifera Hemsl. [*Corylopsis glandulifera* var. *hypoglauca* (Cheng) H. T. Chang]

树皮灰褐色。幼枝无毛。叶片倒卵形，先端急尖，基部斜心形或近圆形，边缘上半部有锯齿，齿尖刺毛状，上面绿色，无毛，下面淡绿色，被星状柔毛或至少脉上有毛，侧脉6~8对，干后在上面稍下陷，在下面隆起。总状花序生于侧枝顶端，长3~5cm；花序轴及总花梗均无毛；鳞片近圆形，外面无毛，内面贴生丝状毛；苞片卵形，小苞片长圆形；萼筒钟状，外面无毛，萼齿卵形，先端钝，无毛；花瓣匙形；雄蕊5，比花瓣略短；退化雄蕊2深裂，与萼筒近等长；子房无毛，花柱极短。蒴果近球形，无毛。种子亮黑色。花期4月，果期5~8月。

见于乐清、永嘉、瑞安、文成、平阳、苍南、泰顺，生于山坡杂林、路旁、溪沟边等地。

2. 蜡瓣花

Corylopsis sinensis Hemsl.

树皮灰褐色。幼枝被灰褐色柔毛。叶片薄革质，倒卵形或长圆状倒卵形，先端急尖或钝，基部斜心形，边缘有细锯齿，齿尖刺毛状，上面暗绿色，无毛或仅在中脉上有毛，下面淡绿色，有灰褐色星状毛；叶柄有星状柔毛。总状花序长3~4cm，花序轴具长柔毛；鳞片宽卵形，外面有柔毛，内面贴生长丝状毛；苞片卵形，小苞片长圆形；萼筒钟形，外面生星状柔毛，萼齿卵形，无毛；花瓣匙形；雄蕊5，比花瓣略短；退化雄蕊2裂，与萼齿等长或略超出；子房有星状毛。蒴果近球形，被褐色柔毛。种子亮黑色，长椭圆形。花期4~5月，果期6~8月。

见于乐清、永嘉、瑞安、文成、泰顺，生于山地灌丛和溪边。

本种与腺蜡瓣花 *Corylopsis glandulifera* Hemsl.

图268 腺蜡瓣花

的主要区别在于：芽、花序、萼筒及子房有柔毛，而腺蜡瓣花的嫩枝、芽、花序、萼筒及子房均秃净无毛。

2a. 秃蜡瓣花

Corylopsis sinensis var. **calvescens** Rehd. et Wils.

嫩枝及芽体无毛。叶阔卵形或矩圆状倒卵形，先端尖或渐尖，基部不等侧心形，或近于平截，下面带灰色，秃净无毛，或仅在背脉上有毛，边缘有刺状齿突。总状花序长3~4cm；花序柄及花序轴均有绒毛；总苞状鳞片有毛；萼筒及子房有毛，萼齿无毛。蒴果有星状毛。

见于乐清、瑞安、文成、平阳、泰顺，生于山地灌丛。

与原种的主要区别在于：嫩枝无毛；叶较窄，仅在下面有毛，或仅在背脉上有毛。

3. 蚊母树属 Distylium Sieb. et Zucc.

常绿小乔木或灌木。幼枝有星状绒毛及鳞毛；芽裸露。叶互生，全缘或偶有小齿，叶脉羽状；托叶披针形，早落。短穗状花序腋生；花单性或杂性，下位花；萼筒极短；花瓣缺；雄蕊4~8，花药椭圆形；雌花及两性花的子房上位，外被星状绒毛，2室，花柱2。蒴果木质，卵球形，2瓣开裂再2浅裂，无宿存萼筒。种子亮褐色，长卵形。

18种，分布于东亚以及印度和马来西亚。我国12种，分布于西南部至东南部；浙江5种，温州也有。

分种检索表

1. 芽、幼枝及叶柄有褐色鳞垢。
  2. 叶片椭圆形或倒卵状椭圆形，长度不及宽度的2倍……………………5. 蚊母树 D. racemosum
  2. 叶片长圆形或倒卵状披针形，长度超过宽度的2倍……………………4. 杨梅叶蚊母树 D. myricoides
1. 芽、幼枝及叶柄被褐色星状绒毛。
  3. 叶片长5~9cm，宽2.5~4cm……………………2. 闽粤蚊母树 D. chungii
  3. 叶片长2~5cm，宽1~2.5cm。
    4. 叶片倒卵状长圆形，长度超过宽度的2倍……………………1. 小叶蚊母树 D. buxifolium
    4. 叶片宽椭圆形，长度不及宽度的2倍……………………3. 台湾蚊母树 D. gracile

1. 小叶蚊母树　图269

Distylium buxifolium (Hance) Merr. [*Distylium buxifolim* var. *rotundum* H. T. Chang]

常绿灌木。树皮灰褐色。幼枝、芽均有褐色柔毛。叶互生，薄革质，倒卵状长圆形，顶端圆形，中脉伸出1小突尖，基部楔形，全缘或顶端有1小齿突，两面无毛，侧脉不明显；叶柄长2~3mm，无毛。穗状花序腋生；花序轴被棕褐色柔毛；苞片1~2，披针形，被棕褐色柔毛；花单性或杂性；萼筒极短，萼齿披针形；两性花的雄蕊5~6，花药红色；子房卵球形，密被褐色星柔毛，花柱2，线形，长5~6mm。蒴果卵球形，被褐色星状毛，熟时2瓣裂，每瓣再2浅裂。种子亮褐色，长球形。花期11~12月，果实翌年成熟。

见于乐清、永嘉、文成、泰顺，生于山坡路旁、溪谷灌丛中。

花丝深红色，具极好的观赏效果，可作庭院观赏或盆景植物。

2. 闽粤蚊母树

Distylium chungii (Metc.) Cheng

常绿小乔木。高达7m。树皮灰褐色。嫩枝被褐色星状绒毛，老时秃净，皮孔明显。芽卵球形，裸露，被星状绒毛。叶片革质，长圆形或长圆状倒卵形，长5~9cm，宽2.5~4cm，先端锐尖或略钝，基部宽楔形，全缘或靠近先端有1~2小齿突，上面暗绿色，下面淡绿色，侧脉5~6对，在上面下陷，在下面隆起；叶柄长7~10mm，被褐色星状绒毛。

图 269　小叶蚊母树

总状果序生于叶腋，长 2~3cm，果序轴有褐色星状绒毛；蒴果卵球形，长约 1.5cm，外面密被褐色星状绒毛，成熟时 2 瓣裂，每瓣再 2 浅裂；果梗极短。种子亮褐色，卵球形，长 6~7mm。

见于苍南（莒溪）、泰顺，生于溪谷灌丛中。

■ 3. 台湾蚊母树　图 270

Distylium gracile Nakai

常绿小乔木。高达 10m。树皮灰褐色。嫩枝有褐色星状柔毛，老时秃净。芽裸露，有褐色星状柔毛。叶革质；叶片宽椭圆形，长 2~3.5cm，宽 1.5~2.5cm，先端钝或微尖，基部宽楔形，全缘，上面深绿色，下面淡绿色，两面无毛，侧脉 3~4 对，在上面不明显，在下面略隆起；叶柄长 2~4mm，有星状柔毛。果序总状，生于叶腋，长 1.5~3cm；蒴果卵球形，长约 1cm。花期 10~11 月，果实翌年成熟。

见于苍南（桥墩），生于山地林中。

图 270　台湾蚊母树

■ 4. 杨梅叶蚊母树 图 271

Distylium myricoides Hemsl.

常绿灌木或小乔木。幼枝有黄褐色鳞垢。芽裸露，外被鳞垢。叶片革质，长圆形或倒卵状披针形，先端锐尖，基部楔形，边缘上半部有数枚细齿，两面无毛，侧脉在上面下陷，在下面隆起；叶柄长5~8mm。总状花序腋生，长1~3cm，两性花位于花序顶端；花序轴有鳞垢；苞片膜质，披针形；萼筒极短，萼齿3~5，外被鳞垢；雄蕊3~8，花药红色，长卵形，花丝长约2mm；子房上位，被星状毛，花柱2，长6~8mm；雄花无退化子房。蒴果卵球形，被黄褐色星状毛，成熟时2瓣裂再2浅裂。种子淡褐色，狭卵形。花期4月，果期7~8月。

产于乐清、永嘉、瓯海、瑞安、文成、平阳、泰顺，生于山坡林下和溪谷灌丛。

图 271 杨梅叶蚊母树

■ 5. 蚊母树 图 272

Distylium racemosum Sieb. et Zucc.

常绿灌木或小乔木。树皮暗褐色。嫩枝有褐色鳞垢，老时秃净。芽裸露，外面有褐色鳞垢。叶片革质，椭圆形或倒卵状椭圆形，先端钝或略尖，基部宽楔形，全缘，两面无毛，侧脉5~6对，在上面不明显，在下面稍隆起；叶柄长5~10mm，略有鳞垢。总状花序生于叶腋，长约2cm；两性花常位于花序顶端；萼筒短，萼齿大小不等；雄蕊5~6，花药红色，卵形；子房有褐色星状绒毛，花柱2，长6~7mm。蒴果卵球形，顶端尖，外被褐色星状绒毛，成熟时2瓣裂，每瓣再2浅裂。种子亮褐色，卵球形。花期3~4月，果期7~9月。

见于乐清（雁荡山）、苍南（马站），生于山坡林下和溪谷灌丛。温州分布新记录种。

庭院观赏树种。

图 272 蚊母树

4. 金缕梅属 **Hamamelis** Linn.

落叶灌木或小乔木。芽裸露，与嫩枝皆被星状毛。单叶互生，基部偏心形，全缘或波状齿，羽状脉；托叶早落。花两性，数花呈头状或短穗状花序；花数 4；花瓣黄或淡红色；花丝极短；子房半下位，2 室，每室 1 胚珠，花柱 2，极短。蒴果木质，卵球形，上半部 2 瓣开裂，每瓣再 2 浅裂；内果皮骨质。种子亮黑色，椭圆形；胚乳肉质。

5 种，分布于北美洲和东亚。我国 2 种，分布于中部和东南部；浙江 1 种，温州也有。温州分布新记录属。

■ 金缕梅 图 273

Hamamelis mollis Oliv.

树皮灰白色。嫩枝被黄褐色星状柔毛，老时秃净。芽裸露，被黄褐色星状毛。叶片厚纸质，宽倒卵形，长 7~15cm，宽 6~12cm，先端急尖，基部偏心形，边缘具波状钝齿，上面粗糙，疏生星状毛，下面密被灰白色星状柔毛，侧脉 6~8 对，在下面隆起。花序腋生，先于叶开放；萼筒短，与子房合生，萼齿 4，卵形，外被黄褐色星状柔毛；花瓣 4，黄色，带状；雄蕊 4，花药与花丝近等长，约 2mm；子房半下位，花柱 2。蒴果卵球形，长约 1.2cm，外面密被黄褐色星状柔毛。种子亮黑色，椭圆形，长约 8mm。花期 2~3 月，果期 6~8 月。

见于永嘉（四海山），生于山坡杂林中。温州分布新记录种。

本种可供栽培观赏。

图 273 金缕梅

5. 枫香属 Liquidambar Linn.

落叶乔木。芽卵形，有芽鳞。单叶互生，掌状3裂，边缘锯齿；托叶早落。花单性同株；雄花成短穗状花序，再成总状花序，无花萼及花瓣；雌花成圆球形头状花序，苞片1；萼筒与子房合生；子房半下位，2室，花柱2，柱头线形，胚珠多数。蒴果木质，球形果序，熟时顶端开裂，宿存花柱和针刺状萼齿。种子多数，有狭翅，胚乳薄，胚直立。

5 种，分布于美洲和亚洲。我国 2 种，分布于西部至中国台湾；浙江 2 种，温州也有。

1. 缺萼枫香 图 274

Liquidambar acalycina Chang

高达 10m。树皮灰白色。小枝无毛，干后黑褐色。叶片宽卵形，掌状 3 裂，长 8~12cm，宽 8~15cm，先端尾状渐尖，基部微心形或平截，边缘具腺锯齿，中央裂片较长，两侧裂片稍平展；叶柄长 4~10cm；托叶线形，长 3~10mm，早落。雄短穗状花序多个排成总状；雌头状花序单生于短枝的叶腋内，有雌花 15~26，总花梗长 3~6cm，萼齿不存在或为鳞片状，有时极短，花柱长 5~7mm，被褐色短柔毛。头状果序球形，直径约 2.5cm，干后变黑褐色，宿存的花柱短而粗。多种子数，褐色，有棱。

见于乐清（雁荡山）、泰顺，生于海拔 600~1000m 的山坡林中。

木材供建筑及家具用。

图 274 缺萼枫香

2. 枫香 图 275

Liquidambar formosana Hance

树皮灰褐色。芽卵形，鳞片有树脂，干后棕黑色，有光泽，略被柔毛。叶片纸质，掌状 3 裂，先端尾状渐尖，基部心形或平截，边缘有腺锯齿，中央裂片较长，上面深绿色，无毛，下面淡绿色，有短柔毛或仅脉腋有毛；托叶线形，早落。雄短穗状花序常多个排成总状，雄蕊多数，花丝不等长；雌头状花序有花 24~43，总花梗长 3~6cm，萼齿 4~7，针形，子房半下位，藏在头状花序轴内，花柱 2，长约 1cm。头状果序球形；蒴果木质，有宿存花柱及刺状萼齿。种子褐色，有光泽，多角形或有狭翅。花期 4~5 月，果期 7~10 月。

本市各地有广泛分布，生于山地林中或村落附近。

果实供药用；树脂经加工后，可用于香精的调和，也可药用；木材通常作家具及建筑用材；本种为优良景观彩叶树种。

本种同缺萼枫香 *Liquidambar acalycina* Chang 的主要区别在于：头状花序有雌花 24~43，萼齿长；而缺萼枫香的头状花序仅有雌花 15~26，无或有极短的萼齿。

图 275 枫香

6. 檵木属 Loropetalum R. Br.

常绿灌木。小枝被星状毛。芽裸露，无鳞片。叶互生，革质，全缘；托叶膜质，早落。花两性，4~8 簇生；萼筒倒圆锥形，外面被星状毛，花数 4，萼齿卵形，脱落；花瓣带状；雄蕊花丝极短，花粉囊 4，2 瓣开裂，药隔伸出如角状；退化雌蕊鳞片状，与雄蕊互生。蒴果木质，成熟时上半部 2 瓣裂，每瓣再 2 浅裂。种子 2，亮黑色，长卵形；种脐白色；种皮角质；胚乳肉质。

4 种，分布于东亚的亚热带地区。我国 3 种，分布于东部至西南部；浙江 1 种，温州也有。

■ 檵木 图 276

Loropetalum chinense (R. Br.) Oliv.

多分枝，小枝被黄褐色星状柔毛。叶片革质，卵形，长1.5~5cm，宽1~2.5cm，先端锐尖或钝，基部多少偏斜，全缘，上面粗糙，略有粗毛或秃净，下面有星状柔毛，细脉明显；叶柄被星状柔毛；托叶早落。花两性，总花梗长约1cm；苞片线形；萼筒杯状，外面有星状毛，萼齿卵形；花瓣白色，带状；雄蕊4，花丝极短，花药卵形，药隔凸出成角状，退化雌蕊鳞片状，与雄蕊互生；子房半下位，被星状柔毛，花柱极短。蒴果卵球形，被黄褐色星状柔毛；宿存的萼筒长为蒴果的2/3。种子亮黑色，卵球形。花期4~5月，果期6~8月。

本市各地有广泛分布，生于向阳山坡灌丛。

全株可入药；树桩体态优美，可作庭院景观植物，也可作盆景植物。

图 276 檵木

7. 半枫荷属 Semiliquidambar H. T. Chang

常绿乔木。单叶互生，叶片革质，掌状脉，边缘有锯齿，齿尖有腺突；托叶线形，早落。花单性同株；雄短穗状花序常多个排成总状，生于枝端，花瓣和萼齿均不存在，花药 2 室，花丝极短；雌头状花序单生于枝顶叶腋，萼筒与子房合生，萼齿短小，不具退化雄蕊，子房半下位，2 室。头状果序；蒴果木质，成熟时 2 瓣裂再 2 浅裂。种子多数。

3 种，我国特有属，分布于东南部至南部；浙江 3 种；温州 2 种。

1. 半枫荷 图 277

Semiliquidambar cathayensis H. T. Chang
[*Semiliquidambar cathayensis* var. *parvifolia* H. T. Chang]

树皮灰色。芽长卵形，略有短柔毛。当年枝暗褐色，无毛；老枝灰色，有皮孔。叶簇生于枝顶，革质，不分裂及掌状 3 裂或单侧叉状分裂的叶，边缘具腺锯齿，掌状脉 3 条，中央主脉分侧脉 4~5 对，与网状小脉明显，在下面凸起；叶柄长 3~4cm，较粗壮，上部有槽，无毛。雄短穗状花序数个排成总状，花被全缺，花丝极短，花药先端凹入；雌头状花序单生，萼齿针形，长 2~5mm，有短柔毛，先端卷曲，有柔毛，花序柄长 4.5cm，无毛。头状果序；有蒴果 22~28，宿存萼齿比花柱短。种子多数，褐色，具棱。花期 4 月，果实秋季成熟。

见于泰顺（乌岩岭），生于山坡林中。

根供药用。国家Ⅱ级重点保护野生植物。

2. 长尾半枫荷

Semiliquidambar caudata H. T. Chang [*Semiliquidambar caudata* var. *cuspidata* (H. T. Chang) H. T. Chang]

嫩枝被黄褐色柔毛；老枝秃净，干后暗褐色，有皮孔。芽微具毛，干后褐色，有光泽。叶簇生于枝顶，簿革质，卵状椭圆形，先端尾状渐尖，基部宽楔形，稍不等侧，边缘具密锯齿，齿式不规则；具离基三出脉，主脉有羽状侧脉3~4对，在上面下陷，在下面凸起，上面绿色，干后暗晦无光泽，下面秃净无毛；叶柄纤细，无毛；托叶线性，早落。雌花序圆球形，单生于枝顶叶腋，雌花18~24，与新叶同时开放；总花柄长3~4cm；萼齿线状；花柱 2，均被淡黄褐色星状柔毛。头状果序扁球形；蒴果木质，有宿存花柱和萼齿。种子淡褐色，有棱。

见于泰顺，生于山坡林中。

木材材质优良，可供制作旋刨制品。

本种与半枫荷 *Semiliquidambar cathayensis* H. T. Chang 的主要区别在于：叶片不分裂。

图 277 半枫荷

8. 水丝梨属 Sycopsis Oliv.

常绿乔木。顶芽裸露，被星状柔毛。单叶互生，羽状脉；具短柄；托叶细小，早落。雄花和两性花同株；雄花萼筒极短，无花瓣，雄蕊 7~11，插生于萼筒边缘；两性花萼筒壶形，被星状毛，花瓣不存在，雄蕊 10~11，周位着生于萼筒的边缘。蒴果木质，成熟时 2 瓣裂再 2 浅裂；宿存萼筒比蒴果短。种子长卵形；种皮角质；胚乳厚，胚直立。

约 9 种，分布于印度至我国。我国 7 种，分布于西南部、中部至东部；浙江 1 种，温州也有。

■ 水丝梨 图 278

Sycopsis sinensis Oliv.

树皮灰褐色，纵裂。嫩枝被鳞垢，老枝秃净。叶革质，长卵形，先端渐尖，基部楔形或近圆形，边缘中部以上疏生细齿，嫩叶两面疏生星状柔毛，老时秃净，侧脉 6~7 对，干后在上面下陷；叶柄被鳞垢。雄穗状花序密集，近头状，有花 8~10，苞片红褐色，宽卵形，被锈色星状毛，萼筒极短，萼齿细小，花丝纤细，花药红色，药隔凸出，退化雌蕊有丝毛；雌花或两性花 6~14 成短穗状花序，萼筒壶形，被锈色丝状毛及星状毛，萼齿 5，子房上位，有毛，花柱 2。蒴果卵形，被柔毛；宿存萼筒和花柱有鳞垢。种子亮褐色。花期 4~5 月。

产于乐清、永嘉、瑞安、泰顺，生于沟谷溪旁阔叶林下。

图 278　水丝梨

47. 杜仲科 Eucommiaceae

落叶乔木。除木质部外，全体含胶质，折断有白色细丝相连。单叶互生，羽状脉，边缘有锯齿；具柄；无托叶。花单性；雌雄异株；无花被，与叶同时开放或先于叶开放；雄花簇生，有短梗，具小苞片，雄蕊5~10，花丝极短，花药线形，4室，纵裂；雌花单生，具短花梗，子房1室，心皮2，扁平，顶端2裂，柱头位于裂口的内侧，胚珠2，并立，倒生，下垂。小坚果具翅，扁平，长椭圆形。种子1；胚乳丰富，胚直立；子叶肉质。

仅1属1种，我国特有种，分布于华中、华西、西南及西北，浙江及温州也有。

杜仲属 Eucommia Oliv.

特征与科同。

■ 杜仲 图279

Eucommia ulmoides Oliv.

落叶乔木。树皮灰褐色，纵裂。幼枝有黄褐色柔毛；老枝有明显的皮孔。叶片椭圆状卵形，先端渐尖，基部宽楔形或近圆形，上面暗绿色，初有褐色柔毛，老时有皱纹，下面淡绿色，初有褐色柔毛，后沿叶脉有毛；叶柄散生柔毛。花单性异株；雄花簇生，花梗长约3mm，苞片倒卵状匙形；雌花单生，花梗长约8mm，苞片倒卵形，子房无毛。具翅小坚果扁平，长椭圆形，长3~3.5cm，宽1~1.3cm，顶端2裂。种子扁平，线形，长1.4~1.5cm，宽约3mm。花期3~5月，果期9~11月。

本市各地有普遍栽培，有逸生，生于低山、谷地或低坡疏林。

树皮为贵重药材；叶、树皮及果实可作工业或建筑材料。国家Ⅱ级重点保护野生植物；浙江省重点保护野生植物。

丁炳扬 摄　王金旺 摄

图279 杜仲

48. 蔷薇科 Rosaceae

草本、灌木或乔木。叶互生，稀对生，单叶或复叶；通常具托叶。花两性，稀单性，通常整齐，周位花或上位花；花托盘状、杯状、壶状或圆锥状，其周缘着生萼片、花瓣及雄蕊；萼片和花瓣同数，通常4~5，花萼外侧有时具副萼；雄蕊5至多数，花丝离生；心皮1至多数，离生或合生，有时与花托联合，子房上位、半下位或下位，每心皮有1至数枚直立或悬垂的胚珠，花柱与心皮同数，有时联合。果实为蓇葖果、瘦果、梨果或核果，稀蒴果。

95~125属2825~3500种，世界广布，以北温带较多。我国约55属950余种，全国广布；浙江33属约160种；温州25属104种12变种。

本科中果树与观赏植物十分丰富，不少种类可药用，少数为优良用材树种。

分属检索表

1. 果实为蓇葖果或蒴果，通常开裂；多数没有托叶（绣线菊亚科 Spiraeoideae）。
  2. 单叶；非大型圆锥花序。
    3. 有托叶（早落）；花序圆锥状；心皮1~2 …… **24. 小米空木属 Stephanandra**
    3. 无托叶；花序圆锥状、伞房状或伞形、伞形总状；心皮5 …… **23. 绣线菊属 Spiraea**
  2. 羽状复叶；大型圆锥花序 …… **5. 假升麻属 Aruncus**
1. 果实为梨果、核果、瘦果或浆果状，通常不开裂（红果树属例外）；具托叶。
  4. 子房下位；心皮2~5；梨果或浆果状（梨亚科 Pomoideae）。
    5. 心皮在成熟时变为坚硬骨质 …… **7. 山楂属 Crataegus**
    5. 心皮在成熟时变为革质或纸质。
      6. 复伞房花序或圆锥花序。
        7. 圆锥花序；心皮完全合生；花柱5，互相分离 …… **9. 枇杷属 Eriobotrya**
        7. 伞房花序或伞房状圆锥花序；心皮部分离生；花柱3~5，分离或合生。
          8. 子房在结实时上半部与萼筒分离，胞背裂开成为5瓣 …… **25. 红果树属 Stranvaesia**
          8. 子房在结实时仅顶端与萼筒分离，不裂开。
            9. 落叶；羽状复叶或单叶；花序与花柄无瘤状物 …… **22. 花楸属 Sorbus**
            9. 常绿或落叶；单叶；花序与花柄多有瘤状物 …… **15. 石楠属 Photinia**
      6. 伞形或总状花序，有时花单生或簇生。
        10. 子房和果实有不完全的6~10室，每室1胚珠 …… **2. 唐棣属 Amelanchier**
        10. 子房和果实2~5室，每室2胚珠。
          11. 叶常绿；直立的总状花序或圆锥花序；子房2室；果实黑色 …… **18. 石斑木属 Rhaphiolepis**
          11. 叶凋落；伞房花序；子房2~5室；果实非黑色。
            12. 花柱离生；果实梨形，常有多数石细胞 …… **17. 梨属 Pyrus**
            12. 花柱基部合生；果实苹果形，没有石细胞 …… **13. 苹果属 Malus**
  4. 子房上位，少数下位；心皮1至多数；瘦果或核果。
    13. 心皮多数；瘦果；复叶，稀单叶；草本或攀援灌木（蔷薇亚科 Rosoideae）
      14. 瘦果，着生在杯状或坛状花托里面。
        15. 具木质枝；雌蕊多数；花托成熟时肉质而有色泽 …… **19. 蔷薇属 Rosa**
        15. 草本；雌蕊1~4；花托成熟时干燥坚硬。

16. 花瓣黄色；花萼顶端具钩刺 …………………………………… **1. 龙芽草属 Agrimonia**
16. 花无花瓣；花萼无钩刺 …………………………………… **21. 地榆属 Sanguisorba**
14. 瘦果或小核果，着生在扁平或隆起的花托上。
17. 托叶不与叶柄结合；雌蕊生在扁平或微凹的花托基部 …………………………………… **11. 棣棠花属 Kerria**
17. 托叶常与叶柄联和；雌蕊生在球形或圆锥形花托上。
18. 具木质茎，常有刺；心皮各有胚珠 2；小核果相互愈合成聚合果 …………………………………… **20. 悬钩子属 Rubus**
18. 草本；心皮各有胚珠 1；瘦果，相互分离。
19. 花柱顶生，胚珠自子房之基部直生，珠孔向下 …………………………………… **10. 水杨梅属 Geum**
19. 花柱侧生或基生，胚珠生在子房壁上，珠孔向上。
20. 三出复叶，小叶 3；花托在成熟时变为肉质 …………………………………… **8. 蛇莓属 Duchesnea**
20. 羽状复叶或掌状复叶，小叶 3 至多数；花托在成熟时干燥 …………………………………… **16. 委陵菜属 Potentilla**
13. 心皮常为 1，少数 2 或 5；核果；单叶，有托叶；乔木或灌木（梅亚科 Prunoideae）
21. 果实有沟，外面被毛或被蜡粉；内果皮明显压扁。
22. 具顶芽和侧芽；核常有孔穴，稀光滑 …………………………………… **3. 桃属 Amygdalus**
22. 顶芽缺，侧芽单生；核常光滑或有不明显孔穴 …………………………………… **4. 杏属 Armeniaca**
21. 果实无沟，不被蜡粉；内果皮没有或几乎不压扁。
23. 花较大，单生或数花组成伞形、短总状或伞房状花序 …………………………………… **6. 樱属 Cerasus**
23. 花小型，10 至多花着生在总状花序上，苞片小型。
24. 落叶；花序顶生，花序基部有叶，稀无叶 …………………………………… **14. 稠李属 Padus**
24. 常绿；花序腋生，花序基部无叶 …………………………………… **12. 桂樱属 Laurocerasus**

1. 龙芽草属 Agrimonia Linn.

多年生草本。根状茎倾斜，常有地下芽。奇数羽状复叶；有托叶。顶生穗状总状花序；花小，两性；萼筒陀螺状，有棱，顶端有数层钩刺，萼片 5，覆瓦状排列；花瓣黄色，5；雄蕊 5~15 或更多，成 1 列着生在花盘外面；花柱顶生，丝状，伸出萼筒口外，柱头微扩大。瘦果 1~2，包藏在具钩刺的萼筒内，有 1 种子。

约 10 种，主要分布于北温带。我国 4 种；浙江 2 种 2 变种；温州 1 种。

■ 龙芽草　龙芽肾　图 280

Agrimonia pilosa Ledeb.

多年生草本。根多呈块茎状。茎被毛。奇数羽状复叶，小叶 7~9，向上减少至 3，叶柄被毛，托叶镰形，茎下部叶有时为卵状披针形，常全缘；小叶片倒卵形、倒卵状椭圆形或倒乱状披针形，长 1.5~5cm，宽 1~2.5cm，先端急尖至圆钝，基部楔形至宽楔形，边缘有锯齿，上面被疏柔毛，下面通常脉上伏生疏柔毛，有明显腺点；小叶无柄或有短柄。穗状总状花序顶生；花序轴被柔毛；花梗长 1~5mm，被柔毛；苞片常深 3 裂；花瓣黄色。果实倒卵状圆锥形，外面有 10 肋，顶端有数层钩刺。花果期 5~10 月。

见于本市各地，生于海拔 1300m 以下的山坡、沟谷、路旁、山麓林缘草丛、灌丛及疏林下。

全草入药，可供提取“仙鹤草素”，为温州“七肾”之一；全株富含鞣质，可供提取栲胶；又可作农药，有防治蚜虫及小麦锈病之效。

图 280 龙芽草

2. 唐棣属 Amelanchier Medik.

落叶灌木或乔木。单叶互生；有叶柄和托叶。花单生或总状花序顶生；苞片早落；萼筒钟状，萼片5，全缘；花瓣5，长圆形或披针形；雄蕊10~20；花柱2~5，基部合生或离生。梨果近球形，浆果状，内果皮膜质，萼片宿存，反折，有4~10种子。

约 25 种，分布于东亚和北美洲。我国 2 种；浙江 1 种，温州也有。

■ 东亚唐棣 图 281

Amelanchier asiatica (Sieb. et Zucc.) Endl. ex Walp.

小乔木或灌木。小枝幼时被灰白色绵毛，老时黑褐色。叶片卵形至长椭圆形，先端急尖，基部圆形或近心形，边缘有细锐锯齿，幼时下面密被灰白色或黄褐色绒毛；叶柄长 1~1.5cm，幼时被灰白色绒毛。总状花序下垂，总花梗和花梗幼时被白色绒毛；苞片膜质，线状披针形，早落；萼筒钟状，外面密被绒毛；花瓣白色，细长，长圆状披针形或卵状披针形，先端急尖；雄蕊长约为花瓣的 1/7~1/5。果实蓝黑色，近球形或扁球形，直径 1~1.5cm。花期 4~5 月，果期 7~9 月。

见于乐清、永嘉、泰顺，生于海拔 1000m 以下的山坡、溪边、路旁和混交林中。

图 281 东亚唐棣

3. 桃属 Amygdalus Linn.

落叶灌木或乔木。多分枝，无刺。腋芽常3枚并生，两侧为花芽，中间为叶芽。幼叶在芽中对折形，后于花开放；叶柄或叶边具腺体。花单生，粉红色，几无梗；雄蕊多数；雌蕊1，子房常具柔毛，1室具1胚珠。核果，外被毛，成熟时多汁不开裂，腹部具明显的缝合线；核扁圆形，与果肉不分离，背面具深浅不同的纵横纹和孔穴。种皮厚。

约40种，分布于亚洲中部至地中海地区。我国12种，主要分布于西部和西北部，栽培种全国各地均有；浙江2种；温州1种。

■ 桃 图282

Amygdalus persica Linn. [*Prunus persica* (Linn.) Batsch]

落叶乔木，常灌木状。高3~8m。树皮暗红褐色。小枝绿色，无毛，皮孔小而多。冬芽2~3枚簇生，圆锥形，被短柔毛。叶片长圆状披针形，先端渐尖，基部宽楔形，上面无毛，下面脉腋间具少数短柔毛，叶缘具细锯齿，齿端具腺体或无；叶柄具1到数枚腺体。花单生，先于叶开放；花梗短；萼筒、萼片被短柔毛；花瓣粉红色；雄蕊20~52，花丝粉红色；花柱与雄蕊近等长。果实淡绿白色至橙黄色，具红晕，密被短柔毛，腹缝明显；核大，离核或黏核，椭圆形或近圆形，顶端渐尖，外面具纵、横纹和乳穴。花期3~4月，果期5~9月。

见于永嘉（四海山），生于海拔500~800m的山坡和溪边的灌丛。本市各地有广泛栽培，时有逸生。

全株入药；果多汁宜鲜食。

丁炳扬 摄

王金旺 摄

陈贤兴 摄

图282 桃

4. 杏属 **Armeniaca** Mill.

落叶小乔木。枝无刺。叶芽和花芽并生，2~3 枚簇生于叶腋。幼叶在芽中席卷状；叶柄常具腺体。花常单生，先于叶开放，近无梗或短梗；萼 5 裂；花瓣 5，着生于花萼口部；雄蕊 15~45；心皮 1，花柱顶生，子房 1 室 2 胚珠，具毛。核果，有明显纵沟，果肉黏核，成熟时不开裂，外被短柔毛；核两侧扁平，表面具蜂窝状孔穴。种仁苦。

8 种，分布于东亚、中亚、小亚细亚和高加索地区。我国 7 种，主要分布在秦岭、淮河以北；浙江 2 种；温州 1 种。

■ 梅 图 283

Armeniaca mume Sieb. [*Prunus mume* (Sieb.) Sieb. et Zucc.]

树皮浅灰色或带绿色，平滑。小枝绿色，光滑。叶片卵形或椭圆形，灰绿色，先端尾尖，基部宽楔形至圆形，边缘具细锐锯齿，幼叶两面被短柔毛，后渐落；叶柄长 1~2cm，幼时有毛，老时脱落，常有腺体。花单生，有浓香，先于叶开放；花梗短，常无毛；花萼常红褐色或绿色，萼筒宽钟形，萼片绛紫色或绿色；花瓣 5，白色至粉红色，倒卵形；雄蕊比花瓣短或等长。核果黄色或绿白色，近球形，直径 2~3cm，被柔毛，味酸；核椭圆形，顶端圆形，有小突尖，两侧微扁，腹棱稍钝，腹面和背棱上均有明显纵沟。花期 2~3 月，果期 5~6 月。

见于永嘉、文成、苍南，生于路边林缘。本市各地有栽培。

全株入药；常供栽培观赏；果实可鲜食等；鲜花可供提取香精。

王金旺 摄

陈贤兴 摄

图 283 梅

5. 假升麻属 **Aruncus** Linn.

多年生草木。根茎粗大。叶互生，一至三回大型羽状复叶，小叶片边缘有锯齿；不具托叶。大型穗状圆锥花序；无花梗或近无花梗；花单性，雌雄异株；萼筒杯状，5 裂；花瓣 5，白色；雄花雄蕊 15~30，花丝细长，长约为花瓣的 1 倍。蓇葖果沿腹缝线开裂，通常具种子 2。种子棍棒状。

约 6 种，分布于北温带。我国 2 种；浙江 1 种，温州也有。

■ 假升麻　棣棠升麻

Aruncus sylvester Kostel. ex Maxim. [*Aruncus dioicus* (Walt.) Fernald.]

多年生草木。茎带暗紫色，无毛。大型二回稀三回羽状复叶，小叶 3~9，叶柄无毛；小叶片菱状卵形、卵状披针形或长椭圆形，长 5~13cm，宽 2~8cm，先端渐尖，基部宽楔形，边缘有不规则尖锐重锯齿，两面疏生柔毛，小叶柄长 4~10mm 或近无柄；无托叶。大型穗状圆锥花序，被柔毛与稀疏星状毛，后渐脱落；花梗长约 2mm；苞片线状披针形，微被柔毛；花直径 2~4mm；萼筒杯状，微具毛，萼片三角形，先端急尖，全缘，近无毛；花瓣白色。蓇葖果并立，无毛，果梗下垂，萼片宿存，开展。花期 6 月，果期 8~9 月。

见于泰顺，生于海拔 700~1200m 的山沟林缘和山坡杂木林下。

根入药。

6. 樱属 **Cerasus** Mill.

落叶乔木或灌木。腋芽单生或三并生。幼叶在芽中为对折状，后于花开放或同时开放；托叶早落，叶缘有锯齿或缺刻状锯齿，叶柄、托叶和锯齿常有腺体。伞形、伞房或短总状花序，或 1~2 花生于叶腋，花序基部有芽鳞宿存或明显苞片；萼筒钟状或管状，萼片反折或直立开张；花柱和子房有毛或无毛。核果成熟时肉质多汁，不开裂；核球表面平滑或微褶皱。

100 余种，分布于北半球温和地带。我国 45 种，主要分布于西部和西南部；浙江 15 种；温州野生 9 种。

分种检索表

1. 腋芽单生；花多成伞形或伞房花序，稀单生。
    2. 萼片反折。
        3. 花序上有大型绿色苞片，果期宿存，伞形花序 ························ **3. 迎春樱桃 C. discoidea**
        3. 花序上苞片常为褐色，稀绿褐色，通常果期脱落，稀小型宿存 ·················· **7. 浙闽樱桃 C. schneideriana**
    2. 萼片直立或开张。
        4. 花梗及萼筒被柔毛 ························ **9. 大叶早樱 C. subhirtella**
        4. 花梗及萼筒无毛。
            5. 叶缘尖锐锯齿呈芒状；花序近伞形或伞房形总状，有花 2~3；花、叶同时开放 ············ **8. 山樱花 C. serrulata**
            5. 叶缘有尖锐锯齿，但不为芒状；伞形花序，有花 2~5；花先于叶开放。
                6. 叶片先端渐尖，两面无毛或脉腋有毛；果梗顶端膨大；果核有棱纹 ············ **1. 钟花樱桃 C. campanulata**
                6. 叶片先端骤渐尖，两面无毛；果梗顶端不膨大；果核棱纹不明显 ·············· **2. 华中樱桃 C. conradinae**
1. 腋芽 3 枚并生，中间为叶芽，两侧为花芽。
    7. 叶片中部或中部以上最宽，基部楔形或宽楔形。

8. 叶片卵状椭圆形，先端短渐尖或圆钝，下面脉上或脉腋间被疏柔毛；花柱基部被疏毛 …… **6. 毛柱郁李 C. pogonostyla**
8. 叶片卵状长圆形，先端急尖；叶片下面无毛或仅中脉有簇毛 …………………………………… **4. 麦李 C. glandulosa**
7. 叶片中部以下最宽，卵形或卵状披针形，先端长渐尖，基部圆形；花柱无毛 ………………………… **5. 郁李 C. japonica**

1. 钟花樱桃

Cerasus campanulata (Maxim.) A. N. Vassiljeva [*Prunus campanulata* Maxim.]

落叶灌木。树皮黑褐色。小枝灰褐色，嫩枝绿色，无毛。冬芽无毛。叶片纸质，卵状椭圆形，先端渐尖，边缘有锐尖极细小腺锯齿，上面绿色，下面淡绿色，两面无毛；叶柄无毛，顶端常具2腺体；托叶早落。花先于叶开放；伞形花序；总花梗短，花梗长，无毛；总苞片长椭圆形，两面伏生长柔毛，脱落，苞片褐色，边缘有腺齿，脱落；萼筒钟状，无毛，基部略膨大，萼片长圆形，先端圆钝，全缘；花瓣先端颜色较深，凹陷，稀全缘；花柱通常比雄蕊长，无毛。核果卵球形，顶端尖；核微具棱纹；果梗顶端稍膨大；萼片宿存。花期2~3月，果期4~5月。

见于乐清、永嘉、瑞安、泰顺，生于海拔650~800m的山谷、山坡、路旁林中或林缘。

早春开花，色彩鲜艳，可供观赏。

2. 华中樱桃 图284

Cerasus conradinae (Koehne) Yu et Li [*Prunus conradinae* Koehne]

落叶乔木。树皮灰褐色。小枝灰褐色，无毛。冬芽棕褐色，无毛。叶片长椭圆形或卵状长圆形，先端骤渐尖，基部圆形至微心形，边缘锐尖锯齿，偶间重锯齿，齿端有小腺体，上面绿色，下面色淡，两面无毛，侧脉8~11对，在下面明显隆起；叶柄无毛，顶端有2腺体，或1至无腺体；托叶线形，有腺齿，花后脱落。伞形花序约有花3；总苞片褐色，倒卵状椭圆形，外面无毛，内面密被柔毛；总花梗短，无毛；苞片褐色，宽扇形，有腺齿，果时脱落；花梗长1~1.5cm，无毛；萼筒管形钟状，无毛，萼片三角状卵形，先端圆钝或急尖；花瓣白色或粉红色，卵形或倒卵形，先端2裂；雄蕊多数；花柱无毛。核果红色，卵球形或椭圆形；核表面棱纹不显著。花期3~4月，果期4~5月。

见于乐清、永嘉、泰顺，生于海拔约950m的林中。

3. 迎春樱桃

Cerasus discoidea Yu et Li [*Prunus discoidea* (Yu et Li) Yu et Li ex Z. Wei et Y. B. Chang]

落叶小乔木。树皮灰白色。小枝紫褐色，嫩枝被疏柔毛。冬芽卵球形，无毛。叶片倒卵状长圆形，叶缘缺刻状锐尖锯齿，齿端具小盘状腺体，上面伏生疏柔毛，下面被疏柔毛；叶柄顶端有1~3腺体；托叶狭线形，边缘有盘状腺体。花先于叶开放；伞形花序有花2，基部具鳞片；总苞片褐色，外无毛，内伏生疏柔毛，先端齿裂，边缘具小头状腺体；总花梗被疏柔毛，藏于鳞片内或微伸出，花梗被疏柔毛；苞片近革质，近圆形，边缘小盘状腺体，近无毛；萼筒外被疏柔毛，萼片长圆形，先端圆钝或有小尖头；花柱无毛。核果红色，略有棱纹。花期3~4月，果期5月。

图284 华中樱桃

见于瑞安、泰顺，生于海拔 500~760m 左右的山谷、溪边疏林中或灌丛中。

早春开花，色彩鲜艳，可供观赏。

4. 麦李 图 285

Cerasus glandulosa (Thunb.) Sok. [*Prunus glandulosa* Thunb.]

落叶灌木。小枝灰棕色。冬芽卵形，皆无毛或被短柔毛。叶片卵状长圆形，先端急尖，稀渐尖，基部楔形或宽楔形，边缘有细钝重锯齿，上面绿色，下面淡绿色，两面无毛或中脉有疏柔毛，侧脉4~5对；叶柄长1.5~3mm，无毛或上面被疏柔毛；托叶线形，长约5mm。花与叶同时开放，花单生或2花簇生；花梗长6~8mm，近无毛；萼筒钟状，长和宽近相等，无毛，萼片三角状椭圆形，先端急尖，边缘有锯齿；花瓣白色或粉红色，倒卵形；雄蕊30；花柱比雄蕊稍长，无毛或基部有疏毛。核果红色或紫红色，近球形。花期3~4月，果期5~8月。

见于文成、泰顺，生于海拔 360~580m 的山坡、溪沟边的灌丛或竹林中。

花供观赏；核仁入药，有健胃、滑肠、缓泻利水、消肿作用。

5. 郁李

Cerasus japonica (Thunb.) Lois. [*Prunus japonica* Thunb.]

落叶灌木。小枝灰褐色，细长；嫩枝绿色或绿褐色，无毛。冬芽无毛。叶片卵形，先端长渐尖，基部圆形，边缘有尖锐细重锯齿，上面有稀疏极短毛，下面无毛或脉上有疏柔毛，侧脉 5~8 对；叶柄短，无毛或被疏柔毛；托叶线形，边缘有腺齿。花与叶同时开放或先开，1~3 花簇生；花梗无毛或疏柔毛；萼筒陀螺形，长和宽近相等，无毛，萼片椭圆形，比萼筒略长，先端圆钝，边缘有腺毛，花后反折；花瓣白色微带粉色，先端钝，有短瓣柄；雄蕊花丝初白色，后变为淡紫红色；花柱与雄蕊近等长，无毛。核果深红色，近球形；核光滑。花期 4 月，果期 5~6 月。

见于苍南、泰顺，生于山坡、山谷或溪边灌丛中。

种仁入药；果酸甜，可供食用或酿酒；花美丽，常栽培供观赏。

图 285 麦李

图 286 毛柱郁李

6. 毛柱郁李 图 286

Cerasus pogonostyla (Maxim.) Yu et Li [*Prunus pogonostyla* Maxim.]

落叶小乔木。小枝灰色，被短柔毛。冬芽卵形，无毛或疏柔毛。叶片卵状椭圆形，先端短渐尖至短尾尖，钝头，边缘具圆钝稀具急尖重锯齿，齿端有小腺体，上面被极短糙毛，下面被稀疏柔毛或仅脉上被柔毛；叶柄长2~4mm，被短柔毛；托叶线形，边缘有腺齿。花单生或2花，与叶同时开放；花梗长8~10mm，被稀疏短柔毛；萼筒陀螺状，长和宽近相等，近无毛或基部有短柔毛，萼片长宽卵形或三角状卵形，长4~5mm，比萼筒稍长，先端急尖，边缘有腺齿；花瓣粉红色，倒卵形或椭圆形；花柱比雄蕊长，基部有稀疏柔毛。核果椭圆形；核表面光滑。花期3月，果期5月。

见于永嘉、洞头、瑞安、平阳、苍南，生于海拔 150m 以下的山坡、岛屿的灌丛中。

花美丽，常栽培供观赏。

7. 浙闽樱桃 图 287

Cerasus schneideriana (Koehne) Yu et Li [*Prunus schneideriana* Koehne]

落叶小乔木。小枝紫褐色；嫩枝灰绿色，密被灰褐色微硬毛。冬芽无毛。叶片长椭圆形，先端渐尖或骤尾尖，边缘锯齿，常有重锯齿，齿端有头状腺体，上面深绿色，近无毛或伏生疏柔毛，下面灰绿色，被灰黄色微硬毛；叶柄密被褐色微硬毛，先端有 2~3 黑色腺体；托叶膜质，褐色，边缘疏生长柄腺体，早落。花序伞形，总花梗有硬毛，花梗密被褐色硬毛；苞片绿褐色，边缘有锯齿，齿有长柄腺体；萼筒伏生褐色短柔毛，萼片反折，线状披针形；雄蕊短于花瓣；花柱比雄蕊短，基部及子房疏生微硬毛。核果紫红色，长椭圆形，有棱纹。花期 3 月，果期 5 月。

见于乐清、永嘉、瑞安、文成、平阳、苍南、泰顺，生于海拔 300~800m 的山谷林中。

8. 山樱花 樱花 图 288

Cerasus serrulata (Lindl.) G. Don[*Prunus serrulata* Lindl.]

落叶乔木。树皮灰褐色。小枝灰白色或淡褐色，无毛。冬芽无毛。叶片卵状椭圆形，先端渐尖，基部圆形，边缘有芒状锯齿及重锯齿，齿尖有小腺体，两面无毛，侧脉6~8对；叶柄无毛，顶端有1~3圆形腺体；托叶线形，边缘有腺齿，早落。伞房总状花序有花2~3；总花梗和花梗无毛；总苞片褐红色，倒卵状长圆形，外面无毛，内面被长柔毛，苞片褐色或淡绿褐色，边缘有腺齿；萼筒管顶端扩

图 287 浙闽樱桃

大，萼片三角状披针形，先端渐尖或急尖，全缘；花瓣白色，稀粉红色，先端凹陷；花柱无毛。核果紫黑色，球形或卵球形。花期4~5月，果期6~7月。

见于乐清、永嘉、瓯海、文成、泰顺，生于沟边和山谷林中。

花美丽，栽培品种多，可供观赏。

9. 大叶早樱 图 289

Cerasus subhirtella (Miq.) Sok. [*Prunus subhirtella* Miq.]

落叶乔木。嫩枝绿色，密被白色短柔毛。冬芽卵形。叶质较薄，卵形，先端渐尖，边缘具细锐锯齿或重锯齿，叶脉直伸平行，上面暗绿色，无毛或中脉被疏柔毛，下面被白色疏柔毛，脉上较密；叶柄短，被白色短柔毛；托叶褐色，极狭，边缘具疏腺齿。花与叶同时开放；伞形花序具 2~3 花；花梗被疏柔毛；总苞片倒卵形，外面疏生柔毛，早落；萼筒管状，基部稍膨大，颈部稍缢缩，外被白色疏柔毛，萼片长宽卵形，先端锐尖，有疏齿；花瓣淡

图 288 山樱花

红色，倒卵状长圆形，先端下凹；雄蕊约20；花柱基部有疏毛。核果黑色，卵球形；核有棱纹；果梗顶端稍膨大。花期4月，果期6月。

见于泰顺，生于海拔760m的溪边山坡。温州分布新记录种。

花美丽，可供观赏。

图289 大叶早樱

7. 山楂属 Crataegus Linn.

落叶稀半常绿灌木或小乔木。通常具刺，稀无刺。叶互生，叶片有锯齿，深或浅裂，稀不裂；有叶柄与托叶。伞房或伞形花序，极少单生；萼筒钟状，萼片5；花瓣白色，稀粉红色，5。梨果；萼片宿存。种子直立，扁压；子叶平凸。

200种，广泛分布于北半球，以北美洲最多。我国约17种；浙江3种；温州2种。

1. 野山楂 图290

Crataegus cuneata Sieb. et Zucc.

落叶灌木。分枝密，常具细刺。小枝有棱，一年生枝紫褐色，无毛。叶片宽倒卵形至倒卵状长圆形，先端急尖，基部楔形，边缘有不规则重锯齿，先端常3浅裂，下面具稀疏柔毛，沿叶脉较密，后脱落，叶脉明显；叶柄长4~15mm，两侧有叶片下延而成的翅；托叶草质，镰刀状，边缘有齿。伞房花序具5~7花；总花梗和花梗均被柔毛；苞片草质，脱落很迟；花瓣白色。果实红色或黄色，近球形或扁球形，直径1~1.5cm；常具反折宿存萼片或1苞片。小核4~5，内面两侧平滑。花期5~6月，果期9~11月。

见于本市各山地，生于海拔1500m以下的山谷、多石湿地或灌丛中。

果实多肉，可供鲜食、酿酒和制果酱；亦入药；嫩叶可代茶。

2. 湖北山楂

Crataegus hupehensis Sarg.

乔木或灌木。刺少，或常无刺。小枝紫褐色，无毛。叶片卵形至卵状长圆形，长4~9cm，宽4~7cm，基部宽楔形或近圆形，边缘有圆钝锯齿，中部以上具2~4对浅裂片，先端短渐尖，无毛或仅下部脉腋有髯毛；叶柄长3.5~5cm，无毛；托叶草质，披针形或镰形。伞房花序，直径3~4cm，花多数；总花梗和花梗均无毛，花梗长4~5mm；苞片膜质，线状披针形，早落；花瓣白色。果实深红色，近球形，直径2.5cm，有斑点；小核5，两侧平滑；萼片宿存，反折。花期5~6月，果期8~9月。

据《浙江植物志》、《泰顺县维管束植物名录》记载泰顺有分布，但未见标本。

果实可食或作山楂糕及酿酒原料，亦可入药。

本种与野山楂 *Crataegus cuneata* Sieb. et Zucc. 的主要区别在于：叶缘锯齿圆钝，中部以上具2~4对裂片，基部宽楔形；而野山楂叶缘锯齿尖锐，常具3~7对裂片，基部楔形。

周庄 摄

周庄 摄

图290 野山楂

8. 蛇莓属 Duchesnea J. E. Smith

多年生草本。茎细长，节处生不定根。三出复叶；有长柄；托叶生于叶柄基部，宿存。花单生于叶腋，两性；具长花梗；无苞片；萼片5，宿存，副萼片5，大型，和萼片互生，先端有3~5牙齿或缺刻，宿存；花瓣5，黄色；花托半球形或陀螺形，果期增大，海绵质，红色。瘦果小，扁卵形，有1种子。种子肾形。

约6种，分布于东南亚及中国。我国2种；浙江2种，温州也有。

1. 皱果蛇莓 图291

Duchesnea chrysantha (Zoll. et Mor.) Miq.

多年生草本。茎匍匐，有柔毛。三出复叶，叶柄长1.5~3cm，有柔毛，托叶披针形，有柔毛；小叶片菱形、倒卵形或卵形，长1.5~2.5cm，宽1~2cm，先端圆钝，有时有突尖，基部楔形，边缘有钝或锐锯齿，近基部全缘，上面近无毛，下面疏生长柔毛，顶小叶有时2~3深裂，侧小叶有时又2裂，小叶有短柄。花直径0.5~1.5cm；花梗疏生长柔毛；萼片外面疏生长柔毛；花瓣黄色，先端微凹或圆钝，无毛；花托果期粉红色。瘦果红色，卵形，长4~6mm，具多数明显皱纹，干时略成小瘤状凸起。花果期4~7月。

见于鹿城、瓯海、龙湾、文成、泰顺，生于山坡路旁、耕地附近或潮湿荒地上。

全草入药外用。

吴棣飞 摄

吴棣飞 摄

图291 皱果蛇莓

2. 蛇莓 图292

Duchesnea indica (Andr.) Focke

多年生草本。根茎粗短。匍匐茎多数，有柔毛。三出复叶，小叶片倒卵形至菱状长圆形，长2~3.5(~5)cm，宽1~3cm，先端圆钝，边缘有钝锯齿，两面有柔毛，有时上面无毛；托叶狭卵形至宽披针形。花单生于叶腋；花直径1.5~2.5cm；萼片卵形，长4~6mm，先端锐尖，外面散生柔毛，副萼片先端常3齿裂；花瓣黄色；花托果期增大，海绵质，鲜红色，有光泽，直径10~20mm，有长柔毛。瘦果暗红色，卵形，长约1.5mm，光滑，干时仍光滑或微有皱纹。花期4~5月，果期5~6月。

本市各地有普遍分布，生于海拔700m以下的山坡、河岸、平原草地、耕地旁和路旁潮湿地。

全草入药外用。

本种与皱果蛇莓*Duchesnea chrysantha* (Zoll. et Mor.) Miq.的主要区别在于：花较大，直径1.5~2.5cm；花托果期鲜红色，有光泽，直径10~20mm，副萼片先端常3齿裂；瘦果表面光滑，干时仍光滑或微有皱纹。

图 292 蛇莓

9. 枇杷属 Eriobotrya Lindl.

常绿乔或灌木。单叶互生；托叶早落。圆锥花序顶生，常有绒毛；萼筒杯状或倒圆锥状，萼片 5，宿存；花瓣 5，倒卵形或圆形，芽时呈旋转状或双盖覆瓦状排列；雄蕊 20~40；子房下位，2~5 室，每室有 2 胚珠，花柱 2~5，基部合生，常有毛。梨果常肉质，内果皮膜质，有 1 或数枚大种子。

约 30 种，分布于亚洲温带及亚热带。我国 14 种，分布于华东、华中、华南和西南；浙江 1 种，温州也有。

■ 枇杷 图 293

Eriobotrya japonica (Thunb.) Lindl.

常绿小乔木。小枝粗壮，密生锈色绒毛。叶片革质，披针形至椭圆状长圆形，基部楔形或渐狭成叶柄，上部边缘有疏锯齿，上面光亮，多皱，下面密生灰棕色绒毛，侧脉11~21对；叶柄有灰棕色绒毛；托叶钻形，有毛。圆锥花序顶生，多花；总花梗、花梗和苞片密生锈色绒毛；苞片钻形；萼筒浅杯状，萼片三角卵形，均被锈色绒毛；花瓣白色，基部具爪，有锈色绒毛；雄蕊远短于花瓣；花柱5，子房顶端有锈色柔毛，5室。果实球形至长圆形，黄色或橘黄色，外有锈色柔毛，有时脱落。种子1~5，球形或扁球形，褐色，光亮。花期10~12月，果期翌年5~6月。

本市各地有栽培，时有逸生。

本种为美丽的观赏树木和果树，果味甘酸，供生食、做蜜饯和酿酒用；叶可供药用，有化痰止咳、和胃降气之效；木材红棕色，可作木梳、手杖、农具柄等用材。

图 293 枇杷

10. 水杨梅属 Geum Linn.

多年生草本。基生叶为奇数羽状复叶，顶生小叶特大，或为假羽状复叶；茎生叶数较少，常三出或单出如苞片状；托叶常与叶柄合生。花两性，单生或成伞房花序；萼筒陀螺形或半球形，萼片5，镊合状排列；花瓣5，黄色、白色或红色。瘦果小，有柄或无柄；果喙顶端有钩。种子直立；种皮膜质；子叶长圆形。

约50种，主要分布于温带地区。我国3种；浙江有1变种，温州也有。

■ 柔毛水杨梅 图294

Geum japonicum Thunb. var. **chinense** F. Bolle

多年生草本。须根，簇生。茎直立，被黄色短柔毛及粗硬毛。基生叶为羽状复叶，通常有小叶3~5，连叶柄长5~20cm，叶柄被粗硬毛及短柔毛，顶生小叶片最大，卵形或广卵形，浅裂或不裂，长3~8cm，宽5~9cm，先端圆钝，基部宽心形或宽楔形，边缘有粗大圆钝或急尖锯齿，两面绿色，被稀疏糙伏毛；下部茎生叶为3小叶，上部茎生叶为单叶。花序疏散，顶生数花；花梗密被粗硬毛或短柔毛。聚合果卵球形或椭圆状；瘦果被长硬毛；宿存花柱顶端有小钩；果托被长硬毛。花果期5~10月。

见于永嘉、文成、泰顺，生于海拔900m以下的山坡草地、耕地边、河边、灌丛中或疏林下。

全株含鞣质，可供提取栲胶；全草入药；种子含干性油，供工业用。

图294 柔毛水杨梅

11. 棣棠花属 Kerria DC.

灌木。小枝细长。冬芽具多数鳞片。单叶，互生，具重锯齿；托叶钻形，早落。花两性，大形，单生；萼筒短，萼片5，覆瓦状排列；花瓣黄色，具短瓣柄；雄蕊多数，排列成数组，花盘环状，被疏柔毛；心皮5~8，分离，每心皮有1胚珠，侧生于缝线中部，花柱顶生，直立，细长，顶端截形。瘦果侧扁，无毛。

单种属，产于我国和日本，浙江及温州也有。

■ 棣棠花 图295

Kerria japonica (Linn.) DC.

落叶灌木。嫩枝有棱，无毛。叶互生，叶片三角状卵形或宽卵形，先端长渐尖，基部圆形、截形或微心形，边缘有尖锐重锯齿，两面绿色，上面无毛或有疏柔毛，下面沿脉或脉腋有柔毛；叶柄长5~10mm，无毛；托叶膜质，有缘毛，早落。花单生于当年生侧枝顶端；花梗无毛；花直径2.5~6cm；萼片卵状椭圆形，先端急尖，有小尖头，全缘，无毛，果期宿存；花瓣黄色，宽椭圆形，先端下凹，比萼片长1~4倍。瘦果褐色或黑褐色，倒卵形至半球形，无毛，有皱褶。花期4~6月，果期6~8月。

见于乐清、永嘉、文成、泰顺，生于海拔1200m以下的山坡、林缘、溪边、路旁或灌丛中。

常栽培供观赏。

王金旺 摄

周庄 摄

图295 棣棠花

12. 桂樱属 Laurocerasus Tourn. ex Duh.

常绿乔木。叶互生，全缘或具锯齿，下面基部或叶柄顶或叶缘常有2腺体；托叶小，早落。总状花序生于叶腋或去年枝叶痕的腋间；花常两性；苞片小，早落，花序下部的苞片先端3裂；萼片5裂，裂片内折；花瓣白色，通常比萼片长2倍以上；雄蕊10~50，排成2轮，内轮稍短。核果，不开裂，含1下垂种子；核骨质。

80余种，主要产于热带，少数分布到亚热带和寒温带。我国13种，主要产于黄河流域以南；浙江3种，温州也有。

分种检索表

1. 叶片狭椭圆形、长圆形或长圆状披针形，稀倒卵状长圆形，先端长尾尖，下面布满黑色腺点 ………………………………………… **1. 腺叶桂樱 L. phaeosticta**

1. 叶片下面无腺点。
   2. 叶片革质，宽卵形至椭圆状长圆形或宽长圆形，长 10~19cm，先端急尖至短渐尖，边缘具粗锯齿；果实长圆形或卵状长圆形，长 18~24mm ……………… **3. 大叶桂樱 L. zippeliana**
   2. 叶片革质至薄革质，长圆形至倒卵状长圆形，长 5~10cm，先端渐尖至尾尖，边缘常波状，中部以上或近顶端常有少数针刺状锐锯齿；果实椭圆形，长 8~11mm ……………… **2. 刺叶桂樱 L. spinulosa**

1. 腺叶桂樱　图 296

Laurocerasus phaeosticta (Hance) Schneid. [*Prunus phaeosticta* (Hance) Maxim.]

常绿小乔木。小枝暗紫褐色，具稀疏皮孔，无毛。叶片革质，狭椭圆形，先端长尾尖，基部楔形，全缘，萌枝的叶具锐齿，两面无毛，下面散生黑色小腺点，基部近叶缘有 2 枚较大扁平腺体，侧脉在上面稍隆起，在下面明显隆起；叶柄无腺体，无毛；托叶小，早落。总状花序单生于叶腋，无毛；生于小枝下部叶腋的花序，其腋外叶早落，生于小枝上部的花序，其腋外叶宿存；苞片无毛，早落；花萼外面无毛，萼筒杯形，萼片卵状三角形，先端钝，有缘毛或具小齿；子房无毛。果实紫黑色，近球形或横向椭圆形，无毛；核壁薄，平滑。花期 4~5 月，果期 7~10 月。

见于乐清、永嘉、瑞安、文成、平阳、泰顺，生于山谷、溪边、路旁、林缘、杂木林或混交林中。

图 296　腺叶桂樱

2. 刺叶桂樱　图 297

Laurocerasus spinulosa (Sieb. et Zucc.) Schneid. [*Prunus spinulosa* Sieb. et Zucc.]

常绿乔木。小枝紫褐色，皮孔明显，幼嫩时微被柔毛，老时脱落。叶片薄革质，长圆形，先端渐尖至尾尖，基部宽楔形至近圆形，常偏斜，边缘不平整，中部以上或近先端常具少数针刺状锯齿，两面无毛，上面亮绿色，近基部沿叶缘常具 1~2 对基腺；叶柄无毛；托叶早落。总状花序单生于叶腋，被细短柔毛；苞片早落，花序下部的苞片常无花；花萼外面无毛或微被细短柔毛，萼片卵状三角形，先端圆钝；子房无毛，花柱稍短或与雄蕊近等长，

图 297　刺叶桂樱

图 298　大叶桂樱

有时雌蕊败育。果实褐色至黑褐色，椭圆形，无毛；核壁较薄，表面光泽。花期 9~10 月，果期 11 月至翌年 4 月。

见于乐清、永嘉、瑞安、文成、平阳、泰顺，生于阳坡疏或密林中或山谷沟边阴暗阔叶林中及林缘。

种子入药，可治痢疾。

■ 3. 大叶桂樱　图 298

Laurocerasus zippeliana (Miq.) Brow. [*Prunus zippeliana* Miq.]

常绿乔木。小枝灰褐色至黑褐色，小皮孔明显，无毛。叶片革质，宽卵形，先端急尖至短渐尖，基部宽楔形至近圆形，边缘具疏或稍密粗锯齿，齿端有黑色硬腺体，两面无毛；叶柄粗壮，无毛，有 1 对扁平的基腺；托叶线形，早落。总状花序单生或 2~4 个簇生于叶腋，被短柔毛；花序最下面者常先端 3 裂而无花；花萼外面被短柔毛，萼片卵状三角形，先端圆钝；花瓣白色，近圆形，长约为萼片之 2 倍；子房无毛，花柱与雄蕊近等长。果实黑褐色，长圆形或卵状长圆形，顶端急尖，具短尖头，无毛；核壁表面稍具网纹。花期 7~10 月，果期冬季。

见于乐清、永嘉、瑞安、文成、平阳、苍南、泰顺，生于山地阳坡杂木林中或山坡混交林中。

13. 苹果属 **Malus** Mill.

落叶，稀半常绿乔木或灌木。通常无刺。冬芽卵形，外被数枚覆瓦状鳞片。单叶互生，叶片有锯齿或分裂；有叶柄和托叶。伞形聚伞花序；花瓣白色、淡红色至艳红色。梨果，通常不具石细胞或少数种类有石细胞；萼片宿存或脱落；子房壁软骨质，3~5室，每室有1~2种子。种皮褐色或近黑色；子叶平凸。

约 35 种，分布于北温带。我国约 20 种；浙江 6 种；温州野生 4 种。

分种检索表

1. 叶片在新枝上常3（~5）裂 ······ **4. 三叶海棠 M. sieboldii**
1. 叶片不分裂。
  2. 叶在芽中呈席卷状 ······ **2. 湖北海棠 M. hupehensis**
  2. 叶在芽中呈对折状。
    3. 花梗、萼筒、萼片外面被绒毛 ······ **1. 台湾林檎 M. doumeri**
    3. 花梗、萼筒、萼片外面无毛 ······ **3. 光萼林檎 M. leiocalyca**

1. 台湾林檎 图299

Malus doumeri (Bois) Chev.

小乔木。小枝紫褐色，幼时密或疏被长柔毛。叶片长椭圆形或倒卵状长圆形，先端急尖至渐尖，基部宽楔形至圆形，边缘有尖锯齿，幼时两面被长柔毛；叶柄长1.5~2cm，幼时全部被毛，上面较密，后渐脱落近无毛；托叶早落。花序近伞形；花梗被绒毛；萼筒外面有绒毛，萼片内面密被白色绒毛，外面毛较疏；花瓣黄白色，有短瓣柄。果实球形，直径约3cm；顶端有短萼筒，宿存萼片反折，外面有微毛或近无毛；果梗长约3cm，至少在两端尚残存有微毛。花期4~5月，果期9~10月。

见于永嘉、文成、泰顺，生于海拔800m左右的林中。

2. 湖北海棠 图300

Malus hupehensis (Pamp.) Rehd.

小乔木。小枝有短柔毛，后脱落；老枝紫褐色。叶片卵形、卵状椭圆形或椭圆形，先端急尖或渐尖，基部宽楔形，边缘有细锐锯齿，具稀疏短柔毛，不久脱落无毛，常呈紫红色，侧脉约4对；叶柄向阳面带紫红色，长1~3cm，有稀疏短柔毛，后脱落无

图299 台湾林檎

图 300 湖北海棠

毛。伞形花序具 4~6 花；花梗向阳面呈紫红色，长 2~6cm，无毛或稍有长柔毛；萼片绿色略带紫红；花瓣粉红色或白色，有短瓣柄。果实黄绿色，有红晕，椭圆形或近球形，直径约 8mm；萼片脱落；果梗长 2~4cm。花期 4~5 月，果期 8~9 月。

见于乐清、永嘉、文成、苍南、泰顺，生于海拔 200~1500m 的山坡或山谷林中。

花、果美丽，可作观赏树种；萌蘖可作苹果砧木；根及果可入药。

3. 光萼林檎 图 301

Malus leiocalyca S. Z. Huang

小乔木。小枝幼时疏被柔毛或近无毛；老枝暗灰褐色，无毛。叶片椭圆形至卵状椭圆形，长 5~11cm，宽2.5~4.8cm，先端急尖至渐尖，基部圆形至宽楔形，边缘有圆钝锯齿，幼时两面被柔毛，后渐脱落无毛或散生微毛，或仅下面有微毛；叶柄长1~2.5cm，上面有毛，后脱落无毛。花序近伞形，有1~3花；花梗长2~4cm，无毛；苞片披针形，无

图 301 光萼林檎

毛，早落；花直径约2.5cm；萼筒外面无毛，萼片外面无毛；花瓣白色。果实球形，直径1.5~4cm，顶端有长筒；宿存萼片反折。花期4~5月，果期9~10月。

见于永嘉、瓯海、瑞安、文成、平阳、苍南、泰顺，生于海拔 400~1100m 的山谷、沟边或混交林中。

■ 4. 三叶海棠

Malus sieboldii (Regel) Rehd.

灌木或小乔木。小枝紫褐色，稍有棱，初被短柔毛。叶片卵形、椭圆形或长椭圆形，长 3~7.5cm，宽 2~4cm，先端急尖，基部圆形或宽楔形，新枝上的叶片锯齿粗锐，常 3 裂，有时 5 浅裂，幼叶两面有短柔毛，老叶下面沿中脉及侧脉有短柔毛；叶柄长 1~2.5cm，有短柔毛。花 4~8，集生于小枝顶端；花梗有柔毛或近无毛；萼筒约与萼片等长或稍短，外面近无毛或有柔毛，萼片外面无毛，内面密被绒毛；花瓣淡粉红色，蕾期色较深。果实红色或褐黄色，近球形，直径 6~8mm；萼片脱落；果梗长 2~3cm。花期 4~5 月，果期 8~9 月。

见于乐清、泰顺，生于海拔 800m 左右的山坡杂木林或灌丛中。

花美丽可供观赏；可作苹果砧木。

14. 稠李属 Padus Mill.

落叶乔木。分枝较多。冬芽卵圆形，有覆瓦状鳞片。单叶互生，具齿；叶柄顶或叶基部有 2 腺体；托叶早落。花多数，总状花序，基部有叶或无，生于当年小枝顶端；苞片早落；萼筒钟状，裂片 5；花瓣 5，白色，先端常啮蚀状；雄蕊 10 至多数；雌蕊 1，周位花，子房上位，心皮 1，胚珠 2，柱头平。核果卵球形。种子 1。

20 余种，主要分布于北温带。我国 14 种；浙江 6 种；温州 5 种。

分种检索表

1. 花序基部无叶; 花萼在果期宿存; 雄蕊 10 ………… **2. 橉木 P. buergeriana**
1. 花序基部有叶；花萼在果期脱落；雄蕊 20~35。
  2. 叶片两面无毛或下面中脉、脉腋有毛；花梗和总花梗在果期不增粗，也不具明显增大皮孔。
    3. 叶常带灰绿色，叶片卵状长圆形或长圆形，边缘有尖锐锯齿；叶柄短无腺体；花柱较长，伸出雄蕊和花瓣外 ………… **3. 灰叶稠李 P. grayana**
    3. 叶柄顶端有腺体；花柱与雄蕊近等长。
      4. 叶片长圆形，稀椭圆形，基部圆形、微心形，稀截形，边缘锐锯齿，齿端有短芒；总状花序长 16~30cm ………… **1. 短梗稠李 P. brachypoda**
      4. 叶片窄长圆形、椭圆形或倒卵形，基部近圆形或宽楔形，边缘有细锯齿；总状花序长 10~15cm ………… **4. 细齿稠李 P. obtusata**
  2. 叶片下面密被白色或棕色绢状柔毛；花梗和总花梗在果期增粗，皮孔也明显增大 ………… **5. 绢毛稠李 P. wilsonii**

图 302　短梗稠李

1. 短梗稠李　图 302

Padus brachypoda (Batal.) Schneid. [*Prunus brachypoda* Batal.]

落叶乔木。树皮黑色。多年生小枝黑褐色，散生浅色皮孔；当年生小枝红褐色。冬芽无毛。叶片纸质，长圆形，先端急尖或渐尖，边缘具锐锯齿，齿尖带短芒，叶脉下陷，两面无毛或在下面脉腋有髯毛，中脉、侧脉均在下面隆起；叶柄无毛，顶端2腺体；托叶膜质，线形，边缘有腺齿，早落。总状花序基部有1~3叶；总花梗和花梗均被短柔毛；萼片三角状卵形，边缘有腺齿，萼筒和萼片外面疏被短柔毛，内面基部被短柔毛；花瓣短瓣柄；心皮1，无毛，花柱比花丝短。核果黑褐色，球形，无毛；果梗被短柔毛；萼片脱落；核光滑。花期4~5月，果期5~10月。

见于永嘉、文成、平阳、泰顺，生于山坡灌丛中或山谷、山沟边林中。

2. 橉木　华东稠李　图 303

Padus buergeriana (Miq.) Yu et Ku [*Prunus buergeriana* Miq.]

落叶乔木。小枝褐色，无毛。冬芽无毛。叶片椭圆形，先端尾状渐尖，基部楔形，边缘贴生细锯齿，两面无毛，细脉不明显；叶柄无毛，无腺体，或叶片基部两侧各有1腺体；托叶膜质，线形，边缘具腺齿，早落。总状花序，总花梗和花梗无毛；萼筒与萼片近等长，萼片边缘具不规则细锯齿，齿尖幼时有腺体，宿存，萼筒和萼片外面近无毛或稀短柔毛，内面被稀疏短柔毛；花瓣白色，先端啮蚀状，基部楔形，有短瓣柄；雄蕊10，花丝比花瓣长；花盘紫红色；花柱比雄蕊短近1/2。核果黑褐色，近球形，无毛；果梗无毛。花期4~5月，果期5~10月。

见于乐清、永嘉、文成、苍南、泰顺，生于山地阳坡灌丛中。

图 303　橉木

图 304 灰叶稠李

图 305 细齿稠李

3. 灰叶稠李 图 304

Padus grayana (Maxim.) Schneid. [*Prunus grayana* Maxim.]

落叶小乔木。老枝灰褐色，无毛，幼时被短绒毛。冬芽无毛或鳞片边缘疏被柔毛。叶片膜质，灰绿色，卵状长圆形，先端长渐尖，边缘具锐锯齿，两面无毛或下面中脉有柔毛；叶柄无毛，无腺体；托叶膜质，线形，边缘有腺齿，早落。总状花序，基部有2~5叶与枝生叶同型；总花梗和花梗无毛；萼筒比萼片长近2倍，萼片长三角状卵形，边缘有细齿，萼筒与萼片外面无毛，内面有疏柔毛；花瓣白色，先端2/3部分啮蚀状，有短瓣柄；雄蕊花丝成2轮；花柱较长，伸出雄蕊和花瓣外。核果黑褐色，光滑，卵球形；果梗无毛；核光滑。花期4~5月，果期8~10月。

见于永嘉、文成、泰顺，生于海拔 500~900m 的山谷、林缘、山坡半阴处的杂木林中或路旁。

4. 细齿稠李 图 305

Padus obtusata (Koehne) Yu et Ku [*Prunus obtusata* Koehne]

落叶乔木。老枝紫褐色，无毛，皮孔散生；小枝幼时红褐色，被短柔毛。冬芽无毛。叶片狭长圆形，先端急尖或渐尖，边缘有细密锯齿，两面无毛，下面叶脉明显隆起；叶柄被短柔毛或无毛，顶端两侧各有1腺体；托叶膜质，早落。总状花序基部有2~4叶；总花梗和花梗被短柔毛；苞片膜质，早落；萼筒两面被短柔毛，比萼片长2~3倍，萼片三角状，边缘有细锐齿，两面近无毛；花瓣白色，开展，先端2/3部分呈啮蚀状或波状，有短瓣柄；雄蕊排成紧密不规则2列。核果黑色，卵球形，顶端有短尖头，无毛；果梗被短柔毛。花期4~5月，果期6~10月。

见于文成、泰顺，生于山坡、山谷、沟底、溪边林中。

5. 绢毛稠李 图 306

Padus wilsonii Schneid. [*Prunus sericea* (Batal.) Koehne]

落叶乔木。树皮灰褐色。老枝紫褐色，皮孔明显；小枝红褐色，被短柔毛。叶片椭圆形，边缘具较密锯齿，绢毛由白色渐变棕色，叶脉在上面下陷，在下面隆起；叶柄无毛或被短柔毛，顶端两侧各有 1 腺体；托叶膜质，线形，早落。总状花序基部有 3~4 叶片；总花梗和花梗在果期增粗，皮孔长大，毛被由白色变深；萼筒比萼片长约 2 倍，萼片边缘细齿，萼筒与萼片外面被绢状短柔毛，内面被疏柔毛；花瓣白色，先端啮蚀状，有短瓣柄。核果黑紫色，球形或卵球形；果梗明显增粗，被短柔毛；皮孔显著变大，长圆形；萼片脱落；核平滑。花期 4~5 月，果期 6~10 月。

见于乐清、永嘉、泰顺，生于海拔 800~1000m 的山坡、山谷或沟底。

图 306　绢毛稠李

15. 石楠属 **Photinia** Lindl.

落叶或常绿乔木或灌木。冬芽小，鳞片覆瓦状排列。叶互生，叶片革质或纸质，有锯齿，稀全缘；有托叶。伞形花序、伞房花序或复伞房花序，稀聚伞花序，顶生；花两性；萼片 5，短；花瓣 5，开展，在芽中成覆瓦状或旋转状排列；雄蕊 20，稀较多或较少。果实为小梨果，微肉质，成熟时不开裂。

约 60 余种，分布于亚洲东部及南部。我国约 43 种；浙江 18 种 6 变种；温州 14 种。

分种检索表

1. 常绿；叶片革质；总花梗、花梗无瘤点状皮孔。
  2. 叶片下面无黑色腺点。
    3. 叶片大型，长 8~22cm，宽 3~6.5cm，侧脉 18~30 对，叶柄粗长，长 2~4cm，无腺齿 ………………………… **12. 石楠 P. serratifolia**
    3. 叶片较小，长在 15cm 以内，侧脉不超过 18 对，叶柄较短，长不超过 1.8cm，有腺齿或无。
      4. 叶片狭小，长 3.5~5cm，宽 1~2cm；果实小，直径约 3mm ………… **8. 泰顺石楠 P. taishunensis**
      4. 叶片宽大，长 5~15cm，宽 2~5cm；果实较大，直径 4~10mm。
        5. 叶柄有腺齿；花瓣有毛，幼枝、总花梗和花梗均无毛 ………… **4. 光叶石楠 P. glabra**
        5. 叶柄无腺齿；花瓣无毛，幼枝、总花梗和花梗有毛。
          6. 叶片长圆形、倒披针形，稀椭圆形，先端急尖或渐尖；幼枝、总花梗和花梗、萼筒外面均有稀疏平贴柔毛 ………… **3. 贵州石楠 P. bodinieri**
          6. 叶片倒卵形或倒披针形，先端圆钝；幼枝疏生柔毛，总花梗和花梗、萼筒均有绒毛 ………… **7. 倒卵叶石楠 P. lasiogyna**
  2. 叶片下面有黑色腺点，叶柄有多数腺体或长的腺齿 ………… **10. 桃叶石楠 P. prunifolia**
1. 落叶，稀半常绿；叶片纸质、草质，稀革质；总花梗、花梗有瘤点状皮孔，果期尤显著。
  7. 半常绿，叶片革质或薄革质；幼枝、花梗、叶片下面中脉有黄褐色粗硬毛。
    8. 冬芽卵形；叶片较大，长 3~7.5cm，先端渐尖或尾尖，下面侧脉隐约可见，花梗长 3~10mm，花 3~8 ………… **5. 褐毛石楠 P. hirsuta**
    8. 冬芽长圆锥形；叶片较小，通常长 2~4cm，稀达 5.5cm，先端急尖或微钝，下面侧脉不可见，叶柄长 1~2mm，或近无柄；花梗长 10~20mm，花 1~2，稀 3~7 ………… **14. 浙江石楠 P. zhejiangensis**
  7. 落叶，叶片纸质或厚纸质；幼枝、花梗、叶片有白色柔毛或无毛。

9. 花序伞房状或复伞房状，具多数花，通常在10以上，稀10以下，有总花梗。
 10. 花序无毛；叶片长圆形、倒卵状长圆形或卵状披针形，先端渐尖至急尖，基部楔形至近圆形，边缘锯齿疏生；复伞房花序有多花；果梗长10~20mm……………………**1. 中华石楠 P. beauverdiana**
 10. 花序有毛。
  11. 叶片倒卵状长圆形或长圆状披针形，先端急尖或圆钝，老时仅下面脉上有稀疏柔毛，侧脉5~8对；总花梗、花梗均轮生……………………**2.闽粤石楠P.benthamiana**
  11. 叶片先端渐尖、尾尖或急尖；总花梗、花梗互生。
   12. 叶片长椭圆形或长圆状披针形，下面绒毛永存，侧脉10~15对，叶柄长6~10mm……………………**11.绒毛石楠P.schneideriana**
   12. 叶片倒卵形或长圆状倒卵形，稀椭圆形，老时下面近无毛或脉上有毛，侧脉12对以内，叶柄长在5mm以内……………………**13.毛叶石楠P.villosa**
9. 伞形花序或伞房花序，花2~9，有时花单生，很少超9，无总花梗或不明显。
 13. 花序通常有1~2花，稀达6花，伞形花序或伞房花序;花梗长1~2.5（~3.2）cm；花瓣长柔毛……………………**9.小叶石楠P.parvifolia**
 13.花单生或2或3(~5)花簇生；花梗长2~5cm；花瓣无毛……………………**6.垂丝石楠P.komarovii**

1. 中华石楠　厚叶中华石楠　图 307

Photinia beauverdiana Schneid. [*Photinia beauverdiana* var. *notabilis* (Schneid.) Rehd. et Wils.]

落叶灌木或小乔木。高 3~10m。小枝紫褐色，散生灰色皮孔，无毛。叶片薄纸质，长圆形、倒卵状长圆形或卵状披针形，长 5~10cm，宽 2~4.5cm，边缘疏生具腺锯齿，上面光亮，无毛；叶柄长 5~10mm，微有柔毛。复伞房花序，直径 5~7cm，花多数；总花梗和花梗无毛，密生瘤点；花直径 5~7mm；萼筒杯状；花瓣白色，卵形或倒卵形；雄蕊 20。果实紫红色，卵形，长 7~8mm，直径 5~6mm，无毛，微具瘤点；萼片宿存；果梗长 1~2cm。花期 4 月，果期 7~8 月。

见于本市各地，生于海拔 1600m 以下的山坡或溪边、路边、山谷杂林下或林缘。

周庄 摄

周庄 摄

周庄 摄

图 307　中华石楠

2. 闽粤石楠

Photinia benthamiana Hance

落叶灌木或小乔木。高3~10m。小枝密生灰色柔毛,后脱落,老时灰黑色,皮孔灰色,椭圆形,无毛。叶片纸质,长5~11cm,宽2~5cm,边缘有疏锯齿,幼时两面疏生白色长柔毛,后秃净,或仅在下面脉上有微柔毛;叶柄长3~10mm,有灰绒毛。复伞房花序顶生,花多数;总花梗和花梗均轮生,有灰色柔毛;花直径7~8mm;花瓣白色,先端圆钝,微凹头,无毛或内面微有柔毛;雄蕊20。果实卵形或近球形,长4~6mm,直径3~5mm,有淡黄色疏柔毛。花期4~5月,果期7~8月。

见于永嘉、鹿城、文成、泰顺,生于低山坡林中。

3. 贵州石楠　椤木石楠　图308

Photinia bodinieri Lévl. [*Photinia davidsoniae* Rehd. et Wils.]

常绿乔木。高6~15m。常具长刺。幼枝黄红色,后呈紫褐色,有稀疏平贴柔毛;老枝灰色,无毛。叶片革质,长圆形、倒披针形或稀为椭圆形,长5~15cm,宽2~5cm,先端急尖或渐尖,有短尖头,基部楔形,边缘稍反卷,有具腺的细锯齿,上面光亮,中脉初有贴生柔毛,后渐秃净;叶柄长8~15mm,无毛。花多数,密集成顶生复伞房花序;花瓣圆形,先端圆钝,基部有极短爪,内外两面皆无毛;雄蕊20,较花瓣短。果实球形或卵形,直径7~10mm,黄红色,无毛。种子2~4,卵形,褐色。花期5月,果期9~10月。

见于永嘉、瑞安、文成、平阳、苍南、泰顺,生于灌丛中。

本种为园林树种;可作农具用材;可入药,具清热解毒之功效。

4. 光叶石楠　图309

Photinia glabra (Thunb.) Maxim.

常绿小乔木,高3~5m,有时可达7m。老枝灰黑色,皮孔棕黑色,近圆形,无毛。叶片革质,幼时或老时均呈红色,长5~9cm,宽2~4cm,先端渐尖,边缘疏生浅钝细锯齿,两面无毛;叶柄长1~1.5cm,无毛,有1至数枚腺齿。复伞房花序顶生,直径5~10cm;花多数;总花梗和花梗无毛;花直径7~8mm;花瓣白色,倒卵形,反卷,先端圆钝,内面近基部有白色绒毛,具短瓣柄;雄蕊20。果实红色,卵形,长约5mm,无毛。花期4~5月,果期9~10月。

见于本市各地,生于海拔900m以下的山谷、

丁炳扬 摄

周庄 摄

图308　贵州石楠

丁炳扬 摄

图 309 光叶石楠

山坡、溪边杂木林中。

叶供药用，能祛风止痛、补肾强筋；种子可供榨油，供工业用；可作材用；又可作篱垣及庭园栽培。

5. 褐毛石楠 图 310

Photinia hirsuta Hand.-Mazz.

半常绿灌木或小乔木。高 1~4m。小枝密生褐色硬毛，老时黑褐色，有纵条纹及圆形皮孔。叶片薄革质，椭圆形、椭圆状披针形或近卵形，长 3~7.5cm，宽 1.5~3cm，边缘疏生具腺锐锯齿，近基部全缘，上面光亮无毛，下面中脉有褐色柔毛；叶柄粗短，密生褐色硬毛。聚伞花序顶生，直径 8~20mm；花 3~8；花梗密生褐色硬毛；花直径 5~7mm；花瓣白色或带粉红色，倒卵形；雄蕊 20，较花瓣稍短。果实红色，椭圆形，长约 8mm，近无毛，有瘤点。种子椭圆形，长约 2.5mm，光滑。花期 4~5 月，果期 9 月。

见于瑞安、文成、泰顺，生于海拔 130~750m 的山坡疏林中或路边。

6. 垂丝石楠 图 311

Photinia komarovii (Lévl. et Vant.) L. T. Lu et C. L. Li

落叶灌木。高达 3m。小枝红褐色或深棕色，初有灰色柔毛，后无毛。叶片椭圆形或菱形，厚纸

图 310 褐毛石楠

图 311　垂丝石楠

质，长 2~5cm，宽 1~2.2cm，边缘有细锐锯齿，两面无毛或沿脉稍灰色，幼时具长柔毛，后脱落；叶柄短，长 1~2mm，初有长柔毛，后无毛。花序 2 或 3，簇生或单生；花梗长 (2~)3~5cm，纤细，无毛，常下垂，疏生微小的皮孔；花瓣白色，近圆形，直径 3~3.5mm，先端圆钝，无毛；花柱 2，从基部近中或先端合生，无毛。果实红色，椭圆形或长圆状卵形，长 6~7mm，宽 5~6mm，无毛；果梗长 3~5mm，具皮孔。花期 6 月，果期 8~10 月。

见于永嘉、文成、平阳、泰顺，生于海拔 400~1500m 的山坡、路旁、疏林。

叶入药，用于祛风止痛、补肾强筋。

■ 7. 倒卵叶石楠　图 312

Photinia lasiogyna (Franch.) Schneid.

常绿灌木。高 1~2m。小枝幼时疏生柔毛，老时紫褐色，具黄褐色皮孔，无毛。叶片革质，倒卵形或倒披针形，长 5~10cm，宽 2.5~3.5cm，先端圆钝，或有凸尖，边缘微卷，具不明显锯齿，上面光亮，两面无毛；叶柄无毛，无腺点。复伞房花序顶生，直径 3~5cm，有绒毛；苞片及小苞片钻形，长 1~2mm；花梗长 3~4mm；花直径 10~15mm；花瓣白色，倒卵形，长 5~6mm，宽 3~4mm，无毛，有短瓣柄；雄蕊 20，较花瓣短。果实红色，卵形，直径 4~5mm，有明显斑点。花期 5~6 月，果期 8~11 月。

见于瑞安、文成、平阳、泰顺，生于海拔 500m 以上的林中。

■ 8. 泰顺石楠　图 313

Photinia taishunensis G. H. Lou et S. H. Jin [*photinia lochengensis* auct. non Yu]

常绿藤本状灌木。小枝细弱，幼时紫褐色或黑褐色，疏生柔毛。叶片革质，倒披针形，稀披针形，长 3.5~5cm，宽 1~2cm，先端急尖、圆钝或微凹，常具小尖头，边缘微向外反卷并有起伏，具尖锐内弯细锯齿，两面无毛，仅幼时中脉稍有柔毛，中脉

在上面下陷，在下面隆起；叶柄幼时有柔毛，后脱落。伞房花序或复伞房花序顶生；花直径约 8mm；花瓣白色带黄绿色，倒卵形，长约 2mm，无毛；雄蕊 20，短于花瓣；花柱 2，稀 3，离生。果实红色，近球形至卵球形，直径约 3mm，无毛。花期 4 月，果期 10~11 月。

见于泰顺，生于海拔 110~250m 的溪沟边岩石缝上。模式标本采自泰顺（垟溪）。

本种可作盆景栽培。

图 312　倒卵叶石楠

图 313　泰顺石楠

图314 小叶石楠

9. 小叶石楠 伞花石楠 图314

Photinia parvifolia (Pritz.) Schneid. [*Photinia subumbellata* Rehd. et Wils.]

落叶灌木或小乔木。高达3m。小枝黄褐色至黑褐色，细瘦，初有疏柔毛，后无毛。叶片厚纸质，长2~5.5cm，宽0.8~2.5cm，稀达3cm，边缘有细锐锯齿，两面无毛，稀幼时上面有微毛；叶柄短，长1~2mm，无毛。伞形花序生于侧枝顶端，通常有1~2花，有时可达6花；无总花梗，花梗极纤柔细弱，呈丝状，微弧曲下垂，长2.2~4.4cm，无毛；花瓣白色，倒卵形，先端圆钝，有瓣柄；花柱2~3。果实淡红色，卵球形，长约10mm，直径约7mm，无毛，有瘤点。花期4~5月，果期8~10月。

见于本市各地，生于海拔360~1600m的山坡、山谷、路旁、林下或林缘。

叶入药，用于祛风止痛、补肾强筋。

10. 桃叶石楠 水花石楠 图315

Photinia prunifolia (Hook. et Arn.) Lindl. [*Photinia prunifolia* var. *denticulate* Yu]

常绿灌木。高10~20m。小枝灰黑色，皮孔黄褐色，无毛。叶片革质，长圆形或长圆状披针形，长7~13cm，宽3~5cm，先端渐尖，边缘密生具腺细锯齿，上面光亮，下面密布黑色腺点，两面无毛；叶柄长，具多数腺体，有时有腺齿。复伞房花序，

图 315　桃叶石楠

直径12~16cm；花多数，密集；花后期显具褐色腺点；总花梗和花梗微有长柔毛；花直径7~8mm；花瓣白色，倒卵形，长约4mm，先端圆钝，基部有绒毛；雄蕊20。果实红色，椭圆形，长7~9mm，直径3~4mm。种子2(~3)。花期3~4月，果期10~11月。

见于永嘉、瑞安、文成、平阳、苍南、泰顺，生于海拔200~600m的山坡岩石上、疏林下或河谷山坡。该种模式标本采自平阳。

本种叶柄和叶缘有显著的带腺锯齿，叶片下面密布黑色腺点，易与属内其他种区别。

■ 11. 绒毛石楠　图 316

Photinia schneideriana Rehd. et Wils.

落叶灌木或小乔木。高达7m。幼枝有稀疏长柔毛，后脱落近无毛，一年生枝紫褐色，老枝带灰褐色，皮孔菱形。叶片厚纸质至纸质，长6~11cm，宽2~2.5cm，先端渐尖，边缘有锐锯齿，上面疏生长柔毛，后脱落，下面被稀疏绒毛；叶柄长6~10mm，被柔毛，后脱落。复伞房花序，直径5~7cm，花多数；花瓣白色，先端钝，无毛，有短瓣柄；雄蕊20。果实紫红色，卵形，长10mm，直径约8mm，无毛，有小瘤点。种子2~3，黑褐色，卵形，长5~6mm，两端尖。花期5月，果期10月。

见于永嘉、瑞安、文成、平阳、泰顺，生于海拔300~850m的山坡疏林中或阴坡路旁或溪边。

本种与中华石楠 *Photinia beauverdiana* Schneid. 极相近，或可作后者的毛叶变种。本种幼枝和总花梗有柔毛，叶片长圆状披针形或长椭圆形，下面永具绒毛，可与后者相区别。

图 316　绒毛石楠

12. 石楠 紫金牛叶石楠 图 317

Photinia serratifolia (Desf.) Kalk. [*Photinia serrulata* Lindl.; *Photinia serrulata* Lindl. var. *ardisiifolia* (Hayata) Kuan]

常绿灌木或小乔木。枝灰褐色，无毛。冬芽褐色，卵形，无毛。叶片革质，长椭圆形、长倒卵形或倒卵状椭圆形，长 9~22cm，宽 3~6.5cm，先端尾尖，边缘有具腺细锯齿，近基部全缘，幼苗或萌枝的叶片边缘锯齿锐尖呈硬刺状，上面光亮，幼时中脉有绒毛，老时两面无毛；叶柄粗壮，长 2~4cm，幼时有绒毛，后无毛。复伞房花序顶生，直径 10~16cm，花密集；花直径 6~8mm；花瓣白色；雄蕊 20。果实红色，后变紫褐色，球形，直径 5~6mm。种子 1，棕色，卵形，长约 2mm，平滑。花期 4~5 月，果期 10 月。

见于本市各地，生于海拔 800m 以下的山坡杂木林中及山谷、溪边林缘等处。

本种常见栽培于庭园以供观赏；叶和根入药，

图 317 石楠

用为强壮剂和利尿剂，有镇静解热作用；叶、根又可作农药，用于防治蚜虫；种子可用来榨油供工业用。

13. 毛叶石楠 毛石楠 图 318

Photinia villosa (Thunb.) DC.

落叶灌木或小乔木。高 2~5m。小枝幼时有白色长柔毛，以后脱落无毛，灰褐色，有散生皮孔。冬芽卵形，长 2mm，鳞片褐色，无毛。叶片草质，

图 318 毛叶石楠

倒卵形或长圆倒卵形，长3~8cm，宽2~4cm，边缘上半部具密生尖锐锯齿，两面初有白色长柔毛，以后上面逐渐脱落几无毛，仅下面叶脉有柔毛；叶柄长1~5mm，有长柔毛。花10~20，成顶生伞房花序，直径3~5cm；花瓣白色，近圆形，外面无毛；雄蕊20，较花瓣短。果实椭圆形或卵形，长8~10mm，直径6~8mm，红色或黄红色。花期4月，果期8~9月。

见于瑞安、文成、泰顺，生于海拔300~900m的山坡、溪边灌丛中。

根和果可入药。

■ 14. 浙江石楠

Photinia zhejiangensis P. L. Chiu

半常绿灌木。高1~1.5(~4)m。当年生枝密被棕色粗毛，老枝黑褐色至近黑色，皮孔褐色。叶片革质，长2~2.5cm，宽1.5~2.8cm，边缘具极锐硬锯齿，齿端有腺，上面绿色，初被稀疏黄褐色长柔毛，后脱落无毛，下面色淡，初时沿中脉有黄褐色长柔毛，后无毛或仅基部有毛；几无柄。伞房花序顶生，有花1~2，稀3~7；花直径约1cm；花瓣白色；雄蕊20。果实红色，卵状椭圆形或坛形，连同宿萼长8~10mm，外面有瘤状小凸起，无毛；果梗长1~2cm，具瘤状皮孔。花期4~5月，果期11~12月。

见于瑞安、泰顺，生于海拔120~900m的山谷、山坡、溪边林下或灌丛中。

16. 委陵菜属 Potentilla Linn.

多年生草本，稀为一年生草本或灌木。茎直立、上升或匍匐。叶为奇数羽状复叶或掌状复叶；托叶与叶柄不同程度合生。聚伞花序、聚伞圆锥花序或单花；花通常两性；花瓣5，黄色；雄蕊通常(11~)20(~30)，花药2室。瘦果多数，着生在微凸起的花托上。种子1；种皮膜质。

约200余种，大多分布于北半球温带、寒带及高山地区，极少数种类接近赤道。我国80多种，全国各地区均有分布，主要分布在东北、西北和西南；浙江6种3变种；温州5种。

本属有些种类的根含淀粉可作为代食品；有些种类可供药用。

分种检索表

1. 基生叶为羽状复叶。
  2 叶片下面绿色，疏生柔毛或脱落无毛。
    3. 多年生草本；基生叶有小叶5~7(~9)；花直径1~1.7cm ………… **2. 莓叶委陵菜 P. fragarioides**
    3. 一二年生草本；基生叶有小叶(3~)5~11；花直径0.6~0.8cm ………… **5. 朝天委陵菜 P. supina**
  2. 叶片下面密被白色或灰白色绵毛、绒毛或绢毛 ………… **1. 翻白草 P. discolor**
1. 基生叶为三至五出掌状复叶。
  4. 茎稍匍匐；基生叶为三出掌状复叶；总状聚伞花序 ………… **3. 三叶委陵菜 P. freyniana**
  4. 茎斜生或平卧，具匍枝，常于节处生根；基生叶为掌状5小叶；聚伞花序密集于枝顶如假伞状 ………… **4. 蛇含委陵菜 P. kleiniana**

■ 1. 翻白草　翻白委陵草　图319

Potentilla discolor Bunge

多年生草本。高10~45cm。根粗壮，肥厚，呈纺锤形。茎直立、上升或微铺散，密被白色绵毛。基生羽状复叶有小叶5~9，有时达11，连叶柄长4~20cm，托叶膜质，褐色，小叶片长圆形或长圆状披针形，边缘具圆钝粗锯齿，上面绿色，被稀疏白绵毛或脱落近无毛，下面密被白色或灰白色绵毛，叶脉不明显，小叶无柄；茎生叶有小叶3，托叶草质，绿色。聚伞花序数个至多数，疏散；花梗

图 319 翻白草

长1~2.5cm，被绵毛；花直径1~2cm；花瓣黄色，倒卵形，先端微凹或圆钝。瘦果近肾形，宽约1mm，光滑。花果期5~9月。

见于乐清、洞头、瑞安、平阳，生于荒野、山谷、沟边、山坡、海岛草地及疏林下。

全草入药；块根含丰富淀粉；嫩苗可蔬食。

本种叶形多变，被毛亦有疏密之分，形状不很稳定。

2. 莓叶委陵菜 图 320

Potentilla fragarioides Linn.

多年生草本。高 8~25cm。根极多，簇生。花茎多数，丛生，上升或铺散，被开展长柔毛。基生叶为羽状复叶，有小叶 5~7（~9），间隔 0.8~1.5cm，连叶柄长 5~22cm，叶柄被开展疏柔毛，托叶膜质，褐色，长 0.5~7cm，宽 0.4~3cm，边缘有急尖或圆钝锯齿，近基部全缘，两面绿色，被平铺疏柔毛，下面沿脉较密；茎生叶常为 3 小叶，小叶柄短或近无柄，托叶草质，绿色。伞房状聚伞花序顶生，花多数，松散；花瓣黄色，倒卵形，先端圆钝或微凹。瘦果近肾形，直径约 1mm，有脉纹。花期 4~6 月，果期 6~8 月。

图 320 莓叶委陵菜

见于本市各地，生于耕地边、草地、灌丛中及疏林下。

3. 三叶委陵菜 图 321

Potentilla freyniana Bornm.

多年生草本。高约30cm。主根短而粗，呈串珠状，须根多数。茎细长柔软，有时呈匍匐状，有柔毛。三出复叶；基生叶的小叶椭圆形、矩圆形或斜卵形，长 1.5~5cm，宽 1~2cm，基部楔形，边缘有钝锯齿，近基部全缘，下面沿叶脉处有较密的柔毛，叶柄细长，有柔毛；茎生叶小叶片较小，叶柄短或无，托叶卵形，被毛。总状聚伞花序，顶生；总花梗和花梗有柔毛；花小，少数，黄色；花瓣 5，倒卵形，

图 321 三叶委陵菜

顶端微凹；雄蕊多数；雌蕊多数，花柱侧生；花托稍有毛。瘦果小，黄色，卵形，无毛，有小皱纹。花果期 4~5 月。

见于乐清、永嘉、文成、苍南、泰顺，生于向阳山坡或海岛路边草丛中。

全草入药。

4. 蛇含委陵菜 图 322

Potentilla kleiniana Wight et Arn. [*Potentilla sundaica* (Bl.) Kuntze]

一至多年生草本。长 20~50cm。多须根。茎上升或匍匐，柔弱，稍扭曲，疏生短柔毛，有时节处生根，并发育出新植株，被疏柔毛或开展长柔毛。掌状复叶；茎中、下部叶为 5 小叶，连叶柄长 3~20cm，叶柄被疏柔毛或开展长柔毛，托叶膜质，淡褐色，小叶片倒卵形或长圆状倒卵形；茎上部叶为 3 小叶，叶柄极短，托叶草质，绿色，全缘，稀具 1~2 齿，小叶片与基生叶小叶片相似。聚伞花序，花密集于枝顶如假伞形，或呈疏松的聚伞状；花瓣黄色，倒卵形，先端微凹。瘦果近圆形，直径约 0.5mm，具皱纹。花果期 4~9 月。

见于本市各地，生于海拔 50~700m 的山坡、旷野、河边、路旁草地。

全草入药，有清热解毒、消肿止痛之效。

5. 朝天委陵菜 三叶朝天委陵菜 图 323

Potentilla supina Linn. [*Potentilla supina* var. *ternata* Peterm.]

一或二年生草本。高 20~50cm。根细长。茎较粗壮，平卧、上升或直立，上部分枝，被柔毛或近无毛。基生叶为羽状复叶，有小叶 5~11，连叶柄长 4~15cm，叶柄被柔毛或近无毛，托叶膜质，褐色；小叶片长圆形或倒卵状长圆形，长 1~2.5cm，宽 0.5~1.5cm，先端圆钝或急尖，基部歪楔形，边缘有

图 322 蛇含委陵菜

图 323 朝天委陵菜

圆钝或缺刻状锯齿。茎下部花为单花，腋生，上部呈伞房状聚伞花序；花梗长 0.8~1.5 cm，被短柔毛；花直径 0.6~0.8 cm；花瓣黄色，倒卵形，先端微凹。瘦果长圆形，先端尖。花果期 3~10 月。

见于鹿城、瓯海、龙湾、泰顺，生于平原的田边、荒野、湖岸、池边、草甸或山坡湿地。

全草入药，有清热解毒、凉血、止痢之功效。

17. 梨属 Pyrus Linn.

落叶乔木或灌木。枝头有时具针刺。冬芽具有覆瓦状鳞片。叶边有锯齿或裂片，有叶柄和托叶。花先于叶开放或与叶同时开放；伞形总状花序；萼片开展或反折；花瓣白色，有短爪；花柱 2~5，离生，基部有花盘环绕；子房下位，2~5 室，每室有 2 胚珠。果肉中有石细胞，子房壁为软骨质。种子黑色或近于黑色。

全世界约 30 种，原产于亚洲、欧洲以至北非，世界各国皆有分布。中国 14 种；浙江 5 种 4 变种；温州野生 1 种。

■ 豆梨 图 324

Pyrus calleryana Decne.

乔木。高 5~8m。小枝圆柱形，幼时有绒毛，后脱落，二年生枝灰褐色。冬芽三角状卵形，微具绒毛。叶片宽卵形至卵状椭圆形，先端渐尖，稀急尖，基部圆形至宽楔形，边缘有钝锯齿，两面无毛；托叶线状披针形，无毛。伞房总状花序具 6~12 花；苞片膜质，线状披针形，内面具绒毛；萼筒无毛，

图 324　豆梨

萼片披针形，先端渐尖，全缘，外面无毛，内面具绒毛；花瓣白色，卵形，有短瓣柄；雄蕊 20，稍短于花瓣；花柱 2，稀 3，基部无毛。梨果黑褐色，球形，有斑点，2(~3) 室；萼片脱落；果梗细长。花期 4 月，果期 9~11 月。

见于本市各地，生于山坡、平原或山谷杂木林中。

材质致密，可作器具用材；常用作沙梨的砧木。

本种尚有变型绒毛豆梨 *Pyrus calleryana* f. *tomentella* Rehd.，在其幼时小枝、叶柄、叶片中脉上下两面均被锈色绒毛；果梗和萼筒外面也被稀疏绒毛。见于文成、泰顺，生于海拔250~1700m的山谷、山坡、沟边、路旁林中、林缘或高山草地上。

18. 石斑木属 Rhaphiolepis Lindl.

常绿灌木或小乔木。单叶互生，叶片革质，具短柄；托叶锥形早落。萼筒下部与子房合生，萼片5；花瓣5，有短瓣柄；雄蕊15~20；子房下位，2室，每室有2直立胚珠，花柱2~3，离生或基部合生。梨果核果状，近球形，肉质，萼片脱落后顶端有一圆环或浅窝。种子近球形；种皮薄；子叶肥厚，平凸或半球形。

约 15 种，分布于亚洲东部。我国 7 种；浙江 4 种，温州也有。

分种检索表

1. 叶片全部有稀疏锯齿。
    2. 叶片卵形或长圆形，稀倒卵形或长圆披针形，长 2~8cm ··· **2. 石斑木 R. indica**
    2. 叶片长椭圆形至倒卵状长圆形，长 7~15cm ··· **3. 大叶石斑木 R. major**
1. 叶片全缘或者有疏生钝锯齿。
    3. 小枝、叶和叶柄幼时密被褐色柔毛；叶片长 2.5~7cm ··· **4. 厚叶石斑木 R. umbellata**
    3. 小枝、叶柄和叶密被锈色绒毛；叶片长 8~12cm ··· **1. 锈毛石斑木 R. ferruginea**

图 325 石斑木

1. 锈毛石斑木

Rhaphiolepis ferruginea Metc.

常绿乔木或灌木。高约 5m。树皮暗灰黑色。小枝圆柱形，密被黑锈色绒毛。叶片椭圆形至长圆形，先端急尖或短渐尖，基部楔形，边缘向下方反卷，全缘，上面幼时被绒毛，后脱落无毛，下面密被锈色绒毛，中脉和侧脉均隆起；叶柄密被黑锈色绒毛。圆锥花序顶生；花梗长 2~4mm，与总花梗均密被锈色绒毛；萼筒外面密被锈色绒毛，萼片卵形；花瓣白色，卵状长圆形，先端圆钝。果实黑色，球形，幼时被绒毛，成熟后近无毛；萼片脱落；果梗粗短，密被锈色绒毛。花期4月下旬至6月上旬，果期10月。

见于泰顺，生于海拔 560m 左右的溪边。

2. 石斑木 图 325

Rhaphiolepis indica (Linn.) Lindl. [*Rhaphiolepis gracilis* Nakai]

常绿灌木，稀小乔木。高 1.5~4m。幼枝初被褐色绒毛，后渐脱落。叶片薄革质，卵形、长圆形，稀倒卵形或长圆状披针形，基部渐狭下延至叶柄，边缘具细钝锯齿，上面光亮，无毛，细脉不明显或明显，下面叶脉稍隆起，细脉明显；叶柄长无毛；托叶钻形，脱落。圆锥花序或总状花序顶生；总花梗和花梗被锈色绒毛；萼筒管状两面有褐色绒毛或无毛；花瓣白色或淡红色。果实紫黑色，球形，直径约 5mm；果梗粗短，长 5~10mm。花期 4~5 月，果期 7~8 月。

见于本市各地山区，生于海拔 1300m 以下的山坡、路旁或溪边灌木林中。

木材质量坚韧；根、叶入药；果实可食用。

3. 大叶石斑木 图 326

Rhaphiolepis major Card.

常绿灌木。高达 4m。树皮光滑。小枝粗壮，灰色，近无毛。叶片厚革质，长椭圆形或倒卵状长圆形，先端急尖或短渐尖，边缘微下卷，有浅钝锯

图 326 大叶石斑木

图 327 厚叶石斑木

齿，下面苍白色，中脉在两面隆起，侧脉 8~14 对，未伸达叶缘，浅即分叉，侧脉及细脉在上面均下陷成皱；叶柄具翅，近无毛。圆锥花序；总花梗、花梗、苞片及小苞片均被锈色绒毛；萼筒管状，上部宽，长约 4mm，外面被锈色绒毛，萼片外面微被毛，内面先端有锈色绒毛；花瓣基部有毛；雄蕊 15，约与花瓣等长或稍短。果实黑色，球形；果梗粗壮，被棕色绒毛。种子 1，种子黑色，圆形。花期 4 月，果期 8 月。

见于文成、泰顺，生于海拔 500~1400m 的阴暗潮湿密林中或溪谷灌木丛中。

■ 4. 厚叶石斑木 图 327

Rhaphiolepis umbellata (Thunb.) Makino

常绿灌木或小乔木。高 2~4m。枝粗壮，极叉开，枝和叶在幼时有褐色柔毛，后脱落。叶片厚革质，长椭圆形、卵形或倒卵形，长 (2~)4~10cm，宽 (1.2~)2~4cm，先端圆钝至稍锐尖，基部楔形，全缘或有疏生钝锯齿，边缘稍向下方反卷，上面深绿色，稍有光泽，下面淡绿色，网脉明显；叶柄长 5~10mm。圆锥花序顶生，直立，密生褐色柔毛；萼筒倒圆锥状，萼片三角形至窄卵形；花瓣白色，倒卵形；雄蕊 20；花柱 2，基部合生。果实球形，直径 7~10mm，黑紫色带白霜，顶端有萼片脱落残痕，种子 1。

见于乐清、洞头、瑞安、平阳、苍南，生于沿海岛屿上的山坡、路旁岩石上。

19. 蔷薇属 Rosa Linn.

灌木。叶互生；奇数羽状复叶，稀单叶；托叶贴生或着生于叶柄上；小叶片边缘有锯齿。花单生或成伞房状，稀复伞房状或圆锥状花序；花瓣开展，覆瓦状排列；雄蕊多数，分为数轮，着生在花盘周围；心皮着生在花托内，无柄，极稀有柄，离生，花柱顶生或侧生，外伸，胚珠单生，下垂。瘦果木质，着生在肉质花托内形成蔷薇果。种子下垂。

约200种，广泛分布于欧、亚、北非、北美各洲亚热带至寒温带地区。我国约82种；浙江16种6变种；温州7种2变种。

分种检索表

1. 花托外面有明显针刺或刺毛 ························ **5. 金樱子 R. laevigata**

1. 花托外面光滑或者有柔毛，无刺毛或针刺。

  2. 托叶与叶柄离生，早落。

    3. 小枝无毛；小叶 3~5 ························ **2. 小果蔷薇 R. cymosa**

3. 小枝有刺毛；小叶 5~9 ………………………………………………… **1. 硕苞蔷薇 R. bracteata**

2. 托叶与叶柄合生，宿存。

4. 托叶篦齿状或有不规则锯齿；花柱合生，伸出萼筒外。

5. 托叶篦齿状 ………………………………………………… **7. 野蔷薇 R. multiflora**

5. 托叶具不规则锯齿。

6. 小叶 5~7，下面密被长柔毛，上面沿中脉被毛 ……………… **4. 广东蔷薇 R. kwangtungensis**

6. 小叶 5~7，稀 9，两面无毛 ………………………………… **6. 光叶蔷薇 R. luciae**

4. 托叶全缘；花柱离生，稀合生 ……………………………… **3. 软条七蔷薇 R. henryi**

1. 硕苞蔷薇 糖钵 图 328

Rosa bracteata Wendl.

常绿匍匐灌木。高1~5m。有长匍匐枝，小枝粗壮，密被黄褐色柔毛，并混生针刺和腺毛；皮刺扁弯，常成对着生于托叶下方。复叶有小叶5~9，稀11~13，叶轴有稀疏柔毛、腺毛和小皮刺；托叶大部分离生，呈篦齿状深裂，密被柔毛，边缘有腺毛；小叶片革质，小叶柄有稀疏柔毛、腺毛和小皮刺。花单生或2~3花集生，密生长柔毛和稀疏腺毛；苞片数枚，外面密被柔毛，内面近无毛；萼片先端尾状渐尖，和花托外面均被黄褐色柔毛和腺毛；花瓣白色。果球形，密被黄褐色柔毛；果梗短，密被柔毛。花期4~5月，果期9~11月。

见于本市各地，生于低海拔的平原、溪边、山坡、路旁等向阳处。

根、叶、花及果实入药。

1a. 密刺硕苞蔷薇 图 329

Rosa bracteata var. **scabriacaulis** Lindl. ex Koidz.

本变种因小枝密被针刺和腺毛而与原种相区别。

见于洞头、泰顺，生于海拔 200m 左右的溪边或山坡灌丛中。

图 328 硕苞蔷薇

图 329 密刺硕苞蔷薇

2. 小果蔷薇　山香木　图 330

Rosa cymosa Tratt.

常绿攀援灌木。高 2~5m。小枝无毛或稍有柔毛，有钩状皮刺。复叶有小叶 3~5，稀 7，连叶柄长 5~10cm，叶轴无毛或有柔毛，有稀疏皮刺和腺毛，线形托叶膜质早落；小叶片卵状披针形或椭圆形，两面无毛，上面亮绿色，小叶柄无毛或有柔毛，有稀疏皮刺和腺毛。复伞房花序有花多数；花梗长约 1.5mm；苞片线状披针形，被疏柔毛；萼片卵形，常羽状分裂，外面近无毛，稀有刺毛，内面被稀疏白色绒毛，沿边缘较密；花瓣白色，倒卵形，先端凹缺，基部楔形；花柱离生，稍伸出托口外，与雄蕊近等长，密被白色柔毛。果实红色至黑褐色，球形。花期 5~6 月，果期 7~11 月。

见于本市各地，生于海拔 500m 以下的山阳坡、路旁、溪边、沟谷林缘、疏林下或灌丛中。

3. 软条七蔷薇　图 331

Rosa henryi Bouleng.

落叶灌木。高 3~5m。有长匍匐枝，小枝有皮刺或无刺；皮刺短扁、弯曲。复叶通常有小叶 5，近花序者常为 3 小叶，叶轴无毛，散生小皮刺，托叶大部贴生于叶柄，离生部分披针形；小叶片长圆形、卵形、椭圆形或椭圆状卵形，边缘有锐锯齿，两面无毛，下面中脉隆起，小叶柄散生小皮刺，无毛。伞形状伞房花序有花 5~17；花梗无毛；花托外面无毛，有时具腺毛；萼片全缘，有少数裂片，外面近无毛，有稀疏腺点，内面有长柔毛；花瓣白色。果红褐色，近球形，有光泽；果梗有稀疏腺点；萼片最后脱落。花期 4~5 月，果期 8~10 月。

见于本市各地，生于海拔 1000m 以下的山坡、溪谷、山脚、路旁、田边或疏林中、灌丛中和林缘。

根及果实可入药。

图 330　小果蔷薇

图 331 软条七蔷薇

图 332 金樱子

4. 广东蔷薇

Rosa kwangtungensis Yu et Tsai

攀援小灌木。有长匍匐枝，枝暗灰色或红褐色，无毛；小枝圆柱形，有短柔毛，皮刺小，基部膨大，稍向下弯曲。小叶片椭圆形、长椭圆形或椭圆状卵形，中脉凸起，密被柔毛，有散生小皮刺和腺毛；托叶大部贴生于叶柄，离生部分披针形，边缘有不规则细锯齿，被柔毛。顶生伞房花序；总花梗和花梗密被柔毛和腺毛；萼片卵状披针形，先端长渐尖，全缘，两面有毛，边缘较密，外面混生腺毛；花瓣白色。果实球形，紫褐色，有光泽；萼片最后脱落。花期 3~5 月，果期 6~7 月。

见于泰顺，生于海拔 100~500m 的山坡、路旁、河边或灌丛中。

5. 金樱子 刺梨子 糖罐头 图 332

Rosa laevigata Michx.

常绿攀援灌木。高可达 5m。小枝粗壮，散生扁弯皮刺，无毛，幼时被腺毛，后渐脱落减少。复叶有小叶 3，偶有 5，叶轴有皮刺和腺毛，托叶离生或基部与叶柄合生；小叶片革质，幼时沿中脉有腺毛，后渐脱落无毛，小叶柄有皮刺和腺毛。花单生于叶腋；花梗密被腺毛，随果实成长变为针刺；萼筒密被腺毛，后变为针刺，萼片常有刺毛和腺毛，内面密被柔毛，比花瓣稍短；花瓣白色。果紫褐色，梨形或倒卵形，稀近球形，外面密或疏被针刺；果梗长约 3cm，密被针刺；萼片宿存。花期 4~6 月，果期 9~10 月。

见于本市各地丘陵山区，生于海拔 1100m 以下

的向阳山地、田边、溪边、谷地疏林下或灌丛中。

根皮含鞣质，可供提制栲胶；果实可供熬糖、酿酒；根、叶、果入药。

■ 6. 光叶蔷薇 图 333

Rosa luciae Franch. et Roch. [*Rosa wichurana* Crep.]

攀援灌木。高 3~5m。枝平卧，节上易生根。小枝红褐色，圆柱形，幼时有柔毛，不久脱落；皮刺小，带红紫色，对生，稍弯曲。复叶有小叶 5~7，稀 9，叶柄有小皮刺和稀疏腺毛，托叶大部贴生于叶柄，离生部分披针形，边缘有不规则裂齿和腺毛；小叶片中脉隆起，两面均无毛。伞房状花序生于枝顶；总花梗和花梗幼时有稀疏柔毛，不脱落；花有香气；萼片外面近无毛，内面密被柔毛，边缘尤密；花瓣白色。果紫黑褐色，球形或近球形，有光泽，被稀疏腺毛；萼片最后脱落。花期 4~7 月，果期 10~11 月。

见于洞头、瑞安、平阳、苍南，生于海拔 40m 左右的海滨小山坡上。

图 333 光叶蔷薇

■ 7. 野蔷薇 多花蔷薇 图 334

Rosa multiflora Thunb.

落叶攀援灌木。高 1~2m。小枝无毛，有短粗稍弯曲皮刺。复叶有小叶 5~9，近花序的有时小叶为 3，叶轴和叶柄有短柔毛或腺毛，托叶篦齿状，大部贴生于叶柄，边缘有腺毛；小叶片倒卵形、长圆形或卵形，边缘有尖锐锯齿，稀间有重锯齿，下面有柔毛，小叶柄散生腺毛。花多数，排成圆锥状花序；花梗无毛或有腺毛，有时基部有篦齿状小苞片；花单瓣；萼片披针形，内面有柔毛；花瓣白色，先端微凹。果红褐色或紫褐色，有光泽，近球形，直径 6~8mm，无毛；萼片脱落。花期 5~7 月，果期 10 月。

见于本市各地，生于海拔 1100m 以下的向阳山坡、溪边、路旁或灌丛中。

花艳丽，茎攀援，常栽为花篱；鲜花含芳香油，可供食用及化妆品用；花、果、根均入药。

■ 7a. 粉团蔷薇 图 335

Rosa multiflora var. **cathayensis** Rehd. et Wils.

本变种花为粉红色，单瓣。

见于乐清、永嘉、文成，多生于海拔 1300m 的山坡、灌丛或河边等处。

根可供提制栲胶；鲜花可供提制香精；根、叶、花和种子均入药；本种可作绿篱、护坡及棚架绿化材料。

图 334 野蔷薇

图 335 粉团蔷薇

20. 悬钩子属 Rubus Linn.

落叶或常绿灌木、半灌木。茎直立或攀援，通常有皮刺。叶互生，单叶，或三出、羽状或掌状复叶；有托叶。花单生或排成聚伞、总状及圆锥花序；花常两性；花萼5深裂，宿存；花瓣5，白色或粉红色；雄蕊多数；心皮多数，离生，着生在凸起的花托上；聚合小核果，红色、黄色或黑色。

约700种，世界广布，主见于北半球温带，少数分布到热带及南半球；我国208种，分布遍及全国，但以长江流域以南各地区最多；浙江34种9变种；温州30种6变种。

分种检索表

1. 单叶。
  2. 托叶与叶柄合生。
    3. 倾卧矮小灌木；枝具稀疏小皮刺 ············ **14. 陷脉悬钩子 R. impressinervus**
    3. 直立灌木；枝具较大皮刺。
      4. 叶片宽大，盾状着生；果实圆柱形 ············ **21. 盾叶莓 R. peltatus**
      4. 叶片较狭小，非盾状着生；果实近球形或卵状球形。
        5. 叶片不分裂或3裂，具掌状三出脉或羽状脉。
          6. 叶片两面无毛或沿脉稍有疏毛。
            7. 花常单生；雄蕊约100；果实卵球形，橙色 ············ **11. 中南悬钩子 R. grayanus**
            7. 花常3或3以上成短总状花序；雄蕊约10~50；果实近球形，红色 ············ **29. 三花悬钩子 R. trianthus**
          6. 叶片两面被柔毛，有时后期部分脱落。
            8. 植株无腺毛；果实被毛 ············ **6. 山莓 R. corchorifolius**
            8. 植株有腺毛；果实无毛 ············ **10. 光果悬钩子 R. glabricarpus**
        5. 叶片掌状5深裂，稀3或7裂，常具掌状五出脉 ············ **5. 掌叶覆盆子 R. chingii**
  2. 托叶与叶柄离生。
    9. 茎上常无皮刺
      10. 植物体无腺毛 ············ **20. 黄泡 R. pectinellus**
      10. 植物体有腺毛。
        11. 叶片宽长卵形，下面被长柔毛；托叶羽状深裂 ············ **3. 周毛悬钩子 R. amphidasys**
        11. 叶片卵形或圆形，下面被绒毛；托叶掌状深裂 ············ **31. 东南悬钩子 R. tsangorum**
    9. 茎上常具皮刺。
      12. 托叶和苞片常较狭小，长在2cm以下，分裂或全缘。
        13. 叶片下面有柔毛或无毛。
          14. 叶片不分裂，基部圆形；叶柄长达1cm；果实直径1~1.5 cm ············ **22. 梨叶悬钩子 R. pirifolius**
          14. 叶片3~5浅裂，基部心形；叶柄长达2~4cm；果实直径6~8mm ············ **17. 高粱泡 R. lambertianus**
        13. 叶片下面密被绒毛。
          15. 叶片长圆状卵形或长圆状披针形；总状花序顶生。
            16. 叶片下面被灰白色绒毛，结果枝上叶片毛脱落或无毛 ············ **27. 木莓 R. swinhoei**
            16. 叶片下面密被黄灰色或黄褐色至锈黄色绒毛 ············ **9. 福建悬钩子 R. fujianensis**

15. 叶片非长圆状卵形或长圆状披针形；宽大圆锥状花序或短总状花序、伞房状花序，稀数花簇生或单生。

17. 叶片下面被铁锈色绒毛……………………………………………………………………**23. 锈毛莓R. reflexus**

17. 叶片下面被灰白色至黄灰色绒毛。

18. 叶片边缘不分裂或浅裂；花成顶生圆锥花序…………………**28. 无腺灰白毒R. tephrodes** var. **ampliflorus**

18. 叶片边缘浅裂或裂片重复分裂；花成顶生狭圆锥花序或簇生于叶腋或单生。

19. 托叶和苞片掌状或羽状分裂。

20. 植株有棕色软刺毛………………………………………………………………**25. 棕红悬钩子R. rufus**

20. 植株无刺毛。

21. 叶柄被细短柔毛和稀疏小皮刺；萼片宽卵形，外萼片边缘羽状条裂；果实半球形，橙色………………………………………………………………………………………**13. 湖南悬钩子R. hunanensis**

21. 叶柄密被绒毛状长柔毛，无刺或疏生针刺；萼片披针或卵状披针形，外萼片仅顶端浅裂；果实近球形，紫黑色………………………………………………………………………**4. 寒莓R. buergeri**

19. 托叶和苞片不规则或梳齿状撕裂………………………………………………**2. 粗叶悬钩子 R. alceaefolius**

12. 托叶和苞片常较宽大，长在（1~）2~5cm，分裂或有锯齿。

22. 叶片宽卵形至长卵形，先端渐尖，边缘有突尖锯齿，下面密被灰白色绒毛和稀疏小皮刺……**18. 太平莓R. pacificus**

22. 叶片近圆形，先端圆钝或急尖，边缘不明显浅裂，有不整齐粗锐锯齿，下面密被灰色或黄灰色绒毛………………………………………………………………………………………………**16. 灰毛泡R. irenaeus**

1. 复叶。

23. 小叶3或3~5。

24. 叶片下面被柔毛，稀疏至无毛或上面脉上疏生平贴柔毛。

25. 枝上被柔毛和疏生皮刺。

26. 小叶3~5，边缘有尖锐重锯齿；花单生于小枝的顶端……………………………**12. 蓬蘽R. hirsutus**

26. 小叶5~7（9），边缘有缺刻状重锯齿；伞房花序……………………………………**7. 插田泡 R. coreanus**

25. 枝上除皮刺外，还密被刺毛或腺毛……………………………………………………**1. 腺毛莓R. adenophorus**

24. 叶片下面密被灰白色或黄灰色毛。

27. 伞房花序……………………………………………………………………………………**19. 茅莓R. parvifolius**

27. 圆锥或总状花序……………………………………………………………………………**15. 白叶莓R. innominatus**

23. 小叶5以上。

28. 叶片下面被柔毛，疏生柔毛至无毛。

29. 枝上密被腺毛和皮刺。

30. 枝、叶柄和花梗具有柔毛和较长腺毛；小叶5~7，边缘有不整齐尖锐锯齿…………………………………………………………………………………………………**26. 红腺悬钩子R. sumatranus**

30. 枝、叶柄和花梗常无毛，稀具柔毛，有短疏腺毛；小叶7~9（~11），边缘有不整齐粗锐锯齿或缺刻状重锯齿…………………………………………………………………………**30. 光滑悬钩子R. tsangii**

29. 枝上被柔毛和疏生皮刺，稀无刺及无毛…………………………………………………**24. 空心泡R. rosifolius**

28. 叶片下面密被灰白色绒毛……………………………………………………………………**8. 弓茎悬钩子R. flosculosus**

图 336 腺毛莓

1. 腺毛莓 图 336

Rubus adenophorus Rolfe

攀援灌木。小枝和叶柄具紫红色腺毛、柔毛和宽扁的稀疏皮刺。三出复叶，托叶线状披针形，具柔毛和稀疏腺毛；小叶卵形，长 4~12 cm，宽 2~7cm，先端渐尖，基部近心形，具粗锐重锯齿，两面均被疏柔毛，下面沿叶脉有疏腺毛。总状花序顶生或腋生；花梗长 0.6~1.2cm，与苞片和花萼均密被黄色长柔毛和紫红色腺毛；苞片披针形，长达 1cm；花较小，直径 6~8mm；萼片披针形，先端渐尖，花后常直立；花瓣粉红色，近圆形，基部具瓣柄；花丝线形；子房具柔毛，花柱无毛。果红色，球形，直径约 1cm，近无毛。花期 4~6 月，果期 6~7 月。

见于永嘉、瑞安、文成、平阳、苍南、泰顺，生于海拔 800~1400m 的沟谷林缘、山坡灌草丛中。

2. 粗叶悬钩子 图 337

Rubus alceaefolius Poir.

攀援灌木。枝常被黄灰色至锈色绒毛或长绒毛，有稀疏皮刺。单叶，常宽卵形，长 5~16 cm，宽 5~14cm，先端圆钝，基部心形，不规则 3~7 浅裂，裂片圆钝，有不规则粗锯齿，基五出脉；托叶大，长 1~1.5cm，常不规则撕裂。狭圆锥或近总状花序顶生，头状花序腋生；花梗短；苞片大，梳齿状深裂；花直径 1~1.6cm；萼片宽卵形，有毛，外萼片掌状至羽状条裂，内萼片常全缘而具短尖头；花白色，近圆形，与萼片近等大；花丝宽扁，花药有长柔毛；子房无毛。聚合果红色，近球形，直径达 1.8cm。花期 7~8 月，果期 10~11 月。

见于永嘉、苍南、泰顺，生于向阳山坡、山谷杂木林内或灌丛中。

根和叶入药，有活血祛瘀、清热、止血之效。

■ 3. 周毛悬钩子 图 338

Rubus amphidasys Focke

常绿蔓性灌木。枝、叶柄、花序均密被红褐色长腺毛、软刺毛和淡黄色长柔毛，常无皮刺。单叶，叶宽卵形，长 4.5~11cm，宽 3.5~10cm，3~5 浅裂，裂片圆钝，顶生裂片比侧生者大，有不规则锐齿，先端短渐尖或急尖，基部心形，上面无毛，下面有疏柔毛；叶柄长 2~6cm；托叶离生，羽状深裂，被

图 337 粗叶悬钩子

长腺毛或长柔毛。短总状花序常顶生或腋生；花直径 1~1.5cm；萼片狭披针形，在果期直立开展；花瓣白色，宽卵形至长圆形；花丝宽扁，短于花柱；子房无毛。果暗红色，半球形，直径约 1cm，无毛，包藏于花萼内。花期 5~7 月，果期 7~9 月。

见于本市各地，生于山坡路旁灌丛中或林下。

全株可供药用，有祛风活血之效。

图 338 周毛悬钩子

图 339 寒莓

4. 寒莓 图 339

Rubus buergeri Miq.

蔓性常绿小灌木。茎常伏地生根，密生灰色长柔毛，有稀疏小皮刺。单叶，纸质，近圆形，直径4~8cm，先端圆钝，基部心形，有不整齐锐锯齿，3~5 不明显浅裂，裂片圆，上面脉上被毛，下面初时密被绒毛，后渐落；托叶离生，掌状或羽状深裂。短总状花序，腋生或顶生；总花梗、花梗和花萼外面密被灰白色绒毛状长柔毛和散生针刺；花直径 0.6~1cm；萼片披针形，外萼片先端常浅裂，内萼片全缘，果时常直立开展；花白色，倒卵形，比萼片短；雌蕊无毛。聚合果紫黑色，近球形，直径6~10mm，无毛。花期 8~9 月，果期 10 月。

见于本市各地（海岛少见），生于低海拔山坡灌丛及林下。

果可供食或酿酒；根可供提制栲胶；根及全株药用，能祛风活血、清热解毒。

5. 掌叶覆盆子 图 340

Rubus chingii Hu

落叶直立灌木。幼枝绿色，无毛，有白粉，具少数皮刺。单叶，近圆形，直径5~9cm，常掌状5深裂，基部近心形，边缘重锯齿，两面脉上有白色短柔毛，基部有 5 脉；叶柄长 3~5cm，近无毛，疏生小皮刺；托叶线状披针形。花单生于短枝顶端或叶腋；花梗长 2~4cm，无毛；花直径 2.5~4.5cm；萼筒毛较疏或近无毛，萼片卵形或卵状长圆形，长达 1cm，外面密被短柔毛；花瓣白色，椭圆形，先端圆钝，长1~2cm；花丝扁宽；雌蕊具柔毛。聚合果红色，球形，直径 1.5~2cm，密被白色柔毛，下垂。花期 3~4 月，果期 5~6 月。

见于本市各地，生于山坡疏林、灌丛或山麓林缘。

果可食也可入药，能补肾益精；根能止咳、活血消肿。

6. 山莓 图 341

Rubus corchorifolius Linn. f.

落叶直立小灌木。从地下部分蘖生新苗。小枝稍被毡状短柔毛，后变无毛。单叶，卵形，长4~10cm，宽2~5.5cm，先端渐尖，基部圆形，不裂或3浅裂，有不整齐重锯齿，上面近无毛，下面幼时密被灰褐色细柔毛，后渐落，基部3脉；叶柄长1~3cm；托叶

线形，基部与叶柄合生，早落。花常单生，直径达3cm；花梗长0.6~1.2cm；萼筒杯状，无刺，萼片三角状卵形，长5~8mm，与花梗均被短柔毛；花瓣白色，长圆形，长9~12mm；花丝扁平；子房无毛。果球形，直径1~1.2cm，密被细柔毛。花期2~3月，果期4~6月。

见于本市各地，生于向阳山坡、路边、溪边或灌丛中。

果可供酿酒；根可供提制栲胶，又可供药用，有活血散瘀、止血之效。

图 340　掌叶覆盆子

7. 插田泡　覆盆子

Rubus coreanus Miq.

落叶灌木。枝粗壮，红褐色，被白粉，具坚硬皮刺。奇数羽状复叶；小叶常5~7，菱状卵形，长3~7cm，宽2~4.5cm，先端急尖，基部近圆形，有不整齐或缺刻状粗锯齿，两面近无毛，小叶柄、叶轴均被短柔毛和疏生钩状小皮刺；托叶线状披针形，有柔毛。伞房状圆锥花序顶生；苞片线形，有短柔毛；花直径7~10mm；总花梗、花梗和花萼外面均被灰白色短柔毛；萼片卵状披针形，边缘具绒毛，果时反折；花瓣淡至深红色，倒卵形，较萼片短；雌蕊多数，子房被疏短柔毛，花柱无毛。果深红色，近球形，直径5~8mm，近无毛。花期4~6月，果期6~8月。

见于乐清、泰顺，生于平地或山坡灌丛中。《浙

图 341　山莓

江植物志》记载见于全省各地，但温州并不常见。

果实味酸，可食又可供酿酒，也可入药，为强壮剂；根有止血、止痛之效。

■ 8. 弓茎悬钩子 图342

Rubus flosculosus Focke

藤状灌木。小枝圆柱形，疏生钩状扁平皮刺和短柔毛。奇数羽状复叶5~7，叶轴和叶柄被柔毛和钩状小皮刺，托叶线形，有柔毛；小叶卵形，顶生，常为菱状披针形，长3~7cm，宽1.5~4cm，先端渐尖，基部宽楔形，具粗重锯齿，上近无毛，下被灰白色绒毛；顶生小叶有柄，侧生几无。狭圆锥花序顶生，总状花序侧生；花梗和苞片均被柔毛；花直径5~8mm；花萼外面密被灰白色绒毛，直立；花粉红色，近圆形，具瓣柄，与萼片几等长或稍长；雄蕊多数；子房具柔毛，花柱无毛。聚合果红色至红黑色，近球形，无毛或微具柔毛。花期6~7月，果期8~9月。

见于永嘉、平阳、泰顺，生于山坡路边、林缘或杂木林下。

■ 9. 福建悬钩子

Rubus fujianensis Yu et Lu

常绿攀援灌木。枝暗褐色，圆柱形，无毛。单叶，革质，长圆状披针形，长10~16cm，宽2.5~4.5cm，先端渐尖，基部圆形至截形，近基部全缘，上半部有稀疏浅小锯齿，上面无毛，下面密被黄褐色绒毛；叶柄长1~1.5cm，幼时具锈色绒毛，老时脱落；托叶卵状披针形，长1~1.3cm，常全缘，幼时有柔毛，老时无毛。短总状花序顶生或腋生；总花梗、花梗和萼片宽披针形，长1.2~1.8cm，先端渐尖，在果时直立；花白色，倒卵状长圆形，长约1.1cm。聚合果红色，球形，直径1~1.2cm，无毛。花期5~6月，果期8~9月。

见于文成、苍南、泰顺，生于海拔1000~1200m的山坡灌草丛中。

■ 10. 光果悬钩子 图343

Rubus glabricarpus Cheng

落叶灌木。枝细，皮刺基部扁平，嫩枝具柔毛和腺毛，老枝无毛。单叶，卵形，长4~7cm，宽2.5~4cm，先端尾状渐尖，基部微心形，边缘3浅裂或缺刻状浅裂，有缺刻状锯齿，并有腺毛，两面被柔毛，沿叶脉毛较密或有腺毛，老时毛较疏；叶柄长1~1.5cm，具柔毛、腺毛和小皮刺；托叶线形，有柔毛和腺毛。花单生于枝顶或叶腋；花梗长5~20mm，具柔毛和腺毛；花直径约1.5cm；花萼外

图342 弓茎悬钩子

图 343 光果悬钩子

面被柔毛和腺毛，萼片披针形，先端尾尖；花白色，长圆形，先端圆钝；子房无毛。果红色，卵球形，直径约 1cm，无毛。花期 3~4 月，果期 5~6 月。

见于乐清、永嘉、瑞安、文成、苍南、泰顺，生于海拔100~1200m的山坡、山脚、沟边及杂木林下。

11. 中南悬钩子

Rubus grayanus Maxim.

落叶灌木。小枝棕褐色至紫褐色，疏具皮刺或近无，无毛。单叶，卵形，长 4.5~9 cm，宽 2~4cm，先端渐尖至尾尖，边缘长不分裂，有不整齐粗锐锯齿或重锯齿，两面近无毛，下面沿中脉疏生小皮刺；叶柄长 2~3cm，无毛，疏生小皮刺；托叶小，线形，无毛。花单生于短枝顶端；花梗长 1~2.5cm，无毛，有时具稀疏腺毛；花直径达 2cm；花萼外面无毛或仅于萼片边缘具绒毛，萼片卵状三角形，长 7~8mm；花丝紫红色；子房浅紫红色，无毛。聚合果黄红色，卵球形，直径 1~1.2cm，无毛。花期 4~5 月，果期 5~6 月。

见于永嘉、泰顺，生于低海拔山坡、谷地灌丛中。

11a. 三裂中南悬钩子

Rubus grayanus var. **trilobatus** Yu et Lu

本变种叶片 3 裂，裂片三角状卵形，先端裂片比侧方裂片长约 1 倍以上，花梗长 1~2cm，可与原种区别。

见于泰顺（泗溪东溪），生于海拔 1200m 的林中。温州分布新记录变种。

12. 蓬蘽 图 344

Rubus hirsutus Thunb.

半常绿小灌木。枝被腺毛、柔毛及散生稍直的皮刺。奇数羽状复叶，小叶 3~5；叶柄长 2~5cm，顶生小叶柄长 1.5cm，均具柔毛和腺毛，并疏生皮刺；托叶披针形；小叶宽卵形，长 3~7cm，宽 2~3.5cm，基部圆形，有不整齐重锯齿，两面散生白色柔毛。花单生于侧枝顶端，直径 3~4cm；花梗

图 344 蓬蘽

长 3~6cm，具柔毛和腺毛；花萼外面密被柔毛和腺毛，萼片三角状披针形，先端尾状，花后反折；花瓣白色，倒卵形或近圆形，长 1.5cm；花柱和子房均无毛。聚合果红色，近球形，直径 1.5~2cm，无毛。花期 4~6 月，果期 5~7 月。

见于本市各地，生于山沟、路旁或灌丛中。

果可食；全株及根入药，能消炎解毒、清热镇惊、活血祛风湿。

13. 湖南悬钩子 图 345

Rubus hunanensis Hand.-Mazz.

攀援小灌木。茎细，与叶柄均密被灰褐色短柔毛，疏生钩状小皮刺。单叶，近圆形，直径8~15cm，基部深心形，5~7裂，先端急尖，有不整齐锐锯齿，基五出脉，幼时两面具柔毛，老时近无毛；托叶离生，褐色，羽状深裂，具短柔毛。数花生于叶腋或成短总状花序；总花梗、花梗和花萼外面密被灰色短柔毛；苞片与托叶相似；花直径0.7~1cm；萼片宽卵形，外萼片较宽大，边缘羽状分裂，内萼片常不裂，花后直立；花白色，倒卵形，无毛；雄蕊短，无毛；雌蕊无毛。聚合果黄红色，半球形，包藏于宿萼内，无毛。花期7~8月，果期9~10月。

见于文成、平阳、泰顺，生于海拔 600~950m 的山谷、山沟、密林或草丛中。

14. 陷脉悬钩子 图 346

Rubus impressinervus Metc.

小灌木。高可达 40cm。茎褐色，圆柱形或具

图 346 陷脉悬钩子

棱，无毛，具稀疏小皮刺。单叶，长圆状披针形，长 7~17cm，宽 2~5.5cm，先端常尾尖，基部圆形，具疏锐锯齿，两面无毛，侧脉 9~12 对，在上面下凹，在下面隆起，中脉上具稀疏小皮刺；叶柄无毛，具小皮刺；托叶线形，无毛。花常单生于枝顶或叶腋；花梗无毛，无刺；花萼外面无毛，萼片先端具突尖

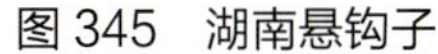
图 345 湖南悬钩子

头，边缘有密短柔毛，花后直立；花白色，长圆形，长达1.3cm；花丝较宽扁；花柱无毛，子房稍具柔毛；花托基部具长约5mm的柄。果褐红色，球形，直径约2cm，无毛。花期5~6月，果期8~9月。

见于泰顺，生于海拔800~1000m的山坡、山谷密林下、草丛或潮湿地区。该种模式标本采自浙江南部。

15. 白叶莓

Rubus innominatus S. Moore

落叶灌木。枝拱曲，小枝密被绒毛状柔毛，疏生钩状皮刺。小叶常3，叶柄与叶轴均密被绒毛状柔毛；托叶线形，被柔毛；顶生小叶较侧生小叶大，常卵形，基部圆形，具不整齐锯齿，上面几无毛，下面密被灰白色绒毛。总状或圆锥状花序顶生或腋生；苞片线状披针形，被柔毛；花直径6~10mm；总花梗、花梗和花萼外面密被黄灰色或灰色绒毛状长柔毛和腺毛；萼片卵形，在花果时直立；花瓣紫红色，近圆形，边缘啮蚀状，基部具瓣柄，稍长于萼片；花柱无毛，子房稍具柔毛。聚合果橘红色，近球形，直径约1cm，熟后无毛。花期5~6月，果期8~9月。

据《泰顺县维管束植物名录》记载泰顺有分布，但未见标本。

15a. 无腺白叶莓

Rubus innominatus var. **kuntzeanus** (Hemsl.) Bailey

茎、花序上有绒毛，无腺毛，可与原种区别。

见于泰顺，生于山坡灌丛中。温州分布新记录变种。

15b. 宽萼白叶莓

Rubus innominatus var. **macrosepalus** Metc.

花序短总状，被黄色绒毛状长柔毛，无腺毛，花萼较大，萼片宽卵形，长8~12mm，宽5~7mm，与原种和其他变种均可区别。

据《浙江植物志》记载泰顺有分布，但未见标本。

16. 灰毛泡

Rubus irenaeus Focke

常绿矮小灌木。茎与叶柄密被灰白色绒毛状柔毛。单叶，薄革质，近圆形，直径7~15cm，先端圆钝，基部心形，波状或不明显浅裂，裂片圆钝，有不整齐粗锐锯齿，上无毛，下密被黄灰色绒毛，基五出脉，下叶脉隆起，黄棕色，沿脉有长柔毛；叶状托叶大，长圆形，先端有缺刻状条裂，早落。花单生于叶腋，或排成顶生伞房或总状花序；花梗和花萼外均密被长柔毛；苞片与托叶相似；花直径1.5~2cm；萼片宽卵形，短渐尖，果期反折；花白色，近圆形；花药具长柔毛；雌蕊无毛。聚合果红色，球形，直径1~1.5cm，无毛。花期5~7月，果期8~9月。

见于文成、苍南、泰顺，生于海拔800~1000m的山坡疏林下草丛中。

果可食用；根入药，能祛风活血、清热解毒。

17. 高粱泡 高粱藨 图347

Rubus lambertianus Ser.

半常绿蔓性灌木。茎散生钩状小皮刺。单叶，叶片宽卵形，稀长圆状卵形，长7~10cm，宽4~9cm，先端渐尖，基部心形，边缘明显3~5裂或呈波状，有微锯齿，上面疏生柔毛，下面脉上初被长硬毛，后渐脱落，中脉常疏生小皮刺；叶柄长2~5cm，散生皮刺；托叶离生，鹿角状，早落。圆锥花序顶生，被柔毛；花梗长0.5~1cm；花直径约8mm；萼片三角状卵形，两面均被白色短柔毛；花瓣白色，卵形，无毛，先端钝；雌蕊通常无毛。聚合果红色，球形，直径6~8mm，无毛。花期7~8月，果期9~11月。

见于本市各地，生于低海拔地带林下、沟边或灌丛中。

果味酸甜，可鲜食或供酿酒；根可药用，有清热、散瘀、止血之效。

17a. 光滑高粱泡

Rubus lambertianus var. **glaber** Hemsl.

小枝和叶片两面均光滑无毛，花序和花萼无毛或近无毛，果实黄色或橙黄色，可与原种区别。

见于永嘉、文成、泰顺，生于海拔500~1100m的阴湿沟边、林下。

图 347 高粱泡

18. 太平莓 图 348

Rubus pacificus Hance

常绿矮小灌木。茎细，无毛。革质单叶，长卵形，长8~16cm，宽5~15cm，先端短尖，基部心形，不明显浅裂，有不整齐具突尖头的锐锯齿，上面无毛，下面密被灰白色绒毛，掌状五出脉，侧脉2~3对；叶柄疏生小皮刺；托叶叶状，长圆形，长达2.5cm，具柔毛，顶端缺刻状条裂。花3~8成顶生短总状或伞房花序，或单生于叶腋；总花梗、花梗和花萼均密被柔毛；苞片与托叶相似，较小；花大，直径1.5~2cm；萼片卵形，果期常反折；花白色；花药具长柔毛；雌蕊无毛。果红色，球形，直径1.2~1.6cm，无毛。花期6~7月，果期8~9月。

见于乐清、永嘉、瑞安、文成、平阳、泰顺，生于山坡灌丛中、林下和路旁草丛中。

本种耐旱，有固沙作用；全株供药用，有清热活血之效。

19. 茅莓 图 349

Rubus parvifolius Linn.

落叶匍匐小灌木。枝被柔毛和稀疏钩状皮刺。小叶 3，稀 5；叶柄长 2.5~5cm，有小刺和被毛；托叶线形，具柔毛；顶生小叶大于侧生小叶，菱状圆形至楔状圆形，先端急尖至钝圆，基部近圆形，边缘浅裂或不规则粗锯齿，上面近无毛，下面密被灰白色绒毛。伞房花序顶或腋生，花少数，密被柔毛

图 348 太平莓

图 349　茅莓

和细刺；花萼外面密被柔毛和针刺，萼片卵状披针形或披针形，先端渐尖，有时分裂，在花、果时均直立；花瓣粉红色至紫红色，宽卵形，或长圆形，长 5~7mm；子房具柔毛。聚合果红色，卵球形，直径 1~1.5cm，无毛或具疏柔毛。花期 4~7 月，果期 7 月。

见于本市各地，生于低山丘陵、山坡、路边。

果可供酿酒；叶及根皮可供提制栲胶，还可入药，有清热解毒、消肿活血之效。

■ 20. 黄泡　图 350

Rubus pectinellus Maxim.

矮小常绿半灌木，高 8~20cm。茎匍匐，细弱，节上生根；茎、叶柄及花梗具柔毛及细针刺。单叶，纸质，圆形，直径 3~7cm，先端圆钝，基部心形，边缘稍呈浅波状或 3 浅裂，有不整齐细锯齿，基出脉 3~5，两面具柔毛，细脉不明显，下脉有皮刺；托叶离生，二回羽状深裂，裂片丝状披针形。花单

图 350　黄泡

生或2花顶生；苞片与托叶相似；花直径约1.5cm；萼筒球形，密生直针刺，萼片卵状披针形，外面有毛和散生较短直针刺；花白色，狭倒卵形，稍短于萼片。聚合果红色，球形，直径1~1.5cm；宿存萼片反折。花期5~6月，果期7~8月。

见于泰顺（司前），生于海拔800~1000m的山坡林下。

根及叶药用，能行水消肿、解毒。

■ 21. 盾叶莓 图351

Rubus peltatus Maxim.

落叶直立灌木。茎圆柱形，无毛，散生皮刺。小枝被白粉。单叶近圆形，长7~17cm，宽6~17cm，基部近心形，掌状3~5浅裂，裂片三角状卵形，先端短渐尖，有不整齐细锯齿，初时两面被绒毛，后仅叶脉有毛和小皮刺；叶柄盾着，长4~10cm；托叶大，膜质，卵状披针形，长1~1.5cm，全缘，无毛。花单生于叶腋，直径约5cm；花梗长2.5~5cm，无毛；苞片与托叶相似；花萼无毛，萼片卵状披针形，常有撕裂状牙齿；花白色，近圆形；雌蕊被柔毛。聚合果橘红色，圆柱形，长达3~4.5cm，密被柔毛。花期4~5月，果期6~7月。

见于永嘉、文成、泰顺，生于海拔700~1350m的山坡、山脚、山沟林下或林缘。

根皮可供提制栲胶；果可食或入药，能治腰腿酸痛。

■ 22. 梨叶悬钩子 图352

Rubus pirifolius Smith

攀援灌木。茎有柔毛和扁平短皮刺。单叶，近革质，常卵形，长6~11cm，宽3.5~5.5cm，先端短渐尖，基部圆形，有不整齐粗锐齿，两面沿脉上有柔毛。圆锥花序顶生或生于上部叶腋内；总花梗、花梗和花萼密被灰黄色短柔毛，无刺或有少数小皮刺；花梗长4~12mm；苞片似托叶；花直径1~1.5cm；萼筒浅杯状，萼片三角状披针形，两面均密被短柔毛，先端有时2~3裂，有腺点；花瓣小，白色，长椭圆形，长3~5mm；花丝线形；雌蕊5~10，通常无毛。聚合果红色，椭圆形，直径1~1.5cm。花期4~7月，果期8~11月。

见于瑞安、平阳、苍南、泰顺，生于山麓林缘。

全株供药用，有强筋骨、去寒湿之效。

■ 23. 锈毛莓 图353

Rubus reflexus Ker

蔓生灌木。茎和叶柄圆柱形，密被锈色或黄褐色长柔毛，疏生小皮刺，隐于毛中。单叶，纸质，

周庄 摄

周庄 摄

图351 盾叶莓

周庄 摄

心状长圆形，长7~15cm，宽5~12cm，先端锐尖，基部心形，3~5裂，中裂片较大，卵形，有锐锯齿，基三出脉，上面被疏长柔毛或无，下面密被锈色绒毛；托叶宽倒卵形，被长柔毛，篦齿状分裂。数花聚生于叶腋或成短总状花序；总花梗、花梗和花萼外面均密被锈色长柔毛；花梗短；苞片与托叶相似；花直径1~1.5cm；萼片宽卵形；花白色，近圆形，与萼片近等长；雌蕊无毛。果深红色，近球形，直径1.5cm~2cm。花期6~7月；果期8~9月。

广布于本市各地，生于山坡林中。

图 352　梨叶悬钩子

23a. 浅裂锈毛莓

Rubus reflexus var. **hui** (Diels ex Hu) Metc.

本变种与原种的主要区别在于：本变种叶片心状宽卵形或近圆形，边缘稍浅裂，裂片急尖，顶生裂片较侧生者稍长或几等长。

据《浙江植物志》记载泰顺、平阳有分布，但未见标本。

24. 空心泡　蔷薇莓　图 354

Rubus rosifolius Smith

直立或攀援灌木。小枝常有浅黄色腺点，疏生扁平皮刺。奇数羽状复叶，小叶常5~7，和叶轴均有柔毛和小皮刺；托叶卵状披针形，具柔毛；小叶卵状披针形，长3~7cm，宽1.5~2cm，先端渐尖，两面疏生柔毛，老时无几，有浅黄色发亮的腺

图 353　锈毛莓

图 354 空心泡

点和尖锐缺刻状重锯齿；具柔毛和小皮刺。常 1~2 花顶生或腋生；花梗具柔毛和疏生小皮刺；花直径 2~3cm；花萼外面被柔毛和腺点，萼片先端长尾尖，花后常反折；花瓣白色，近圆形，长于萼片；雌蕊无毛，花柱具短柄。聚合果红色，卵球形，长 1~1.5cm，无毛。花期 4~5 月，果期 4~7 月。

见于乐清、永嘉、瑞安、文成、平阳、苍南、泰顺，生于海拔 400~900m 的山坡阔叶林缘。

果可食；根、嫩枝及叶药用，有清凉止咳、祛风湿之效。

25. 棕红悬钩子

Rubus rufus Focke

攀援灌木。枝圆柱形，与叶柄、花梗均具柔毛、棕褐色软刺毛和稀疏针刺。单叶，近圆形，直径7~14cm，5裂，裂片三角形，基部裂片较短，有不整齐尖锐锯齿，基出5脉，上面沿脉有长柔毛，下面密被棕褐色绒毛，沿脉有长硬毛和疏针刺；托叶宽大，长达2cm，篦齿状深裂，具软刺毛。狭圆锥或近总状花序顶生，或团集生于叶腋；苞片掌状深裂；花直径约1cm；花萼外密被棕褐色绒毛和软刺毛，萼片披针形，先端尾尖，果期直立；花白色，近圆形，无毛，短于萼片；雌蕊多数，无毛。聚合果橘红色，近球形，无毛。花期6~8月，果期9~10月。

见于泰顺，生于海拔 650~950m 的山坡林下。

26. 红腺悬钩子 图 355

Rubus sumatranus Miq.

直立或攀援灌木。小枝、叶轴、叶柄，花序轴和花梗均被紫红色刚毛状腺毛、柔毛及皮刺。奇数羽状复叶，小叶常 5~7；叶柄长 3~5cm；托叶披针形，有柔毛和腺毛；小叶纸质，卵状披针形，长 2.5~9 cm，宽 1.5~3.5cm，先端渐尖，基部圆形，偏斜，有不整齐的尖锐锯齿，两面疏生柔毛，下面沿脉有小皮刺。花单生或数枚成伞房花序；花梗长 2~3cm；苞片披针形；花直径 1~2cm；花萼被腺毛和柔毛，萼片披针形，长尾尖，果时反折；花瓣白色，匙形；雌蕊无毛。果橘红色，长圆形，长 1~1.8cm，无毛。花期 4~6 月，果期 5~8 月。

见于永嘉、瑞安、文成、平阳、苍南、泰顺，生于海拔 250~1200m 的山坡阔叶林下或林缘。

根药用，有清热、解毒、利尿之效。

27. 木莓 图 356

Rubus swinhoei Hance

半常绿攀援灌木。茎疏生小皮刺，幼时常密被灰白色短绒毛。单叶，叶宽卵形至长圆状披针形，长 7.5~13cm，宽 3~7cm，先端渐尖，基部浅心形，锯齿不整齐，上面中脉有毛，通常在不育枝和老枝上的叶下密被不脱落的灰色平贴绒毛，而果枝上的叶下仅沿叶脉有疏毛或无毛；叶柄长 5~10mm，有毛。总状花序顶生；总花梗、花梗和花托均被紫褐色腺毛和疏刺；花梗长 1~3cm；花直径 1~1.5cm；花萼在花果期反折；花瓣白色，有细柔毛；子房无毛。聚合果熟时由紫红变为紫黑色，球形，直径 1~1.5cm，无毛。花期 4~6 月，果期 7~8 月。

图 355 红腺悬钩子

图 356 木莓

见于文成、平阳、苍南、泰顺，生于山坡、沟边林下或灌丛中。

果味不佳，且有钩状花柱，不堪食用；树皮可供提取栲胶。

■ 28. 无腺灰白莓

Rubus tephrodes Hance var. **ampliflorus** (Lévl. et Vant.) Hand.-Mazz.

攀援灌木。枝密被灰白色绒毛，疏生微弯皮刺。单叶，叶片近圆形，长、宽各5～8cm，先端急尖或圆钝，基部心形，边缘具5~7圆钝裂片和不整齐锯齿，基部有掌状五出脉，侧脉3～4对；叶柄长1~3cm，具绒毛；托叶小，离生，分裂，脱落。圆锥花序顶生；总花梗和花梗密被绒毛状柔毛；花梗长达1cm；花直径1cm；花萼外面密被灰白色绒毛，萼片卵形，全缘；花瓣小，白色，近圆形至长圆形，比萼片短；雌蕊无毛。聚合果紫黑色，球形，直径达1.4cm，无毛。

见于平阳(顺溪南漈)，生于低海拔山地。温州分布新记录变种。

原种枝、花序和花萼均具腺毛及刺毛，温州不产。

■ 29. 三花悬钩子　三花莓　图 357

Rubus trianthus Focke

藤状灌木。全体无毛。枝暗紫色，疏生皮刺，有时具白粉。单叶，叶卵状披针形，长 4～9cm，宽 2~5cm，先端渐尖，基部心形，3 裂或不裂，不育枝上的叶常较大而 3 裂，顶生裂片卵状披针形，边缘有不规则或缺刻状锯齿，基部 3 脉；叶柄长1~3cm，疏生小皮刺；托叶披针形或线形。花常 3，有时超过 3 花而成短总状花序，常顶生；花梗长1~2.5cm；花直径 1~1.7cm；萼片三角形，先端长尾尖；花瓣白色，长圆形或椭圆形；花丝宽扁；雌蕊10~50。聚合果红色，近球形，直径约 1cm。花期4~5 月，果期 5~6 月。

见于本市各地，生于海拔 300~1200m 的山坡、路旁、溪边。

果可食；全株药用，有活血散瘀之效。

■ 30. 光滑悬钩子　图 358

Rubus tsangii Merr.

攀援灌木。枝圆柱形，稍具棱角，无毛，具腺毛和疏生皮刺。奇数羽状复叶，小叶常 7~9；叶柄长 4~7cm，和叶轴均无毛，疏生腺毛和小皮刺；托叶披针形，无毛；小叶卵状披针形，长 4~7cm，宽0.8~3cm，先端渐尖，基部圆形，幼时两面稍有柔毛，后变无，有不整齐细锐锯齿或重锯齿。花常 3~5 成顶生伞房状花序；花梗和花萼无毛，具腺毛；花直

周庄 摄

图 357　三花悬钩子

周庄 摄

周庄 摄

径 3~4cm；萼片长卵状披针形，先端长尾尖，花时直立开展，果期常反折；花白色，长圆形；子房和花柱无毛。聚合果红色，近球形，直径达 1.5cm，无毛。花期 4~5 月，果期 6~7 月。

见于文成、泰顺，生于海拔 150~800m 的山坡、林下。

图 358 光滑悬钩子

■ 31. 东南悬钩子 图 359

Rubus tsangorum Hand.-Mazz.

藤状小灌木。茎、叶柄、托叶和花序被硬毛和腺毛，偶具疏针刺。单叶，近圆形，直径6~17cm，基部深心形，3~5裂，侧生裂片小，宽三角形，先端圆钝，有不规则粗锐锯齿，上具柔毛，沿脉有疏柔毛，下被薄层绒毛，沿脉有长柔毛和疏腺毛，后绒毛脱落，仅柔毛残留；托叶离生，掌状深裂，裂片线形。近总状花序，有花5以上；花梗长短不等；花直径1~2cm；萼筒杯状，萼片狭三角状披针形，长渐尖，顶端深裂成2~3披针形裂片，果期常直立；花白色，宽倒卵形，长6~7mm；子房无毛。聚合果近红色，球形，无毛。花期5~7月，果期8~9月。

见于永嘉、瑞安、文成、苍南、泰顺，生于海拔 300~1500m 的山地疏林下或灌丛中。

图 359 东南悬钩子

21. 地榆属 **Sanguisorba** Linn.

多年生草本。根粗壮，下部通常生出若干纺锤形、圆柱形或长条形支根。奇数羽状复叶互生；具托叶。穗状或头状花序；花多数，密集；苞片2；花两性，稀单性；萼片4，覆瓦状排列，紫色、红色、白色或稀带绿色，呈花瓣状；花瓣缺；雄蕊4。瘦果小，包藏于宿存萼筒内。种子1。

约30余种，分布于亚洲、欧洲及北美洲。我国7种；浙江1种，温州也有。

■ 地榆 图360

Sanguisorba officinalis Linn.

多年生草本。高30~120cm。根粗壮，多呈纺锤形，棕褐色或紫褐色。茎直立，有棱，无毛或基部有稀疏腺毛。羽状复叶，基生叶有小叶9~13，叶柄无毛或基部有稀疏腺毛；小叶片卵形或长圆状卵形，长1~7cm，宽0.5~3cm，先端圆钝，边缘有圆钝稀急尖粗大锯齿。穗状花序椭圆形、圆柱形或卵

图360 地榆

球形，长1~3（~4）cm，直径0.5~1cm；苞片披针形，先端渐尖至尾尖，外面及边缘有柔毛；萼片紫红色，4，椭圆形至宽卵形，外面被疏柔毛。果实包藏于宿存萼筒内，外面有4棱。花果期7~10月。

见于文成、泰顺，生于海拔1400m以下的草地、路旁、山坡草地和灌草丛中。

根入药。

22. 花楸属 Sorbus Linn.

落叶乔木或灌木。冬芽大型，具多数覆瓦状鳞片。叶互生，单叶或奇数羽状复叶，在芽中为对折状，稀席卷状；有托叶。复伞房花序顶生，有多数花；花两性；萼片和花瓣各5；雄蕊15~25。果实为小型梨果，每室具1~2种子；子房壁成软骨质。

约80余种，分布于北半球的亚洲、欧洲和北美洲。我国约60种；浙江5种；温州4种。

分种检索表

1. 叶片两面无毛，或仅在下面脉上微具短柔毛……………………………… **1. 水榆花楸 S. alnifolia**
1. 叶片下面被绒毛。
  2. 果实椭圆形；叶片下面连同叶脉和叶柄均被白色绵毛状绒毛……………… **3. 石灰花楸 S. folgneri**
  2. 果实近球形。
    3. 叶片下面被灰白色绒毛，中脉和侧脉无毛，叶柄无毛或微具绒毛；花梗和花萼外面有白色绒毛……………………………… **4. 江南花楸 S. hemsleyi**
    3. 叶片下面被黄白色绒毛，中脉、侧脉、花梗和花萼外面均被棕色绒毛……………………………… **2. 棕脉花楸 S. dunnii**

■ 1. 水榆花楸

Sorbus alnifolia (Sieb. et Zucc.) K. Koch

乔木。高达20m。叶片卵形至椭圆状卵形，先端短渐尖，基部宽楔形至圆形，边缘有不整齐尖锐重锯齿，两面无毛或下面中脉和侧脉微具短柔毛；叶柄长1.5~3cm，无毛或微具稀疏柔毛。复伞房花序较疏松；总花梗和花梗被稀疏柔毛；花梗长6~12mm；花直径10~14(~18)mm；萼筒钟状，外面无毛，内面近无毛，萼片三角形，先端急尖，内面密被白色绒毛；花瓣白色，卵形或近圆形，长5~7mm，宽3.5~6mm，先端圆钝。果实红色或黄色，椭圆形或卵形，2室；顶端有萼片脱落后残留圆斑。花期5月，果期8~9月。

见于瑞安、泰顺，生于海拔1200~1400m的山坡、山沟、山顶混交林或灌丛中。

叶片秋季变成猩红色，可作庭院栽培观赏树种；木材供作器具、车辆及模型；树皮可供提制染料。

■ 2. 棕脉花楸 图361

Sorbus dunnii Rehd.

小乔木。高2~7m。当年生枝褐紫色，被黄色绒毛，后脱落；老枝褐色或褐灰色，具皮孔。叶片椭圆形或长圆形，长6~10（~15）cm，宽3~5（~8）cm，先端急尖或短渐尖，边缘有不规则锯齿，下面密被黄白色绒毛，中脉和侧脉上均密被棕褐色绒毛；叶柄被褐色绒毛。复伞房花序密，具多花；总花梗和花梗均被锈褐色绒毛；花梗长3~6mm；花直径达1cm；萼片三角状卵形，被锈色绒毛，间杂有白色绒毛；花瓣白色，宽卵形，长约4mm。果实圆球形，直径5~8mm，顶端有萼片脱落后的残留圆穴。花期5月，果期8~9月。

见于文成、泰顺，生于海拔900~1250m的山坡疏林中。

图 361 棕脉花楸

■ 3. 石灰花楸 石灰树 图 362

Sorbus folgneri (Schneid.) Rehd.

乔木。高达10m。小枝黑褐色，具少数皮孔，幼时被白色绒毛。冬芽褐色。叶片卵形或椭圆状卵形，长5~8cm，宽2~3.5cm，先端急尖或短渐尖，边缘有细锯齿，上面深绿色，下面密被白色绒毛，叶脉上具绒毛；叶柄长5~15mm，密被白色绒毛。复伞房花序多花；总花梗和花梗被白色绒毛；萼片三角状卵形，先端急尖，外面被绒毛，内面微有绒毛；花瓣白色，卵形，长3~4mm，宽3~3.5mm。果实红色，椭圆形，长9~13mm，直径6~7mm，顶端有萼片脱落后的残留圆穴。花期4~5月，果期7~8月。

见于瑞安、文成、平阳、泰顺，生于海拔1000~1400m的山坡杂木林中。

图 362 石灰花楸

图363 江南花楸

■ 4. 江南花楸 图363

Sorbus hemsleyi (Schneid.) Rehd.

乔木或灌木。高7~10m。叶片卵形至长椭圆状卵形，先端急尖或短渐尖，基部楔形，稀圆形，边缘有细锯齿，微反卷，上面深绿色，无毛，下面除中脉和侧脉外均被灰白色绒毛，侧脉12~14对，直达叶边齿端；叶柄长，1~2cm，无毛或微有绒毛。复伞房花序有花20~30；花梗长5~12mm，被白色绒毛；花直径10~12mm；萼筒钟状，外面密被白色绒毛，内面微有柔毛；萼片三角状卵形，先端急尖；花瓣白色，宽卵形，长4~5mm，宽约4mm，先端圆钝，内面微有绒毛。果实近球形，顶端有萼片脱落后的残留圆斑。花期5月，果期8~9月。

见于泰顺，生于海拔1300~1500m的山坡干燥地疏林内，或与常绿阔叶林树混交。

23. 绣线菊属 Spiraea Linn.

落叶灌木。冬芽小，具2~8外露鳞片。单叶互生；叶片边缘有锯齿或缺刻，有时分裂或全裂，羽状叶脉，或基部为三至五出脉。伞形、伞形总状、伞房状或圆锥花序；花两性，稀杂性；萼筒钟状，萼片5；花瓣5，圆形；雄蕊15~60。蓇葖果5，常沿腹缝线开裂，内具数枚细小种子。种子线形至长圆形。

约100余种，分布于北半球亚热带至温带山区。我国50余种；浙江10种8变种；温州5种2变种。

分种检索表

1.花序为宽广平顶的复伞房花序，花瓣红色或白色……………………………………………………**5.粉花绣线菊S.japonica**
1. 花序为伞形或伞形总状花序，着生在头年生的短枝顶端，花瓣白色，花序有总花梗，基部常有叶。
  2. 叶片、花序和蓇葖果无毛，稀花梗、蓇葖果有毛。
    3.叶片先端急尖；花序和蓇葖果无毛……………………………………………**2.麻叶绣线菊S.cantoniensis**
    3. 叶片先端圆钝，菱状卵形、倒卵形至近圆形，羽状叶脉或不显著三出脉；花序和蓇葖果无毛，稀有毛……………………………………………………………………**1.绣球绣线菊S.blumei**
  2. 叶片下面和花序有毛。
    4. 叶片倒卵形或椭圆形，稀卵形，边缘锯齿钝，被疏短柔毛；雄蕊18~20，花丝比花瓣短……………………………………………………………………**4.疏毛绣线菊S.hirsuta**
    4. 叶片菱状卵形至倒卵形，边缘锯齿尖锐，下面密被黄褐色绒毛；雄蕊22~25，稀达30，花丝比花瓣长或稍短……………………………………………………………………**3.中华绣线菊S.chinensis**

1. 绣球绣线菊

Spiraea blumei G. Don

灌木。高1~2m。小枝深红褐色或暗灰褐色，开张，稍弯曲，无毛。冬芽小，卵形，顶端急尖或圆钝，无毛，有数枚外露鳞片。叶片菱卵形至倒卵形，先端圆钝或微尖，基部楔形，两面无毛，下面浅蓝绿色，羽状脉或基部具不明显3脉。伞形花序，具10~25花；总花梗和花梗无毛；花梗长6~10mm；苞片披针形；花直径5~8mm；萼筒钟状，外面无毛，内面被短柔毛；萼片三角形或卵状三角形；花瓣白色。蓇葖果较直立，无毛；宿存萼片直立；花柱位于蓇葖果背部顶端，倾斜开展。花期4~6月，果期8~10月。

见于瑞安、文成、泰顺，生于海拔550~1300m的向阳山坡、路旁或杂木林内。

2. 麻叶绣线菊 图364

Spiraea cantoniensis Lour.

灌木。高达1.5m。小枝暗褐色，细瘦，圆柱形，呈拱形垂曲。冬芽小，卵形，端尖，有数枚外露鳞片。叶片菱状披针形至菱状长圆形，长3~5cm，宽1.5~2cm，先端急尖，基部楔形，边缘近中部以上

图364 麻叶绣线菊

有缺刻状锯齿，上面绿色，下面蓝灰色，两面无毛，叶脉羽状；叶柄长4~7mm。伞形花序，花多数；总花梗和花梗无毛；花梗长0.8~2cm；苞片线形；花直径5~7mm；萼筒钟状，内面被短柔毛；花瓣白色。蓇葖果直立，开张，无毛；宿存萼片直立开张；花柱顶生。花期4~5月，果期6~9月。

据《泰顺县维管束植物名录》记载泰顺有分布。

供观赏；枝叶药用。

■ 3. 中华绣线菊 图365

Spiraea chinensis Maxim.

灌木。高1.5~3m。小枝红褐色，拱形弯曲，幼时被黄色绒毛，有时无毛。冬芽卵形，顶端急尖，有数枚鳞片，外被柔毛。叶片菱状卵形至倒卵形，长2.5~6cm，宽1.5~3cm，先端急尖或圆钝，边缘有缺刻状粗锯齿或不明显3裂，上面暗绿色，被短柔毛，下面密被黄色绒毛；叶柄长4~10mm，被短柔毛。伞形花序具16~25花；花梗长5~10mm，具短绒毛；苞片线形，被短柔毛；花直径3~4mm；萼筒钟状，萼片卵状披针形；花瓣白色。蓇葖果开张，全体被短柔毛；宿存萼片直立。花期4~6月，果期6~10月。

见于乐清、永嘉、洞头、泰顺，生于海拔350~1300m的山坡灌丛中或山谷、溪边、荒野路旁等处。

■ 4. 疏毛绣线菊

Spiraea hirsuta (Hemsl.) Schneid.

灌木。高1~1.5m。枝圆柱形，呈“之”字形弯曲；嫩枝具短柔毛；老枝暗红褐色，无毛。冬芽小，卵形，有数枚鳞片。叶片倒卵形或椭圆形，稀宽卵形，先端圆钝，基部楔形，边缘中部以上或先端有钝锯齿或稍锐锯齿，上面具稀疏柔毛，下面具疏短柔毛，叶脉明显；叶柄具短柔毛。伞形花序具20余花，被短柔毛；花梗密集，长1.0~1.8cm；苞片线形；花直径6~8mm；萼筒钟状，两面均具短柔毛；萼片三角形或卵状三角形，两面具短柔毛；花瓣白色。蓇葖果稍开张，具稀疏短柔毛。花期4~5月，果期7~8月。

据《泰顺县维管束植物名录》记载泰顺有分布，但未见标本。

■ 5. 粉花绣线菊 日本绣线菊 图366

Spiraea japonica Linn. f.

直立灌木。高达1.5m。枝条细长，无毛或幼时被短柔毛。冬芽卵形，顶端急尖，有鳞片。叶片卵形至卵状椭圆形，长2~8cm，宽1~3cm，先端急尖至短渐尖，边缘有缺刻状重锯齿或单锯齿，下面色浅或有白霜，通常沿叶脉有短柔毛；叶柄长

图365 中华绣线菊

1~3mm，具短柔毛。复伞房花序；总花梗和花梗密被短柔毛，花梗长4~6mm；苞片披针形至线状披针形，下面微被柔毛；花直径4~7mm；萼筒钟状，内面有短柔毛，萼片三角形；花瓣粉红色。蓇葖果半开张，无毛或沿腹缝有稀疏柔毛；宿存萼片。花期6~7月，果期8~9月。

见于瑞安、文成、泰顺，生于海拔750~1300m的路边、林缘或山顶灌丛中。

图366 粉花绣线菊

■ 5a. 白花绣线菊

Spiraea japonica var. **albiflora** (Miq.) Z. Wei et Y. B. Chang

小枝外面均被密曲柔毛。叶片椭圆形、菱状披针形至披针形，先端长渐尖，基部渐狭成楔形，边缘具缺刻状重锯齿，两面仅中脉和侧脉上有稀疏柔毛，下面被白霜。总花梗和花梗、萼筒和萼片外面均被密曲柔毛；花瓣白色；雄蕊比花瓣略长。花期7~8月。

见于泰顺（乌岩岭），生于海拔950m左右的防火线两侧或灌草地上。

■ 5b. 光叶粉花绣线菊

Spiraea japonica var. **fortunei** (Planch.) Rehd.

叶片长卵形、长圆状披针形至狭长圆状披针形，长5~10cm，先端急尖至渐尖，基部楔形至宽楔形，边缘具尖锐重锯齿至缺刻状重锯齿，上面有皱纹，两面无毛，下面有白霜或无。复伞房花序，直径4~8cm；花瓣粉红色至玫瑰红色；花盘不发达。花期6~7月，果期8~10月。

见于瑞安、泰顺，生于海拔400~1300m的山坡谷地、路旁、溪边、山坡、田野或杂木林下。

24. 小米空木属 Stephanandra Sieb. et Zucc.

落叶灌木。冬芽微小，常2~3叠生，有2~4外露鳞片。单叶互生，叶片边缘有锯齿和浅裂；具叶柄和托叶。圆锥花序，稀伞房花序顶生；花小，两性；萼筒环状，萼片5；花瓣5；雄蕊10~20，花丝短。蓇葖果偏斜，近球形，成熟时自基部开裂，有1~2种子。种子近球形，光亮，种皮坚脆；胚乳丰富；子叶圆形。

5种，分布于亚洲东部。我国2种；浙江1种，温州也有。

图 367 野珠兰

■ **野珠兰** 华空木 图 367

Stephanandra chinensis Hance

灌木。高达 1.5m。小枝红褐色，细弱，微具柔毛。冬芽红褐色，卵形，顶端稍钝，鳞片边缘微被柔毛。叶片卵形至长椭圆状卵形，长 5~7cm，宽 2~3cm，先端渐尖至尾尖，基部圆形至近心形，稀宽楔形，边缘常浅裂，有重锯齿，或下面叶脉微具柔毛；托叶线状披针形至椭圆状披针形。圆锥花序顶生，长 5~8cm，直径 2~3cm；总花梗和花梗无毛，花梗长 3~6mm；苞片披针形至线状披针形；萼片三角状卵形；花瓣白色。蓇葖果近球形，直径约 2mm，被稀疏柔毛，有 1 种子；萼片宿存。种子卵球形。花期 5 月，果期 7~8 月

见于永嘉、文成、泰顺，生于海拔 1300m 以下的沟谷边、山坡、溪边、阔叶林缘或灌丛中。

可供观赏。

25. 红果树属 Stranvaesia Lindl.

常绿乔木或灌木。冬芽小，卵形，有少数外露鳞片。单叶互生，叶片革质，全缘或有锯齿；有叶柄与托叶。伞房花序顶生；苞片早落；萼筒钟状，萼片 5；花瓣 5，白色，基部有短瓣柄；雄蕊 20。萼片宿存。种子长椭圆形；种皮骨质；子叶扁平。

约 5 种，分布于中国、印度及缅甸北部。我国约 4 种；浙江 1 种 1 变种；温州 1 变种。

■ **波叶红果树** 图 368

Stranvaesia davidiana Decne. var. **undulata** (Decne.) Rehd. et Wils.

矮小灌木。高约1.5m。枝密集；小枝幼时密被长柔毛，后渐脱落；当年生枝紫褐色，老枝灰褐色。叶片椭圆状长圆形至长圆状披针形，长 3~8cm，宽1.5~2.5cm，先端有突尖头，基部全缘，有缘毛；叶柄长3~8mm，有柔毛。复伞房花序密，具多花；总花梗和花梗近无毛或有疏毛，花梗短；花小，直径约6mm；萼片三角状卵形，先端急尖，全缘，长2~3mm，外面被柔毛；花瓣白色，近圆形，宽约4mm，有短瓣柄；雄蕊20。果实橘红色，近球形，直径6~7mm；萼片宿存。种子长椭圆形。花期5~6月，果期9~10月。

见于泰顺，生于海拔1300~1600m的山坡、山顶、河谷及灌丛中。

可作盆景栽培植物。

图 368　波叶红果树

存疑种

据《泰顺县维管束植物名录》记载泰顺有下列物种分布，但因未见确切标本而暂作存疑。

1. 杜梨

Pyrus betulifolia Bunge

本种同豆梨 *Pyrus calleryana* Decne. 的主要区别在于：叶边缘有尖锐锯齿；幼枝、花序和叶片下面被绒毛。

2. 麻梨

Pyrus serrulata Rehd.

本种同豆梨 *Pyrus calleryana* Decne. 的主要区别在于：果实上有宿存萼片，果柄先端不肥大，长3~4cm。

3. 无毛光果悬钩子

Rubus glabricarpus Cheng var. **glabratus** C. Z. Zheng et Y. Y. Fang

与原种的主要区别在于：本变种幼枝、叶柄、总花梗和花梗无毛。

4. 铅山悬钩子

Rubus tsangii Merr. var. **yanshanensis** (Z. X. Yu et W. T. Ji) L.T. Lu

与原种的主要区别在于：本变种具5~7(~11)小叶，叶背脉上具腺毛；子房和果实具腺毛。

49. 豆科 Leguminosae

乔木、灌木或草本。茎直立、攀援或缠绕。复叶，稀单叶，互生，稀对生。总状或圆锥状花序，稀头状、穗状花序或单生；花两性，稀杂性同株或雌雄异株，两侧对称，有时为辐射对称；苞片和小苞片常存在；萼片5，合生或分离，常不相等，有时成二唇形；花冠常为蝶形，但有时为假蝶形，各瓣呈不同的覆瓦状排列（云实亚科）或花瓣同形，呈镊合状排列（含羞草亚科）；雄蕊10，稀多数，分离或合生成二体，有时全部合生呈单体，花药同型或异型，2室；子房上位，1室，有1至多数胚珠，边缘胎座，花柱及柱头单一。荚果背腹开裂为2果瓣，有时不开裂或分离成具1种子的节荚。种子通常无胚乳，肉质或叶状。

约650属约18000种，广布于全球。我国172属约1500种；浙江62属193种；温州野生51属104种4亚种5变种。

分属检索表

1. 花辐射对称；花瓣呈镊合状排列。
  2. 花丝多少合生。
    3. 荚果成熟时开裂，果瓣旋转或者弯曲 …… **6. 猴耳环属 Archidendron**
    3. 荚果成熟时不开裂，荚果扁平而直，不弯曲；种子间无间隔 …… **3. 合欢属 Albizia**
  2. 花丝分离，稀内轮下部合生 …… **1. 金合欢属 Acacia**
1. 花两侧对称；花瓣成覆瓦状排列。
  4. 花冠不呈蝶形，向上覆瓦状排列；雄蕊通常分离。
    5. 单叶。
      6. 叶片全缘；花簇生着生于老枝上；荚果腹缝线上常具翅 …… **14. 紫荆属 Cercis**
      6. 叶片2裂；花着生于当年枝条上成总状或者圆锥花序；荚果腹缝线上无翅 …… **8. 羊蹄甲属 Bauhinia**
    5. 羽状复叶。
      7. 叶常为一回偶数羽状复叶；能育雄蕊的花药通常孔裂 …… **13. 决明属 Cassia**
      7. 叶常为二回羽状复叶（皂荚属中可兼有一回羽状复叶）；花药通常纵裂。
        8. 落叶乔木；花杂性，单性异株；种子含有大量角状胚乳。
          9. 不具刺；圆锥或总状花序顶生；荚果肥厚肿胀 …… **27. 肥皂荚属 Gymnocladus**
          9. 植物体通常具刺；穗状或总状花序侧生，稀顶生；荚果长而扁平 …… **25. 皂荚属 Gleditsia**
        8. 灌木或者藤本，稀为小乔木；花两性；种子无胚乳。
          10. 荚果呈翅果状；子房仅含1胚珠 …… **39. 老虎刺属 Pterolobium**
          10. 荚果不为翅果状；子房具2或者多数胚珠 …… **9. 云实属 Caesalpinia**
  4. 花冠蝶形，旗瓣在最外面，龙骨瓣在最里面；雄蕊通常合成二体。
    11. 雄蕊10，分离或仅基部联合。
      12. 乔木或者灌木；羽状复叶；荚果扁平或稍肿胀，果实在种子间不缢缩成念珠状。
        13. 常绿乔木；花瓣具瓣柄；荚果木质，常肿胀，无翅；种皮红色 …… **38. 红豆树属 Ormosia**
        13. 落叶乔木；花瓣无瓣柄；荚果革质，扁平，种皮非红色。
          14. 芽单生，具芽鳞，不为叶柄所覆盖；小叶对生；花序直立 …… **33. 马鞍树属 Maackia**
          14. 芽叠生，不具芽鳞，为叶柄所覆盖；小叶互生；花序常下垂 …… **16. 香槐属 Cladrastis**
      12. 乔木或者灌木；羽状复叶；荚果圆柱形，果实常在种子间缢缩成念珠状 …… **45. 槐属 Sophora**
    11. 雄蕊10，联合成单体或者二体，除紫穗槐外，均有显著雄蕊管。
      15. 荚果由数节荚节组成，各含1种子，成熟时逐节脱落，有时仅具单荚节。

16. 掌状复叶，有2~4小叶；雄蕊单体 ………………………………………… **51. 丁癸草属 Zornia**

16. 羽状复叶，有时为单叶；雄蕊二体或者单体。

17. 偶数羽状复叶，小叶8~14；荚果折叠包藏于花萼之内 ………………………… **44. 坡油甘属 Smithia**

17. 奇数羽状复叶，有时为单叶；荚果不为上述。

18. 半灌木状草本；小叶多数；雄蕊二体（5+5）………………………… **2. 合萌属 Aeschynomene**

18. 灌木或者草本；小叶3，稀5~7，或为单叶；雄蕊二体或者单体。

19. 荚果凸出宿萼外，各荚节绝不反复折叠；萼齿绝不成刺毛状。

20. 荚果背缝线深达腹缝线，腹缝线在每一节中部不缢缩，形成一缺口，荚节成三角形或略宽的半倒卵形 ……………………………………………… **28. 长柄山蚂蝗属 Hylodesmum**

20. 荚果背缝线稍缢缩或者缝腹线劲直，不为上述情况，荚节也不为上述情况；雄蕊二体。

21. 叶为单小叶，叶柄具宽翅 …………………………………… **46. 葫芦茶属 Tadehagi**

21. 叶为复叶，叶柄不具翅 …………………………………… **20. 山蚂蝗属 Desmodium**

19. 荚果常包藏在宿萼内，由2~7反复折叠的荚节组成。

22. 草本；萼齿披针形与萼筒等长 ………………………………… **15. 蝙蝠草属 Christia**

22. 亚灌木；上面2萼齿短小，下面萼齿延长作刺毛状 ………………… **47. 狸尾豆属 Uraria**

15. 荚果非由荚节组成，通常2瓣裂或者不开裂。

23. 乔木或者攀援灌木，如为攀援灌木时小叶互生 ……………………… **18. 黄檀属 Dalbergia**

23. 灌木或者草本，如为攀援灌木时小叶对生。

24. 羽状复叶，小叶4以上，如为2时则托叶大而显著呈叶状。

25. 偶数羽状复叶。

26. 直立草本，半灌木或者灌木。

27. 复叶有多数小叶，托叶不显著，早落；荚 ……………………… **43. 田菁属 Sesbania**

27. 复叶有2~6小叶，托叶大而显著或者托叶刺状，宿存；荚果粗短或者肿胀。

28. 灌木；托叶成硬刺状，叶轴顶端常延伸成针刺；荚果稍扁 ………… **12. 锦鸡儿属 Caragana**

28. 草本；托叶、叶轴顶端非如上所述；荚果不在土中成熟，开裂稀不开裂 ……………………………………………… **48. 野豌豆属 Vicia**

26. 缠绕或者攀援草本。

29. 花柱圆柱形，在上部周围被柔毛或者在其顶端有一丛髯毛 ………… **48. 野豌豆属 Vicia**

29. 花柱扁平，仅在上部内侧有刷状柔毛 ……………………… **31. 山黧豆属 Lathyrus**

25. 奇数羽状复叶。

30. 茎直立。

31. 灌木或者半灌木 ……………………………………… **29. 木蓝属 Indigofera**

31. 草本。

32. 羽状3小叶 ……………………………………… **41. 密子豆属 Pycnospora**

32. 羽状复叶7~13 ……………………………………… **7. 黄芪属 Astragalus**

30. 茎攀援或者缠绕。

33. 缠绕草本 ……………………………………………… **5. 土圞儿属 Apios**

33. 攀援灌木。

34. 无小托叶；荚果薄，腹缝或背缝两缝线上均有狭翅 ……………… **19. 鱼藤属 Derris**

34. 有小托叶；荚果稍厚，缝线上不具狭翅。

35. 落叶；荚果开裂 ……………………………………… **50. 紫藤属 Wisteria**

35. 常绿；荚果迟开裂或者开裂 ………………………… **36. 崖豆藤属 Millettia**

24. 单叶或者三出复叶。

36. 单叶或掌状三出复叶 ……………………………………… **17. 猪屎豆属 Crotalaria**

36. 羽状三出复叶。

37. 小叶片下面有明显腺点。

38. 子房有 1~2 胚珠；荚果有 1~2 种子。
39. 常为缠绕性的草本植物，叶为羽状三出复叶；荚果扁平 ······ 42. 鹿藿属 Rhynchosia
39. 常为直立的亚灌木或者灌木；叶为掌状三出复叶或者单叶；荚果肿胀 ······ 24. 千斤拔属 Flemingia
38. 子房有 3 至多数胚珠；荚果具多数种子 ······ 22. 野扁豆属 Dunbaria
37. 小叶片下面无腺点。
40. 灌木或者木质藤本。
41. 直立灌木。
42. 荚果椭圆形，呈核果状 ······ 23. 山豆根属 Euchresta
42. 荚果扁平，非核果状。
43. 苞片及小苞片宿存，苞腋间具 2 花，花梗无关节，龙骨瓣先端钝 ······ 32. 胡枝子属 Lespedeza
43. 苞片及小苞片脱落，苞腋间具 1 花，花梗具关节，龙骨瓣先端尖 ······ 10. 杭子梢属 Campylotropis
41. 木质藤本 ······ 37. 油麻藤属 Mucuna
40. 草本或者草质藤本。
44. 小叶片边缘有锯齿，托叶常与叶柄相连；子房基部无鞘状腺体；荚果不开裂。
45. 花序头状或者短总状；荚果螺旋形或者多弯曲，具刺或者无刺 ······ 34. 苜蓿属 Medicago
45. 花成细长总状花序；荚果近球形或者卵形，与宿萼等长 ······ 35 草木犀属 Melilotus
44. 小叶片全缘或具裂片，托叶不与叶柄相连；子房基部有鞘状腺体。
46. 一年生铺地草本；托叶大，膜质，宿存；荚果具 1 种子，不开裂 ······ 30. 鸡眼草属 Kummerowia
46. 常为缠绕性稀直立草本；托叶非膜质；荚果具 2 至多数种子。
47. 总状花序有肿胀隆起的节瘤，花单生或者数花生于节上。
48. 托叶盾状稀基部着生；花柱不具髯毛。
49. 常具块根；荚果较小，密被硬毛，背缝上无隆起的脊 ······ 40. 葛属 Pueraria
49. 不具块根；荚果较大，无毛或疏被毛，近背缝上常有隆起的脊 ······ 11. 刀豆属 Canavalia
48. 托叶常盾状着生；花柱上部沿内侧具纵列髯毛或者周围具毛茸 ······ 49. 豇豆属 Vigna
47. 花单生、簇生或者成总状花序，花轴延续不具节瘤。
50. 直立草本或者半灌木；雄蕊单体，花药异型；荚果肿胀，球形、卵形或者长圆形 ······ 17. 猪屎豆属 Crotalaria
50. 蔓性或缠绕草本；雄蕊二体，稀单体，花药同型；荚果非上述情况。
51. 花小，子房基部腺体环状，不发达；苞片脱落 ······ 26. 大豆属 Glycine
51. 花中等大，子房基部具有鞘状腺体。
52. 花两型；花萼不倾斜，萼齿明显 ······ 4. 两型豆属 Amphicarpaea
52. 花同型；花萼倾斜，萼筒截形，无萼齿 ······ 21. 山黑豆属 Dumasia

1. 金合欢属 Acacia Mill.

乔木、灌木或木质藤本，有刺或无刺。二回羽状复叶，或叶片退化而叶柄变为扁平的叶状柄，但在幼苗期仍可见原始状态的羽状叶；托叶较小或刺状，稀膜质。头状或穗状花序，花序单生或数个簇生于叶腋，或再组成圆锥花序生于枝顶；花两性或杂性，3~5 基数，花小；花萼钟状或漏斗状。荚果线形、长圆形或卵形，稀圆筒形，缝线直或在种子间微缢缩而成波状。

800~900 种，广布于世界热带、亚热带地区，主要分布于大洋洲和欧洲。我国 18 种；浙江 9 种；温州野生或归化 4 种。

分种检索表

1.小叶及羽片退化，叶柄呈针状，披针形……1.台湾相思A.confusa
1. 二回羽状复叶。
  2.乔木，无刺……2.黑荆A.mearnsii
  2. 攀援灌木或者木质藤本。
    3. 小枝及叶轴被锈色柔毛；羽片8~24对；小叶60~140，小叶片线形，细脉在下面不凸起；荚果薄带状……3.海南羽叶金合欢A.pennatasubsp.hainanensis
    3. 小枝及叶轴被灰黄色茸毛；羽片6~10对；小叶30~50，小叶片线状长圆形，下面细脉凸起；荚果稍带状……4.藤金合欢A.vietnamensis

1. 台湾相思 图369

Acacia confusa Merr.

常绿乔木。高6~15m，无毛。枝灰色或褐色，无刺，小枝纤细。苗期第1片真叶为羽状复叶，长大后小叶退化；叶柄变为叶状柄，叶状柄革质，披针形，长6~10cm，宽5~13mm，直或微呈弯镰状，两端渐狭，先端略钝，两面无毛，有明显的纵脉3~5(~8)条。头状花序球形，单生或2~3个簇生于叶腋，直径约1cm；总花梗纤弱，长8~10mm；花金黄色，有微香；花萼长约为花冠之半；花瓣淡绿色，长约2mm；雄蕊多数，明显超出花冠之外；子房被黄褐色柔毛，花柱长约4mm。荚果扁平，于种子间微缢缩，顶端钝而有凸头，基部楔形。种子2~8。花期3~10月，果期8~12月。

沿海各地及岛屿有栽培或归化，生于山坡疏林中。

本种为沿海防护林的重要树种；材质坚硬；树皮含单宁；花含芳香油，可作调香原料。

图369 台湾相思

2. 黑荆 图370

Acacia mearnsii Willd.

乔木。高9~15m。小枝有棱，被灰白色短绒毛。二回羽状复叶；嫩叶被金黄色短绒毛，成长叶被灰色短柔毛；羽片8~20对，长2~7cm，每对羽片着生处附近及叶轴的其他部位都具有腺体；小叶30~40对，排列紧密，线形，长2~3mm，宽0.8~1mm，边缘、下面，有时两面均被短柔毛。头状花序圆球形，直径6~7mm，在叶腋排成总状花序或在枝顶排成圆锥花序；总花梗长7~10mm；花序轴被黄色、稠密的短绒毛；花淡黄色或白色。荚果长圆形，于种子间略收窄，被短柔毛，老时黑色。种子卵圆形，黑色，有光泽。花期6月，果期8月。

原产于澳大利亚，本市乐清、洞头、瑞安、平阳、苍南有栽培或逸生，生于山坡疏林中。

树皮含单宁，可硝皮作染料用；木材坚韧，是优良用材；本种亦为蜜源、绿化树种。

刘洪见 摄

刘洪见 摄

丁炳扬 摄

图370 黑荆

■ 3. 海南羽叶金合欢 图 371

Acacia pennata (Linn.) Willd. subsp. **hainanensis** (Hayata) I. C. Nielsen [*Acacia pennata* auct. non (Linn.) Willd.]

攀援常绿藤本。小枝及叶轴均密被锈色短柔毛，多皮刺。二回羽状复叶；羽片8~24对，叶柄基部及叶轴上羽片着生处下各有1腺体；小叶60~140，小叶片近革质，线形，先端钝尖，基部截形，中脉偏向上缘，下面细脉不隆起，具缘毛。头状花序圆球形，多数头状花序组成或腋生的圆锥花序，在圆锥花序的每节苞腋间有1~4个头状花序；总花梗有褐色柔毛；花萼近钟形；子房被微柔毛。荚果带状，扁平，无毛，边缘稍增厚，呈浅波状，有明显的果颈。种子8~12。花期3~10月，果期7月至翌年4月。

见于永嘉、瑞安、平阳、苍南、泰顺，生于山坡疏林中或水沟边。

丁炳扬 摄

丁炳扬 摄

图 371 海南羽叶金合欢

4. 藤金合欢

Acacia vietnamensis I. C. Nielsen

攀援木质藤本。长达5m。幼嫩部分均被灰黄色短茸毛。枝及叶柄散生小倒钩刺。二回羽状复叶；羽片6~10对，叶柄近基部及叶轴近顶端1~2对羽片之间各有1腺体；托叶大而薄，心状卵形，早落；小叶30~50，小叶片线状长圆形，下面微被白粉，中脉偏向上缘，网状细脉在下面隆起。头状花序球形，直径约1cm；花序梗长2.5cm；花萼漏斗状，长约2mm；花冠淡黄色或白色，芳香；子房无毛。荚果稍肉质，干时有皱纹，带状扁平。种子6~10。花期3~7月，果期6~12月。

见于乐清、鹿城、瑞安、平阳、苍南、泰顺，生于山坡疏林内、灌木中或河边。

树皮含单宁，可供提制栲胶，并入药。

2. 合萌属 Aeschynomene Linn.

草木或半灌木。茎直立。偶数羽状复叶；小叶小，多数，常易闭合；托叶卵形至针形，无小托叶。总状花序腋生；花小；花萼二唇形，全缘或上唇2齿裂，下唇3齿裂；花冠黄色；雄蕊二体（5+5），花药同型；子房具柄，有2至多数胚珠，花柱丝状，内弯。荚果扁平，由4~10荚节组成，不开裂，在节处断裂，每节有1种子。

30余种，分布于热带及温带地区。我国仅1种，浙江及温州也有。

合萌 图372

Aeschynomene indica Linn.

一年生半灌木状草木。高30~100cm。茎直立，圆柱形，具细棱线，无毛。偶数羽状复叶；小叶40~60；托叶膜质，披针形基部耳形；小叶片线状长椭圆形，具小尖头，基部圆形，仅具1脉，无小叶柄。总状花序腋生，有2~4花；总花梗疏生刺毛，与花梗均具黏性；苞片2，膜质，边缘有锯齿；小苞片披针状卵形，宿存；花萼长约4mm，上唇2裂，下唇3浅裂；花冠黄色，带紫纹。荚果线状稍扁平，由4~10荚节组成，腹缝直，成熟时逐节断裂。花期7~8月，果期9~10月。

见于鹿城、瓯海、洞头、文成、泰顺，生于湿地、塘边、溪旁及田埂上。

全草入药，能清热解毒、平肝明目和利尿。

丁炳扬 摄

周庄 摄

王金旺 摄

图372 合萌

3. 合欢属 Albizia Durazz.

落叶乔木或灌木，稀为藤本。通常无刺。二回偶数羽状复叶互生；总叶柄及叶轴上有腺体。头状、聚伞或穗状花序，再排成腋生或顶生的圆锥花序；花两性；5基数；有梗或无梗；花萼钟状或漏斗状，具5齿或5浅裂；花瓣在中部以下合生成管；雄蕊20~50，花丝显著长于花冠，基部合生成管，花药小；子房具多数胚珠。荚果带状，扁平，不开裂或起裂。种子圆形或卵形，扁平；种皮厚，具马蹄形痕。

约150种，分布于亚洲、非洲、大洋洲及美洲的热带、亚热带地区。我国17种；浙江3种；温州2种。

1. 合欢 图373

Albizia julibrissin Durazz.

落叶乔木。树皮灰褐色，密生皮孔。树冠开展。小枝微具棱。二回羽状复叶；羽片4~12（~20）对，叶柄近基部有1长圆形腺体；托叶小，线状披针形，早落；小叶20~60，叶缘及下面中脉有短柔毛，中脉紧靠上部叶缘。头状花序多个排成伞房状圆锥花序，顶生或腋生；花序轴常呈“之”字形折曲；花具短花梗；花萼绿色被短柔毛；花冠淡粉红色外侧被短柔毛。荚果带状，长8~17cm，宽1.5~2.5cm，扁平，幼时有毛，老时脱落。种子褐色，椭圆形，扁平。花期6~7月，果期8~10月。

见于永嘉、洞头、瑞安、泰顺，常生于海拔1500m以下的荒山坡、溪沟边疏林中或林缘。

2. 山合欢 图374

Albizia kalkora (Roxb.) Prain

落叶乔木或小乔木。高可达15m。树皮深灰色，不裂。小枝深褐色，被短柔毛。二回羽状复叶；羽片2~4（~6）对，叶柄基部处及羽片轴最顶端1对小叶下各有1腺体；每羽片有小叶10~28，中脉偏向内侧叶缘，但决不紧靠，小叶柄极短。头状花序

周庄 摄

图373 合欢

图 374 山合欢

2~5 生于叶腋，或多个在枝顶排成伞房状；花冠白色，长为花萼的 2 倍；雄蕊花丝黄白色，稀粉红色，长于花冠数倍，基部联合成管状。荚果深棕色，长 10~20cm，扁平，具果颈。种子 6~11，黄褐色，长圆形。花期 6~7 月，果期 9~10 月。

见于永嘉、洞头、瑞安、文成、泰顺，常生于海拔 1300m 以下的向阳山坡、溪沟边疏林中及荒山上。

本种常为荒山荒坡先锋树种；树皮可作工业原料；种子可供榨油；根及树皮供药用。

本种与合欢 *Albizia julibrissin* Durazz. 的主要区别在于：小叶中脉紧贴上侧边缘。

4. 两型豆属 Amphicarpaea Ell. ex Nutt.

缠绕草本。羽状三出复叶；有宿存的托叶及小托叶。花常二型；无瓣花常单生在下部叶腋或在分枝基部；有瓣花紫色，数花至多花组成腋生的短总状花序，每苞内有1~2花；苞片宿存；萼筒长，萼齿近等长或上方的较短；花冠远伸出于萼外；雄蕊二体，花药同型；子房有多数胚珠，花柱丝状，向上弯曲，柱头小，头状。荚果扁平，在植株下部的常肿胀，呈椭圆状。种子稍压扁，或近球形，无种阜。

约 18 种，分布于东亚、北美洲和热带非洲。我国 5 种；浙江 1 种，温州也有。

■ 两型豆　三籽两型豆　图 375

Amphicarpaea edgeworthii Benth. [*Amphicarpaea trisperma* (Miq.) Bak.]

一年生缠绕草本。全株密被倒向淡褐色粗毛。茎纤细。羽状 3 小叶；托叶狭卵形，有显著脉纹，宿存；顶生小叶片菱状卵形或宽卵形，先端钝，有小尖头，基部圆形或宽楔形，两面被贴伏毛；侧生小叶片偏卵形，几无柄；小托叶钻形。总状花序；无瓣花位于分枝基部；苞片椭圆形，先端圆钝；花萼长约 7mm，萼筒长 4~4.5mm，萼齿三角状钻形；花冠白色或淡紫色。荚果镰状，长 2~2.5cm，扁平，沿腹缝线被长硬毛。种子 3，红棕色，有黑色斑纹。花期 9~10 月，果期 10~11 月。

见于永嘉、瑞安、文成、泰顺，生于海拔 1500m 以下的山坡灌丛、林缘及路边杂草丛中。

种子入药，可治白带。

图 375　两型豆

5. 土圞儿属 **Apios** Fabric.

多年生缠绕草本。有块根。羽状复叶，有 3~7（~9）小叶；托叶及小托叶常存在。总状花序短，腋生；苞片及小苞片小，早落；花萼上方 2 齿合生，最下方 1 齿最长；花冠绿黄色，有时暗紫红色，旗瓣宽，外翻，龙骨瓣初成 1 内弯的管，最后旋卷，翼瓣最短；雄蕊二体（9+1），花药同型；子房基部有腺体，花柱无毛，柱头顶生。荚果线形，稍扁平，有多数种子。

约 10 种，分布于东亚和北美洲。我国 6 种；浙江 1 种，温州也有。

■ 土圞儿　图 376

Apios fortunei Maxim.

多年生缠绕草本。块根宽椭圆形或纺锤形。茎细长，被倒向的短硬毛。羽状复叶，有 3~5（~7）枚小叶；托叶宽线形，长 3~4mm；顶生小叶片较大，宽卵形至卵状披针形，先端渐尖或尾状，有小尖头，基部圆形或宽楔形，两面有糙伏毛，脉上尤密，侧生小叶片 luan 常为斜卵形。总状花序长 8~15（~28）mm；苞片和小苞片线形，被短硬毛，早落；花萼钟形，长约 5mm，具明显脉纹；花冠淡黄绿色，有时带紫晕；子房无柄，线形，疏被白短毛，花柱长，卷曲。荚果线形，长 5~8cm，被短柔毛。种子多数。花期 6~7 月，果期 9~10 月。

见于乐清、永嘉、龙湾、瑞安、文成、平阳（南麂列岛）、苍南、泰顺，生于向阳山坡疏林缘和灌草丛中，常缠绕在其他植物上。

块根入药，能消肿解毒、祛痰止咳。

图 376　土圞儿

6. 猴耳环属 Archidendron F. V. Muell.

常绿乔木，稀灌木。枝无刺或托叶成刺状。二回偶数羽状复叶；叶柄有腺体。头状花序或穗状花序，单生于叶腋或簇生于枝顶，或再排成圆锥花序；花小，两性，5 基数；花萼钟状或漏斗状；花冠狭漏斗状，中部以下合生；雄蕊多数，花丝合生成管；子房有多数胚珠，花柱线形，头状柱头顶生。荚果旋转成一圆圈或弯曲，通常开裂后果瓣扭曲。种子卵形或圆形，悬垂于延伸的种柄上；有假种皮。

约 1000 种，分布于热带、亚热带地区，尤以热带美洲为多。我国 4 种，分布于西南部至东南部；浙江 3 种，温州也有。

分种检索表

1. 羽片1~2对，小叶互生……………………………………………………**2. 亮叶猴耳环A. lucidum**
1. 羽片2~8对，小叶对生。
    2. 小枝有棱；小叶3~12对，两面被短柔毛……………………………………**1. 猴耳环A. clypearia**
    2. 小枝无棱；小叶4~7对，仅下面被短柔毛…………………………………**3. 薄叶猴耳环A. utile**

1. 猴耳环

Archidendron clypearia (Jack) I. C. Nielsen
[*Pithecellobium clypearia* (Jack) Benth.]

常绿灌木。高 1~3m。小枝圆柱形，幼时密被锈色短柔毛，老时渐疏。二回羽状复叶，羽片及小叶均对生；羽片 2~3 对，叶柄及羽毛轴在顶端 1~2 对小叶着生处各有 1 长圆形腺体；小叶基部楔形，两侧不对称，上面绿色，略有光泽，无毛，下面苍绿色，被短柔毛或仅中脉有毛，小叶柄短，被柔毛。头状花序再排成圆锥花序，近顶生；无花梗；花萼与花冠外面均被柔毛；花冠白色，管状漏斗形；子房具短柄，无毛。荚果红褐色，弯卷或镰刀状，长6~10cm，宽1~1.3cm。种子黑色，有光泽，近圆形，长约10mm。花期5~8月，果期6~12月。

见于永嘉、瑞安、平阳、泰顺，生于海拔150~200m的山坡常绿阔叶林中。

2. 亮叶猴耳环　图377

Archidendron lucidum (Benth.) I. C. Nielsen
[*Pithecellobium lucidum* Benth.]

常绿乔木。高2~10m。小枝具不明显条棱，幼枝、叶柄及花序均被锈色短柔毛。二回羽状复叶；羽片1~2对，叶柄近基部和叶轴上羽片着生处及羽片轴上小叶着生处均有圆形、顶端凹陷的腺体；小叶片卵斜形、卵状椭圆形或倒披针形，两面无毛，上面有光泽。头状花序近球形，多个头状花序排成腋生或顶生的圆锥花序，腋生者有时呈总状；花冠白色，长4~5mm，裂片匙形，先端急尖；子房有短柄，无毛。荚果旋转成环状，背缝线在种子间略缢缩，无毛。种子蓝黑色，长约12mm。花期4~6月，果期7~12月。

见于洞头、瑞安、平阳、苍南、泰顺，生于海拔500m以下的山坡、河边、路旁常绿阔叶林中。

枝、叶入药，能消肿祛湿；荚果有毒。

3. 薄叶猴耳环　图378

Archidendron utile (Chun et How) I. C. Nielsen
[*Pithecellobium utile* Chun et How]

灌木，很少为小乔木。高1~2m。小枝圆柱形，无棱，被棕色短柔毛。羽片2~3对，长10~18cm，总叶柄和顶端1~2对小叶着生处稍下的叶轴上有腺体；小叶膜质，4~7对，对生，长方菱形，顶部的较大，往下渐小，顶端钝，有小凸头，基部钝或

图377　亮叶猴耳环

图378　薄叶猴耳环

急尖，上面无毛，下面被短柔毛，具短柄。头状花序直径约 1cm（不连花丝），排成近顶生、疏散、被毛、长约 30cm 的圆锥花序；花无梗，白色，芳香。荚果红褐色，弯卷或镰刀状，长 6~10cm，宽 10~13mm。种子近圆形，长约 10mm，黑色，光亮。花期 3~8 月，果期 4~12 月。

见于乐清、永嘉、瓯海、瑞安、泰顺，生于海拔 200~800m 的密林中。

7. 黄芪属 Astragalus Linn.

草本或半灌木。羽状复叶，稀 3 小叶或单叶；托叶有时与叶柄合生；小叶片全缘；小托叶缺。花排列成腋生总状花序或密集成头状的小伞形花序；苞片小，小苞片微小或缺；花萼管状，萼齿 5，近相等；花冠红紫色、白色或淡黄色；雄蕊二体（9+1），花药同型；子房无柄，稀有柄，有多数胚珠。荚果膜质，线形或长圆形，背缝线向内凹入，往往纵隔成 2 室。种子常肾形，无种阜。

约 1600 种，除大洋洲外，分布于全球亚热带及温带地区。我国约 300 种；浙江 1 种，温州也有。

■ 紫云英 图 379

Astragalus sinicus Linn.

二年生草本。高 10~25cm。全株疏生白色伏毛。茎纤细，基部匍匐，多分枝。羽状复叶，有 7~14 小叶，叶柄长 2~5cm；托叶离生，卵形，长 3~6mm；小叶片倒卵形或宽椭圆形，两面被伏毛，下面较密。伞形花序有 7~10 花，聚生于总花梗顶端，呈头状；总花梗长 5~15cm，花梗长 1~2mm；花萼长约 4mm，萼齿披针形，与萼筒近等长；花冠红紫色，稀白色；子房有短柄，无毛。荚果熟时黑色，线状长圆形，长 1.5~2.5cm，顶端具喙，微弯。种子棕色，肾形，光滑无毛。花期 3~5 月，果期 4~6 月。

本市各地有逸生或归化，常栽于稻田中，或散生于山坡溪畔、林缘、路旁、田边及屋前。

重要的蜜源植物；全草是优良的绿肥和饲料；种子及全草也可作药用。

图 379 紫云英

8. 羊蹄甲属 Bauhinia Linn.

乔木、灌木或攀援藤本。单叶互生，叶片全缘，先端凹缺或分裂为 2 裂片；托叶常早落。总状、伞房或圆锥花序；苞片和小苞片常早落；花两性，稀单性；花萼杯状、佛焰苞状或为分离的 5 萼片；花瓣 5；子房通常具柄，有 2 至多数胚珠。荚果长圆形、带状或线形，有 2 至多数种子。种子圆形或卵形。

约 600 种，遍布于全球热带地区。我国 40 种 4 亚种 11 变种；浙江 1 种 1 亚种，温州也有。

图 380　龙须藤

1. 龙须藤　图 380

Bauhinia championii (Benth.) Benth.

常绿木质藤本。小枝、叶下面、花序被锈色短柔毛，老枝有明显棕红色小皮孔；卷须不分枝，单生或对生。叶片纸质或厚纸质，卵形、长卵形或卵状椭圆形，先端 2 裂达叶片的 1/3 或微裂，稀不裂，裂片先端渐尖，基部心形至圆形，掌状脉 5~7 条；叶柄纤细，略被毛。总状花序 1 个与叶对生，或数个聚生于枝顶；花冠白色，具瓣柄，外面中部疏被丝状毛；子房具短柄，有毛，沿两缝线毛较密。荚果厚革质，椭圆状倒披针形或带状，扁平，无毛，有 2~6 种子。种子近圆形，直径约 10mm，扁平。花期 6~9 月，果期 8~12 月。

见于本市丘陵和山区，生于海拔 800m 以下的山谷、山坡、岩石边、林缘或疏林中。

根和老藤入药。浙江省重点保护野生植物。

2. 薄叶羊蹄甲　图 381

Bauhinia glauca (Wall. ex Benth.) Benth. subsp. **tenuiflora** (Watt ex C. B. Clarke) K. Larsen et S. S. Larsen [*Bauhinia glauca* auct. non (Wall. ex Benth.) Benth.]

木质藤本，长逾10m。茎卷须略扁，旋转。叶片纸质，近圆形，2裂达中部或更深，裂片卵形，先端圆钝，基部心形，有时截平，上面无毛，下面

图 381　薄叶羊蹄甲

疏被柔毛，脉上较密，掌状基出脉7~9（~11）条；叶柄纤细，长2~4cm。伞房式总状花序，顶生或与叶对生，具密集的花；总花梗长2.5~6cm，疏被脱落形柔毛；苞片及小苞片钻形；花冠白色；子房具柄，无毛，花柱长约4mm，柱头盘状。荚果厚革质，带状，两缝线稍厚。种子灰绿色，长圆形，长约10mm。花期5~6月，果期8~10月。

见于洞头、瑞安、文成、平阳、苍南、泰顺，生于海拔500m以下的沟边、山坡疏林下或灌丛中。

本种与龙须藤 *Bauhinia championii* (Benth.) Benth. 的主要区别在于：本种叶片先端2裂深达中部或中部以下，先端圆钝；而龙须藤的裂片仅达叶片的1/3或者微裂，先端尖锐。

9. 云实属 Caesalpinia Linn.

乔木、灌木或藤本。常有刺。二回偶数羽状复叶；托叶各式，小托叶缺或变为刺。总状花序或圆锥花序；苞片早落，小苞片缺；萼片5，基部合生，最下方一枚明显较大；花冠黄色或橙黄色；雄蕊10，分离，2轮排列，花药背着；子房无柄或近无柄，花柱圆柱形，柱头截平或凹入，有1~7胚珠。荚果木质或革质，有1至数枚种子。种子呈卵球形或球形，无胚乳。

约100种，分布于热带和亚热带地区。我国17种；浙江2种1变种；温州2种。

1. 云实 图382

Caesalpinia decapetala (Roth) Alston

落叶攀援灌木。全体散生倒钩状皮刺。幼枝及幼叶被褐色短柔毛，后渐脱落；老枝红褐色。二回羽状复叶，羽片3~10对；小叶14~30，小叶片长圆形，两端钝圆，微偏斜，全缘，两面均被脱落性短柔毛，小叶柄极短。总状花序顶生，直立，具多花，密被短柔毛；花梗长3~4cm，顶端具关节；花冠黄色，膜质；花瓣5，均具短瓣柄；花丝基部密被绵毛。荚果栗棕色，脆革质，长圆形，扁平，略

胡仁勇 摄

周庄 摄

丁炳扬 摄

图382 云实

图 383　春云实

肿胀，顶端有尖喙，沿腹缝线有宽约3mm的狭翅，成熟时沿腹缝线开裂。种子棕褐色，长圆形，长约1cm。花期4~5月，果期9~10月。

见于乐清、永嘉、洞头、瑞安、文成、平阳、苍南、泰顺，产于山谷、山坡、路边、村旁灌丛中或林缘。

可作绿篱；树皮、果壳含单宁；种子可供制肥皂及润滑油；荚果、种子、花、茎及根均入药。

■ 2. 春云实　图 383

Caesalpinia vernalis Champ.

常绿木质藤本。全体密被锈色绒毛及倒钩皮刺。小枝具纵裂。二回羽状复叶，羽片8~16对，小叶10~36，在羽片轴上对生或互生；小叶片卵状披针形、卵状或椭圆形，下面粉绿色，被锈色绒毛，小叶柄长1.5~2mm。圆锥花序着生于枝条上部叶腋或顶生，具多数花；花梗长6~9mm；花冠黄色，花瓣5，卵形，均具瓣柄，子房有短柄，被短柔毛，有2胚珠。荚果黑紫色，木质，斜长圆形，顶端具喙，有1~2种子。种子斧形，一端截平稍凹，有光泽，长约1.7cm，宽约2cm。花期4~6月，果期10~12月。

见于乐清、永嘉、瑞安、文成、平阳、泰顺，生于海拔600m以下的谷底、沟边灌丛中及疏林下。

本种与云实 *Caesalpinia decapetala* (Roth) Alston 的主要区别在于：常绿攀援灌木，植株各部被锈色的绒毛，小叶卵状披针形、卵形或椭圆形，荚果多少斜长圆形；而云实为落叶攀援灌木，小枝多少密被褐色短柔毛，小叶长圆形，荚果长圆形。

10. 杭子梢属 Campylotropis Bunge

落叶灌木。羽状 3 小叶，通常多少被毛；托叶 2，钻形，宿存；小叶片先端具细尖头。总状花序腋生，有时再组成圆锥花序；花梗在花萼下有关节；苞片宽卵状，渐尖或披针形，早落，每苞片内有 1 花；花萼钟状，5 齿裂，或上方 2 齿几全部合生；花冠通常紫色或紫红色；雄蕊 10，二体（9+1）；子房有短柄，1 室，1 胚珠。荚果卵形或长圆形，扁平，不开裂，具 1 种子，果瓣有网纹。

约 60 种，分布于亚洲温带。我国约 50 种；浙江 1 种，温州也有。

■ 杭子梢　图 384

Campylotropis macrocarpa (Bunge) Rehd.

小灌木。高 1~2m。幼枝密被白色或淡黄色短柔毛，具明显或不明显纵棱。羽状 3 小叶；小叶片长圆形或椭圆形，先端微凹或钝圆，具短尖头，基部圆形，全缘，上面近无毛，下面有淡黄色短柔毛，细脉明显。总状花序；总花梗及花梗均被展开的短柔毛，花梗纤细，在萼下有关节，花自关节处脱落；花萼宽钟状，上方 2 齿多少合生，萼齿被疏柔毛；花冠红紫色；子房仅两缝线被长柔毛。荚果斜椭圆

图384 杭子梢

形，网纹明显，腹缝线有短柔毛，具1种子。种子褐色，近圆形。花期6~8月，果期9~11月。

见于本市各地，生于山坡、山沟、草坡、林缘或疏林下。

根及全草入药，主治风寒感冒、发热无汗、肢体麻木。

11. 刀豆属 **Canavalia** Adans.

一年生或多年生草本。羽状复叶具3小叶；托叶小，有时为疣状或不显著。总状花序腋生；花稍大，紫堇色、红色或白色，单生或2~6花簇生于花序轴上肉质、隆起的节上；花梗极短；萼钟状或管状；花冠伸出于萼外；雄蕊单体，旗瓣的1雄蕊基部离生，中部与其他雄蕊合生，花药同形；子房具短柄。荚果两侧通常有隆起的纵脊或狭翅，2瓣裂，果瓣革质，内果皮纸质。种子椭圆形或长圆形，种脐线形。

约50种，产于热带及亚热带地区。我国连引入栽培的共6种，产于西南部至东南部。浙江3种；温州野生的1种。

■ 海刀豆 狭刀豆 图385

Canavalia lineata (Thunb. ex Murr.) DC.

粗壮草质藤本。茎被稀疏的微柔毛。羽状复叶具3小叶；托叶、小托叶小；小叶倒卵形、卵形、椭圆形或近圆形，先端通常圆，截平、微凹或具小凸头，稀渐尖，基部楔形至近圆形，侧生小叶基部常偏斜，两面均被长柔毛，侧脉每边4~5条。总状花序腋生，连总花梗长达30cm；1~3花聚生于花序轴近顶部的每一节上；小苞片2，卵形着生在花梗的顶端；花萼钟状，被短柔毛，上唇裂齿半圆形，下唇3裂片小；花冠紫红色，顶端凹入。荚果线状长圆形，顶端具喙尖，离背缝线约3mm处的两侧

图 385 海刀豆

有纵棱。种子椭圆形。花期 6~7 月，果期 8~10 月。

见于洞头、平阳(南麂列岛)，蔓生于海边沙滩上。

豆荚和种子经水煮沸、清水漂洗可供食用，但常因加工不当而发生中毒。

12. 锦鸡儿属 **Caragana** Fabric.

落叶灌木，稀乔木。有刺或无刺。偶数羽状复叶或假掌状复叶；叶轴顶端常有 1 刺或刺毛；托叶膜质或硬化成针刺，脱落或宿存。花单生或很少为 2~3 花组成的小伞形花序，着生于老枝的节上或新枝的基部；花梗常具关节；苞片 1~2 着生于关节处，常退化成刚毛状或不存在，小苞片缺或 1 至数枚生于花萼下方；花萼筒状或钟状。荚果线形，成熟时圆柱形，2 瓣裂。种子横长圆形或近球形，无种阜。

约 80 余种，分布于东欧及亚洲；我国约 50 种；浙江 2 种；温州 1 种。

■ 锦鸡儿 图 386

Caragana sinica (Buc'hoz) Rehd.

灌木。高 1~2m。枝直伸或开展，小枝黄褐色或灰色，多少有棱，无毛。一回羽状复叶有小叶 4，上面 1 对通常较大；叶轴长约 2.5cm，先端硬化成针刺；托叶三角状披针形，先端硬化成针刺；小叶片革质或硬革质，倒卵形、倒卵状楔形或长圆状倒卵形，先端圆或微凹，通常具短尖头。花两性，单生于叶腋，关节上有极细小苞片；花萼钟状，萼齿宽三角形，基部具浅囊状凸起；花冠黄色带红，凋谢时红褐色；花药黄色；子房线形，无毛。荚果稍扁，长 3~3.5cm，宽约 0.5cm，无毛。花期 4~5 月，果期 5~8 月。

见于瑞安、文成、平阳、苍南、泰顺，生于海拔 1000m 以下的山坡、山谷、路旁灌丛中或有栽培。

根皮入药；花可食用；本种也为庭园观赏植物。

图 386　锦鸡儿

13. 决明属 Cassia Linn.

草本、灌木或乔木。偶数羽状复叶；叶柄及叶轴上常有腺体；有托叶。腋生总状花序或顶生圆锥花序，有时 1 至多花簇生于叶腋；花近辐射对称；萼筒极短，5 裂，裂片覆瓦状排列；花瓣 5，黄色，近相等或在下方的较大；雄蕊 5~10，常不等长，有些无花药，能育的花药顶孔开裂；子房有柄或无柄，有多数胚珠，花柱内弯，柱头顶生。荚果圆柱形或扁平。种子间常有隔膜，开裂或不开裂；种子有胚乳。

约 600 种，分布于热带、亚热带和温带地区。我国约 20 种；浙江 7 种；温州野生 3 种。

本属植物可用于绿肥、观赏及药用。

分种检索表

1. 可育雄蕊8~10。
  2.小叶20~30对，小叶片长3~5mm，宽约1mm……………………**2.含羞草决明C.minmosoides**
  2.小叶14~25对，小叶片长8~15mm，宽约2mm……………………**1.短叶决明C.leschenaultiana**
1.可育雄蕊4；复叶有小叶8~30对，小叶片长5~9mm，宽1~1.5mm……………………**3.豆茶决明C.nomame**

■ 1. 短叶决明　图 387

Cassia leschenaultiana DC. [*Chamaecrista leschenaultiana* (DC.) O. Degener]

一年生或多年生亚灌木状草本。高 30~80cm，有时可达 1m。茎直立，分枝，嫩枝密生黄色柔毛。叶长 3~8cm，在叶柄的上端有圆盘状腺体 1；小叶 14~25 对，线状镰形，长 8~15mm，宽 2~3mm，两侧不对称，中脉靠近叶的上缘；托叶线状锥形，长 7~9mm，宿存。花序腋生，有 1 花或数花不等；萼片带状披针形，外面疏被黄色柔毛；花冠橙黄色，

图 387　短叶决明

花瓣稍长于萼片或与萼片等长。荚果扁平。花期 6~8 月，果期 9~11 月。

见于永嘉、文成、平阳、苍南（马站）、泰顺，生于海拔 200m 的山坡灌丛中。

嫩叶可代茶；种子可入药，有健胃、利尿、消肿之效；根、叶能解毒、治痢；本种又为良好绿肥及水土保持植物。

2. 含羞草决明　图 388

Cassia minmosoides Linn. [*Chamaecrista mimosoides* (Linn.) Greene]

多年生或一年生半灌木状草木。高 30~80cm。茎直立，分枝多，细长披散或上升。幼枝密被黄褐色曲柔毛，后渐脱落。羽状复叶，有 20~30 对小叶，最下 1 对小叶下面叶轴上有 1 压扁无柄腺体；托叶卵状披针形，宿存；小叶片线形，微呈镰状弯曲，先端急尖，具小尖头，向外斜曲。1~3 花腋生；花梗纤细；萼片 5，长椭圆形；花瓣黄色；雄蕊 5 长 5 短，相间着生；子房被毛。荚果棕色，扁平，镰形，疏被毛，有 10~16 种子；果梗长约 1.5cm。种子近菱形，有光泽。花期 8 月，果期 10 月。

见于乐清、永嘉、洞头、瑞安、平阳、文成、苍南、泰顺，生于山谷、山坡灌草丛中或疏林下。温州分布新记录种。

用途同短叶决明 *Cassia leschenaultiana* DC.。

3. 豆茶决明

Cassia nomame (Makino) Kitag. [*Senna nomame* (Makino) T. C. Chen]

一年生半灌木状草木。高 30~ 60cm。茎直立或稍披散，基部常木质化，分枝或单一，幼时密被淡黄色曲柔毛，后渐脱落。羽状复叶有 8~30 对小叶，托叶线状披针形，有明显脉纹；小叶片线形或线状披针形，先端急尖或稍圆钝，有小尖头，基部宽楔形，略偏斜，两面仅边缘有毛。1~3 花腋生；花梗长 5~7mm；萼片 5，披针形；花瓣黄色，长圆形，长约 6mm；能育雄蕊 4（3~5）；子房密被短柔毛。荚果扁平，线形，顶端有短喙。花期 8~9 月，果期 9~10 月。

见于洞头、泰顺，生于山坡路边、山谷溪沟旁及林下草丛中。

图 388　含羞草决明

14. 紫荆属 Cercis Linn.

乔木或灌木。叶互生，具柄，掌状脉。花稍左右对称，具柄，排成一总状花序或花束，生于老枝上；萼片红色，萼管偏斜，短，陀螺形或钟状，具短而阔的5齿；花瓣红色或粉红色，不相等，上面3枚稍小；雄蕊10，分离；子房具短柄，有胚珠多数。荚果压扁，长圆形或带状，腹缝有狭翅，迟裂。种子多数，倒卵形。

共8种，分布于北美洲、东亚和南欧。我国5种；浙江4种；温州野生1种。

■ 广西紫荆 图389

Cercis chuniana Metc.

落叶小乔木或乔木。高逾10m。小枝红褐色，无毛，密生细小皮孔。叶卵状菱形，长3~9cm，宽2~5cm，先端渐尖，基部斜圆形。总状花序3.5~5cm，具明显总花梗；花紫红色。荚果带形，长7~10cm，腹缝线宽翅长不及1mm。种子黑褐色，直径5mm，近圆形，扁平。花期4~5月，果期6~7月。

见于乐清、文成、泰顺，生于海拔1500m以下的山坡灌丛、林缘及路边杂草丛中。温州分布新记录种。

图389 广西紫荆

15. 蝙蝠草属 Christia Moench

草本。叶有小叶1~3片，顶端一片宽大于长数倍。花组成顶生的总状花序；萼膜质，钟形，结果时扩大，裂齿等长，披针形；花冠与萼等长或较长，旗瓣阔，基部渐狭成柄，翼瓣与龙骨瓣贴生；雄蕊10，二体（9＋1）；子房有胚珠数枚。荚果包藏于宿萼内，有荚节数个；荚节小。

10~12种，分布于亚洲热带、亚热带地区以及澳大利亚。我国5种；浙江1种，温州也有。

■ **铺地蝙蝠草**

Christia obcordata (Poir.) Bakh. f. ex Van Meeuwen

多年生平卧草本。长15~60cm。茎与枝极纤细，被灰色短柔毛。叶通常为三出复叶，稀为单小叶；托叶刺毛状，长约1mm；叶柄丝状，疏被灰色柔毛；小叶膜质，顶生小叶多为肾形、圆三角形或倒卵形，侧生小叶较小，倒卵形、心形或近圆形，上面无毛，下面被疏柔毛，侧脉每边3~5条，小叶柄长1mm。总状花序多为顶生，每节生1花；花小，被灰色柔毛；花萼有明显网脉，5裂；花冠蓝紫色或玫瑰红色，略长于花萼。荚果有荚节4~5，完全藏于萼内；荚节圆形，直径约2.5mm，无毛。花期5~8月，果期9~10月。

据陈征海等(1993)报道苍南有分布，但未见标本。

16. 香槐属 Cladrastis Raf.

落叶乔木或灌木。奇数羽状复叶，小叶互生；有或无托叶和小托叶；小叶片全缘。圆锥花序顶生或腋生，通常下垂；无苞片和小苞片；花萼筒状钟形，5齿裂，萼齿短而宽，几等长，上方2齿近合生；花冠白色，稀淡红色；雄蕊10，分离或近分离；子房具短柄，花柱钻形，内弯，柱头小，顶生，有多数胚珠。荚果薄革质，无翅或两侧具翅，成熟时开裂。种子长圆形，扁平，无种阜。

12种，分布于美洲及东亚。我国5种；浙江2种；温州1种。

■ **香槐** 图390

Cladrastis wilsonii Takeda

落叶乔木。高4~16m。树皮灰褐色。幼枝灰绿色，两年生枝红褐色，均无毛。芽叠生，被棕黄色卷曲柔毛。奇数羽状复叶，小叶9~11，小叶互生；小叶片膜质，先端急尖，上面深绿色，无毛，下面灰白色，侧生小叶往下渐小。圆锥花序顶生或腋生；总花梗和花梗初被浅褐色短毛，后渐脱落；花萼钟状，密被浅褐色短毛；花冠白色，翼瓣、龙骨瓣先端略带粉红色，各瓣近等长。荚果带状，密被黄褐色短柔毛，熟后渐疏。种子青灰褐色，肾形，长约3mm，扁平，光滑。花期6~7月，果期9~10月。

见于永嘉、泰顺，生于海拔500m以上的向阳山坡杂木林中。

木材坚重致密，可作家具等用材；根入药，可治关节痛。

陈贤兴 摄

丁炳扬 摄

图390 香槐

17. 猪屎豆属 Crotalaria Linn.

草木或灌木。单叶或掌状三出复叶；托叶离生，叶状、刚毛状或缺。花单生或成总状花序，稀密集成头状；花萼5深裂，萼筒短；花冠黄色或白色，稀蓝紫色，与花萼等长或较长；雄蕊10，合生成单体，花药异型，5枚长的长椭圆形，5枚短的近球形；子房无柄或具短柄，有2至多数胚珠，花柱长，基部膝曲，中部以上内侧有毛。荚果无隔膜，肿胀，熟时摇之有响声。

约550种，分布于热带或亚热带地区。我国37种；浙江11种；温州野生4种。

本属植物是良好的绿肥植物或纤维植物，并可保持水土及改良土壤。

分种检索表

1. 托叶大，发达，明显；茎密被金黄色开展长硬毛，斜卧或匍匐状……………………………………3. 假地蓝 C. ferruginea
1. 托叶细小，不明显。
  2. 无托叶，叶片倒卵形、椭圆形、长椭圆形或披针形；数花，密集成近头状的短总状花序…2. 华野百合 C. chinensis
  2. 有托叶；2~20花生于延长的总状花序上。
    3. 叶片线形或者披针形，长2~7.5cm，先端急尖；荚果为宿萼所包……………………………4. 农吉利 C. sessiliflora
    3. 叶片倒披针形或者线形，长1~3cm，先端圆钝；荚果伸出于宿萼外……………………………………1. 响铃豆 C. albida

■ 1. 响铃豆 图391

Crotalaria albida Heyne ex Benth.

多年生直立草本。高20~100cm。茎单一或分枝，被短绢毛，分枝细弱。单叶互生，叶片倒披针形或线形，先端圆钝，有小尖头，基部狭窄，上面疏生毛，下面密被柔毛；近无叶柄；托叶极微细，刚毛状。总状花序顶生或腋生，有5~15花；苞片与小苞片细小，线形或丝状，小苞片着生于花萼基部；花梗纤细；花冠淡黄色，略伸出于花萼外。荚果淡褐色，圆柱形，长0.7~1cm，伸出于宿萼外，无毛，有6~12种子。花期9~10月，果期10~11月。

见于乐清、永嘉、洞头、平阳、苍南、泰顺，生于山坡路边、沟边及溪边草丛中。

周庄 摄

胡仁勇 摄

周庄 摄

图391 响铃豆

■ 2. 华野百合 中国猪屎豆

Crotalaria chinensis Linn.

多年生草本。高15~60cm。茎直立，近基部分枝，被锈黄色紧贴绢毛。单叶，稀疏互生，叶片质稍厚，倒卵形、椭圆形、长椭圆形或披针形，先端急尖或钝，基部楔形，两面被黄褐色紧贴粗长毛，尤以下面中脉或边缘较密；托叶缺或存在。数花密集成顶生近头状的短总状花序，间有1~2花腋生或生于分枝顶端；苞片和小苞片线形，被粗毛，宿存。荚果短圆柱状，长1~1.5cm，全部为宿萼所包住，无毛，有15~20种子。花期8~9月，果期10~11月。

据《浙江植物志》记载平阳有分布，但未见标本。

茎、叶可作绿肥及饲料。

■ 3. 假地蓝 图392

Crotalaria ferruginea Grah. ex Benth.

多年生草本。高30~100(~180)cm，全株密被金黄色开展硬毛。茎直立，多分枝。单叶互生，叶片形状变化大，宽椭圆形，椭圆形以至披针形，先端钝圆或急尖，基部宽楔形，两面被毛，下面较密，侧脉不明显；叶柄极短；托叶披针形，反折，宿存。总状花序顶生或腋生，有2~8花；苞片与小苞片均与托叶相似；雄蕊单体，花药异型；子房无毛，花柱中部有毛。荚果长圆形，长2~2.5cm，无毛，有20~30种子。种子肾形，长约2mm，宽约1.2mm。花期7~8月，果期9~10月。

见于本市各地，生于山坡路旁、灌木丛中及山脚田埂边。

全草入药，能益气补肾、消肿解毒，主治肾亏、遗精等。

■ 4. 农吉利 野百合 图393

Crotalaria sessiliflora Linn.

一年生草本。高20~100cm。茎直立，基部有时木质化，单一或有分枝，被淡黄褐色丝质长糙毛。单叶互生，叶片线形或披针形，有时长圆形，先端急尖，基部略狭窄或短柄至几无柄，上面疏被毛或近无毛，下面密被绢毛，中脉尤密；托叶极细小，刚毛状。总状花序顶生，兼有腋生，密生2~20花；苞片与小苞片线形，小苞片生于花梗上部，与花萼均被黄褐色长糙毛；花梗极短，果时下垂；花冠淡蓝色或淡紫色。荚果长圆形，无毛，外面包围宿萼，有10~15种子。花期9~10月，果期9~12月。

见于乐清、永嘉、洞头、文成、平阳、苍南、泰顺，生于向阳山坡、林缘、矮草丛中及裸岩旁。

全草及种子入药，能清热解毒，用治疮疖、毒蛇咬伤及防治宫颈癌、皮肤癌等。

图392 假地蓝

图 393　农吉利

18. 黄檀属 Dalbergia Linn. f.

落叶或常绿，乔木、灌木或攀援灌木。无顶芽。奇数羽状复叶，稀单叶；托叶早落；小叶互生，小叶片全缘。花小，通常多数，排成二歧聚伞花序或圆锥花序；苞片小，宿存，小苞片极小，通常早落；花萼钟形，5 齿裂，萼齿上方 2 齿裂较宽短；花冠伸出萼外，白色、紫色或黄色，花瓣具瓣柄；雄蕊 10 或 9，单体或二体。荚果长圆形或带状，不开裂，夹缝薄，无翅，有 1 至数枚种子。种子肾形，扁平。

约 100 种，分布于热带、亚热带地区。我国 28 种；浙江 7 种；温州野生 5 种。

分种检索表

1. 乔木。
   2. 小叶4~5对；圆锥花序顶生或者近枝顶腋生，花冠淡紫色或者黄白色，子房无毛……………………4. 黄檀 D. hupeana
   2. 小叶6~10对；圆锥花序腋生，花冠白色，子房有毛……………………1. 南岭黄檀 D. balansae
1. 藤本或攀援灌木。
   3. 小叶小，多数，10~17对……………………5. 香港黄檀 D. millettii
   3. 小叶较大，少数，通常3~7对。
      4. 小叶2~6对，小叶长1.5~2.5cm；圆锥花序长13~19cm，萼齿等长或者近等长……………………3. 藤黄檀 D. hancei
      4. 小叶5~7对，小叶长2.5~4cm；圆锥花序长约5cm，萼齿最下方一枚较其余长……………………2. 大金刚藤 D. dyeriana

1. 南岭黄檀　图 394

Dalbergia balansae Prain

落叶乔木。高达15m。树皮灰黑色至灰白色，有纵纹至条片状开裂。小枝幼时疏被毛，后无毛。奇数羽状复叶，有小叶13～17（~21）；叶轴有疏毛；托叶线形，长约3mm，早落；小叶片长圆形或倒卵状长圆形，初时两面均被柔毛。苞片卵状披针形，长约1mm，有毛；副萼状小苞片早落；花较小，长6~7mm；花梗长约3mm；花萼钟形，被锈色短柔毛；花冠白色；雄蕊10，二体；子房密被锈色柔毛。荚果椭圆形，扁平，通常有种子1~2；果柄长约6mm。花期6月，果期10~11月。

见于瑞安、文成、平阳、苍南、泰顺，生于山坡杂木林中。

木材供作高级家具及细木工用材；本种可作风景树或蔽荫树。

图 394　南岭黄檀

■ 2. 大金刚藤　图 395

Dalbergia dyeriana Prain

大藤本。奇数羽状复叶，有小叶 5~7 对；叶轴无毛或有疏毛；小叶片倒卵形或长圆状倒卵形，长 2.5~4cm，宽 7~15mm，先端钝圆，微凹，下面有平伏柔毛，小叶柄无毛或有疏毛。圆锥花序腋生，疏生少数花；总花梗及花梗有微毛；花梗长约 2.5mm；花萼钟形，被微柔毛；花冠黄白色，旗瓣长圆形，先端微凹；雄蕊 9，单体；子房有柄，被微柔毛，花柱无毛，有 2~3 胚珠。荚果狭长圆形，有 1~2 种子。种子扁平，长约 13mm，宽约 5mm。花期 5~6 月，果期 7~8 月。

图 395　大金刚藤

■ 3. 藤黄檀 图396

Dalbergia hancei Benth.

木质藤本。幼枝疏被白色柔毛，有时小枝弯曲成钩状或螺旋状。奇数羽状复叶，有小叶(5~) 9~13；托叶早落；小叶片长圆形或倒卵状长圆形，先端微凹，基部圆形或宽楔形，下面疏被平伏柔毛。圆锥花序腋生，长13~19cm；总花梗及花梗密被锈色短柔毛；花小；花萼钟状，外被短柔毛；花冠绿白色；雄蕊9，单体，有时10，二体（9+1）；子房线形，被短柔毛。荚果舌状，长3~7cm，宽1~1.5cm，扁平，无毛。种子肾形，长约7mm，扁平。花期3~4月，果期7~8月。

见于本市各地，生于山坡、溪边、岩石旁、林缘灌丛或疏林中。

根、茎及树脂入药，有强劲活络、破积止痛之功效。

■ 4. 黄檀 图397

Dalbergia hupeana Hance

落叶乔木。高可达17m。树皮条片状纵裂。当年生小枝绿色，皮孔明显，无毛；二年生小枝灰褐色。冬芽紫褐色，略扁平，顶端圆钝。奇数羽状复叶，有小叶9~11；小叶片长圆形或宽椭圆形，先端圆钝，微凹，基部圆形或宽楔形，两面被平伏短柔毛。圆锥花序顶生或生于近枝顶叶腋；总花梗近无毛；花梗及花萼被锈色柔毛；花冠淡紫色或黄白色，具紫色条斑；子房无毛。荚果长圆形，不开裂。种子黑色，有光泽，扁平。花期5~6月，果期8~9月。

见于本市各地，常生于山坡、溪沟边、路旁、林缘或疏林中。

木材坚重致密，可用于制作各种负重力和强拉力的用具及器材；根及叶入药，有清热解毒、止血消肿之功效。

丁炳扬 摄

图396 藤黄檀

丁炳扬 摄

周庄 摄

图 397　黄檀

图 398　香港黄檀

5. 香港黄檀　图 398

Dalbergia millettii Benth.

藤本状攀援灌木。小枝常弯曲成钩状，主干和大枝有明显的纵向沟和棱。奇数羽状复叶，小叶25~35；叶轴被微毛；小叶片长圆形，长6~16mm，宽2.8~3.8mm，两端圆形至平截，先端有时微凹，两面均无毛，小叶柄被微毛。圆锥花序腋生；苞片和小苞片宿存；花小；花梗短，被短柔毛；花萼钟状；子房具柄。荚果狭长圆形，长3.5~5.5cm，宽1.3~1.8cm，果瓣全部有网纹，通常有1种子，稀2~3。花期6~7月，果期8~9月。

见于本市各地，生于山坡、路边、溪沟边林中或灌丛中。

叶入药，有清热解毒之功效；枝干可作手杖用料。

19. 鱼藤属 **Derris** Lour.

木质藤本，稀直立灌木或小乔木。小枝髓心常中空，稀实心。奇数羽状复叶，小叶对生；托叶较小，宿存，小托叶缺。花稍小，排成腋生或顶生总状花序或圆锥花序；花簇生于缩短的分枝上；花萼钟状，喉部近截平或有极短的齿；花冠白色、粉红色或紫红色；雄蕊10，通常单体，稀二体。荚果扁平，长圆形或带状，沿腹缝线有翅或两缝线均有窄翅，成熟时不开裂。种子肾形或圆形，扁平，种脐小。

约80种，分布于全球热带、亚热带地区。我国25种；浙江2种1变种；温州1种1变种。

图399 中南鱼藤

1. 中南鱼藤 图399

Derris fordii Oliv.

木质藤本。小枝无毛，枝髓实心。小叶5~7，托叶三角形，长约2mm，宿存；小叶片椭圆形或卵状长圆形，先端短尾尖或尾尖，钝头，基部圆形，两面无毛，侧脉6~7对。圆锥花序腋生；总花梗及花梗均有棕色短硬毛；小苞片2，钻形，有毛；花萼钟状，萼齿5，三角形，极短，被棕色短柔毛及红色腺点或腺条；花冠白色；子房无柄，有黄色长柔毛。荚果长圆形，扁平，腹缝翅宽2~3mm，背缝翅宽不及1mm，花柱宿存，有1~2种子。种子浅灰色，长约1.4cm。花期8月，果期11月。

见于乐清、文成、苍南、泰顺，生于低山丘陵、溪边、地边灌丛或疏林中。

根、茎及叶含鱼藤酮，可毒鱼和作杀虫剂；根和茎又供药用，外用可治跌打肿痛、关节痛、皮肤湿疹、疥疮等，有大毒，严禁内服。浙江省重点保护野生植物。

图400 亮叶中南鱼藤

1a. 亮叶中南鱼藤 图400

Derris fordii var. **lucida** How

本变种与原种的主要区别在于：小叶3~7枚，小叶片较小，卵状披针形或椭圆状披针形，先端尾尖，上面有光泽，侧脉不明显；总花梗及花梗被褐色柔毛；荚果背缝翅较宽，达11.5mm。

见于乐清、文成、泰顺，常生于石灰岩山地。

20. 山蚂蝗属 Desmodium Desv.

灌木或半灌木，稀草本。羽状复叶，通常具3小叶，有时为单叶，稀具5~7小叶；有托叶及小托叶；小叶片全缘，稀为波状。总状花序或圆锥花序腋生或顶生，稀为头状或伞形花序腋生或簇生；花序轴每节具2~4花；苞片干膜质，具条纹，或与托叶相似；花常较小；花萼钟状，5齿裂，上方2枚多少合生；花冠通常白色、粉红色或紫色，长于花萼，花瓣具瓣柄；子房线形，有2至数枚胚珠。荚果两缝线或仅背缝线多少缢缩而成2至数个荚节，每荚节有1种子，通常不开裂。

约350种，分布于热带、亚热带地区。我国约40种，主要分布于西南部至东南部；浙江5种，温州也有。

分种检索表

1.荚果的节长圆形，长度较宽度大2.5~5倍……………………………………………………………………**1.小槐花D.caudatum**
1. 荚果的节成正方形，长度等于或稍大于宽度。
  2. 荚果密被伸展的毛。
    3.荚果被钩状毛，腹缝线直…………………………………………………………………**2.假地豆D.heterocarpon**
    3.荚果被褐色绢毛，腹缝线稍缢缩…………………………………………………………**4.饿蚂蝗D.multiflorum**
  2. 荚果无毛或者有短毛。
    4. 茎近无毛；顶生小叶倒卵状长圆形或长椭圆形，长1~1.2cm，宽4~6mm；总状花序有6~10朵花………………………………………………………………………………………………**3.小叶三点金D.microphyllum**
    4. 茎被开展柔毛；顶生小叶倒心形、倒三角形或者倒卵形，长和宽0.3~1cm；花单生或者2~3花簇生于叶腋……………………………………………………………………………………………**5.三点金D.triflorum**

1. 小槐花 图401

Desmodium caudatum (Thunb.) DC.

灌木。高0.5~2m，全体几无毛。茎直立，多分枝。羽状三出复叶；叶柄两侧具狭翅；托叶三角状钻形，疏被长柔毛；小叶片先端渐尖或尾尖，稀钝尖，两面脉上的毛较密，小叶柄短；小托叶钻形，与小叶柄近等长，宿存。总状花序腋生或顶生；花序轴密被柔毛；苞片和小苞片钻形，密被短柔毛；花萼密被毛；花冠绿白色或淡黄色；子房线形，密被绢毛。荚果带状，长4~8cm，宽3~4mm，有4~8荚节，两缝线均缢缩成浅波状，密被棕色钩状毛。种子长圆形，长5~7mm，宽2~3mm，扁平。

见于本市各地，生于山坡、山沟疏林下、灌草丛中或空旷地。

图401 小槐花

2. 假地豆 图402

Desmodium heterocarpon (Linn.) DC.

半灌木或小灌木。高0.3~1.5m。茎直立或平卧，多少被伏毛或开展毛，老时渐疏。三出羽状复叶；叶柄上面有沟槽；托叶三角状披针形，具10余条纵脉；顶生小叶片先端圆钝或微凹，下面多少被伏毛；侧生小叶片较小；小托叶钻形，略长于小叶柄。总状花序腋生或顶生；花序轴密被毛；花梗纤细，多少被毛；苞片卵状披针形，具缘毛，早落；花冠紫红色或蓝紫色。荚果线形，扁平，多少被毛，两缝线毛较密，背缝线成波状，腹缝线几平直，具4~8荚节。种子暗褐色，有光泽，肾圆形，长1.5~2mm，扁平。花期7~9月，果期9~11月。

见于本市各地，生于山坡、山谷、路旁疏林下或灌草丛中。

全草入药。

3. 小叶三点金 图403

Desmodium microphyllum (Willd.) DC.

多年生草本或半灌木。茎平卧，有时稍直立，多纤细分枝。小枝微具棱，无毛或疏被毛。三出羽状复叶，稀单叶；叶柄细短，无毛或疏被短柔毛；托叶近膜质，披针形或卵状披针形；顶生小叶片膜质或草质，有小尖头，下面疏被白色伏毛；侧生小叶片明显较小；小托叶微小。总状花序腋生或顶生；总花梗多少屈曲，有细钩状毛和开展的软毛；花萼浅钟状；花冠粉红色或淡紫色；子房线形，无柄，被毛。荚果扁平，宽约3mm，具2~5荚节，两面被细沟状毛，两缝线在荚节间缢缩成牙齿状。种子暗褐色，有光泽，椭圆形。花期7~8月，果期9~10月。

见于永嘉、平阳、泰顺，生于山脚、山坡、路旁草地或灌草丛中。

根及全草入药。

周庄 摄

图402 假地豆

周庄 摄

王金旺 摄

图 403　小叶三点金

4. 饿蚂蝗

Desmodium multiflorum DC.

小灌木。高 0.5~1.5m。茎直立或稍披散，具棱角，疏生长柔毛。三出羽状复叶；叶柄长，上面有沟槽，被柔毛；托叶卵状披针形或披针形，宿存；顶生小叶片先端钝或钝尖，具小尖头，边缘略反卷；侧生小叶片较小，小叶柄长，密被柔毛。总状花序腋生，或圆锥花序顶生，花密集；总花梗被毛；花序轴每节着生 1~3 花；苞片卵形或卵状披针形，通常早落；花梗纤细；花冠粉红色或紫红色。荚果线形，密被黄褐色绢毛，具 4~8 荚节，腹缝线略成浅波状，背缝线波状。种子赭红色，长圆形，长约 2.5mm，扁平。花期 7~8 月，果期 9~10 月。

见于洞头、泰顺，生于山坡、山沟疏林下或林缘灌草丛中。

根及全草入药。

5. 三点金

Desmodium triflorum (Linn.) DC.

蔓延草本。长 10~45cm。茎纤细，多分枝，被开展的柔毛。三出复叶互生，有短柄；小叶倒心形或者倒卵形，长 0.3~1cm，宽相等，先端截形或者微缺，基部楔形，全缘，上面无毛，下面疏生紧贴的柔毛。夏、秋开紫红色花，1 花或者 2~3 花簇生于叶腋；萼管较长，萼齿披针形，密生白色长柔毛；花冠蝶形，旗瓣长、大，具长爪；雄蕊二体。荚果扁平，条形，呈镰状弯曲，有钩状短柔毛，腹缝线直，背缝线在种子间缢缩，有 3~5 荚节，荚节近方形，有网纹种子。种子长方形，浅灰褐色。

见于泰顺，生于海拔 180~570m 的旷野草地、路旁或河边沙土上。温州分布新记录种。

全草可入药。

21. 山黑豆属 Dumasia DC.

缠绕草本或攀援半灌木状草本。羽状三出复叶；有托叶及小托叶。总状花序腋生，有1~2花；苞片小，狭窄；花萼管状，基部向一侧凸出，萼筒喉部呈斜截形，萼齿不发达；花冠淡黄色，伸出萼外，各瓣均有长瓣柄，除旗瓣有耳外，其他各瓣均无耳；雄蕊二体（9+1），花药同型；子房有短柄，基部有腺体，被短柔毛，胚珠多数，花柱长。荚果线形，略呈串珠状，种子间无隔膜。种子近球形。

约 10 种，分布于热带亚洲和非洲。我国 8 种，分布于西南部。浙江 1 种，温州也有。

图 404　截叶山黑豆

■ 截叶山黑豆　图 404

Dumasia truncata Sieb. et Zucc.

攀援状缠绕草本。茎纤细，长 1~3m，具细纵纹，通常无毛。叶具羽状 3 小叶；托叶小，线状披针形，具 3 脉，叶柄纤细无毛；小叶膜质，长卵形或卵形，侧生小叶略小，基部略偏斜，中脉在两面凸起，侧脉纤细；小托叶刚毛状。总状花序腋生，纤细，通常无毛；总花梗短；苞片和小苞片细小；花萼管状，膜质，淡绿色，无毛；花冠黄色或淡黄色，无毛，胚珠通常 3~5。荚果倒披针形至披针状椭圆形，略膨出，先端具喙，基部渐狭成短果颈。种子通常 3~5，扁球形，黑褐色。花期 8~9 月，果期 10~11 月。

见于文成、泰顺，常生于海拔 380~1000m 的山地路旁潮湿地。

22. 野扁豆属 Dunbaria Wight et Arn.

缠绕草木或木质藤本。羽状三出复叶互生；小叶片下面有明显腺点；托叶和小托叶早落，有时无小托叶。总状花序腋生，稀单生于叶腋；苞片早落或缺，小苞片缺或偶存；花萼 5 齿裂，上方 2 齿合生，最下 1 齿最长；花冠黄色，多少伸出萼外；雄蕊二体（9+1），花药同型；子房通常无柄，有多数胚珠。荚果线形或线状长圆形，挺直或镰状，扁平，开裂后果瓣扭曲。

约 15 种，分布于热带亚洲，南至大洋洲。我国约 7 种；浙江 1 种，温州也有。

■ 毛野扁豆　图 405

Dunbaria villosa (Thunb.) Makino

多年生缠绕草本。植株各部均有锈色腺点。茎细弱，具棱纹，密被倒向短柔毛。羽状 3 小叶，互生；托叶卵形；顶生小叶片较大，近扁菱形，先端骤突尖或急尖而钝，基部圆形至截形，两面疏被极短柔毛；侧生小叶片斜宽卵形，较小；小托叶钻形。总状花序腋生，有 2~7 花；苞片早落；花冠黄色；子房密被长柔毛及锈色腺点，基部有杯状腺体，花柱纤细，上部无毛。荚果线形，扁平，顶端有尖喙，密被短毛及锈色腺点，有 5~6（~7）种子。花期 8~9 月，果期 10~11 月。

见于本市各地，生于草丛中或灌木丛中。

种子入药，也可供榨取工业用油。

图 405　毛野扁豆

23. 山豆根属 Euchresta Benn.

灌木或半灌木。羽状复叶有3~7小叶；无小托叶。总状花序顶生或腋生；花萼钟状，极偏斜，萼齿5，极短；花冠白色，伸出萼外，旗瓣狭窄，龙骨瓣几不联合；雄蕊二体（9+1），花丝稍合生或近分离，花药“丁”字着生；子房具长柄，有1~2胚珠，花柱丝状，柱头头状。荚果肉质，肿胀，椭圆形，似核果状，不开裂，有1种子。

约 4 种，分布于喜马拉雅山至日本。我国 4 种；浙江 1 种，温州也有。

■ 三叶山豆根 胡豆莲 图 406

Euchresta japonica Hook. f. ex Regel

常绿半灌木或小灌木。高 30~90cm。茎圆柱形，基部稍匍匐，分枝少；幼枝、叶柄、小叶片下面、花序及花梗均被淡褐色短毛。羽状 3 小叶，互生；叶柄长 3~6cm；托叶早落；小叶片近革质，稍有光泽，倒卵状椭圆形或椭圆形，先端钝头，基部宽楔形或近圆形，侧脉不明显；顶生的小叶片较大。总状花序与叶对生，长 7~14cm；总花梗长 3.5~7cm，花梗长 4~7mm，基部有狭卵形小苞片；萼筒斜钟状；花冠白色；子房具柄，花柱细长，柱头小。荚果熟时黑色，肉质，椭圆形，有 1 种子；果梗长约 5mm。花期 7 月，果期 10~11 月。

见于文成、泰顺，生于海拔 700~1200m 的深山常绿阔叶林下及阴湿山坡上。国家 II 级重点保护野生植物。

图 406 三叶山豆根

24. 千斤拔属 Flemingia Roxb. ex Ait.

灌木或亚灌木状草本。叶具指状 3 小叶或为单叶；小叶下面有腺点。花组成腋生的总状花序或组成小聚伞花序，每一聚伞花序隐藏于一个折叠的大苞片内，此等苞片复呈总状花序式排列；萼管短，裂片狭长；花冠稍伸出于萼外，花瓣等长；雄蕊 10，二体（9 + 1）；子房有胚珠 2。荚果小，椭圆形或长圆形，肿胀。

约 40 种，分布于热带非洲、亚洲和澳大利亚。我国 19 种；浙江 1 种，温州也有。温州分布新记录属。

■ 千斤拔 图 407

Flemingia prostrata Roxb. [*Flemingia philippinensis* Merr. et Rolfe]

直立或披散亚灌木。幼枝三棱柱状，密被灰褐色短柔毛。叶具指状3小叶；托叶线状披针形，长0.6~1cm，有纵纹，被毛，先端细尖，宿存；叶柄长2~2.5cm；小叶厚纸质，上面被疏短柔毛，背面密被灰褐色柔毛，基三出脉，侧脉及网脉在上面多少凹陷，密被短柔毛。总状花序腋生，各部密被灰褐色至灰白色柔毛；苞片狭卵状披针形；花密生，具短梗；萼裂片披针形，远较萼管长，被灰白色长伏毛；花冠紫红色。荚果椭圆状，被短柔毛。种子2，近圆球形，黑色。花果期夏秋季。

见于永嘉，常生于海拔 50~300m 的平地旷野或山坡路旁草地上。温州分布新记录种。

图 407　千斤拔

25. 皂荚属 Gleditsia Linn.

落叶乔木或灌木。树杆和枝条常具分枝的枝刺。无顶芽，侧芽叠生。一回羽状复叶，或同一株上兼有二回羽状复叶；托叶小，早落；小叶片常有锯齿，稀全缘。穗状或总状花序侧生，稀为圆锥花序；花杂性或单性异株；花萼钟形；花冠淡绿色或绿白色；子房无柄或有短柄，花柱短，柱头顶生，有 1 至多数胚珠。荚果扁，劲直、弯曲或扭曲，有 1 至多数种子。种子扁，卵形或椭圆形，有角质胚乳。

约 16 种，分布于热带和温带。我国 6 种；浙江 2 种；温州 1 种。

■ 皂荚　图 408

Gleditsia sinensis Lam.

落叶乔木或小乔木。高达30m。树皮暗灰色，粗糙不裂。分枝刺粗壮，从中部至顶端呈圆锥形，从基部至顶端横切面均呈圆形，稀无刺；小枝无毛。一回羽状复叶，常簇生状，小叶6~14（~18）；小叶片卵形、长圆状卵形或卵状披针形，叶缘具细锯齿或较粗锯齿，下面细脉明显；小叶柄被短柔毛。总状花序细长，腋生或顶生；花杂性；花瓣4，黄白色；雄蕊8，4长4短。荚果稍肥厚，木质，劲直或略弯曲，基部渐狭成长柄状，有

图 408　皂荚

多数种子，经冬不落。种子红棕色，有光泽，长椭圆形，扁平。花期5~6月，果期8~12月。

见于乐清、泰顺，生于路旁、沟边、向阳山坡或房前屋后。

本种为优质木工用材；果可作肥皂原料；种子可供榨油；种仁可食；枝刺及种子还可作药用。

26. 大豆属 Glycine Willd.

缠绕、攀援或匍匐稀直立草本。羽状三出复叶互生；托叶小，与叶柄离生，小托叶存在。总状花序腋生；苞片小，小苞片极小；花小；花萼钟状，萼齿5，上方2齿多少合生；花冠白色或紫色，略伸出于萼外，旗瓣近圆形，基部两侧有耳，翼瓣狭窄，微贴于短钝的龙骨瓣上；雄蕊单体或二体（9+1）；子房近无柄，有数枚胚珠。荚果线形或长圆形，扁平或稍肿胀。种子间常有缢纹。

约10余种，主要分布于亚洲、大洋洲及非洲。我国7种；浙江2种；温州野生1种。

■ 野大豆 图409

Glycine soja Sieb. et Zucc.

一年生缠绕草本。茎细长，密被棕黄色倒向伏贴长硬毛。羽状3小叶；托叶宽披针形，被黄色硬毛；顶生小叶片卵形至线形，长2.5~8cm，宽1~3.5cm，先端急尖，基部圆形，两面密被伏毛；侧生小叶片较小，基部偏斜，小托叶狭披针形。总状花序腋生，长2~5cm；花小；花冠淡紫色，稀白色，稍长于萼，旗瓣近圆形，翼瓣倒卵状长椭圆形，龙骨瓣较短，基部一侧有耳；雄蕊近单体；子房无柄，密被硬毛。荚果线形，开裂。种子黑色，椭圆形或肾形，稍扁平。花期6~8月，果期9~10月。

见于本市各地，生于向阳山坡灌丛中、林缘、路边、田边。

可作牧草及绿肥；全草入药。国家Ⅱ级重点保护野生植物。

图409 野大豆

27. 肥皂荚属 Gymnocladus Lam.

落叶乔木。无刺。小枝粗壮。无顶芽。二回偶数羽状复叶；托叶小，早落；小叶互生；叶片全缘。顶生圆锥花序或总状花序；花杂性异株、单性异株或同株，辐射对称；花萼筒状，4~5 裂；花瓣 4~5，稍长于花萼；雄蕊 10，分离，5 长 5 短；子房无柄，有 2~8 胚珠，花柱短而直，柱头偏斜。荚果肥厚、肉质，近圆柱形。种子大，稍扁平；萌发时子叶留土。

3~4 种，分布于东亚和北美洲。我国原产 1 种，引入 1 种，浙江均有；温州 1 种。

■ 肥皂荚　图 410

Gymnocladus chinensis Baill.

落叶乔木。高达20m。树皮灰褐色，具明显的白色皮孔。当年生小枝被锈色或白色短柔毛，后脱落；叶柄下芽叠生。二回偶数羽状复叶；羽片3~6（~10）对；小叶16~24（~30），幼时两面多少被柔毛，老时渐脱落，至几无毛，或下面毛仍较密，小叶柄长约1mm；小托叶钻形，宿存。总状花序顶生，花梗长5~8mm；苞片微小或缺；花杂性异株；花冠白色或带紫色。荚果肥厚，无毛。种子黑色，扁球形。花期4~5月，果期8~10月。

见于乐清、文成、泰顺，生于山坡疏林中、空旷地或房前屋后。

木材纹理直，质略坚重，宜作农具或车辆之用；荚果富含皂素，为优良的制皂原料，亦可供药用；种仁可食，并可供榨油；树冠优美，为庭园观赏植物。

图 410　肥皂荚

28. 长柄山蚂蝗属 Hylodesmum H. Ohashi et R. R. Mill

多年生草本或亚灌木状。根状茎多少木质。羽状复叶，小叶 3~7，全缘或浅波状；有托叶和小托叶。花序顶生或腋生，或有时从能育枝的基部单独发出；总状花序，少为稀疏的圆锥花序；花梗通常有钩状毛和短柔毛；雄蕊单体，少有近单体；子房具细长或稍短的柄。荚果具细长或稍短的果颈（子房柄），有荚节 2~5。种子通常较大，种脐周围无边状的假种皮。

约 11 种，主产于亚洲，少数种类产于美洲；我国 7 种；浙江 3 种 2 亚种，温州也有。

分种检索表

1.小叶7，偶有3~5 ······ **2.羽叶长柄山蚂蝗H.oldhamii**
1. 小叶全为3。
  2. 顶生小叶倒卵形，最宽处在叶片中上部，先端突尖 ······ **3. 长柄山蚂蝗 H. podocarpum**
  2. 顶生小叶宽卵形、卵形或菱形，最宽处在中部或者中下部 ······ **1. 细长柄山蚂蝗 H. leptopus**

1. 细长柄山蚂蝗

Hylodesmum leptopus (A. Gray ex Benth.) H. Ohashi et R. R. Mill [*Desmodium leptopum* A. Gray ex Benth.]

亚灌木。高 30~70cm。茎直立，幼时被柔毛，老时渐变无毛。叶为羽状三出复叶，簇生或散生，小叶 3；托叶披针形；叶柄具沟槽，无毛或被疏柔毛；小叶纸质，侧生小叶通常较小，基部极偏斜，基出脉 3 条，侧脉每边 2~4 条；小托叶针状，被糙状毛。总状花序或具少数分枝的圆锥花序；花序轴略被钩状毛和疏长柔毛；苞片椭圆形；花冠粉红色；雄蕊单体；子房具长柄。荚果扁平，稍弯曲，腹缝线直，背缝线于荚节间深凹入而接近腹缝线，有荚节 2~3；荚节斜三角形，被小钩状毛。花果期 8~9 月。

见于乐清、永嘉、文成、泰顺，生于林缘、路边杂草丛、山谷、河边沙地中。

2. 羽叶长柄山蚂蝗

Hylodesmum oldhamii (Oliv.) H. Ohashi et R. R. Mill [*Desmodium oldhamii* Oliv.]

半灌木或多年生草本。高 0.5~1.5m。茎直立，小枝略具棱角，嫩枝被黄色短柔毛，后渐无毛。羽状复叶有(3~) 5~7 小叶，长达 25cm；叶柄长 5~10cm，上面具沟槽，与叶轴均被短柔毛；托叶线状披针形，长约 5mm，被柔毛；小叶片被毛。圆锥花序顶生；花稀疏；花序轴密被黄色短柔毛；苞片线状披针形；花冠粉红色；雄蕊 10，二体；子房有柄，微被短柔毛。荚果长 2~3cm，通常具 2 荚节；荚节半菱形，密被钩状短柔毛；果颈长 0.8~1.3cm。花期 8~9 月，果期 9~10 月。

据《泰顺县维管束植物名录》记载泰顺有分布，但未见标本。

根及全草入药，有祛风、活血、利尿、驱虫之效。

3. 长柄山蚂蝗 图 411

Hylodesmum podocarpum (DC.) H. Ohashi et R. R. Mill [*Desmodium podocarpum* DC.; *Podocarpicum podocarpum* (DC.) Yang et Huang]

小灌木或半灌木。高 50~120cm。地下常有纺锤形块根。茎直立，多从植株基部抽出，微具棱，被柔毛。三出羽状复叶聚生于茎上部；叶柄有沟槽，被短柔毛；侧脉不达叶片边缘；侧生小叶片略小，斜卵形，小叶柄密被柔毛；小托叶钻形，宿存。总状花序顶生或从茎基部抽出；总花梗被柔毛；苞片卵形，早落；花梗纤细；花萼钟状，长约 2mm，萼齿短，宽三角形；花冠粉红色。荚果长 3.5~5cm，有 2~4 荚节，腹缝线至背腹线深凹几达腹缝线；荚节半菱形，顶端斜截形或截形，微凹，密被小钩状毛。

花期8月，果期9~10月。

见于乐清、永嘉、洞头、平阳、苍南、泰顺，生于海拔700m以下的山谷或山坡疏林下灌草丛中。

图411 长柄山蚂蝗

3a. 宽叶长柄山蚂蝗 图412

Hylodesmum podocarpum subsp. **fallax** (Schindl.) H. Ohashi et R. R. Mill [*Desmodium podocarpum* DC. subsp. *fallax* (Schindl.) H. Ohashi; *Podocarpicum podocarpum* (DC.) Yang et Huang var. *fallax* (Schindl.) Yang et Huang]

与原种的主要区别在于：叶通常全部聚生或近聚生于茎顶，顶生小叶片宽卵形，先端渐尖或尾尖，长5~13cm，宽3~8cm，两面被短柔毛；花在圆锥花序上排列较疏松；果柄长7~10mm。花期8~9月，果期9~11月。

见于乐清、永嘉、洞头、平阳、苍南、泰顺，生于山坡、山谷疏林下或林缘灌草丛中。

3b. 尖叶长柄山蚂蝗 图413

Hylodesmum podocarpum subsp. **oxyphyllum** (DC.) H. Ohashi et R. R. Mill [*Desmodium racemosum* (Thunb.) DC.; *Desmodium racemosum* var. *pubesces* Metc.; *Podocarpicum podocarpum* (DC.) Yang et Huang var. *oxyphyllum* (DC.) Yang et Huang]

与原种的主要区别在于：茎常分枝；叶在枝上多散生，稀聚生，顶生小叶片长卵形或椭圆状菱形，

图413 尖叶长柄山蚂蝗

图412 宽叶长柄山蚂蝗

长3~13cm，宽1~4cm，先端短渐尖，两面通常无毛或近无毛；果颈长1~3mm。花期8~9月，果期9~11月。

见于乐清、永嘉、洞头、平阳、苍南、泰顺，生于山坡、路边、林缘灌草丛中或荒山。

29. 木蓝属 Indigofera Linn.

落叶灌木或草木，稀小乔木。植株多少被平贴“丁”字毛。奇数羽状复叶，偶为羽状三出复叶或单叶；具托叶及小托叶，有时无小托叶。总状花序腋生，稀头状或穗状；花萼钟状或斜杯状；萼齿5，等长或最下一枚较长；花冠紫红色至淡红色，有时白色或黄色；雄蕊二体（9+1），花药同型，顶端具硬尖或腺点；子房无柄。荚果线形至圆柱形，稀长圆形或卵形。种子肾形，长圆形或近方形。

约700余种，广布于亚热带及热带地区。我国80种，主要分布于西南地区；浙江10种2变种；温州7种2变种。

本属植物可供观赏，也可作绿肥、饲料、染料及药用。

分种检索表

1. 茎至少在幼枝及花序上具开展毛。
  2. 小叶5~7，小叶片长4~7cm；花序长于复叶；总花梗长达7cm ……… **4. 长总梗木蓝 I. longipedunculata**
  2. 小叶5~13，小叶片长1.3~5cm；花序短于复叶；总花梗长不超过1.5cm ……… **6. 浙江木蓝 I. parkesii**
1. 茎和幼枝及花序上无毛或者具平贴“丁”字毛。
  3. 花小，长在9mm以下；荚果被毛。
    4. 小叶9~17，下面黑色或具黑色斑块；总花梗长达2cm，花长8mm ……… **5. 黑叶木蓝 I. nigrescens**
    4. 小叶5~11，下面非黑色或者无黑色斑块；总花梗极短，花长5~6mm ……… **1. 河北木蓝 I. bungeana**
  3. 花大，长在9mm以上；荚果无毛。
    5. 茎、叶轴及花序上无毛，小叶片两面或下面网脉明显凸出；小叶5~15
      6. 小叶5~7，小叶长3.5~8cm ……… **7. 脉叶木蓝 I. venulosa**
      6. 小叶7~15，小叶长1.5~5.5cm ……… **3. 华东木蓝 I. fortunei**
    5. 茎、叶轴及花序有平贴毛或近无毛，小叶片两面网脉不明显凸出；小叶7~13 ……… **2. 庭藤 I. decora**

1. 河北木蓝　马棘　图414

Indigofera bungeana Walp. [*Indigofera pseudotinctoria* Mats.]

小灌木。高60~150cm。茎多分枝，枝细长，幼时明显具棱，被平贴“丁”字毛。羽状复叶有5~11小叶；叶柄被毛；托叶小，早落；小叶片倒卵状椭圆形、倒卵形或椭圆形，先端圆或微凹，具小尖头，两面被平贴毛，小叶柄长约1mm；小托叶不明显。总状花序长3~11cm，常生于复叶；花密集；总花梗短于叶柄；花冠淡红色或紫红色，旗瓣倒宽卵形，外被“丁”字毛；花药圆球形；子房线形，被毛。荚果线状圆柱形，被毛。种子长圆形。花期7~8月，果期9~11月。

见于永嘉、文成、泰顺，生于海拔100~1300m的山坡林缘及灌丛中。

根及全草入药，有清热解毒功效。

图414　河北木蓝

图 415 庭藤

2. 庭藤 图 415

Indigofera decora Lindl.

小灌木。高 40~100cm。茎圆柱形，分枝有棱，无毛或近无毛。羽状复叶有 7~13 小叶，小叶对生或下部偶互生；叶轴扁平或圆柱形，无毛或疏生“丁”字毛；托叶早落；小叶片变异大，通常卵状椭圆形至披针形，下面被白色平贴“丁”字毛，小叶柄长约 2mm；小托叶钻形，长 1.5mm。总状花序；总花梗长，具棱，近无毛；花梗无毛；苞片线状披针形，早落；花冠粉白色，稀白色；子房线形，近无毛。荚果线状圆柱形，长 3~7cm，近无毛，有 7~8 种子。种子椭圆形，长 4~4.5mm。花期 5~8 月，果期 7~10 月。

见于乐清、永嘉、瑞安、平阳、文成、泰顺，生于海拔 100~1800m 的溪边、沟谷旁及杂木林或灌丛中。

2a. 宁波木蓝 图 416

Indigofera decora var. **cooperii** (Craib) Y. Y. Fang et C. Z. Zheng

本变种复叶有 13~23 小叶，小叶互生或对生，叶轴明显具槽，萼齿披针形，常与萼筒近等长，可与原种相区别。

见于永嘉、瑞安、文成、泰顺，生于海拔 400~1500m 的山坡灌丛或溪边。

可作药用；嫩叶作饲料；全草作绿肥；花大而美，可供观赏。

2b. 宜昌木蓝

Indigofera decora var. **ichangensis** (Craib) Y. Y. Fang et C. Z. Zheng

本变种的小叶片卵状椭圆形，两面有毛，可与原种相区别。

见于永嘉、瑞安、文成、泰顺，生于山坡灌丛或杂木林中。

图 416 宁波木蓝

图 417　华东木蓝

3. 华东木蓝　图 417

Indigofera fortunei Craib

小灌木。高30~80cm。茎直立，灰褐色或灰色，分枝具棱，无毛。羽状复叶有7~15小叶，小叶对生，长1.5~5.5cm；叶轴上面常具浅槽；托叶线状披针形，早落；小叶片宽卵形、卵形或卵状椭圆形，稀卵状披针形，先端圆钝或急尖，有时微凹，具小尖头，网状细脉明显；小托叶钻形。总状花序，总花梗常短于叶柄，无毛；小花梗长达3mm；苞片卵形，早落；花冠紫红色或粉红色，密被短柔毛；子房无毛，有10余胚珠。荚果线状圆柱形，长3~4.5cm，无毛。花期4~5月，果期6~11月。

见于乐清、永嘉、平阳、文成、泰顺，生于海拔 200~800m 的山坡疏林或灌丛中。

4. 长总梗木蓝　图 418

Indigofera longipedunculata Y. Y. Fang et C. Z. Zheng

半灌木。高达 1m。茎圆柱形，分枝曲折，具明显 4 棱，与叶柄、叶轴及花序轴多少被开张多节卷毛。羽状复叶长达 20cm，有 5~7（~9）小叶；叶柄长 2~7cm；托叶早落；小叶片先端急尖或圆钝，具小尖头，基部宽楔形至圆形，上面疏生淡白色短“丁”字毛，下面尤其是沿脉被多节卷毛，网状细脉明显；小托叶线形。总状花序长达 25cm；总花梗具浅纹，基部略呈四棱形；花梗细；花冠紫红色；子房无毛。花期 5~9 月，果期 6~10 月。

见于永嘉、瑞安、文成，生于海拔 700~1000m 的山坡路旁及疏林中。

《Flora of China》将其降为浙江木蓝的变种 *Indigofera parkesii* var. *longipedunculata* (Y. Y. Fang et C. Z. Zheng) X. F. Gao et Schrire，其分类地位值得进一步研究。

5. 黑叶木蓝

Indigofera nigrescens Kurz ex King et Prain

直立灌木。高 1~2m。茎红褐色，分枝绿色，幼时有浅纹，被棕褐色平贴“丁”字毛。羽状复叶有 9~17 小叶；叶柄疏生毛；托叶线形；小叶片椭圆形或倒卵状椭圆形，先端圆钝，具小尖头，两面疏生短“丁”字毛，干燥后下面通常变黑色或有黑色斑点与斑块。总状花序花密集，总花梗长达 2cm；花梗与苞片同被棕色毛；苞片明显，线形；花冠红色或紫红色；花药宽卵形，基部有少数髯毛；子房无毛，有 8~9 胚珠。荚果圆柱形，疏生毛；果梗长约 1mm，下弯。种子红褐色，长约 2.5mm。花

图 418　长总梗木蓝

期6~9月，果期9~10月。

见于平阳、文成、泰顺，生于海拔500~1500m的山坡灌丛及疏林中。

■ 6. 浙江木蓝 图419

Indigofera parkesii Craib

小灌木。高30~60cm。茎直立，有时基部呈匍匐状，曲折上升，圆柱形或具棱，与分枝常被白色或棕色开展多节卷毛。羽状复叶长8~15cm，有（5~）9~13小叶；叶轴上面稍扁平，有浅槽，被多节卷毛；托叶线形；小叶片坚纸质，上面散生白色“丁”字毛，下面有半开展绢毛，网状细脉在两面均明显。总状花序；总花梗被多节卷毛；苞片线形；花梗长2~2.5mm；花萼疏生多节毛；花冠淡紫色，稀白色，雄蕊二体，花药卵状椭圆形，两段具髯毛；子房无毛。荚果圆柱形，长3~4.7cm，无毛。花期7~8月，果期9~10月。

见于乐清、永嘉、瑞安、平阳、文成、苍南、泰顺，生于海拔100~600m的山坡疏林或灌木丛中。

■ 7. 脉叶木蓝 光叶木蓝 图420

Indigofera venulosa Champ. ex Benth. [*Indigofera neoglabra* Hu ex Wang et Tang]

灌木。高30~60cm。茎曲折，圆柱形，无毛。羽状复叶长10~15cm；叶柄长1.5~3.5cm；叶轴圆柱形或上面有槽，无毛；托叶小，早落；小叶2~6对，对生，卵形、卵状菱形或近圆形，长3.5~8cm，宽1~2.7cm，先端圆钝或急尖，基部楔形至圆形，上面无毛，下面疏生白色“丁”字毛，中脉在上面凹入，侧脉和细脉在下面较显著，小叶柄长约2mm；小托叶与小叶柄等长。总状花序长达10cm，花疏生；总花梗长2~3cm，无毛；苞片卵状披针形；花萼杯状，外面疏生短“丁”字毛；花冠淡紫色。荚果直，长4~5cm，有种子10~12。花期3~5月。

见于文成、泰顺，生于海拔500m左右的山坡及山谷林下。

图419 浙江木蓝

图420 脉叶木蓝

30. 鸡眼草属 **Kummerowia** Schindl.

一年生草本。茎匍匐，多分枝，分枝纤细。羽状三出复叶互生；托叶对生，干膜质，宿存；小叶片倒卵形至长椭圆状倒卵形，先端圆或微凹，有小尖头，全缘，有长缘毛，侧脉密，近平行。1~3 花腋生，二型（有瓣花及无瓣花）；苞片及小苞片干膜质，宿存；花小；花萼 5 裂；花冠淡红色，常退化成无瓣花；雄蕊二体；子房仅有 1 胚珠。荚果小，近球形，扁平，常为宿萼所包，不开裂，有 1 种子。

仅 2 种，分布于中国、朝鲜、日本和西伯利亚及远东地区。我国 2 种，浙江及温州也有。

■ 1. 短萼鸡眼草 图 421

Kummerowia stipulacea (Maxim.) Makino

一年生草本。高 10~30cm。茎匍匐平卧，分枝纤细直立，茎及分枝有上向的白色长柔毛，毛易脱落。小叶片为倒卵形，有时为倒卵状长圆形，长 5~12mm，宽 3~7mm，先端常微凹。小苞片 3，具 1~3 脉；花萼较短，长 1~1.5mm。荚果较小，宽椭圆形，长约 3mm，顶端圆钝，无尖喙，疏被细毛，有网纹，大部分伸出于宿萼外。花期 7~9 月，果期 10~11 月。

见于永嘉、文成、泰顺，生于路边、草地、田边及杂草丛中。

全草入药，又可作绿肥及饲料。

■ 2. 鸡眼草 图 422

Kummerowia striata (Thunb.) Schindl.

一年生草本。高 10~30cm。茎匍匐平卧，分枝纤细直立，但茎及分枝均被下向的白色长柔毛。羽状三出复叶互生；托叶淡褐色，干膜质，狭卵形，

图 421 短萼鸡眼草

图 422 鸡眼草

有明显脉纹，宿存；小叶片倒卵状长椭圆形或长椭圆形，有时倒卵形，侧脉密而平行，小叶柄短，被毛。1~3 花腋生；小苞片 4，1 枚生于花梗关节下，其余生于花萼下面，椭圆形，具 5~7 脉；花梗短；花萼具羽状脉，宿存；花冠淡红色。荚果熟时茶褐色，宽卵形，扁平，顶端有尖喙，常为宿萼所包或稍伸出萼外，不开裂，有 1 种子。种子黑色，卵形，长约 2mm。花期 7~9 月，果期 10~11 月。

见于本市各地，生于路边、草地、田边及杂草丛中。

全草入药，又可作绿肥及饲料。

本种与短萼鸡眼草 *Kummerowia stipulacea* (Maxim.) Makino 的主要区别在于：本种花梗无毛，荚果熟时顶端有尖喙；而短萼鸡眼草花梗有毛，荚果成熟无尖喙。

31. 山黧豆属 Lathyrus Linn.

一或多年生草本，具根状茎或块根。茎直立、上升或攀援，有翅或无翅，偶数羽状复叶，具 1,至数小叶，稀无小叶而叶轴增宽叶化或托叶叶状，叶轴末端具卷须或针刺；小叶椭圆形、卵形、卵状长圆形、披针形或线形，具羽状脉或平行脉；托叶通常半箭形，稀箭形，偶为叶状。总状花序腋生，具 1 至多花；花紫色、粉红色、黄色或白色，有时具香味；萼钟状，萼齿不等长或稀近相等；雄蕊二体 (9+1)，雄蕊管顶端通常截形，稀偏斜；花柱先端通常扁平，线形或增宽成匙形，近轴一面被刷毛。荚果通常压扁，开裂。种子 2 至多数。

约有 130 种，分布于欧洲、亚洲及北美洲的北温带地区，南美洲及非洲也有少量分布。我国 18 种；浙江 4 种 1 亚种；温州 1 种。

■ 滨海山黧豆 图 423

Lathyrus japonicus Willd. [*Lathyrus maritimus* (Linn.) Fries]

多年生草本。根状茎长，分枝，横走于地下；茎伏卧，上部斜上，通常分枝，具细棱，有毛至无毛，长15~60cm。偶数羽状复叶，具短柄；叶轴末端为单一或分枝的卷须；托叶大，箭头形，具网状脉。花序腋生，总状，花序轴(除去总状花序部分)比叶短；花梗比萼短；萼广钟形，有毛至无毛，上萼齿三角形，比萼筒短或近等长，下萼齿披针形或披针状锥形，比萼筒长；花冠紫色，旗瓣倒卵状，中部以下缢缩，翼瓣比旗瓣短、比龙骨瓣长。荚果线状长圆形，带赤褐色，扁压，先端具喙。花期5~6月，果期6~8月。

见于苍南、平阳，生于海边沙地。

花期植株及种子有毒。浙江省重点保护野生植物。

图 423 滨海山黧豆

32. 胡枝子属 **Lespedeza** Michx.

灌木、半灌木或多年生草本。羽状3小叶；托叶钻形或线形，通常宿存；小叶片全缘，先端有刺尖；小托叶缺。总状花序腋生，或总花梗及花序轴极缩短而呈簇生状，或在顶端再集生成圆锥花序；每苞腋具2花；花梗在花萼下不具关节；苞片及小苞片均宿存；花二型，一种具花冠，结实或不结实；另一种为闭锁花，花冠超出花萼，花瓣有瓣柄，旗瓣倒卵形或长圆形，翼瓣长圆形，龙骨瓣先端钝，内弯；雄蕊10，二体（9+1）；子房有1胚珠，花柱上弯，柱头小，顶生。荚果扁平，卵形或椭圆形，不开裂，有1种子，果瓣常有网纹。

约 60 余种，分布于亚洲、北美洲及澳大利亚。我国约 30 种，广布于全国；浙江 15 种 1 亚种 1 变种；温州 10 种 1 亚种。

本属与近缘的杭子梢属 *Campylotropis* Bunge 容易混淆，主要区别在于：本属花梗不具关节，每苞腋具 2 花，苞片宿存，龙骨瓣先端钝；后者花梗有关节，每苞腋具 1 花，苞片早落，龙骨瓣先端急尖。

分种检索表

1. 无闭锁花（即不具有花冠退化、不伸出花萼、结实的花）。
  2.花序比叶短，近无总花梗……………………………………………………………**4.短梗胡枝子 L.cyrtobotrya**
  2. 花序比叶长或者与叶等长。
    3. 小叶先端急尖至长渐尖，稀稍钝……………………………………**9. 美丽胡枝子 L. thunbergii** subsp. **formosa**
    3. 小叶先端通常钝圆或者凹。
      4. 小叶下面密被丝状毛；花萼深裂，裂片披针形或者线状披针形。
        5. 茎、枝明显具条棱；小叶宽卵形或倒卵形或近圆形，长3.5~11cm，宽2.6~7cm…**5. 大叶胡枝子 L. davidii**
        5. 茎、枝微具条棱；小叶椭圆形或卵状椭圆形，长1.5~4.5cm，宽1~2cm……………**6. 春花胡枝子 L. dunnii**
      4.小叶片下面被短柔毛；花萼浅裂至中部，稀微深裂………………………………………………**1.胡枝子 L.bicolor**

1. 有闭锁花(即具有花冠退化、不伸出花萼、结实的花)。
   6. 茎平卧或斜伸……8. 铁马鞭L.pilosa
   6. 茎直立。
      7. 总花梗纤细。
         8. 花紫色;总花梗稍粗,不为毛发状……7. 多花胡枝子L.floribunda
         8. 花黄白色;总花梗为毛发状……11. 细梗胡枝子L.virgata
      7. 总花梗粗壮。
         9. 花萼裂片狭铍针形,花萼为花冠长的1/2以上……10. 绒毛胡枝子L.tomentosa
         9. 花萼裂片披针形或三角形,花萼不及花冠的1/2。
            10. 小叶倒卵状长圆形或卵形,边缘波状稍反卷;荚果卵圆形……2. 中华胡枝子L.chinensis
            10. 小叶楔形或线状楔形,全缘;荚果宽卵形或斜卵形……3. 截叶铁扫帚L.cuneata

1. 胡枝子 图424

Lespedeza bicolor Turcz.

直立灌木。高0.7~2m。小枝黄色或暗褐色,有棱,幼嫩部分被短柔毛。叶柄上面有纵沟,被白色短柔毛;托叶披针形或线状披针形,长3~4mm;小叶片纸质或草质,卵形、倒卵形或卵状长圆形,下面色较淡,被短柔毛。总状花序腋生,长于复叶,在枝顶常成圆锥花序;总花梗长3~10cm,被短柔毛;花梗短,长约2mm;小苞片密被短柔毛;花冠红紫色;子房线形,有柄,被短柔毛。荚果斜卵形或倒卵形,长约1cm,宽约5mm,具网纹,被短柔毛。花期7~9月,果期9~10月。

见于本市各地,生于山坡、路旁、空旷地灌丛中或疏林下。

可作绿肥及饲料;根入药;花艳丽,可栽于庭园供观赏。

2. 中华胡枝子 图425

Lespedeza chinensis G. Don

直立或披散小灌木。高0.4~1m。小枝被白色短柔毛。叶柄、叶轴及小叶柄密被柔毛;托叶钻形,有疏柔毛;顶生小叶片长椭圆形、倒卵状长圆形、卵形或倒卵形,边缘波状稍反卷,两面被毛,下面较密;侧生小叶片较小。总状花序腋生,短于复叶;花少数;总花梗极短;小苞片披针形,被短柔毛;花萼狭钟状,萼齿狭披针形,先端长渐尖,外面被短柔毛,边缘有毛;花冠白色或淡黄色;闭锁花簇生于下部枝条叶腋。荚果卵圆形,长约4mm,表面有网纹,密被短柔毛。种子豆青色,肾状椭圆形,长约2mm,光滑无毛。花期8~9月,果期10~11月。

见于乐清、洞头、永嘉、瑞安、文成、平阳、苍南、泰顺,生于山坡、路旁及草丛中或疏林下。

根及全草入药。

周庄 摄

图424 胡枝子

周庄 摄

图 425　中华胡枝子

3. 截叶铁扫帚　图 426

Lespedeza cuneata (Dum.-Cours.) G. Don

半灌木。高 0.5~1m。枝具条棱，有短柔毛。叶柄长 4~10mm，被白色柔毛；托叶线形，具 3 脉；小叶片线状楔形，先端截形或圆钝，微凹，具小尖头，下面密被伏毛；顶生小叶片长 1~3cm，宽 2~5mm；侧生小叶片较小。总状花序腋生，显著短于复叶，有 2~4 花，有时花单生；几无总花梗；小苞片 2，狭卵形；花萼狭钟状，长约 4mm，5 深裂达中部以下，萼齿披针形，被白色短柔毛；花冠白色或淡黄色；闭锁花簇生于叶腋。荚果宽卵形或斜卵形，长约 3mm，被柔毛。种子赭褐色，肾圆形，光滑无毛。花期 6~9 月，果期 10~11 月。

见于本市各地，生于山坡、路边、林隙及空旷地草丛中。

全草入药。

图 426　截叶铁扫帚

4. 短梗胡枝子

Lespedeza cyrtobotrya Miq.

落叶灌木。高 1~3m，茎多分枝。小枝褐色或灰褐色，贴生疏柔毛。叶柄长 1~2.5cm，上面有沟槽，疏被柔毛；托叶线状披针形，长 3~4mm；小叶片宽卵形、倒卵形，近圆形或卵状椭圆形，两端钝圆，先端常微凹，具小尖头，下面被白色伏贴柔毛，小叶柄长约 2mm，密被短柔毛。总状花序腋生；总花梗短或几无总花梗，密被白色柔毛；花梗被白色柔毛；花萼密被柔毛；花冠紫红色，长约 1cm，旗瓣倒卵形，先端圆钝或微凹。荚果斜卵形，稍扁，长约 7mm，表面具网状，密被柔毛。花期 8~9 月，果期 10~11 月。

见于苍南，生于海拔 700m 以下的山坡灌丛或疏林下。温州分布新记录种。

5. 大叶胡枝子　图 427

Lespedeza davidii Franch. [*Lespedeza merrilli* Rick.]

落叶灌木。高 1~3m。小枝较粗壮，具较明

图427 大叶胡枝子

显的条棱，密被柔毛；老枝具木栓翅。叶柄长1~3cm；托叶卵状披针形，长约5mm，密被短柔毛；小叶片宽椭圆形、宽倒卵形或近圆形，两面密被短柔毛，下面尤密。总状花序腋生，在枝顶成圆锥花序，较复叶长或短；花密集；总花梗及花梗均密被柔毛；苞片及小苞片卵形至披针形，密被柔毛；花冠紫红色；子房密被柔毛。荚果斜卵形、倒卵形或椭圆形，顶端具短尖，密被绢毛。种子成熟时豆青色，干后暗色，长3~5mm，扁平，光滑无毛。花期7~9月，果期9~11月。

见于乐清、永嘉、文成、平阳、苍南、泰顺，生于向阳山坡、沟边灌草丛中或疏林下。

本种可作水土保持树种；根及叶入药；可供观赏。

6. 春花胡枝子 图428

Lespedeza dunnii Schindl.

落叶灌木。高1~2m。老枝暗褐色，微具棱；幼枝密被黄色柔毛。叶柄长约1cm，上面有沟槽，密被黄色绢毛；托叶钻形，长约4mm；小叶片长椭

图428 春花胡枝子

圆形或卵状椭圆形，长1.5~4.5cm，宽1~2cm，两端钝圆，先端常微凹，具小尖头，上面无毛或仅凹陷的中脉被极疏柔毛，下面密被伏贴长粗毛，细脉在下面隆起；小叶柄长约1mm，密被柔毛。总状花序腋生，通常较复叶短；花疏生；总花梗疏被绒毛；苞片及小苞片披针形，被短柔毛。荚果长圆形或倒卵状长圆形，两端尖，疏被短柔毛。种子棕褐色，扁平，略有光泽。花期4~5月，果期6~9月。

见于乐清、永嘉、瑞安、文成、平阳、苍南、泰顺，生于海拔500m以下的向阳山坡、溪边灌丛、石缝中。

7. 多花胡枝子

Lespedeza floribunda Bunge

直立小灌木。高30~100cm。根细长。茎常近基部多分枝，枝微具棱，被灰白色柔毛。托叶钻形，长约5mm；顶生小叶片倒卵形或倒卵状长圆形，先端钝圆、截形或微凹，有小尖头，下面密被白色伏毛；侧生小叶片明显较小。总状花序腋生，明显长于复叶，具多数花；小苞片卵形，长约1mm，先端急尖；花萼宽钟状，萼齿狭披针形，疏被白色柔毛；花冠紫色、紫红色或蓝紫色；闭锁花簇生于叶腋，呈头状花序。荚果菱状卵形，密被柔毛，有网纹。种子暗褐色，近卵形。花期7~9月，果期9~10月。

见于平阳、苍南、泰顺，生于干旱山坡、路旁灌草丛中或疏林下。

根入药。

图 429　铁马鞭

■ 8. 铁马鞭　图 429

Lespedeza pilosa (Thunb.) Sieb.et Zucc.

半灌木。高达 80cm。全体密被淡黄色或棕黄色长柔毛。茎细长，披散。叶柄长 3~20mm；托叶钻形，长约 3mm；顶生小叶片宽卵形或倒卵形，有短尖，基部圆形或宽楔形，两面密被长头毛；侧生小叶片明显较小。总状花序腋生，通常有 3~5 花；总花梗和花梗均极短或几无梗，呈簇生状；花冠黄白色或白色；闭锁花常 1~3 花簇生于枝上部叶腋，无花梗或几无花梗，全部结实。狭果宽卵形，长 3~4mm，凸镜状，顶端具喙，两面密被长柔毛。种子灰绿色，椭圆形，光滑无毛。花期 7~9 月，果期 9~10 月。

见于本市各地，生于向阳山坡、路边、田边灌草丛中或疏林下。

根及全草入药。

■ 9. 美丽胡枝子　图 430

Lespedeza thunbergii (DC.) Nakai subsp. **formosa** (Vog.) H. Ohashi [*Lespedeza formosa* (Vog.) Koehne]

直立灌木。高 1~2m。枝稍具棱，幼时被白色短柔毛。3 小叶；叶柄上方具沟槽，被短柔毛；托叶披针形或线状披针形；顶生小叶片厚纸质或薄革质，卵形、倒卵形或近圆形，下面贴生短柔毛；侧生小叶片较小。总状花序腋生，长于复叶，或圆锥花序顶生；总花梗长 1~5cm，稀更长；苞片和小苞片卵形或卵状披针形，密被短柔毛。荚果斜卵形或长圆形，长 8~10mm，顶端具小尖头，贴生柔毛。花期 8~10 月，果期 10~11 月。

见于本市各地，生于向阳山坡、山谷、路边灌丛中或林缘。

花及根皮入药；花色艳丽，可作庭院栽培供观赏。

■ 10. 绒毛胡枝子

Lespedeza tomentosa (Thunb.) Sieb. ex Maxim.

直立灌木或半灌木。高 1~2m。全体被黄色或黄锈色绒毛。茎单一或上部有少数分枝。叶柄长

图 430　美丽胡枝子

图 431 细梗胡枝子

0.5~2cm；托叶钻形或线状披针形；顶生小叶片狭长圆形，上面中脉凹陷，下面密被黄褐色绒毛或柔毛；侧生小叶片较小。总状花序在茎上部腋生或在枝顶成圆锥花序，显著长于复叶；花密集；总花梗粗壮；苞片长圆形，小苞片线状披针形，长约 2mm；花萼先端长渐尖，密被柔毛；花冠白色或淡黄色。荚果倒卵形或卵状长圆形，长约 4mm，顶端有短尖，密被伏贴柔毛，网纹明显。种子豆青色，近椭圆形，长约 1.5mm。花期 7~8 月，果期 9~10 月。

见于洞头、文成、平阳、泰顺，生于向阳山坡。

种子可供榨油；根及叶入药。

■ 11. 细梗胡枝子 图 431

Lespedeza virgata (Thunb.) DC.

小灌木。高 25~80cm。小枝纤细，微具棱，被白色伏贴柔毛或近无毛。叶柄上面具沟槽，被短柔毛；托叶钻形，长约 5mm；顶生小叶片长圆形、卵状长圆形或倒卵形，先端钝圆，有时微凹，有小尖头，下面被短柔毛；侧生小叶片略小；小叶柄极短，被伏贴柔毛。总状花序腋生，总花梗纤细如发丝，被白色短柔毛；苞片及小苞片披针形；花萼狭钟状，5 深裂达中部以下，萼齿狭披针形，先端长渐尖；花冠白色或黄白色；闭锁花簇生于叶腋，无花梗。荚果近圆形，长约 4mm，通常不超出于花萼，疏被短柔毛或近无毛，具网纹。花期 7~8 月，果期 9~10 月。

见于文成、泰顺，生于海拔 600m 以下的山脚、山坡、路边灌草丛中。

根及叶入药。

33. 马鞍树属 Maackia Rupr.

落叶乔木或灌木。奇数羽状复叶，小叶对生；小叶片全缘；无小托叶。花多而密集，排成顶生、直立的总状花序或圆锥花序；花萼钟状，5 或 4 齿裂；花冠黄色或白色；雄蕊 10，仅基部合生；子房具柄，密被毛，花柱略内弯，柱头不显著，有多数胚珠。荚果扁平，长椭圆形、披针形或线形，沿腹缝线有窄翅或几无翅，成熟时通常不开裂，有 1~5 种子。种子褐色，椭圆形，稍压扁。

约 12 种，分布于东亚。我国 6 种；浙江 3 种；温州 1 种。

■ 马鞍树 图 432

Maackia hupehensis Takeda [*Maackia chinensis* Takeda]

乔木。高 5~23m。树皮暗灰绿色，常呈菱形浅裂。小枝浅绿色。奇数羽状复叶，小叶 9~13；小叶片纸质，卵形、卵状椭圆形或椭圆形，先端渐尖至短渐尖，基部圆形，幼时两面密被毛，后仅下面被伏贴长柔毛；小叶柄密被毛。圆锥花序，长达 15cm；花密集；总花梗及花梗被绒毛；苞片钻形；花萼钟状，长约

4mm，被绒毛；花冠白色或淡黄色，子房近无柄，密被长柔毛。荚果褐色，长椭圆形至线形，扁平，疏被短柔毛，腹缝线有宽2~4mm的翅，有1~6种子。种子椭圆形，长约5mm，宽约3mm，扁平。花期7~8月，果期10月。

见于永嘉、文成、泰顺，生于山坡或山谷杂木林中。

木材致密，稍坚重，可作建筑或家具材料；幼叶银白色，可栽培供观赏。

图432 马鞍树

34. 苜蓿属 Medicago Linn.

一二年生或多年生草本。茎直立或铺散。羽状三出复叶；托叶与叶柄合生；小叶片上端有细齿，叶脉伸入齿端；小托叶缺。短总状花序或头状花序腋生；苞片小或缺；花基数小；花萼钟状，萼齿不等长或近等长，常略长于萼筒或近等长；花冠黄色或紫色；雄蕊二体（9+1）；子房无柄或有柄，花柱短，钻状，微弯，柱头头状，略偏斜。荚果旋卷或多弯曲，平滑或有刺，有1至数枚种子。种子肾形或圆形。

约65种，分布于亚洲、欧洲及非洲。我国9种；浙江4种；温州3种。

分种检索表

1. 花1~9；荚果螺旋形，有刺；种子2~8。
    2. 植物体光滑无毛；托叶有细裂锯齿……………………………………………………………**3.南苜蓿M.polymorpha**
    2. 植物体被毛；托叶披针形，全缘……………………………………………………………………**2.小苜蓿M.minima**

1. 花10~15；荚果弯曲，无刺；种子1……………………………………………………………………**1.天蓝苜蓿M.lupulina**

1. 天蓝苜蓿 野苜蓿 图433

Medicago lupulina Linn.

越年生草本。高20~60cm。茎多分枝，平铺地上，上部稍上升，与分枝有棱角，幼时密被毛。羽状三出复叶；托叶斜卵状披针形，基部贴生在叶柄上，边缘有锯齿，被毛；小叶片宽倒卵形、圆形或长圆形，先端圆或微凹，上端边缘具细齿，上面疏被毛，下面毛较密，侧脉明显达齿端。短总状花序有10~15密集的小花；总花梗长1~2cm；花萼被毛，萼齿线状披针形，较萼筒长；花冠黄色。荚果黑褐色，弯曲成肾形，长2~3mm，具明显网纹，无刺。种子肾形，长1.5~2mm，平滑。花期4~5月，果期5~6月。

见于平阳（南麂列岛）、泰顺，生于旷野、路边草丛及旱地上。

可作绿肥及饲料。

2. 小苜蓿

Medicago minima (Linn.) Grufb.

越年生小草木。长10~25cm，茎从基部分枝，常铺散地面，分枝具棱，密被毛。羽状三出复叶；托叶大，披针形；顶生小叶片披针形，先端圆或微凹，基部楔形，上端边缘具牙齿，两面被毛，下面尤密；侧生小叶片较小；顶生小叶柄长2~4mm。短总状花序有数花集生成头状；总花梗长达1.3cm；花萼长2~3mm，萼齿较萼筒略长，密被柔毛；花冠淡黄色。荚果4~5回旋卷成球状，脊棱上有3列长

图 433 天蓝苜蓿

钩刺，有种子数枚。种子褐色，肾形。花期 3~4 月，果期 5~6 月。

见于苍南，生于路旁杂草丛中或泥墙边。

可作饲料及绿肥。

3. 南苜蓿 图 434

Medicago polymorpha Linn.

越年生草本。高 20~30cm。茎从基部多分枝，常平卧地面，分枝具棱，无毛。羽状三出复叶；托叶基部贴生在叶柄上，边缘细裂；小叶片宽倒卵形或倒心形，先端微凹或圆钝，基部楔形，上端边缘有细齿；顶生小叶柄长 3~7mm，侧生小叶柄极短。总状花序呈头状，腋生，花小；总花梗长 0.7~1cm，花梗长 1~1.5mm；小苞片丝状，长约 1mm；萼齿披针形，略长于萼筒；花筒黄色。荚果 2~4 回旋状旋卷，直径约 0.6cm，具 3 列疏钩刺，有 3~7 种子。种子黄褐色，肾形。花期 4~5 月，果期 6~8 月。

原产于印度，本市苍南、泰顺有归化。

本种是优良的绿肥植物，也可作饲料；嫩叶可食用。

图 434 南苜蓿

35. 草木犀属 **Melilotus** (Linn.) Mill.

一或多年生草本。羽状三出复叶互生；托叶贴生于叶柄上；小叶片披针形、长椭圆形或椭圆形，边缘具锯齿，叶脉直伸达齿端；无小托叶。总状花序腋生，细长，穗状；花小；花萼钟状，萼齿5，近等长；花冠黄色、白色或淡紫色；雄蕊二体（9+1），花药同型；子房有1至少数胚珠，花柱细长，顶端上弯。荚果短直，卵形或近球形，常不开裂或迟裂，有1至数枚种子。种子肾形，常有香气。

约20种，分布于中亚、欧洲和北非。我国7种，广布于全国，以北部为多；浙江1种，温州也有。

■ 草木犀　黄香草木犀　图435

Melilotus officinalis (Linn.) Lam.

二年生草本。高50~200cm。全株有香气。茎直立，多分枝，具棱纹，无毛。羽状三出复叶；叶柄长1~2cm；托叶线形，基部宽，与叶柄合生；小叶片先端钝圆，基部楔形，边缘具细齿，下面疏被伏贴毛，侧脉伸至齿端。总状花序腋生；花梗长1.5~2mm；萼齿5，披针形，与萼筒近等长，疏被毛；花冠黄色，旗瓣近长圆形，长4～6mm。荚果倒卵形或卵球形，长约3mm，略扁平，顶端有短喙，表面有网纹，无毛，常不开裂。种子褐色，卵球形，长约2mm。花期5~7月，果期8~9月。

原产于欧洲，本市乐清、鹿城、瓯海、龙湾、洞头、文成、平阳、苍南有归化，生于较潮湿的海滨及旷野上。

全草入药；本种又是优良的绿肥及饲料植物。

胡仁勇 摄

周庄 摄

图435　草木犀

36. 崖豆藤属 **Millettia** Wight et Arn.

木质藤本、乔木或灌木，常绿，稀落叶。奇数羽状复叶；小叶对生；小叶片全缘；小托叶存在或缺。圆锥花序顶生或腋生，腋生者有时成总状；花萼钟状或筒状，4~5齿裂，稀截平；花冠紫色、玫瑰红色或白色；雄蕊10，单体或二体（9+1）；子房无柄，稀具柄，线形。荚果果瓣木质或革质，有1至数枚种子。种子凸透镜状，扁圆形或肾形。

约 200 种，主要分布于亚洲和非洲热带及亚热带。我国 35 种；浙江 6 种 1 变种；温州 5 种。

分种检索表

1. 小叶4~8对，无小托叶；总状花序2~6，簇生于叶腋或呈圆锥状，2~5花簇生于花序轴节上；荚果肿胀，肥厚，长圆形或卵球形……………………………………………………………**4.厚果崖豆藤M.pachycarpa**
1. 小叶2~4对，有小托叶；圆锥花序顶生，分枝长，花单生，或兼有腋生的总状花序；荚果多少扁平。
  2. 常绿；小叶2对；托叶基部有向下无明显距突；旗瓣与荚果密被毛。
    3.花序伸长，分枝细……………………………………………………**2.香花崖豆藤M.dielsiana**
    3. 花序劲直，紧密。
      4. 小叶卵椭圆形、窄椭圆形或卵形，近革质；小托叶锥刺状，长2mm；花紫色；荚果具短颈……………………………………………………………………**3.亮叶崖豆藤M.nitida**
      4. 小叶宽卵形或宽椭圆形，纸质；小托叶细毛状，长5~6mm；花白色；荚果无颈……………………………………………………………………**1.密花崖豆藤M.congestiflora**
  2.落叶或半常绿；小叶2~4对；托叶基部有向下1对明显距突；旗瓣与荚果均无毛…………**5.网络崖豆藤M.reticulata**

1. 密花崖豆藤

Millettia congestiflora T. Chen

藤本。长达5m。茎皮黄褐色，皱裂，枝圆柱形，具棱，初密被粗细不一的长柔毛。羽状复叶长15~30cm；叶轴上面有浅沟；托叶披针形，早落；小叶2对，纸质，阔椭圆形至阔卵形，先端短锐尖，基部阔楔形或钝，侧生小叶较小，下方一对更小，上面中脉有细柔毛，其余无毛，下面被疏柔毛，侧脉6~7对，近叶缘向上弧曲，细脉网结，在上面几平坦，在下面明显隆起；小托叶刺毛状。圆锥花序顶生，常2~3个簇生，花序轴密被黄色柔毛。荚果线形，扁平，密被褐色绢状绒毛，顶端具伸长的钩喙，在种子间稍缢缩，有种子3~6。种子栗褐色，长圆形。花期6~8月，果期9~10月。

见于乐清（雁荡山），生于山坡路边。温州分布新记录种。

2. 香花崖豆藤 图436

Millettia dielsiana Harms [*Callerya dielsiana* (Harms) P. K. Loc ex Z. Wei et Pedley]

常绿木质藤本。长2~5m。根状茎及根粗壮，折断时均有红色汁液。小枝被毛或几无毛。小叶5；叶轴近无毛；小叶片椭圆形、长圆形、披针形或卵形，先端渐尖至圆钝，基部钝圆，边缘向下反卷，中脉及侧脉均隆起，略带红紫色。圆锥花序顶生，密被黄褐色绒毛；分枝细弱，常下垂；苞片小，钻形，着生于花序轴节上；花萼钟状，密被黄褐色绒毛；花冠紫红色，密被金黄色或锈色丝状绒毛；子房线形，无柄，密被短绒毛。荚果近木质，线形，略扁，密被灰色绒毛，有3~5种子。种子紫红色，长圆形，长约1.5cm。花期6~7月，果期10~11月。

见于本市各地，生于山坡、山谷、沟边林缘或灌丛中。

图 436　香花崖豆藤

3. 亮叶崖豆藤　图 437

Millettia nitida Benth.[*Callerya nitida* (Benth.) R. Geesink]

常绿攀援灌木。幼枝被黄褐色丝状柔毛，后几无毛。小叶 5；小叶片近革质，椭圆形、窄椭圆形或卵形，先端渐尖或短尾尖，钝头，基部圆形，侧脉 4~6 对，细脉在两面隆起，两面无毛，或下面于稍被短柔毛，上面有光泽。圆锥花序顶生，花单生于花序轴节上；总花梗、花梗、花萼及旗瓣外面均被丝状柔毛；苞片及小苞片线状披针形；花冠紫红色或红色；子房具短柄，密被毛。荚果木质，扁平或稍肿胀，线状长椭圆形，顶端具喙，密被锈黄色绒毛，有 4~5 种子。种子双凸透镜状。花期 6~7 月，果期 10~11 月。

见于泰顺，生于山坡或山谷林下或灌丛中。

茎皮可供制绳索及作造纸原料；根可供作杀虫剂。

4. 厚果崖豆藤

Millettia pachycarpa Benth.

大型攀援灌木。幼枝被白色至淡黄色绒毛，后渐无毛。奇数羽状复叶长30~50cm；叶柄及叶轴幼时密被短柔毛，后渐脱落；小叶4~8对，被脱落性柔毛；小叶片先端急尖或短尾尖，基部圆形或宽楔形，下面密被锈色绢状毛。总状花序2~6个，簇生于叶腋或呈圆锥状；花序轴、花梗及花萼均密被白色至淡黄色柔毛，老时渐脱落；苞片卵形，通常早

图 437　亮叶崖豆藤

图 438 网络崖豆藤

落；花冠淡紫色至白色；子房线形，中部以下密被白色柔毛。荚果褐色，肥厚，长圆形或卵球形，有1至数枚种子。种子黑褐色，略有光泽，肾形，长2.5~3.5cm。花期5月，果期10月至翌年2月。

见于文成、苍南、泰顺，生于海拔300m以下的山坡灌丛中，当地常有栽培。

种子和根可做杀虫剂；茎皮可供制绳索及作造纸原料。

5. 网络崖豆藤 昆明鸡血藤 图 438

Millettia reticulata Benth.

半常绿或落叶攀援灌木。长5m以上。小枝黄褐色，无毛。小叶5~9；托叶钻形，基部距突明显；小叶片革质，卵状椭圆形、长椭圆形或卵形，先端尾尖，钝头，微凹，基部圆形，两面无毛，下面网状细脉隆起。圆锥花序顶生，下垂，长达15cm；总花梗被黄色疏柔毛；萼齿短，先端钝，边缘有淡黄色短柔毛；花冠紫红色或玫瑰红色。荚果紫褐色，线状长圆形至倒披针状长圆形，扁平，无毛，种子间略缢缩，顶端具喙，熟时开裂，果瓣木质，扭曲，有3~10种子。种子褐色，具花纹，扁圆形。

见于本市山区、半山区，生于山地、沟谷灌丛或疏林下。

根茎入药；本种也可栽植于庭园供观赏。

37. 油麻藤属 Mucuna Adans.

一或多年生木质或草质藤本，稀直立。羽状三出复叶；托叶早落，小托叶存在。总状花序，稀圆锥花序，腋生或生于老茎上；花多数聚生于花序轴隆起的节上；花萼钟状，5齿裂，上方2齿常合生；花冠淡紫色、黄绿色或近白色；子房无柄，多少被毛，花柱通常无毛。荚果线形或长圆形，沿荚节缝线有隆脊，有少数至多数种子。种子通常较大，种脐短或长，线形，无种阜，含多种生物碱。

约160种，分布于热带、亚热带地区。我国约30种；浙江4种；温州野生2种。

1. 白花油麻藤

Mucuna birdwoodiana Tutch.

木质藤本。羽状三出复叶；小叶片革质，顶生小叶片椭圆形或者卵状椭圆形，先端短尾尖至尾尖，基部宽楔形或近圆形，幼时被毛，老叶无毛，侧脉4~6对，侧生小叶略小；小托叶卵状披针形。总状

图439 常春油麻藤

花序腋生，有20~30花；花萼疏被秀色长硬毛；花冠灰白色；子房线形，被毛，基部有腺体。荚果木质，线形，扁平，在种子间缢缩，两缝线有锐狭翅，被锈色柔毛，老时脱落，有5~10种子。种子黑色，肾状，圆形，扁平。花期4~6月，果期9~10月。

据《浙江植物志》记载平阳、苍南有分布，但未见标本。

茎皮可供编织；茎可入药，有强筋骨、通经络、补血之功效；种子含淀粉，有毒；花美，可供观赏。

■ 2. 常春油麻藤 常春黧豆 图439

Mucuna sempervirens Hemsl.

常绿木质藤本。长达10m。基部直径可达20cm。皮暗褐色。茎枝有明显纵沟。羽状三出复叶；叶柄具浅沟，无毛；小叶片革质，全缘；顶生小叶片卵状椭圆形或卵状长圆形，侧生小叶片卵状，基部偏斜。总状花序生于老茎上，花多数；花萼钟状，外面有稀疏锈色长硬毛，内面密生绢状茸毛；花冠紫红色；子房无柄，被锈色长硬毛，花柱无毛。荚果近木质，长线形，扁平，被黄锈色毛，两缝线有隆起的脊，表面无皱襞，在种子间沿两缝线略缢缩。种子棕褐色，扁长圆形，种脐包围种子的1/2至2/3。花期4~5月，果期9~10月。

见于乐清、永嘉、瓯海、瑞安、文成、平阳、苍南、泰顺，多生于稍庇荫的山坡、山谷、溪沟边、林下岩石旁。

根、茎皮及种子入药；茎皮纤维可供编制麻袋及造纸；根可供提制淀粉；花大而美丽，可供观赏。

本种与白花油麻藤 *Mucuna birdwoodiana* Tutch. 的主要区别在于：本种花紫红色，荚果无翅；而白花油麻藤花灰白色，荚果有狭翅。

38. 红豆树属 Ormosia G. Jacks.

乔木，稀灌木。裸芽，稀鳞芽。奇数羽状复叶；小叶对生。圆锥花序或总状花序；花萼宽钟形；花冠白色、橙红色或紫色，伸出于萼筒外，旗瓣近圆形，龙骨瓣前沿不联合；雄蕊10；子房有柄或无柄，花柱长，顶端略旋卷，具2至数枚胚珠。荚果木质、革质或稍肉质。种子具红色种皮，形状和大小不一。

约120种，主要分布于全球热带和亚热带地区。我国35种，分布于西南部经中部到东部；浙江2种；温州1种。

■ 花榈木 图440

Ormosia henryi Prain

常绿小乔木或乔木。高达13m。树皮青灰色，光滑。幼枝密被灰黄色绒毛；裸芽。小叶5~9；叶轴密被绒毛；无托叶；小叶片革质，先端急尖或短渐尖，基部圆或宽楔形，全缘，下面密被灰黄色毡

图 440 花榈木

毛状绒毛；小叶柄被绒毛。圆锥花序顶生或腋生，或总状花序腋生；总花梗、花梗及花萼均密被灰黄色绒毛；萼筒短，倒圆锥形，萼齿 5，卵状三角形，与萼筒近等长；花冠黄白色。荚果木质，长圆形，长 7~11cm，宽 2~3cm，扁平稍有喙，无毛，有 2~7 种子，种子间横隔明显。种子鲜红色，椭圆形。花期 6~7 月，果期 10~11 月。

见于乐清、永嘉、洞头、瓯海、瑞安、文成、平阳、苍南、泰顺，生于山坡林中或林缘。

心材质坚重、结构细致、花纹美丽，为优质家具用材；枝、叶供药用，主治跌打损伤、风湿性关节炎及无名肿毒。国家Ⅱ级重点保护野生植物。

39. 老虎刺属 Pterolobium R. Br. ex Wight et Arn.

高大攀援灌木或木质藤本。枝具下弯皮刺。二回偶数羽状复叶互生；羽片和小叶多数；小叶片全缘。总状花序或圆锥花序，腋生或生于近枝顶；无小苞片；花小；花萼 5 深裂，下方一枚稍大，舟形；花冠白色或黄色；花瓣 5，长圆形或倒卵形，略不相等，最下面的一枚较大；雄蕊 10，近相等，离生，向下倾斜，花药同型，“丁”字着生；子房无柄，1 室，胚珠 1 颗。荚果无柄，扁平，具斜长圆形或镰形的膜质翅。种子 1，悬于室顶。

约 10 余种，分布于亚洲、非洲及大洋洲热带地区。我国 2 种；浙江 1 种，温州也有。

■ 老虎刺

Pterolobium punctatum Hemsl.

蔓性大灌木或藤本。小枝有棱角，散生短倒钩刺，叶柄基部两侧的短倒钩刺明显较大。二回偶数羽状复叶；总叶柄及叶轴每节均有短倒钩刺；羽片9~14对；小叶20~30，对生；小叶片长圆形，有小尖头，基部斜圆形，两面均无毛，下面疏生黑点，侧脉不明显；几无小叶柄。总状花序腋生，或在枝顶呈圆锥花序状；花梗纤细；花萼宽钟形，萼片长圆形；花冠白色；雄蕊等长，伸出于花冠外；子房无柄，扁平，柱头漏斗状。荚果椭圆形或近匙形，扁平，顶端有膜质、倒卵状长圆形的翅。种子椭圆形，长约8mm，扁平。花期6~7月，果期8~11月。

见于乐清、泰顺，生于海拔 150m 以下的山坡灌丛中。

40. 葛属 Pueraria DC.

草质或基本木质的缠绕藤本。羽状三出复叶；托叶基部着生或盾状着生；小叶片大，全缘或有时分裂；有小托片。总状花序腋生，常数花簇生于花序轴稍凸起的节上；苞片狭小，早落；花萼钟状；花冠蓝紫色或紫色；雄蕊10，单体；子房无柄，稀具短柄，基部具鞘状腺体，花柱丝状，极上弯，无毛，柱头头状。荚果线形，多少扁平，有多数种子。种子近圆形或横向长圆形，扁平。

约20种，分布于热带亚洲至日本。我国12种，广布，主要分布于南部；浙江2种2变种；温州2种1变种。

■ 1. 葛　图441

Pueraria montana (Lour.) Merr.[*Pueraria lobata* (Willd.) Ohwi var. *montana* (Lour.) Maesen]

藤本。全体被黄色长硬毛。茎基部木质，有粗厚的块状根。羽状复叶具3小叶；托叶背着，卵状长圆形，具线条；小托叶线状披针形，与小叶柄等长或较长；小叶3裂，偶尔全缘，上面被淡黄色、平伏的疏柔毛，下面较密；小叶柄被黄褐色绒毛。总状花序长15~30cm，中部以上有颇密集的花；2~3花聚生于花序轴的节上；花萼钟形，长8~10mm，被黄褐色柔毛，裂片披针形，渐尖，比萼管略长；花冠长10~12mm，紫色。荚果长椭圆形，被褐色长硬毛。花期9~10月，果期11~12月。

见于苍南、泰顺，生于向阳的旷野灌丛、山地疏林以及河边灌丛中。

图441　葛

图 442　野葛

■ 1a. 野葛　葛麻姆　图 442

Pueraria montana var. **lobata** (Willd.) Maesen et S.M. Almeida ex Sanjappa et Predeep [*Pueraria lobata* (Willd.) Ohwi]

与原种的主要区别在于：顶生小叶宽卵形，长大于宽，长 9~18cm，宽 6~12cm，先端渐尖，基部近圆形，通常全缘，侧生小叶略小而偏斜，两面均被长柔毛，下面毛较密；花冠长 12~15mm，旗瓣圆形。花期 7~9 月，果期 10~12 月。

本市各地有广泛分布，生于山坡草地、沟边、路边或疏林中。

茎皮纤维可供拧绳、织葛布，并为造纸原料；叶为优良饲料；块根可供制葛粉，供食用或酿酒；根、花入药；本种为优良的水土保持植物。

■ 2. 三裂叶野葛　图 443

Pueraria phaseoloides Benth.

草质藤本，有时茎基部稍木质化。茎密被开展锈色硬毛。羽状三出复叶；托叶小，披针形，基部着生；顶生小叶片卵形、菱状卵形或近圆形，全缘或不规则3裂，上面疏被长硬毛，下面毛较密；侧生小叶片较小，斜宽卵形；小托叶钻形，长

图 443　三裂叶野葛

1~2mm。总状花序腋生，总花梗及花序轴被硬毛，花成簇，疏松着生；苞片和小苞片线状披针形；花萼钟状，长约6mm，被紧贴长硬毛，下面萼齿长而呈刚毛状；花冠淡紫色。荚果线状圆柱形，微肿胀，无毛或稍被毛，果瓣薄革质，开裂后扭曲。种子黑绿色，长椭圆形。花期7~8月，果期8~9月。

见于平阳（南麂列岛）、泰顺，生于山坡、山谷、路旁灌丛中或疏林下。

用途同野葛 *Pueraria montana* var. *lobata* (Willd.) Maesen et S. M. Almeida ex Sanjappa et Predeep。

本种托叶基部着生，而葛 *Pueraria montana* (Lour.) Merr. 托叶背部着生，两者以此相区别。

41. 密子豆属 Pycnospora R. Br. ex Wight et Arn.

亚灌木状草本。茎分枝，上举或下部伏地。羽状 3 小叶；小叶倒卵形。花极小，排成顶生的总状花序；萼钟状，上部 2 齿完全合生；花冠淡紫蓝色，伸出于萼外；花瓣近等长，旗瓣阔，翼瓣和龙骨瓣黏贴；雄蕊 10，二体（9+1），花药同型；子房无柄，有胚珠多数。荚果长圆形，肿胀，有横脉纹，有种子 8~10。

单种属，分布于热带亚洲和澳大利亚。我国1种，浙江及温州也有。

■ **密子豆**

Pycnospora lutescens（Poir.）Schindl.

多年生亚灌木状草本。茎柔弱，成丛，卧地或扩展，被毛，长30~60cm。三出复叶具小托叶；小叶近革质，倒卵形或倒卵状矩圆形，侧生小叶先端钝，两面均被紧贴的柔毛。总状花序顶生或腋生；小苞片膜质被毛及有线条；花柄被毛；萼筒钟形，5深裂，上面2裂齿合生为一；花冠淡紫色；子房无柄。荚果矩圆形，膨胀，长6~10mm，稍被毛，有很细的横脉纹，成熟后变为黑色。种子6~8，肾形。花期8月，果期10月。

据李根有（2001）报道苍南有分布，但未见标本。

42. 鹿藿属 Rhynchosia Lour.

草木或半灌木。茎常缠绕状或匍匐。羽状三出复叶；小叶片下面常有腺点；小托叶存在或缺。总状花序腋生；花萼钟状，萼齿5，上方2齿多少合生；花冠黄色，稀紫色，长或短于花萼，旗瓣基部有耳，龙骨瓣内弯；雄蕊二体（9+1），花药同型；子房近无柄，有2胚珠，花柱长，弯曲，下部被毛，基部常有腺体。荚果长圆形、斜圆形或近镰状，扁平或膨胀，有1~2种子。

约150种，广布于热带和亚热带地区。我国12种；浙江3种，温州均产。

分种检索表

1.顶生小叶近圆形，先端一般急尖，少有短渐尖……3.鹿藿R.volubilis

1. 顶生小叶菱形，先端渐尖或长渐尖。

　2.茎上有长硬毛和短柔毛；花序延长，有多而疏的花……2.菱叶鹿藿R.dielsii

　2.茎上没有或者只有很少长硬毛；花序较短，有密生的花……1.渐尖叶鹿藿R.acuminatifolia

■ 1. 渐尖叶鹿藿

Rhynchosia acuminatifolia Makino

多年生缠绕草本。高1~1.5m，茎纤细，与叶柄、花序等均密被硬毛或近无毛。羽状三出复叶；托叶披针形；顶生小叶片长卵形、卵形或菱状卵形，先端渐尖或长渐尖，有小尖头，基部圆形或截形，上面疏生细毛，下面仅脉上有毛及散生松脂状腺点，基三出脉明显；侧生小叶片较小，斜卵形，有钻形小托叶。总状花序腋生，常比叶短，有10~15花，较密集；花梗细长；小苞片小，卵形；花萼斜钟状；花冠黄色，翼瓣与龙骨瓣略短。荚果红色，长1.8~2cm，宽约8mm，顶端具尖喙，被微细毛及散生橘黄色腺点。花期7~8月，果期9~10月。

见于乐清、永嘉、文成、平阳、苍南、泰顺，生于山坡林下及林缘路边。

■ 2. 菱叶鹿藿　图444

Rhynchosia dielsii Harms

多年生缠绕草本。茎细弱，被开展粗毛与短柔毛。羽状三出复叶；叶柄长3~8cm；顶生小叶片卵形或菱状卵形，上面被细毛及缘毛，下面脉上有细毛，并散生近橘黄色腺点，基三出脉明显，小托叶钻形；侧生小叶片斜卵形，较小，小叶柄亦较短，均被长硬毛与柔毛。总状花序腋生，被毛；花疏生，常2花生于一节上；花萼钟状，被细毛，并散生松脂状腺点；花冠黄色；子房有短柄。荚果红紫色，长圆形或倒卵形，稍扁平，被微柔毛及散生不明显腺点，有1~2种子。种子黑色，球形，直径约4mm，有光泽。花期6~8月，果期8~11月。

见于泰顺，生于山谷溪边、路边稍阴湿地及山坡灌丛中，缠绕于树上。

图 444 菱叶鹿藿

3. 鹿藿 图 445

Rhynchosia volubilis Lour.

植株各部密被棕黄色开展柔毛。羽状三出复叶；托叶膜质，线状披针形，宿存；顶生小叶片近圆形，先端急尖或圆钝，基部近截形，两面被毛，下面尤密，并散生橘红色腺点；侧生小叶片较小，斜卵形或斜宽椭圆形；小托叶锥状。总状花序有10余花，有时聚生成圆锥状；花萼钟状，密被毛及腺点；花冠黄色，龙骨瓣先端有长喙。荚果红褐色，短长圆形，长约1.5cm，宽7~9mm，熟时开裂，露出2黑色种子。种子近球形，直径3~4mm，有光泽。花期7~9月，果期10~11月。

见于本市各区，生于山坡路边及草丛中。

种子供药用。

图 445 鹿藿

43. 田菁属 **Sesbania** Scop.

半灌木状草本或灌木，稀乔木状，有时具刺。偶数羽状复叶有多数小叶；托叶不显著，早落；小叶片常具腺点。总状花序腋生，有数花；花萼钟状或宽钟状，呈二唇形或 5 齿裂；花冠远较花萼长，通常黄色而带紫色斑点或条纹，稀紫色或白色，旗瓣宽，基部有瓣柄，翼瓣与龙骨瓣均具耳及细瓣柄，龙骨瓣钝头，直或弯曲，具短喙；雄蕊二体（9+1），花药同型；子房具柄，有多数胚珠。荚果极细长，2 瓣开裂，有多数种子，种子间有隔膜。

约 70 种，分布于热带地区。我国 5 种；浙江 1 种，温州也有。

■ 田菁 图 446

Sesbania cannabina (Retz.) Poir.

一年生半灌木状草木。高2~3m，茎直立，小枝与叶轴无刺。偶数羽状复叶，有20~60小叶；托叶披针形或披针形钻形，基部盾着，早落；小叶片线形或线状长圆形，先端钝，有小尖头，两面密生褐色小腺点，仅下面多少有毛；小托叶针形。总状花序腋生，疏生2~6花；花萼钟状，无毛；花冠黄色；子房线形，无毛，花柱内弯。荚果极细长，细圆柱形，长15~18cm，直径2~3mm，2瓣开裂，有多数种子。种子黑褐色，长圆形，长约3mm，直径约1.5mm。

原产于印度和澳大利亚，本市乐清、永嘉、鹿城、瓯海、龙湾、洞头、瑞安、平阳，苍南有归化，生于沿海及平原地区的潮湿地田埂旁或盐碱地。

耐潮湿和盐碱，常栽培于沿海岸边作护堤树种；纤维可代麻用；茎、叶可作绿肥及饲料。

丁炳扬 摄

图 446　田菁

44. 坡油甘属 **Smithia** Ait.

草木或半灌木。偶数羽状复叶；叶轴顶端有 1 刚毛；托叶干膜质，基部下延成尾状。总状花序为微密生的花束，腋生；苞片干膜质，小苞片干膜质或叶状，宿存；花萼深裂成微二唇形；花冠伸出萼外，旗瓣圆形，龙骨瓣内弯，先端钝；雄蕊 10，二体（5+5），花药同型；子房线形，柱头小，头状，顶生，有数枚胚珠。荚果有数个荚节；荚节半圆形，不开裂，折叠式包藏于宿存的花萼内。

约 35 种，分布于非洲和亚洲的热带地区。我国 5 种；浙江 1 种，温州也有。

■ **缘毛合叶豆**

Smithia ciliata Royle

一年生草本。高 15~60cm。茎圆柱形，纤细，无毛。偶数羽状复叶，有小叶 8~14；叶柄及叶轴被长刺毛；托叶干膜质，披针形，基部有向下延伸的尖尾，尾长 3~4cm；小叶片草质，线状长圆形，先端钝圆，有小刚毛，基部近圆形，两侧不对称；下面中脉及叶缘有刺毛。总状花序腋生；总花梗略纤细；苞片干膜质，宿存；花梗细无毛；花萼深裂成二唇形，脉纹交叉成网状，萼片种肋疏被刺毛，花萼喉部具较密刺毛；花冠黄色，旗瓣近圆形，翼瓣和龙骨瓣具瓣柄。荚果具 6~8（~9）荚节，有乳头状凸起。花期 8~9 月，果期 10~11 月。

见于永嘉（四海山），生于海拔 660m 的山沟草丛中。

45. 槐属 Sophora Linn.

常绿或落叶，乔木或灌木，稀草本。奇数羽状复叶，稀单叶，小叶对生或近对生；托叶和小托叶存在或缺，有时托叶变成刺；小叶片全缘。总状花序或圆锥花序顶生、腋生或与叶对生；苞片小，线形，或缺；花萼宽钟状，不相等而成二唇形或近相等；花冠白色、黄色或蓝紫色。荚果肉质、革质或木质，圆柱状或稍压扁，在种子间通常缢缩成串珠状，偶有 4 软木栓翅。种子倒卵形或球形，具种阜。

52 种，主要分布于亚洲至大洋洲。我国约 23 种，南北各地均可见；浙江 5 种 1 变种；温州 2 种。

■ **1. 苦参** 图 447

Sophora flavescens Ait.

多年生草本或半灌木。高可达 3m。根圆柱状，外皮黄白色，有刺激性气味，味极苦而持久。茎有不规则丛沟，幼枝初有毛，后脱落。奇数羽状复叶，有小叶 11~35；托叶线形；小叶片披针形或线状披针形，先端急尖，基部楔形，叶缘下向反卷，下面密生平贴柔毛。总状花序顶生；花梗被柔毛；花冠黄白色；子房线形，密被淡黄色柔毛，花柱纤细。荚果革质，线形，在种子间微缢缩，呈不明显串珠状，顶端具喙，疏生短柔毛。种子棕褐色，卵圆形，长约 6mm。花期 5~7 月，果期 7~9 月。

见于乐清、永嘉、平阳、泰顺，生于沙地、向阳山坡草丛、路边、溪沟边。

根可入药；茎皮纤维能供织麻袋。

图 447 苦参

2. 槐树

Sophora japonica Linn.

落叶乔木。高达20m以上。树皮暗灰色，成块状深裂。二年生枝绿色，皮孔明显。冬芽被锈色细毛，芽鳞不显著，着生于叶痕中央，无顶芽。羽状复叶有小叶7~17，小叶对生；托叶线形，常呈镰状弯曲，早落；小叶片卵状长圆形或卵状长披针形，下面疏生短柔毛；小叶柄密生白色短柔毛。圆锥花序顶生；总花梗及花梗微被柔毛；花冠乳白色。荚果黄绿色，肉质，串珠状，无毛，不裂，有1~6种子。种子棕黑色，椭圆形或肾形，长约8mm。花期7~8月，果期9~10月。

本市各地有栽培或逸生，生于海拔400m以上的山地。

本种与苦参*Sophora flavescens* Ait.的区别在于：本种为乔木；而苦参为草本或半灌木。

46. 葫芦茶属 Tadehagi H. Ohashi.

亚灌木或草本。叶具1小叶；叶柄有阔翅；托叶阔披针形，有线纹。花排成总状花序，总轴每节上有2~3花；苞片与托叶相似；萼钟状，具4裂片；花冠伸出于萼外；雄蕊10，二体（9+1）；子房无柄，有胚珠数枚。荚果直，扁平，有荚节5~8。

分布于亚洲热带、太平洋群岛和澳大利亚北部。我国2种；浙江1种，温州也有。

本属与山蚂蟥属*Desmodium* Desv.很相近，但山蚂蟥属叶为单小叶，叶柄顶有阔翅，翅顶有小托叶2。

蔓茎葫芦茶 图448

Tadehagi pseudotriquetrum (DC.) H. Ohashi.
[*Desmodium pseudotriquetrum* DC.]

披散或匍匐半灌木。枝三棱柱状，沿棱被白色顺向糙毛。单叶；叶柄两侧具宽翅，先端具关节和小托叶；托叶狭卵状披针形；叶片革质，长圆状披针形，先端急尖或短渐尖，下面仅脉上疏被长伏毛，叶缘略反卷，有缘毛。总状花序顶生或腋生，花序轴被粗长和细短两种柔毛，每节着生1~3花；苞片线状披针形，具纵脉及缘毛；花冠淡红色或紫红色。荚果带状，两缝线密被白色缘毛，具4~8荚节；荚节宽大于长。种子淡黄色，近圆形，直径约2.5mm。花期8~9月，果期10~11月。

见于永嘉、瑞安、平阳、泰顺，生于向阳山坡、路边疏林下的灌草丛中。

根及全草入药，有清热解毒之功效。

胡仁勇 摄

周庄 摄

图448 蔓茎葫芦茶

47. 狸尾豆属 Uraria Desv.

多年生草本，半灌木或灌木。单叶、羽状三出复叶或奇数羽状复叶；有小托叶。总状花序穗状或圆柱状，有时成圆锥状，有极多数小花密集；苞片卵形或披针形，先端长渐尖，每苞内有 2 花；萼筒短，萼齿 5，上方 2 枚稍合生，下方 3 枚刚毛状；花冠紫色或黄色；雄蕊二体（9+1），花药同型；子房几无柄，有 2~10 胚珠。荚果具 2~7 荚节；荚节反复折叠，肿胀，不开裂；有 1 种子。

约 35 种，分布于亚洲热带及亚热带地区。我国 8 种；浙江 1 种，温州也有。

■ 福建狸尾豆　长苞狸尾豆

Uraria neglecta Prain [*Uraria longibracteata* Yang et Huang]

多年生草本或小灌木。高约100cm。全株密被灰黄色开展长毛。茎圆柱形。羽状3小叶；托叶披针状钻形，易脱落；顶生小叶片椭圆形、长圆形或近圆形，先端圆或微凹，具小尖头，侧脉9~11对，在下面隆起，网状细纹明显；小叶柄极短。圆锥花序顶生或有时微总状；苞片长卵形，先端尾尖，被毛，每苞内有2花；萼筒短，长约1.5mm，萼齿5，披针形或披针状钻形，子房无毛。荚果长5~6mm，有反复折叠4~7荚；荚节黑色，扁球形，有网纹。花期8~9月，果期11月。

见于泰顺，生于海拔 150m 的山麓或山坡路旁。

48. 野豌豆属 Vicia Linn.

草本。茎通常攀援，稀直立或匍匐。偶数羽状复叶互生；叶轴顶端小叶退化成分枝或不分枝的卷须或小刺毛，稀成为小叶状；托叶半箭头形，有时为线状披针形或半卵形。花单生或组成腋生的总状花序，有时成圆锥状；花萼钟状，常偏斜，通常以下齿最长；花冠白色、蓝色、紫色或紫红色，多少伸出萼外；雄蕊二体，花药同型；子房近无柄。荚果侧扁，稀圆柱形。种子球形或肾形。

200 多种，分布于北半球温带地区及拉丁美洲。我国 40 种；浙江 8 种；温州野生 4 种。

分种检索表

1. 总花梗长2~6mm。
  2. 花多，通常5花以上……………………………………**1. 广布野豌豆V. cracca**
  2. 花少，仅1~4花。
    3. 花淡蓝色或带蓝白色；花序与叶等长；荚果无毛……………**4. 四籽野豌豆V. tetrasperma**
    3. 花淡黄色，稀白色；花序明显短于叶；荚果被褐色长硬毛……………**2. 小巢菜V. hirsuta**
1. 总花梗极短……………………………………**3. 大巢菜V. sativa**

■ 1. 广布野豌豆

Vicia cracca Linn.

多年生蔓性草本。高 60~100cm。茎具棱。全株疏生短柔毛。羽状复叶有 8~24 小叶；叶轴顶端有分枝卷须；托叶披针形或戟形，有毛；小叶片狭椭圆形、线形至线状披针形，先端圆钝，具小尖头，基部圆形，两面疏生毛或近无毛。总状花序腋生，常较复叶短，有 7~25 花；总花梗长 2~6cm，花梗长 1~1.5mm；花冠蓝色或淡红色；子房有柄，花柱上部被长柔毛。荚果长圆形，长 2.3~3cm，宽 6~8mm，有不明显网纹，无毛，有 4~6 种子。花期 4~9 月，果期 6~10 月。

见于乐清、泰顺，生于田边或草坡。

可作牧草、饲料及绿肥；入药效用与小巢菜 *Vicia hirsuta*（Linn.）S. F. Gray 同。

图449 小巢菜

2. 小巢菜 图449

Vicia hirsuta (Linn.) S. F. Gray

一二年生草本。高10~60cm。茎纤细，具棱。几无毛或疏生短柔毛。偶数羽状复叶有8~16小叶；叶轴顶端有羽状分枝卷须；叶柄长2~4mm；托叶一侧有线形的齿；小叶片线形或线状长圆形，长3~15mm，宽1~4mm，先端截形，具小尖头，外面疏生短柔毛。花冠淡黄色，稀白色；雄蕊二体；子房无柄，密生棕色长硬毛，花柱顶端周围有短毛。荚果扁平，长圆形，外面被硬毛，有1~2种子。种子棕色，扁圆形。花果期3~5月。

见于本市各地，生于山坡山脚及草地上。

全草可作优良青饲料或干饲料；入药能止血、解毒，用于止鼻血、治月经不调及疔疮等。

3. 大巢菜 救荒野豌豆 图450

Vicia sativa Linn.

一二年生草本。高20~80cm。茎细弱，具棱，疏被黄色短柔毛。偶数羽状复叶有6~14小叶；叶轴顶端有分枝卷须；叶柄长不超过4mm；托叶瓣箭形，边缘具齿牙；小叶片线形，倒卵状长圆形或倒披针形，先端截形或微凹，具小尖头，两面疏生黄色短柔毛；小叶柄短。1~2花腋生；总花梗极短，疏被毛；花冠紫红色，子房有短柄，被黄色短柔毛，花柱上部背面有1簇黄色髯毛。荚果扁平，线形，近无毛，有6~9种子。种子熟时黑褐色，球形。花期3~6月，果期4~7月。

见于本市各地，生于海拔1600m以下的路旁灌草丛中、山坡路旁、山谷及平原地区。

茎、叶为优良饲料及绿肥；入药用途与小巢菜 *Vicia hirsuta* (Linn.) S. F. Gray 同。

4. 四籽野豌豆 图451

Vicia tetrasperma (Linn.) Schreb.

一二年生草本。高20~50cm。茎纤细，具棱，分枝多，被疏柔毛或近无毛。偶数羽状复叶有6~12小叶；叶轴顶端有分枝卷须；托叶半剪头形，小叶片线形或线状长圆形，先端圆钝，具小尖头，基部楔形，上面无毛，下面疏生毛。总状花序腋生，有1~2花；总花梗细，比复叶短或近等长，花梗丝状，长3~4mm；花冠紫色或蓝紫色；子房有短柄，无毛，花柱上部周围有毛。荚果线状长圆形，宽约4mm，两侧扁，无毛，有3~4种子。种子球形。花期4~6月，果期6~8月。

见于本市平原地区，生于田边、荒地及草地上。

用途同小巢菜 *Vicia hirsuta*（Linn.）S. F. Gray。

图 450　大巢菜

图 451　四籽野豌豆

49. 豇豆属 Vigna Savi

缠绕或近直立草本。羽状三出复叶；托叶盾状着生，小托叶存在。花常聚生在总状花序上部，花间常有蛰伏腺体；苞片常早落；花萼钟状，萼齿 5，上方 2 齿常合生或部分合生；花冠白色、黄色或紫色；雄蕊二体（9+1），花药同型，花粉粒外壁具粗网纹；子房无柄，有少数到多数胚珠；花柱上端内侧长有髯毛，柱头侧生或倾斜。荚果线状圆柱形。种子长椭圆形或近臂形。

约 150 种，分布于热带、亚热带地区。我国 16 种；浙江 7 种；温州野生 2 种。

图 452　山绿豆

1. 山绿豆　贼小豆　图 452

Vigna minima (Roxb.) Ohwi et H. Ohashi.

一年生缠绕草本。茎柔软细长，近无毛或有稀疏硬毛。羽状 3 小叶；托叶线状披针形，盾着；顶生小叶片卵形至线形，下面脉上有毛；侧生小叶片基部常偏斜；小托叶披针形。总状花序腋生，总花梗较叶柄长；小苞片线形或线状披针形，常较花萼短；花萼钟状；子房圆柱形，花柱顶部内侧有白色髯毛。荚果短圆柱形，无毛，有 10 余枚种子。种子褐红色，长圆形，长约 4mm，种脐凸起，长约 3mm。花期 8 月，果期 10 月。

见于永嘉、洞头、苍南、泰顺，生于山坡草丛中及溪边。浙江省重点保护野生植物。

2. 野豇豆　图 453

Vigna vexillata (Linn.) A. Rich.

多年生缠绕草本。主根圆柱形或圆锥形，肉质，外皮橙黄色。茎略具浅纹，幼时有棕色粗毛，后渐脱落。羽状 3 小叶；叶柄长 2~4cm；托叶状卵形至披针形，长约 5mm，基着；侧生小叶片基部常偏斜；小叶柄极短，均被粗毛；小托叶线形。2~4 花着生在花序上部；总花梗长 8~20(~30)cm，花梗极短，被棕褐色粗毛；小苞片呈刚毛状；花萼钟状；子房被毛，花柱弯曲，内侧被髯毛。荚果圆柱形，被粗

图 453　野豇豆

毛，顶端具喙。种子深灰色，长圆形或近方形，长约4mm，有光泽。花期8~9月，果期10~11月。

见于乐清、永嘉、洞头、瑞安、文成、平阳、苍南、泰顺，生于山坡林缘或草丛中。

根入药，能补中益气、清热解毒，用于气虚、头昏乏力、脱肛、子房脱垂、淋巴结核及毒蛇咬伤等。浙江省重点保护野生植物。

本种与山绿豆 *Vigna minima* (Roxb.) Ohwi et H. Ohashi. 的主要区别在于：托叶基着，种子深灰色。

50. 紫藤属 Wisteria Nutt.

落叶木质藤本。奇数羽状复叶互生；托叶早落；小叶9~19，对生；小叶片全缘；有小托叶。长总状花序生于去年生小枝顶端，下垂；花萼钟状，萼齿短，5，上方2枚常合生，下方3枚较长；花冠白色、蓝色、淡紫色或青紫色；雄蕊10，二体（9+1）；子房有毛，花柱上弯，柱头顶生，头状。荚果长线形，在种子间通常缢缩，成熟时开裂，有数枚种子。种子扁圆形。

约10种，分布于东亚、澳大利亚和北美洲东北部。我国7种；浙江2种1变种；温州1种。

■ 紫藤 图454

Wisteria sinensis Sweet

落叶木质藤本。茎皮黄褐色；嫩枝伏生丝状毛，后渐无毛。奇数羽状复叶有小叶7~13；托叶线状披针形，早落；小叶片卵状披针形或卵状长圆形，幼时两面被柔毛，后渐脱落，仅中脉被柔毛；小叶柄密被短柔毛；小托叶针刺状。总状花序生于上年生枝顶端，下垂，花密集；总花梗及花序轴密被黄褐色柔毛；花梗长被短柔毛；花冠紫色或深紫

图454 紫藤

色；子房有柄，密被灰白色绒毛，花柱上弯，有数枚胚珠。荚果球形或线状倒披针形，扁平，密被灰黄色绒毛，成熟时开裂。种子灰褐色，扁圆形，直径约0.7~1cm；种皮有花纹。花期4~5月，果期5~10月。

见于本市各地，生于向阳山坡、沟谷、旷地，灌草丛中或疏林下。

花含芳香油；茎皮纤维可供制绳索或造纸；根、茎皮及花均入药；常作庭园栽培树种供观赏。

51. 丁癸草属 **Zornia** J. F. Gmel.

多年生矮小草本。掌状复叶有 2~4 小叶；托叶近叶状，盾状着生；小叶片有透明腺点；无小托叶。穗状花序腋生，常包藏于一对披针形苞片内；花小，近无花梗；花萼膜质，呈二唇形，上方 2 齿短，合生；花冠黄色，伸出萼外，各瓣近等长，均具瓣柄；雄蕊 10，单体，花丝长短互生，花药异型；子房近无柄。荚果由数个近圆形的荚节组成，腹缝直，背缝深波状；荚节扁平，具小刺或无。

约 40 种，分布于热带美洲。我国仅 1 种，浙江及温州也有。

■ 二叶丁癸草

Zornia gibbosa Spanog. [*Zornia cantoniensis* Mohlenb.]

多年生小草本。高 15~40cm。茎纤弱，基部分枝成丛生状。小叶 2，生于叶柄顶端；托叶狭披针形，长 4~5mm，盾着，基部有距；小叶片披针形或长椭圆形，先端急尖，具小尖头，基部楔形，上面无毛，下面有疏毛及腺点。穗状花序腋生，有 2~6（~10）花；苞片卵形，长 6~7mm，基部有长约 2mm 的距，全部包围住花序；雄蕊单体，花丝长短互生，花药异型；子房无柄，有柔毛。荚果由 2~6 个荚节组成；荚节圆形，长约 2mm，被细毛及明显的小针刺，不开裂，基部为 2 宿存苞片所包。花期 6~8 月，果期 8~10 月。

见于洞头、平阳，生于田边、草地、山坡及溪旁。全草入药。

存疑种

■ 圭亚那笔花豆

Stylosanthes guianensis (Aubl.) Sw.

直立草本。高 0.6~1m。花瓣橙黄色，具红色细脉纹。原产于南美洲北部，为优良牧草，可作绿肥、覆盖植物。

李根有等 2001 报道苍南（马站）有归化，但未见标本。

中文名称索引

A

阿里山五味子 127
安徽繁缕 56
暗果春蓼 **15**
凹头苋 **37**
凹叶厚朴 121
凹叶景天 190, **192**

B

八宝 187, **188**
八宝属 186, **187**
八角莲 **104**
八角莲属 101, **103**
八角属 **117**
八月瓜属 92, **94**
白花菜 **161**
白花菜科 159
白花绣线菊 **303**
白花油麻藤 **363**
白藜 27
白木通 **94**
白木香 109
白首乌 114
白叶莓 280, **288**
半枫荷 **232**
半枫荷属 223, **232**
豹皮樟 139, **140**
北美独行菜 **172**
北越紫堇 153
萹蓄 4, **6**
蝙蝠草属 307, **326**
蝙蝠葛 **112**
蝙蝠葛属 109, **112**
滨海黄堇 154
滨海山黧豆 **350**
波叶红果树 **304**
播娘蒿 **170**
播娘蒿属 162, **170**
伯乐树 **181**
伯乐树科 **181**
伯乐树属 **181**
博落回 **158**
博落回属 152, **158**
薄叶猴耳环 316, **317**
薄叶润楠 142, **144**
薄叶羊蹄甲 **319**

C

蚕茧草 5, **9**
草木犀 **359**
草木犀属 308, **359**
草绣球 **201**
草绣球属 198, **201**
插田泡 280, **284**
茶藨子属 198, **215**
檫木 **151**
檫木属 130, **151**
豺皮樟 139, **142**
长瓣繁缕 61, **62**
长苞狸尾豆 **372**
长柄山蚂蝗 **343**
长柄山蚂蝗属 307, **343**
长刺酸模 22, **25**
长萼瞿麦 **64**
长喙木兰属 117
长箭叶蓼 8
长江溲疏 205, **207**
长尾半枫荷 **232**
长序润楠 142, **144**
长叶牛膝 34
长柱小檗 101
长鬃蓼 5, **12**, 13
长总梗木蓝 345, **347**
常春油麻藤 **363**
常山 **207**
常山属 198, **207**
朝天委陵菜 267, **269**
朝鲜木姜子 139, **140**
朝鲜淫羊藿 **105**
扯根菜 **212**
扯根菜属 198, **212**
沉水樟 130, **132**
秤钩风 **111**
秤钩风属 109, **111**
匙叶茅膏菜 182, **184**
齿果酸模 22, **23**
齿叶溲疏 **205**
翅碱蓬 **31**
稠李属 236, **255**
臭荠 **169**
臭荠属 162, **169**

臭矢菜 159
川木通 74
垂盆草 190, **195**
垂丝石楠 259, **261**
垂序商陆 45
槌果藤属 160
春花胡枝子 351, **354**
春蓼 5, 6, **15**
春云实 **321**
莼属 **65**
刺果毛茛 84, **86**
刺梨子 276
刺蓼 5, **17**
刺苋 37, **40**
刺叶桂樱 **251**
丛枝蓼 5, 13, **16**
粗齿铁线莲 73, **77**
粗叶悬钩子 280, **281**
粗枝绣球 208, **210**
簇生卷耳 53, **54**
翠雀属 69, **81**

D

打破碗花花 **71**
大巢菜 372, **373**
大豆属 308, **341**
大果落新妇 199, **200**
大金刚藤 330, **331**
大落新妇 199, **200**
大序绿穗苋 37, 38, **39**
大血藤 **95**
大血藤属 92, **95**
大叶桂樱 251, **252**
大叶胡枝子 351, **353**
大叶火焰草 190, **192**
大叶金腰 **202**
大叶马尾莲 90
大叶石斑木 271, **272**
大叶唐松草 89, **90**
大叶早樱 240, **244**
单叶铁线莲 73, **77**
刀豆属 308, **322**
倒卵叶石楠 258, **262**
倒卵叶野木瓜 97, **98**
地肤 **30**
地肤属 26, **29**
地锦苗 152, **155**
地榆 **297**
地榆属 236, **297**
棣棠花 **250**
棣棠花属 236, **250**
棣棠升麻 240
丁癸草属 307, **377**
东南景天 190, **191**
东南悬钩子 279, **296**
东亚唐棣 **237**
东亚五味子 126
豆茶决明 324, **325**
豆科 **306**
豆梨 270, **305**
独行菜 171, **172**
独行菜属 162, **171**
杜梨 **305**
杜藤 111
杜仲 **234**
杜仲科 **234**
杜仲属 **234**
短萼黄连 **81**
短萼鸡眼草 349, **350**
短梗稠李 255, **256**
短梗胡枝子 351, **353**
短毛金线草 **2**
短药野木瓜 98
短叶决明 **324**, 325
盾儿花 215
盾叶莓 279, **291**
钝齿铁线莲 **74**
钝药野木瓜 97, **98**
多花胡枝子 352, **354**
多花蔷薇 277

E

峨眉鼠刺 **211**
鹅肠繁缕 61, **63**
鹅掌楸 **119**
鹅掌楸属 117, **119**
饿蚂蝗 335, **337**
二色五味子 125, **126**
二叶丁癸草 **377**

F

番荔枝科 **129**
番杏 **48**
番杏科 **47**
番杏属 **48**
翻白草 **267**
翻白委陵草 267
繁缕 61, **63**
繁缕属 52, **61**
繁穗苋 37, **38**
反枝苋 37, **40**

防己科 **109**
肥皂荚 **342**
肥皂荚属 306, **342**
费菜 **189**
费菜属 186, **189**
粉背五味子 125, **126**
粉防己 114, **116**
粉花绣线菊 301, **302**
粉绿钻地风 **218**
粉团蔷薇 **277**
粪箕笃 114, **116**
风花菜 175
风龙 113
枫香 **230**
枫香属 223, **230**
凤凰润楠 142, **146**
佛甲草 190, **194**
伏毛蓼 5, **17**
伏生紫堇 152, **153**
福建狸尾豆 **372**
福建悬钩子 279, **285**
覆盆子 284

G

赣皖乌头 **70**
杠板归 4, **15**
高粱藨 288
高粱泡 279, **288**
革命草 35
葛 **365,** 366
葛麻姆 366
葛属 308, **365**
弓茎悬钩子 **285**
狗筋蔓 58, **59**
牯岭山梅花 **213**
瓜馥木 **129**
瓜馥木属 **129**
瓜叶乌头 70, **71**
冠盖藤 **214**
冠盖藤属 198, **214**
冠盖绣球 **208**
光萼林檎 253, **254**
光果悬钩子 279, **285**
光滑高粱泡 **288**
光滑悬钩子 280, **295**
光叶粉花绣线菊 **303**
光叶木蓝 348
光叶蔷薇 274, **277**
光叶石楠 258, **260**
广布野豌豆 **372**
广东蔷薇 274, **276**
广西紫荆 **326**
广州蔊菜 **174**
圭亚那笔花豆 **377**
鬼臼属 103
贵州石楠 258, **260**
桂樱属 236, **250**

H

孩儿参 **57**
孩儿参属 52, **57**
海刀豆 **322**
海金子 220
海南羽叶金合欢 309, **311**
海桐 **220**
海桐花科 **220**
海桐花属 **220**
含笑属 117, **123**
含羞草决明 324, **325**
寒莓 280, **283**
蔊菜 174, **176**
蔊菜属 162, **174**
汉防己 **113**
汉防己属 109, **113**
杭子梢 **321**
杭子梢属 308, **321**, 351
合欢 **313**, 314
合欢属 306, **313**
合萌 **312**
合萌属 307, **312**
何首乌 **4**
何首乌属 1, **3**
河岸泡果荠 179
河岸阴山荠 178, **179**
河北木蓝 **345**
褐毛石楠 258, **261**
黑荆 309, **310**
黑壳楠 134, **137**
黑叶木蓝 345, **347**
红豆树属 306, **363**
红毒茴 117
红果钓樟 134, **136**
红果山胡椒 136
红果树属 235, **304**
红果乌药 135
红蓼 5, **14**
红脉钓樟 134, **139**
红毛虎耳草 217
红楠 142, **147**
红升麻 199

红腺悬钩子 280, **293**
荭草 14
猴耳环 **316**
猴耳环属 306, **316**
厚果崖豆藤 360, **361**
厚壳桂属 130, **134**
厚朴 120, **121**
厚朴属 117
厚叶石斑木 271, **273**
厚叶铁线莲 73, **75**
厚叶中华石楠 259
胡枝子 351, **352**
胡枝子属 308, **351**
湖北海棠 **253**
湖北山楂 **246**
湖南泡果荠 179
湖南悬钩子 280, **287**
湖南阴山荠 178, **179**
葫芦茶属 307, **371**
虎耳草 **216**, 217
虎耳草科 **198**
虎耳草属 198, **216**
虎杖 **21**
虎杖属 1, **21**
花榈木 **363**
花木通 74
花楸属 235, **298**
华茶藨 215
华东稠李 256
华东木蓝 345, **347**
华东唐松草 89, **91**
华蔓茶藨子 **215**
华南落新妇 200
华南樟 130, **131**
华野百合 328, **329**
华中五味子 125, **126**
华中樱桃 240, **241**
槐树 **371**
槐属 306, **370**
还亮草 **82**
黄常山 207
黄丹木姜子 139, **141**
黄根藤 112
黄花草 **159**
黄花草属 **159**
黄堇 152, **155**
黄连属 69, **81**
黄泡 279, **290**
黄芪属 307, **318**
黄绒润楠 142, **143**
黄山木兰 **120**
黄绳藤 95
黄水枝 **219**
黄水枝属 198, **219**
黄檀 330, **332**
黄檀属 307, **330**
黄细心属 **43**
黄香草木犀 359
黄醉蝶花 159
灰绿藜 26, **29**
灰毛泡 280, **288**
灰叶稠李 255, **257**
茴茴蒜 **84**
火炭母 5, **6**

J

鸡头米 66
鸡眼草 **349**
鸡眼草属 308, **349**
戟叶箭蓼 5, **8**
戟叶蓼 5, **18**
檵木 **231**
檵木属 223, **231**
假地豆 335, **336**
假地蓝 328, **329**
假豪猪刺 101, **102**
假升麻 **24**
假升麻属 235, **240**
假弯曲碎米荠 **167**
尖叶长柄山蚂蝗 **344**
尖叶唐松草 89, **90**
剪秋罗 **64**
剪秋罗属 52, **55**
剪夏罗 **55**
碱蓬 30, **31**
碱蓬属 26, **30**
建德山梅花 212
建楠 142, **145**
渐尖叶鹿藿 **367**
箭叶蓼 5, **17**
箭叶淫羊藿 105
江南花楸 298, **300**
豇豆属 308, **374**
截叶山黑豆 **338**
截叶铁扫帚 352, **353**
金合欢属 306, **308**
金缕梅 **229**
金缕梅科 **223**
金缕梅属 223, **229**

金毛三七 199
金荞麦 **3**
金丝吊葫芦 116
金丝荷叶 115
金线草 **1**
金线草属 **1**
金线吊鳖 114
金线吊乌龟 **114**
金腰属 198, **201**
金樱子 273, **276**
金鱼藻 **68**
金鱼藻科 **68**
金鱼藻属 **68**
锦鸡儿 **323**
锦鸡儿属 307, **323**
景宁木兰 120, **122**
景天科 **186**
景天属 186, **190**
救荒野豌豆 373
矩形叶鼠刺 211
瞿麦 **55**
卷耳属 52, **53**
绢毛稠李 255, **257**
绢毛山梅花 **212**, 213
决明属 306, **324**
蕨叶人字果 **82**, 83

K

刻叶紫堇 152, **154**
空心莲子草 35
空心泡 280, **292**
苦参 **370**, 371
宽萼白叶莓 **288**
宽叶长柄山蚂蝗 **344**
坤俊景天 190, **194**
昆明鸡血藤 362
阔叶十大功劳 **106**

L

蜡瓣花 **225**
蜡瓣花属 223, **225**
蜡梅科 **128**
蜡梅属 **128**
辣蓼 5, **9**
兰蓬草 90
蓝花子 **172**
老虎刺 **364**
老虎刺属 306, **364**
老虎脚底板 85
老枪谷 37
老鸦谷 38
乐东拟单性木兰 **125**
梨叶悬钩子 279, **291**
梨属 235, **270**
狸尾豆属 307, **372**
藜 26, **27**
藜科 **26**
藜属 **26**
莲子草 **35**
莲子草属 33, **35**
两型豆 **314**
两型豆属 308, **314**
亮叶猴耳环 316, **317**
亮叶崖豆藤 360, **361**
亮叶中南鱼藤 **334**
蓼科 **1**
蓼属 1, **4**
蓼子草 5, **7**
裂叶铁线莲 73, **78**
檵木 255, **256**
菱叶鹿藿 **367**
柳叶蜡梅 **128**
柳叶牛膝 33, **34**
六角莲 **103**, 104
龙泉景天 190, **195**
龙须藤 **319**, 320
龙芽草 **236**
龙芽草属 **236**
龙芽肾 236
庐山小檗 101, **102**
鹿藿 367, **368**
鹿藿属 308, **367**
绿穗苋 37, **38**
绿苋 41
绿叶甘橿 134, **138**
绿叶五味子 125, **127**
轮环藤 **110**
轮环藤属 109, **110**
萝卜属 162, **172**
椤木石楠 260
落地生根 **186**
落地生根属 **186**
落葵科 **51**
落葵薯 **51**
落葵薯属 **51**
落新妇 **199**
落新妇属 **198**

M

麻梨 **305**
麻叶绣线菊 **301**

马鞍树 **356**
马鞍树属 306, **356**
马齿苋 **49**
马齿苋科 **49**
马齿苋属 **49**, 50
马耳朵草 202
马褂木 119
马棘 345
马蓼 12
麦李 241, **242**
麦瓶草 58, **59**
脉叶木蓝 345, **348**
蔓孩儿参 **64**
蔓茎葫芦茶 **371**
猫爪草 84, **88**
毛豹皮樟 **139**
毛茛 84, **85**
毛茛科 **69**
毛茛属 69, **84**
毛果碎米荠 165
毛金腰 203
毛木防己 **110**
毛山苍子 141
毛山鸡椒 **141**
毛石楠 266
毛野扁豆 **338**
毛叶石楠 259, **266**
毛叶溲疏 207
毛毡苔 182
毛柱铁线莲 73, **78**
毛柱郁李 241, **243**
茅膏菜 **182**
茅膏菜科 **182**
茅膏菜属 **182**
茅莓 280, **289**
莓叶委陵菜 267, **268**
梅 **239**
梅花甜茶 215
美丽胡枝子 351, **355**
美丽溲疏 **219**
美洲商陆 **45**
密刺硕苞蔷薇 **274**
密花崖豆藤 **360**
密子豆 **367**
密子豆属 307, **366**
绵毛酸模叶蓼 **11**
绵纱藤 109
闽楠 **149**
闽粤石楠 259, **260**
闽粤蚊母树 **226**
膜叶槌果藤 160
木防己 **109**
木防己属 **109**
木姜润楠 142, **144**
木姜子 139, **141**
木姜子属 130, **139**
木兰科 **117**
木兰属 117, **120**
木蓝属 307, **345**
木莲 **123**
木莲属 117, **122**
木莓 279, **293**
木通 **92**, 94
木通科 **92**
木通属 **92**
苜蓿属 308, **357**

N

南方碱蓬 **30**, 31
南芥属 **162**
南岭黄檀 **330**
南苜蓿 357, **358**
南天竹 **108**
南天竹属 101, **108**
南五味子 **118**
南五味子属 117, **118**
楠木属 130, **149**
尼泊尔蓼 5, **13**
拟单性木兰属 117, **125**
拟豪猪刺 102
拟南芥 180
拟漆姑 **64**
黏毛蓼 5, **21**
黏液蓼 5, **19**
宁波木蓝 **346**
宁波溲疏 **205**, 219
牛繁缕 **57**
牛繁缕属 52, **56**
牛皮桐 211
牛膝 33, **34**
牛膝属 **33**
农吉利 328, **329**
女娄菜 58, **59**
女萎 73, **74**

P

刨花楠 142, **145**
泡果荠属 178
蓬蘽 280, **286**

披针叶茴香 **117**
枇杷 **248**
枇杷属 235, **248**
苹果属 235, **252**
坡油甘属 307, **369**
铺地蝙蝠草 **327**
匍匐黄细心 **43**
匍匐南芥 **163**

Q

七叶莲 97
漆姑草 **58**
漆姑草属 52, **58**
旗杆芥 **177**, 180
旗杆芥属 162, **177**
荠菜 **163**
荠菜属 162, **163**
千斤拔 **339**
千斤拔属 308, **339**
千金藤 114, **115**
千金藤属 109, **114**
千年老鼠屎 88
铅山悬钩子 **305**
浅裂锈毛莓 **292**
芡实 **66**
芡属 65, **66**
蔷薇科 **235**
蔷薇莓 292
蔷薇属 235, **273**
荞麦 **3**
荞麦属 1, **2**
秦榛钻地风 **217**
青枫藤 111
青棉花藤 214
青葙 **42**
青葙属 33, **41**
球果蔊菜 174, **175**
球序卷耳 **53**
缺萼枫香 **230**
雀舌草 61, **62**

R

人心药 201
人字果 **83**
人字果属 69, **82**
日本金腰 **202**
日本景天 190, **193**
日本绣线菊 302
绒毛豆梨 271
绒毛胡枝子 352, **356**
绒毛润楠 142, **147**
绒毛山胡椒 134, **137**
绒毛石楠 259, **265**
柔茎蓼 6, **10**
柔毛金腰 202, **203**
柔毛水杨梅 **249**
柔毛钻地风 217, **218**
肉根毛茛 84, **86**
乳源木莲 123
软条七蔷薇 274, **275**
锐叶山柑 **160**
润楠属 130, **142**

S

三点金 335, **337**
三花莓 295
三花悬钩子 279, **295**
三裂叶野葛 **366**
三裂中南悬钩子 **286**
三脉种阜草 **56**
三色苋 41
三桠乌药 134, **138**
三叶朝天委陵菜 269
三叶海棠 253, **255**
三叶木通 **92**
三叶山豆根 **339**
三叶绳 97
三叶委陵菜 267, **268**
三枝九叶草 **105**
三籽两型豆 314
伞花石楠 264
山苍子 140
山豆根属 308, **339**
山柑科 **159**
山柑属 159, **160**
山合欢 **313**
山荷叶 104
山黑豆属 308, **337**
山胡椒 134, **136**
山胡椒属 130, **134**
山鸡椒 139, **140**
山橿 134, **138**
山黧豆属 307, **350**
山绿豆 **375**, 376
山蚂蟥属 307, **334**, 371
山莓 279, **283**
山梅花属 198, **212**
山木通 73, **76**
山樱花 240, **243**
山楂属 235, **246**
扇叶虎耳草 217

商陆 **45**, 46
商陆科 **45**
商陆属 **45**
少毛牛膝 **34**
蛇含委陵菜 267, **269**
蛇莓 **247**
蛇莓属 236, **247**
深山含笑 **124**
肾萼金腰 **202**
升麻属 69, **71**
十大功劳 106, **108**
十大功劳属 101, **106**
十字花科 **162**
石斑木 271, **272**
石斑木属 235, **271**
石蟾蜍 116
石灰花楸 298, **299**
石灰树 299
石龙芮 84, **87**
石木姜子 **141**
石楠 258, **266**
石楠属 235, **258**
石竹 **54**, 55
石竹科 **52**
石竹属 52, **54**
疏花蓼 5, **16**
疏花山梅花 213
疏毛绣线菊 301, **302**
鼠刺属 198, **211**
鼠耳芥 177, **180**
树头菜 **161**
水花生 35
水花石楠 264
水蓼 9
水丝梨 **233**
水丝梨属 223, **233**
水田碎米荠 164, **167**
水亚木 210
水杨梅属 236, **249**
水榆花楸 **298**
睡莲 **67**
睡莲科 **65**
睡莲属 65, **67**
硕苞蔷薇 **274**
四芒景天 190, **197**
四蕊千金藤 116
四籽野豌豆 372, **373**
溲疏 205
溲疏属 198, **205**
粟米草 **47**
粟米草属 **47**, 48
酸模 22, **23**
酸模叶蓼 5, **10**, 11
酸模属 1, **22**
碎米荠 164, **165**, 169
碎米荠属 162, **164**

T

台湾黄堇 152, **153**
台湾林檎 **253**
台湾十大功劳 **108**
台湾蚊母树 226, **227**
台湾苋 39
台湾相思 **309**
太平莓 280, **289**
太子参 **57**
泰顺石楠 258, **262**
弹裂碎米荠 164, **165**
唐棣属 235, **237**
唐松草属 69, **89**
糖钵 274
糖罐头 276
桃 **238**
桃叶石楠 258, **264**
桃属 236, **238**
藤八仙 208
藤黄檀 330, **332**
藤金合欢 309, **312**
天膏药 115
天葵 **88**
天葵属 69, **88**
天蓝苜蓿 **357**
天目木兰 **120**
天女花属 117
天台溲疏 205
天台铁线莲 73, **78**
天台小檗 **101**
天竺桂 132
田菁 **369**
田菁属 307, **369**
铁马鞭 352, **355**
铁线莲属 69, **73**
庭藤 345, **346**
葶苈 **170**
葶苈属 162, **170**
桐叶藤 218
头花千金藤 114
秃蜡瓣花 **226**
土圞儿 **315**

土圞儿属 307, **315**
土黄柏 106
土荆芥 26, **28**
土木香 109
土牛膝 **33**
土人参 **50**
土人参属 **50**
驮猫脚气 85

W

瓦松 **188**, 189
瓦松属 186, **188**
弯曲碎米荠 164, **165**, 169
晚红瓦松 **189**
网络崖豆藤 360, **362**
威灵仙 73, **74**
尾穗苋 **37**
尾叶那藤 97, **100**
尾叶挪藤 100
委陵菜属 236, **267**
蚊母树 226, **228**
蚊母树属 223, **226**
乌头 **70**
乌头属 **69**
乌药 134, **135**
无瓣繁缕 56
无瓣蔊菜 174, **175**
无辣蓼 17
无毛光果悬钩子 **305**
无腺白叶莓 **288**
无腺灰白莓 280, **295**
五刺金鱼藻 **68**
五味子属 117, **125**
五叶木通 92
五月瓜藤 **94**, 95
五指那藤 97, **99**
五指挪藤 99
武功山泡果荠 178
武功山阴山荠 **178**

X

西欧蝇子草 58, **60**
西氏毛茛 87
稀花蓼 5, **8**
习见蓼 4, **15**
喜旱莲子草 **35**
细柄蕈树 **224**
细长柄山蚂蝗 **343**
细齿稠李 255, **257**
细梗胡枝子 352, **356**
细叶蓼 5, **18**
细叶香桂 130, **133**
细圆藤 **112**
细圆藤属 109, **112**
狭刀豆 322
狭叶垂盆草 197
狭叶尖头叶藜 **26**
狭叶莲子草 **35**
狭叶山胡椒 134, **135**
狭叶十大功劳 108
显脉野木瓜 **97**
藓状景天 190, **195**
苋 37, **41**
苋菜 41
苋科 **33**
苋属 33, **36**
陷脉悬钩子 279, **287**
腺蜡瓣花 **225**
腺脉野木瓜 97
腺毛莓 280, **281**
腺叶桂樱 **251**
香港黄檀 330, **333**
香桂 133
香花崖豆藤 **360**
香槐 **327**
香槐属 306, **327**
香蓼 21
香叶树 134, **135**
香樟 131
响铃豆 **328**
小檗科 **101**
小檗属 **101**
小巢菜 372, **373,** 374
小果蔷薇 273, **275**
小果十大功劳 **106**, 108
小花黄堇 152, **155**
小花蓼 5, **13**
小花碎米荠 164, **167**
小槐花 **335**
小藜 26, **28**
小毛茛 88
小米空木属 235, **303**
小木通 73, **74**
小苜蓿 **357**
小青藤 112
小升麻 **72**
小叶光板力刚 79
小叶三点金 335, **336**
小叶石楠 259, **264**
小叶蚊母树 **226**

心叶碎米荠 164, **167**
心叶诸葛菜 167
新木姜子 148
新木姜子属 130, **148**
星毛冠盖藤 **214**
杏属 236, **239**
绣球绣线菊 **301**
绣球属 198, **208**
绣线菊属 235, **300**
锈毛莓 280, **291**
锈毛石斑木 271, **272**
悬钩子属 236, **279**
雪里开 77
血水草 **157**
血水草属 152, **157**
蕈树 **223**, 224
蕈树属 **223**

Y

崖豆藤属 307, **360**
崖花海桐 **220**, 221
胭脂花 44
延胡索 152, **156**
盐地碱蓬 30, **31**
雁荡润楠 142, **145**
雁来红 41
扬子毛茛 84, **87**
羊角菜 161
羊角菜属 159, **161**
羊蹄 22, **24**
羊蹄甲属 306, **318**
杨梅叶蚊母树 226, **228**
钥匙藤 74
野扁豆属 308, **338**
野刺苋菜 40
野大豆 **341**
野葛 **366**
野含笑 **124**
野鸡冠花 42
野豇豆 **375**
野木瓜 **97**
野木瓜属 92, **97**
野苜蓿 357
野蔷薇 274, **277**
野荞麦 3
野山楂 **246**
野豌豆属 307, **372**
野苋 37, 41
野珠兰 **304**
宜昌木蓝 **346**
异果黄堇 152, **154**
翼梗五味子 126
阴山荠属 162, **178**
淫羊藿 105
淫羊藿属 101, **104**
银莲花属 69, **71**
罂粟科 **152**
樱花 243
樱属 236, **240**
鹰爪枫 **95**
迎春樱桃 240, **241**
蝇子草 58, **60**
蝇子草属 52, **58**
硬壳桂 **134**
油麻藤属 308, **362**
鱼木 161
鱼木属 159, **160**
鱼藤属 307, **333**
禺毛茛 **84**
愉悦蓼 6, **9**
羽叶长柄山蚂蝗 **343**
玉兰 120, **121**
玉兰属 117
郁李 241, **242**
圆叶景天 190, **195**
圆叶藜 26
圆叶芥膏菜 **182**
圆锥铁线莲 73, **79**
圆锥绣球 208, **210**
缘毛合叶豆 **370**
云和新木姜子 **148**, 149
云实 **320**, 321
云实属 306, **320**

Z

蚤缀 **52**
蚤缀属 **52**
皂荚 **340**
皂荚属 306, **340**
贼小豆 375
樟科 **130**
樟树 130, **131**
樟属 **130**
掌叶覆盆子 279, **283**
浙江虎耳草 **217**
浙江蜡梅 **128**
浙江木蓝 345, 347, **348**
浙江楠 149, **150**
浙江泡果荠 178
浙江润楠 142, **143**, 145

浙江山梅花 **213**
浙江石楠 258, **267**
浙江溲疏 **205**
浙江碎米荠 167
浙江新木姜子 **148**, 149
浙江樟 130, **132**
浙闽新木姜子 148, **149**
浙闽樱桃 240, **243**
榛叶钻地风 217
中国绣球 208, **209**
中国猪屎豆 329
中华繁缕 61, **62**
中华胡枝子 **352**
中华石楠 258, **259**, 265
中华绣线菊 301, **302**
中南悬钩子 279, **286**
中南鱼藤 **334**
钟花樱桃 240, **241**
种阜草属 52, **56**
重瓣铁线莲 73, **77**
舟柄铁线莲 73, **75**
周毛悬钩子 279, **282**
皱果蛇莓 **247**
皱果苋 37, **41**
珠芽景天 190, **192**
猪毛菜 **32**
猪屎豆属 307, 308, **328**
蛛网萼 **215**
蛛网萼属 198, **214**
柱果铁线莲 73, **79**
子午莲 67
紫背天葵 88
紫花八宝 **187**
紫金牛叶石楠 266
紫堇 152, **154**
紫堇叶阴山荠 **178**, 179
紫堇属 **152**
紫荆属 306, **326**
紫茉莉 **44**
紫茉莉科 **43**
紫茉莉属 **43**
紫楠 149, **150**
紫藤 **376**
紫藤属 307, **376**
紫云英 **318**
棕红悬钩子 280, **293**
棕脉花楸 **298**
钻地风 217, **218**
钻地风属 198, **217**

拉丁学名索引

A

Acacia Mill. 306, **308**
Acacia confusa Merr. **309**
Acacia mearnsii Willd. 309, **310**
Acacia pennata (Linn.) Willd. subsp. hainanensis (Hayata) I. C. Nielsen 309, **311**
Acacia pennata auct. non (Linn.) Willd. 311
Acacia vietnamensis I. C. Nielsen 309, **312**
Achyranthes Linn. **33**
Achyranthes aspera Linn. **33**
Achyranthes bidentata Bl. 33, **34**
Achyranthes bidentata Bl. var. *longifolia* Makino 34
Achyranthes bidentata var. japonica Miq. **34**
Achyranthes japonica (Miq.) Nakai 34
Achyranthes longifolia (Makino) Makino 33, **34**
Aconitum Linn. **69**
Aconitum carmichaelii Debx. **70**
Aconitum finetianum Hand.-Mazz. **70**
Aconitum hemsleyanum Pritz. 70, **71**
Aeschynomene Linn. 307, **312**
Aeschynomene indica Linn. **312**
Agrimonia Linn. **236**
Agrimonia pilosa Ledeb. **236**
Aizoaceae **47**
Akebia Decne. **92**
Akebia quinata (Houtt.) Decne. **92**, 94
Akebia trifoliata (Thunb.) Koidz. **92**
Akebia trifoliata subsp. australis (Diels) T. Shimizu **94**
Akebia trifoliata var. *australis* (Diels.) Rehd. 94
Albizia Durazz. 306, **313**
Albizia julibrissin Durazz. **313**, 314
Albizia kalkora (Roxb.) Prain **313**
Alternanthera Forsk. 33, **35**
Alternanthera nodiflora R. Br. **35**
Alternanthera philoxeroides (Mart.) Griseb. **35**
Alternanthera sessilis (Linn.) DC. **35**
Altingia Noronha **223**
Altingia chinensis (Champ.) Oliv. ex Hance **223**, 224
Altingia gracilipes Hemsl. **224**
Altingia gracilipes var. *serrulata* Tutch. 224
Amaranthaceae **33**
Amaranthus Linn. 33, **36**
Amaranthus ascendens Loisel. 37
Amaranthus blitum Linn. **37**
Amaranthus caudatus Linn. **37**
Amaranthus cruentus Linn 37, **38**
Amaranthus gangetieus Linn. 41
Amaranthus hybridus Linn. 37, **38**
Amaranthus hybridus Linn. var. *patulus* (Bertol.) Thell. 39
Amaranthus lividus Linn. 37
Amaranthus manqostanus Linn. 41
Amaranthus paniculatus Linn. 38
Amaranthus patulus Bertol. 37, 38, **39**
Amaranthus retroflexus Linn. 37, **40**
Amaranthus spinosus Linn. 37, **40**
Amaranthus tricolor Linn. 37, **41**
Amaranthus viridis Linn. 37, **41**
Amelanchier Medik. 235, **237**
Amelanchier asiatica (Sieb. et Zucc.) Endl. ex Walp. **237**
Amphicarpaea Ell. ex Nutt. 308, **314**
Amphicarpaea edgeworthii Benth. **314**
Amphicarpaea trisperma (Miq.) Bak. 314
Amygdalus Linn. 236, **238**
Amygdalus persica Linn. **238**
Anemone Linn. 69, **71**
Anemone hupehensis (Lem.) Lem. **71**
Annonaceae **129**
Anredera Juss. **51**
Anredera cordifolia (Tenore) Steenis **51**
Antenoron Raf. **1**
Antenoron filiforme (Thunb.) Roberty et Vautier **1**
Antenoron filiforme var. neofiliforme (Nakai) A. J. Li **2**
Antenoron neofiliforme (Nakai) Hara 2
Apios Fabric. 307, **315**
Apios fortunei Maxim. **315**
Arabidopsis thaliana (Linn.) Heynh. 177, **180**
Arabis Linn. **162**
Arabis flagellosa Miq. **163**
Archidendron F. V. Muell. 306, **316**
Archidendron clypearia (Jack) I. C. Nielsen **316**
Archidendron lucidum (Benth.) I. C. Nielsen 316, **317**
Archidendron utile (Chun et How) I. C. Nielsen 316, **317**
Arenaria Linn. **52**
Arenaria serpyllifolia Linn. **52**
Arivela Raf. **159**
Arivela viscosa (Linn.) Raf. **159**
Armeniaca Mill. 236, **239**
Armeniaca mume Sieb. **239**

Aruncus Linn. 235, **240**
Aruncus dioicus (Walt.) Fernald. 240
Aruncus sylvester Kostel. ex Maxim. **240**
Astilbe Buch.-Ham. **198**
Astilbe chinensis (Maxim.) Franch. et Sav. **199**
Astilbe grandis Stapf ex Wils. 199, **200**
Astilbe macrocarpa Knoll 199, **200**
Astragalus Linn. 307, **318**
Astragalus sinicus Linn. **318**

B

Basellaceae **51**
Bauhinia Linn. 306, **318**
Bauhinia championii (Benth.) Benth. **319**, 320
Bauhinia glauca auct. non (Wall. ex Benth.) Benth.319
Bauhinia gluca (Wall. ex Benth.) Benth. subsp. tenuiflora (Watt ex C. B. Clarke) K. Larsen et S. S.Larsen **319**
Berberidaceae **101**
Berberis Linn. **101**
Berberis lempergiana Ahrendt **101**
Berberis soulieana Schneid. 101, **102**
Berberis virgetorum Schneid. 101, **102**
Blitum glaucum (Linn.) Koch 29
Boerhavia Linn. **43**
Boerhavia repens Linn. **43**
Brasenia Schreb. **65**
Brasenia schreberi J. F. Gmel. **65**
Bretschneidera Hemsl. **181**
Bretschneidera sinensis Hemsl. **181**
Bretschneideraceae **181**
Bryophyllum Salisb. **186**
Bryophyllum pinnatum (Linn. f.) Oken **186**

C

Caesalpinia Linn. 306, **320**
Caesalpinia decapetala (Roth) Alston **320**, 321
Caesalpinia vernalis Champ. **321**
Callerya dielsiana (Harms) P. K. Loc ex Z. Wei et Pedley 360
Callerya nitida (Benth.) R. Geesink 361
Calycanthaceae **128**
Campylotropis Bunge 308, **321**, 351
Campylotropis macrocarpa (Bunge) Rehd. **321**
Canavalia Adans. 308, **322**
Canavalia lineata (Thunb. ex Murr.) DC. **322**
Capparaceae **159**
Capparis Linn. 159, **160**
Capparis acutifolia Sweet **160**
Capsella Medik. 162, **163**
Capsella bursa-pastoris (Linn.) Medik. **163**
Caragana Fabric. 307, **323**
Caragana sinica (Buc'hoz) Rehd. **323**
Cardamine Linn. 162, **164**
Cardamine flexuosa With. 164, **165**, 169
Cardamine flexuosa With. var. *fallax* (O. E. Schulz) T. Y. Cheo et R. C. Fang 167
Cardamine hirsuta Linn. 164, **165**, 169
Cardamine impatiens Linn. 164, **165**
Cardamine impartiens var. *dasycarpa* (M. Bieb.) T. Y. Cheo et R. C. Fang 165
Cardamine limprichtiana Pax 164, **167**
Cardamine lyrata Bunge 164, **167**
Cardamine parviflora Linn. 164, **167**
Cardamine zhejiangensis T. Y. Cheo et R. C. Fang 167
Cardiandra Sieb. et Zucc. 198, **201**
Cardiandra moellendorffii (Hance) Migo **201**
Caryophyllaceae **52**
Cassia Linn. 306, **324**
Cassia leschenaultiana DC. **324,** 325
Cassia minmosoides Linn. 324, **325**
Cassia nomame (Makino) Kitag. 324, **325**
Celosia Linn. 33, **41**
Celosia argentea Linn. **42**
Cerastium Linn. 52, **53**
Cerastium caespitosum Gilib. 53
Cerastium fontanum Baung. subsp. vulgare (Hartm.) Greuter et Burdet **53,** 54
Cerastium glomeratum Thuill. **53**
Cerasus Mill. 236, **240**
Cerasus campanulata (Maxim.) A. N. Vassiljeva 240, **241**
Cerasus conradinae (Koehne) Yu et Li 240, **241**
Cerasus discoidea Yu et Li 240, **241**
Cerasus glandulosa (Thunb.) Sok. 241, **242**
Cerasus japonica (Thunb.) Lois. 241, **242**
Cerasus pogonostyla (Maxim.) Yu et Li 241, **243**
Cerasus schneideriana (Koehne) Yu et Li 240, **243**
Cerasus serrulata (Lindl.) G. Don 240, **243**
Cerasus subhirtella (Miq.) Sok. 240, **244**
Ceratophyllaceae **68**
Ceratophyllum Linn. **68**
Ceratophyllum demersum Linn. **68**
Ceratophyllum demersum Linn. var. *quadrispinum* Makino 68
Ceratophyllum platyacanthum Cham. subsp. oryzetorum (V. Kom.) Les **68**
Cercis Linn. 306, **326**
Cercis chuniana Metc. **326**

Chamaecrista leschenaultiana (DC.) O. Degener 324
Chamaecrista mimosoides (Linn.) Greene 325
Chenopodiaceae **26**
Chenopodium Linn. **26**
Chenopodium acuminatum Willd. subsp. virgatum (Thunb.) Kitam. **26**
Chenopodium album Linn. 26, **27**
Chenopodium album var. *centrorubrum* Makino 27
Chenopodium ambrosioides Linn. 26, **28**
Chenopodium australe R. Br. 30
Chenopodium ficifolium Smith 26, **28**
Chenopodium glaucum Linn. 26, **29**
Chenopodium salsum Linn. 31
Chenopodium virgatum Thunb. 26
Chenopodium scoparia Linn. 30
Chimonanthus Lindl. **128**
Chimonanthus salicifolius S. Y. Hu **128**
Chimonanthus zhejiangensis M. C. Liu **128**
Christia Moench 307, **326**
Christia obcordata (Poir.) Bakh. f. ex Van Meeuwen **327**
Chrysosplenium Linn. 198, **201**
Chrysosplenium delavayi Franch. **202**
Chrysosplenium japonicum (Maxim.) Makino **202**
Chrysosplenium macrophyllum Oliv. **202**
Chrysosplenium pilosum Maxim. var. valdepilosum Ohwi 202, **203**
Cimicifuga Linn. 69, **71**
Cimicifuga acerina (Sieb. et Zucc.) Tanaka 72
Cimicifuga japonica (Thunb.) Spreng. **72**
Cinnamomum Trew **130**
Cinnamomum austrosinense H. T. Chang 130, **131**
Cinnamomum camphora (Linn.) Presl 130, **131**
Cinnamomum chekiangense Nakai 130, **132**
Cinnamomum japonicum Sieb. 132
Cinnamomum micranthum (Hayata) Hayata 130, **132**
Cinnamomum subavenium Miq. 130, **133**
Cladrastis Raf. 306, **327**
Cladrastis wilsonii Takeda **327**
Clematis Linn. 69, **73**
Clematis apiifolia DC. 73, **74**
Clematis apiifolia DC. var. *obtusidentata* Rehd. et Wils. 74
Clematis apiifolia var. argentilucida (Lévl. et Vant.) W. T. Wang **74**
Clematis armandii Franch. 73, **74**
Clematis chinensis Osbeck 73, **74**
Clematis crassifolia Benth. 73, **75**
Clematis dilatata Péi 73, **75**
Clematis finetiana Lévl. et Vant. 73, **76**
Clematis florida Thunb. var. plena D. Don 73, **77**
Clematis grandidentata (Rehd. et Wils.) W. T. Wang 73, **77**
Clematis henryi Oliv. 73, **77**
Clematis meyeniana Walp. 73, **78**
Clematis parviloba Gardn. et Champ. 73, **78**
Clematis patens C. Morr. et Decne. var. tientaiensis (M. Y. Fang) W. T. Wang 73, **78**
Clematis patens subsp. *tientaiensis* M. Y. Fang 78
Clematis terniflora DC. 73, **79**
Clematis uncinata Champ. ex Benth. 73, **79**
Cleome gynandra Linn. 161
Cleome viscosa Linn. 159
Cocculus DC. **109**
Cocculus orbiculatus (Linn.) DC. **109**
Cocculus orbiculatus var. mollis (Hook. f. et Thoms) Hara **110**
Cocculus trilobus Thunb. 109
Coptis Salisb. 69, **81**
Coptis chinensis Franch. var. brevisepala W. T. Wang et Hsiao **81**
Coronopus J. G. Zinn. 162, **169**
Coronopus didymus (Linn.) Smith **169**
Corydalis Vent. **152**
Corydalis balansae Prain 152, **153**
Corydalis decumbens (Thunb.) Pers. 152, **153**
Corydalis edulis Maxim. 152, **154**
Corydalis heterocarpus Sieb. et Zucc. 152, **154**
Corydalis heterocarpus var. *japonicus* (Franch. et Sav.) Ohwi 154
Corydalis incisa (Thunb.) Pers. 152, **154**
Corydalis pallida (Thunb.) Pers. 152, **155**
Corydalis racemosa (Thunb.) Pers. 152, **155**
Corydalis sheareri S. Moore 152, **155**
Corydalis sheareri f. *bulbillifera* Hand.-Mazz. 155
Corydalis yanhusuo W. T. Wang ex Z. Y. Su et C. Y. Wu 152, **156**
Corylopsis Sieb. et Zucc. 223, **225**
Corylopsis glandulifera Hemsl. **225**
Corylopsis glandulifera var. *hypoglauca* (Cheng) H. T. Chang 225
Corylopsis sinensis Hemsl. **225**
Corylopsis sinensis var. calvescens Rehd. et Wils. **226**
Crassulaceae **186**
Crataegus Linn. 235, **246**
Crataegus cuneata Sieb. et Zucc. **246**
Crataegus hupehensis Sarg. **246**
Crateva Linn. 159, **160**

Crateva religiosa Forst. f. 161
Crateva unilocularis Buch.-Ham. **161**
Crotalaria Linn. 307, 308, **328**
Crotalaria albida Heyne ex Benth. **328**
Crotalaria chinensis Linn. 328, **329**
Crotalaria ferruginea Grah. ex Benth. 328, **329**
Crotalaria sessiliflora Linn. 328, **329**
Cruciferae **162**
Cryptocarya R. Br. 130, **134**
Cryptocarya chingii Cheng **134**
Cucubalus baccifer Linn. 59
Cyclea Arn. ex Wight 109, **110**
Cyclea racemosa Oliv. **110**

D

Dalbergia Linn. f. 307, **330**
Dalbergia balansae Prain **330**
Dalbergia dyeriana Prain 330, **331**
Dalbergia hancei Benth. 330, **332**
Dalbergia hupeana Hance 330, **332**
Dalbergia millettii Benth. 330, **333**
Delphinium Linn. 69, **81**
Delphinium anthriscifolium Hance **82**
Derris Lour. 307, **333**
Derris fordii Oliv. **334**
Derris fordii var. lucida How **334**
Descurainia Webb et Berth. 162, **170**
Descurainia sophia (Linn.) Webb ex Prantl **170**
Desmodium Desv. 307, **334**, 371
Desmodium caudatum (Thunb.) DC. **335**
Desmodium heterocarpon (Linn.) DC. 335, **336**
Desmodium leptopum A. Gray ex Benth. 343
Desmodium microphyllum (Willd.) DC. 335, **336**
Desmodium multiflorum DC. 335, **337**
Desmodium oldhamii Oliv. 343
Desmodium podocarpum DC. 343
Desmodium podocarpum DC. subsp. *fallax* (Schindl.) H. Ohashi 344
Desmodium pseudotriquetrum DC. 371
Desmodium racemosum (Thunb.) DC. 344
Desmodium racemosum var. *pubesces* Metc. 344
Desmodium triflorum (Linn.) DC. 335, **337**
Deutzia Thunb. 198, **205**
Deutzia crenata Sied. et Zucc. **205**
Deutzia faberi Rehd. **205**
Deutzia ningpoensis Rehd. **205**
Deutzia pulchra S. Vid. **219**
Deutzia pulchra var. *formosana* Nakai 219
Deutzia scabra Thunb. 205
Deutzia schneideriana Rehd. 205, **207**
Dianthus Linn. 52, **54**
Dianthus chinensis Linn. **54**, 55
Dianthus longicalyx Miq. **64**
Dianthus superbus Linn. **55**
Dichocarpum W. T. Wang et Hsiao 69, **82**
Dichocarpum dalzielii (Drumm. et Hutch.) W. T. Wang et Hsiao **82**, 83
Dichocarpum sutchuenense (Franch.) W. T. Wang et Hsiao **83**
Dichroa Lour. 198, **207**
Dichroa febrifuga Lour. **207**
Diploclisia Miers 109, **111**
Diploclisia affinis (Oliv.) Diels **111**
Distylium Sieb. et Zucc. 223, **226**
Distylium buxifolium (Hance) Merr. **226**
Distylium buxifolim var. *rotundum* H. T. Chang 226
Distylium chungii (Metc.) Cheng **226**
Distylium gracile Nakai 226, **227**
Distylium myricoides Hemsl. 226, **228**
Distylium racemosum Sieb. et Zucc. 226, **228**
Draba Linn. 162, **170**
Draba nemorosa Linn. **170**
Drosera Linn. **182**
Drosera peltata Smith ex Willd. **182**
Drosera peltata var. *glabrata* Y. Z. Ruan 182
Drosera rotundifolia Linn. **182**
Drosera rotundifolia var. *furcata* Y. Z. Ruan 182
Drosera spathulata Labill. 182, **184**
Droseraceae **182**
Duchesnea J. E. Smith 236, **247**
Duchesnea chrysantha (Zoll. et Mor.) Miq. **247**
Duchesnea indica (Andr.) Focke **247**
Dumasia DC. 308, **337**
Dumasia truncata Sieb. et Zucc. **338**
Dunbaria Wight et Arn. 308, **338**
Dunbaria villosa (Thunb.) Makino **338**
Dysosma Woods. 101, **103**
Dysosma pleiantha (Hance) Woods. **103**, 104
Dysosma versipellis (Hance) M. Cheng ex T. S. Ying **104**

E

Eomecon Hance 152, **157**
Eomecon chionantha Hance **157**
Epimedium Linn. 101, **104**
Epimedium grandiflorum auct. non Morr. 105
Epimedium koreanum Nakai **105**
Epimedium sagittatum (Sieb.et Zucc.) Maxim. **105**
Eriobotrya Lindl. 235, **248**
Eriobotrya japonica (Thunb.) Lindl. **248**
Euchresta Benn. 308, **339**

Euchresta japonica Hook. f. ex Regel **339**
Eucommia Oliv. **234**
Eucommia ulmoides Oliv. **234**
Eucommiaceae **234**
Euryale Salisb. ex Koenig et sims 65, **66**
Euryale ferox Salisb. ex Koenig et Sims **66**

F

Fagopyrum Mill. 1, **2**
Fagopyrum dibotrys (D. Don) Hara **3**
Fagopyrum esculentum Moench **3**
Fallopia Adans. 1, **3**
Fallopia multiflora (Thunb.) Harald. **4**
Fissistigma Griff. **129**
Fissistigma oldhamii (Hensl.) Merr. **129**
Flemingia Roxb. ex Ait. 308, **339**
Flemingia philippinensis Merr. et Rolfe **339**
Flemingia prostrata Roxb. **339**

G

Geum Linn. 236, **249**
Geum japonicum Thunb. var. chinense F. Bolle **249**
Gleditsia Linn. 306, **340**
Gleditsia sinensis Lam. **340**
Glycine Willd. 308, **341**
Glycine soja Sieb. et Zucc. **341**
Gymnocladus Lam. 306, **342**
Gymnocladus chinensis Baill. **342**
Gynandropsis DC. 159, **161**
Gynandropsis gynandra (Linn.) Briq. **161**

H

Hamamelidaceae **223**
Hamamelis Linn. 223, **229**
Hamamelis mollis Oliv. **229**
Hilliella hui (O. E. Schulz) Y. H. Zhang et H. W. Li 178
Hilliella hunanensis Y. H. Zhang 179
Hilliella rivulorum (Dunn) Y. H. Zhang et H. W. Li 179
Hilliella warburgii (O. E. Schulz) Y. H. Zhang et H. W. Li 178
Holboellia Wall. 92, **94**
Holboellia angustifolia Wall. **94**, 95
Holboellia coriacea Diels **95**
Holboellia fargesii Reaub. 94
Houpoea N. H. Xia et C. Y. Wu 117
Hydrangea Linn. 198, **208**
Hydrangea angustipetala Hayata 209
Hydrangea anomala D. Don **208**
Hydrangea chinensis Maxim. 208, **209**
Hydrangea jiangxiensis W. T. Wang et M. X. Nie 209
Hydrangea paniculata Sieb. 208, **210**
Hydrangea robusta Hook. f. et Thoms. 208, **210**
Hydrangea rosthornii Diels 210
Hylodesmum H. Ohashi et R. R. Mill 307, **343**
Hylodesmum leptopus (A. Gray ex Benth.) H. Ohashi et R. R. Mill **343**
Hylodesmum oldhamii (Oliv.) H. Ohashi et R. R. Mill **343**
Hylodesmum podocarpum (DC.) H. Ohashi et R. R. Mill **343**
Hylodesmum podocarpum subsp. fallax (Schindl.) H. Ohashi **344**
Hylodesmum podocarpum subsp. oxyphyllum (DC.) H. Ohashi et R. R. Mill **344**
Hylotelephium H. Ohba 186, **187**
Hylotelephium erythrostictum (Miq.) H. Ohba **187**, 188
Hylotelephium mingjinianum (S. H. Fu) H. Ohba **187**

I

Illicium Linn. **117**
Illicium lanceolatum A. C. Smith **117**
Indigofera Linn. 307, **345**
Indigofera bungeana Walp. **345**
Indigofera decora Lindl. 345, **346**
Indigofera decora var. cooperii (Craib) Y. Y. Fang et C. Z. Zheng **346**
Indigofera decora var. ichangensis (Craib) Y. Y. Fang et C. Z. Zheng **346**
Indigofera fortunei Craib 345, **347**
Indigofera longipedunculata Y. Y. Fang et C. Z. Zheng 345, **347**
Indigofera neoglabra Hu ex Wang et Tang 348
Indigofera nigrescens Kurz ex King et Prain 345, **347**
Indigofera parkesii Craib 345, **348**
Indigofera parkesii var. *longipedunculata* (Y. Y. Fang et C. Z. Zheng) X. F. Gao et Schrire 347
Indigofera pseudotinctoria Mats. 345
Indigofera venulosa Champ. ex Benth. 345, **348**
Itea Linn. 198, **211**
Itea chinensis Hook. et Arn. var. *oblonga* (Hand.-Mazz.) Wu 211
Itea omeiensis Schneid. **211**

K

Kadsura Juss. 117, **118**
Kadsura longipedunculata Finet et Gagnep. **118**
Kerria DC. 236, **250**
Kerria japonica (Linn.) DC. **250**
Kochia Roth 26, **29**
Kochia scoparia (Linn.) Schrad. **30**
Kummerowia Schindl. 308, **349**
Kummerowia stipulacea (Maxim.) Makino **349**, 350

Kummerowia striata (Thunb.) Schindl. **349**

L

Lathyrus Linn. 307, **350**
Lathyrus japonicus Willd. **350**
Lathyrus maritimus (Linn.) Fries 350
Lauraceae **130**
Laurocerasus Tourn. ex Duh. 236, **250**
Laurocerasus phaeosticta (Hance) Schneid. 251
Laurocerasus spinulosa (Sieb. et Zucc.) Schneid. **251**
Laurocerasus zippeliana (Miq.) Brow. 251, **252**
Leguminosae **306**
Lepidium Linn. 162, **171**
Lepidium apetalum Willd. **171**, 172
Lepidium virginicum Linn. **172**
Lespedeza Michx. 308, **351**
Lespedeza bicolor Turcz. 351, **352**
Lespedeza chinensis G. Don **352**
Lespedeza cuneata (Dum.-Cours.) G. Don 352, **353**
Lespedeza cyrtobotrya Miq. 351, **353**
Lespedeza davidii Franch. 351, **353**
Lespedeza dunnii Schindl. 351, **354**
Lespedeza floribunda Bunge 352, **354**
Lespedeza formosa (Vog.) Koehne 355
Lespedeza merrilli Rick. 353
Lespedeza pilosa (Thunb.) Sieb.et Zucc. 352, **355**
Lespedeza thunbergii (DC.) Nakai subsp. formosa (Vog.) H. Ohashi 351, **355**
Lespedeza tomentosa (Thunb.) Sieb. ex Maxim. 352, **355**
Lespedeza virgata (Thunb.) DC. 352, **356**
Lindera Thunb. 130, **134**
Lindera aggregata (Sims) Kosterm. 134, **135**
Lindera aggregata (Sims) Kosterm. f. *rubra* P. L. Chiu 135
Lindera angustifolia Chcng 134, **135**
Lindera communis Hemsl. 134, **135**
Lindera erythrocarpa Makino 134, **136**
Lindera glauca (Sieb. et Zucc.) Bl. 134, **136**
Lindera megaphylla Hemsl. 134, **137**
Lindera megaphylla f. *trichoclada* (Rehd.) Cheng 137
Lindera nacusua (D. Don) Merr. 134, **137**
Lindera neesiana (Nees) Kurz. 134, **138**
Lindera obtusiloba Bl. 134, **138**
Lindera reflexa Hemsl. 134, **138**
Lindera rubronervia Gamble 134, **139**
Liquidambar Linn. 223, **230**
Liquidambar acalycina Chang **230**
Liquidambar formosana Hance **230**
Lirianthe Spach 117
Liriodendron Linn. 117, **119**
Liriodendron chinense (Hemsl.) Sarg. **119**
Litsea Lam. 130, **139**
Litsea coreana Lévl. 139, 140
Litsea coreana Lévl. var. sinensis (Allen) Yang et P. H. Huang 139, **140**
Litsea coreana var. lanuginosa (Migo) Yang et P. H. Huang **139**
Litsea cubeba (Lour.) Pers. 139, **140**
Litsea cubeba var. formosana (Nakai) Yang et P. H. Huang **141**
Litsea elongata (Wall. ex Nees) Benth. et Hook. f. 139, **141**
Litsea elongata var. faberi (Hemsl.) Yang et P. H. Huang **141**
Litsea pungens Hemsl. 139, **141**
Litsea rotundifolia Hemsl. var. oblongifolia (Nees) Allen 139, **142**
Loropetalum R. Br. 223, **231**
Loropetalum chinense (R. Br.) Oliv. **231**
Lychnis Linn. 52, **55**
Lychnis coronata Thunb. **55**
Lychnis senno Sieb. et Zucc. **64**

M

Maackia Rupr. 306, **356**
Maackia chinensis Takeda 356
Maackia hupehensis Takeda **356**
Machilus Nees 130, **142**
Machilus chekiangensis S. Lee 142, **143**, 145
Machilus grijsii Hance 142, **143**
Machilus leptophylla Hand.-Mazz. 142, **144**
Machilus litseifolia S. Lee 142, **144**
Machilus longipedunculata S. Lee et F. N. Wei 142, **144**
Machilus minutiloba S. Lee 142, **145**
Machilus oreophila Hance 142, **145**
Machilus pauhoi Kanehira 142, **145**
Machilus phoenicis Dunn 142, **146**
Machilus thunbergii Sieb. et Zucc. 142, **147**
Machilus velutina Champ. ex Benth. 142, **147**
Macleaya R. Br. 152, **158**
Macleaya cordata (Willd.) R. Br. **158**
Magnolia Linn. 117, **120**
Magnolia amoena Cheng **120**
Magnolia cylindrica Wils. **120**
Magnolia denudata Desr. 120, **121**
Magnolia officinalis Rehd. et Wills. 120, **121**
Magnolia officinalis subsp. *biloba* (Cheng) Law 121
Magnolia sinostellata P. L. Chiu et Z. H. Chen 120, **122**
Magnoliaceae **117**

Mahonia Nutt. 101, **106**
Mahonia bealei (Fort.) Carr. **106**
Mahonia bodinieri Gagnep. **106**, 108
Mahonia fortunei (Lindl.) Fedde 106, **108**
Mahonia japonica (Thunb.) DC. **108**
Malus Mill. 235, **252**
Malus doumeri (Bois) Chev. **253**
Malus hupehensis (Pamp.) Rehd. **253**
Malus leiocalyca S. Z. Huang 253, **254**
Malus sieboldii (Regel) Rehd. 253, **255**
Manglietia Bl. 117, **122**
Manglietia fordiana Oliv. **123**
Manglietia yuyuanensis Law 123
Medicago Linn. 308, **357**
Medicago lupulina Linn. **357**
Medicago minima (Linn.) Grufb. **357**
Medicago polymorpha Linn. 357, **358**
Melilotus (Linn.) Mill. 308, **359**
Melilotus officinalis (Linn.) Lam. **359**
Menispermaceae **109**
Menispermum Linn. 109, **112**
Menispermum dauricum DC. **112**
Michelia Linn. 117, **123**
Michelia chingii Cheng 124
Michelia maudiae Dunn **124**
Michelia skinneriana Dunn **124**
Millettia Wight et Arn. 307, **360**
Millettia congestiflora T. Chen **360**
Millettia dielsiana Harms **360**
Millettia nitida Benth. 360, **361**
Millettia pachycarpa Benth. 360, **361**
Millettia reticulata Benth. 360, **362**
Mirabilis Linn. **43**
Mirabilis jalapa Linn. **44**
Moehringia Linn. 52, **56**
Moehringia trinervia (Linn.) Clairv. **56**
Mollugo Linn. 47, **48**
Mollugo stricta Linn. **47**
Mucuna Adans. 308, **362**
Mucuna birdwoodiana Tutch. **362**, 363
Mucuna sempervirens Hemsl. **363**
Myosoton Moench 52, **56**
Myosoton aquaticum (Linn.) Moench **57**

N

Nandina Thunb. 101, **108**
Nandina domestica Thunb. **108**
Neolitsea Merr. 130, **148**
Neolitsea aurata (Hayata) Koidz. var. chekiangensis (Nakai) Yang et P. H. Huang **148**, 149
Neolitsea aurata var. paraciculata (Nakai) Yang et P. H. Huang **148**, 149
Neolitsea aurata var. undulatula Yang et P. H. Huang 148, **149**
Neolitsea aurata (Hayata) Koidz. 148
Nyctaginaceae **43**
Nyctago jalapa (Linn.) DC. 44
Nymphaea Linn. 65, **67**
Nymphaea tetragona Georgi **67**
Nymphaeaceae **65**

O

Ormosia G. Jacks. 306, **363**
Ormosia henryi Prain **363**
Orostachys Fisch. 186, **188**
Orostachys fimbriata (Turcz.) A. Berger **188**, 189
Orostachys japonica A. Berger **189**
Orychophragmus limprichtiana(Pax) Al-shehbaz et G. Yang 167
Oyama (Nakai) N. H. Xia et C. Y. Wu 117

P

Padus Mill. 236, **255**
Padus brachypoda (Batal.) Schneid. 255, **256**
Padus buergeriana (Miq.) Yu et Ku 255, **256**
Padus grayana (Maxim.) Schneid. 255, **257**
Padus obtusata (Koehne) Yu et Ku 255, **257**
Padus wilsonii Schneid. 255, **257**
Papaveraceae **152**
Parakmeria Hu et Cheng 117, **125**
Parakmeria lotungensis (Chun et Tsoong) Law **125**
Penthorum Linn. 198, **212**
Penthorum chinense Pursh **212**
Pericampylus Miers 109, **112**
Pericampylus glaucus (Lam.) Merr. **112**
Phedimus Raf. 186, **189**
Phedimus aizoon (Linn.) 't Hart **189**
Philadelphus Linn. 198, **212**
Philadelphus brachybotrys (Koehne) Koehne var. *laxiflorus* (Cheng) S. Y. Hu 213
Philadelphus sericanthus Koehne **212**, 213
Philadelphus sericanthus var. kulingensis (Koehne) Hand.-Mazz. **213**
Philadelphus zhejiangensis S. M. Hwang **213**
Phoebe Nees 130, **149**
Phoebe bournei (Hemsl.) Yang **149**
Phoebe chekiangensis P. T. Li 149, **150**
Phoebe sheareri (Hemsl.) Gamble 149, **150**
Photinia Lindl. 235, **258**
Photinia beauverdiana Schneid. **259**, 265
Photinia beauverdiana var. *notabilis* (Schneid.) Rehd.

et Wils. 259
Photinia benthamiana Hance 259, **260**
Photinia bodinieri Lévl. 258, **260**
Photinia davidsoniae Rehd. et Wils. 260
Photinia glabra (Thunb.) Maxim. 258, **260**
Photinia hirsuta Hand.-Mazz. 258, **261**
Photinia komarovii (Lévl. et Vant.) L. T. Lu et C. L. Li 259, **261**
Photinia lasiogyna (Franch.) Schneid. 258, **262**
Photinia lochengensis auct. non Yu 262
Photinia parvifolia (Pritz.) Schneid. 259, **264**
Photinia prunifolia (Hook. et Arn.) Lindl. 258, **264**
Photinia prunifolia var. *denticulate* Yu 264
Photinia schneideriana Rehd. et Wils. 259, **265**
Photinia serratifolia (Desf.) Kalk. 258, **266**
Photinia serrulata Lindl. 266
Photinia serrulata Lindl. var. *ardisiifolia* (Hayata) Kuan 266
Photinia subumbellata Rehd. et Wils. 264
Photinia taishunensis G. H. Xia, L. H. Lou et S. H. Jin 258, **262**
Photinia villosa (Thunb.) DC. 259, **266**
Photinia zhejiangensis P. L. Chiu 258, **267**
Phytolacca Linn. **45**
Phytolacca acinosa Roxb. **45**, 46
Phytolacca americana Linn. **45**
Phytolacca decandra Linn. 45
Phytolacca esculenta Van Houtte 45
Phytolaccaceae **45**
Pileostegia Hook. f. et Thoms. 198, **214**
Pileostegia tomentella Hand.-Mazz. **214**
Pileostegia viburnoides Hook. f. et Thoms. **214**
Pithecellobium clypearia (Jack) Benth. 316
Pithecellobium lucidum Benth. 317
Pithecellobium utile Chun et How 317
Pittosporaceae **220**
Pittosporum Banks **220**
Pittosporum illicioides Makino **220**, 221
Pittosporum tobira (Thunb.) Ait. f. **220**
Platycrater Sieb. et Zucc. 198, **214**
Platycrater arguta Sieb. et Zucc. **215**
Podocarpicum podocarpum (DC.) Yang et Huang 343
Podocarpicum podocarpum (DC.) Yang et Huang var. *fallax* (Schindl.) Yang et Huang 344
Podocarpicum podocarpum (DC.) Yang et Huang var. *oxyphyllum* (DC.) Yang et Huang 344
Polygonaceae **1**
Polygonum Linn. 1, **4**
Polygonum aviculare Linn. 4, **6**
Polygonum chinense Linn. 5, **6**
Polygonum criopolitanum Hance 5, **7**
Polygonum cuspidata Sieb. et Zucc. 21
Polygonum dissitiflorum Hemsl. 5, **8**
Polygonum hastato-sagittatum Makino 5, **8**
Polygonum hydropiper Linn. 5, **9**
Polygonum japonicum Meisn. 5, **9**
Polygonum jucundum Meisn. 6, **9**
Polygonum kawagoeanum Makino 6, **10**
Polygonum lapathifolium Linn. 5, **10**, 11
Polygonum lapathifolium var. salicifolium Sibth. **11**
Polygonum longisetum De Br. 5, **12**, 13
Polygonum macranthum Meisn. 9
Polygonum multiflorum Thunb. 4
Polygonum muricatum Meisn. 5, **13**
Polygonum nepalense Meisn. 5, **13**
Polygonum opacum Sam. 15
Polygonum orientale Linn. 5, **14**
Polygonum perfoliatum Linn. 4, **15**
Polygonum persicaria Linn. 5, 6, **15**
Polygonum persicaria var. opacum (Sam.) A. J. Li **15**
Polygonum plebeium R. Br. 4, **15**
Polygonum posumbu Buch.-Ham. ex D. Don 5, 13, **16**
Polygonum praetermissum Hook. f. 5, **16**
Polygonum pubescens Bl. 5, **17**
Polygonum sagittatum Linn. 5, **17**
Polygonum senticosum (Meisn.) Franch. et Sav. 5, **17**
Polygonum sieboldii Meisn. 17
Polygonum taquetii Lévl. 5, **18**
Polygonum tenellum Bl. var. *micranthum* (Meisn.) C. Y. Wu 10
Polygonum thunbergii Sieb. et Zucc. 5, **18**
Polygonum viscoferum Makino 5, **19**
Polygonum viscosum Buch.-Ham. ex D. Don 5, **21**
Portulaca Linn. **49**, 50
Portulaca oleracea Linn. **49**
Portulaca paniculata Jacq. 50
Portulacaceae **49**
Potentilla Linn. 236, **267**
Potentilla discolor Bunge **267**
Potentilla fragarioides Linn. 267, **268**
Potentilla freyniana Bornm. 267, **268**
Potentilla kleiniana Wight et Arn. 267, **269**
Potentilla sundaica (Bl.) Kuntze 269
Potentilla supina Linn. 267, **269**
Potentilla supina var. *ternata* Peterm. 269
Prunus brachypoda Batal. 256
Prunus buergeriana Miq. 256
Prunus campanulata Maxim. 241

Prunus conradinae Koehne 241
Prunus discoidea (Yu et Li) Yu et Li ex Z. Wei et Y. B. Chang 241
Prunus glandulosa Thunb. 242
Prunus grayana Maxim. 257
Prunus japonica Thunb. 242
Prunus mume (Sieb.) Sieb. et Zucc. 239
Prunus obtusata Koehne 257
Prunus persica (Linn.) Batsch 238
Prunus phaeosticta (Hance) Maxim. 251
Prunus pogonostyla Maxim. 243
Prunus schneideriana Koehne 243
Prunus sericea (Batal.) Koehne 257
Prunus serrulata Lindl. 243
Prunus spinulosa Sieb. et Zucc. 251
Prunus subhirtella Miq. 244
Prunus zippeliana Miq. 252
Pseudostellaria Pax 52, **57**
Pseudostellaria davidii (Franch.) Pax **64**
Pseudostellaria heterophylla (Miq.) Pax **57**
Pterolobium R. Br. ex Wight et Arn. 306, **364**
Pterolobium punctatum Hemsl. **364**
Pueraria DC. 308, **365**
Pueraria lobata (Willd.) Ohwi 366
Pueraria lobata (Willd.) Ohwi var. *montana* (Lour.) Maesen 365
Pueraria montana (Lour.) Merr. **365**, 366
Pueraria montana var. lobata (Willd.) Maesen et S.M. Almeida ex Sanjappa et Predeep **366**
Pueraria phaseoloides Benth. **366**
Pycnospora R. Br. ex Wight et Arn. 307, **366**
Pycnospora lutescens Poir. Schindl. **367**
Pyrus Linn. 235, **270**
Pyrus betulifolia Bunge **305**
Pyrus calleryana Decne. **270**, 305
Pyrus calleryana f. *tomentella* Rehd. 271
Pyrus serrulata Rehd. **305**

R

Ranunculaceae **69**
Ranunculus Linn. 69, **84**
Ranunculus cantoniensis DC. **84**
Ranunculus chinensis Bunge **84**
Ranunculus japonicus Thunb. 84, **85**
Ranunculus muricatus Linn. 84, **86**
Ranunculus polii Franch. ex Hemsl. 84, **86**
Ranunculus sceleratus Linn. 84, **87**
Ranunculus sieboldii Miq. 84, **87**
Ranunculus ternatus Thunb. 84, **88**
Raphanus Linn. 162, **172**
Raphanus sativus Linn. var. raphanistroides (Makino) Makino **172**
Reynoutria Houtt. 1, **21**
Reynoutria japonica Houtt. **21**
Rhaphiolepis Lindl. 235, **271**
Rhaphiolepis ferruginea Metc. 271, **272**
Rhaphiolepis gracilis Nakai 272
Rhaphiolepis indica (Linn.) Lindl. 271, **272**
Rhaphiolepis major Card. 271, **272**
Rhaphiolepis umbellata (Thunb.) Makino 271, **273**
Rhynchosia Lour. 308, **367**
Rhynchosia acuminatifolia Makino **367**
Rhynchosia dielsii Harms **367**
Rhynchosia volubilis Lour. 367, **368**
Ribes Linn. 198, **215**
Ribes fasciculatum Sieb. et Zucc. var. chinense Maxim. **215**
Rorippa Scop. 162, **174**
Rorippa cantoniensis (Lour.) Ohwi **174**
Rorippa dubia (Pers.) Hara 174, **175**
Rorippa globosa (Turcz. ex Fish. et Mey.) Hayek 174, **175**
Rorippa indica (Linn.) Hiern 174, **176**
Rosa Linn. 235, **273**
Rosa bracteata Wendl. **274**
Rosa bracteata var. scabriacaulis Lindl. ex Koidz. **274**
Rosa cymosa Tratt. 273, **275**
Rosa henryi Bouleng. 274, **275**
Rosa kwangtungensis Yu et Tsai 274, **276**
Rosa laevigata Michx. 273, **276**
Rosa luciae Franch. et Roch. 274, **277**
Rosa multiflora Thunb. 274, **277**
Rosa multiflora var. cathayensis Rehd. et Wils. **277**
Rosa wichurana Crep. 277
Rosaceae **235**
Rubus Linn. 236, **279**
Rubus adenophorus Rolfe 280, **281**
Rubus alceaefolius Poir. 280, **281**
Rubus amphidasys Focke 279, **282**
Rubus buergeri Miq. 280, **283**
Rubus chingii Hu 279, **283**
Rubus corchorifolius Linn. f. 279, **283**
Rubus coreanus Miq. 280, **284**
Rubus flosculosus Focke 280, **285**
Rubus fujianensis Yu et Lu 279, **285**
Rubus glabricarpus Cheng 279, **285**
Rubus glabricarpus Cheng var. glabratus C. Z. Zheng et Y. Y. Fang **305**
Rubus grayanus Maxim. 279, **286**

Rubus grayanus var. trilobatus Yu et Lu **286**
Rubus hirsutus Thunb. 280, **286**
Rubus hunanensis Hand.-Mazz. 280, **287**
Rubus impressinervus Metc. 279, **287**
Rubus innominatus S. Moore 280, **288**
Rubus innominatus var. kuntzeanus (Hemsl.) Bailey **288**
Rubus innominatus var. macrosepalus Metc. **288**
Rubus irenaeus Focke 280, **288**
Rubus lambertianus Ser. 279, **288**
Rubus lambertianus var. glaber Hemsl. **288**
Rubus pacificus Hance 280, **289**
Rubus parvifolius Linn. 280, **289**
Rubus pectinellus Maxim. 279, **290**
Rubus peltatus Maxim. 279, **291**
Rubus pirifolius Smith 279, **291**
Rubus reflexus Ker 280, **291**
Rubus reflexus var. hui (Diels ex Hu) Metc. **292**
Rubus rosifolius Smith 280, **292**
Rubus rufus Focke 280, **293**
Rubus sumatranus Miq. 280, **293**
Rubus swinhoei Hance 279, **293**
Rubus tephrodes Hance var. ampliflorus (Lévl. et Vant.) Hand.-Mazz. 280, **295**
Rubus trianthus Focke 279, **295**
Rubus tsangii Merr. 280, **295**
Rubus tsangii Merr. var. yanshanensis (Z. X. Yu et W. T. Ji) L.T. Lu **305**
Rubus tsangorum Hand.-Mazz. 279, **296**
Rumex Linn. 1, **22**
Rumex acetosa Linn. 22, **23**
Rumex dentatus Linn. 22, **23**
Rumex japonicus Houtt. 22, **24**
Rumex trisetifer Stokes 22, **25**

S

Sagina Linn. 52, **58**
Sagina japonica Sw. Ohwi **58**
Salsola collina Pall. **32**
Sanguisorba Linn. 236, **297**
Sanguisorba officinalis Linn. **297**
Sargentodoxa Rehd. et Wils. 92, **95**
Sargentodoxa cuneata (Oliv.) Rehd. et Wils. **95**
Sassafras Trew 130, **151**
Sassafras tzumu (Hemsl.) Hemsl. **151**
Saxifraga Linn. 198, **216**
Saxifraga rufescens Balf. f. 217
Saxifraga rufescens Balf. f. var. *flabellifolia* C. Y. Wu et J. T. Pan 217
Saxifraga stolonifera Curtis **216**, 217
Saxifraga zhejiangensis Z. Wei et Y. B. Chang **217**
Saxifragaceae **198**
Schisandra Michx. 117, **125**
Schisandra arisanensis Hayata subsp. *viridis* (A. C.Smith.) R. M. K. Saunders 127
Schisandra bicolor Cheng 125, **126**
Schisandra elongata (BL.) Baill. 126
Schisandra henryi Clarke 125, **126**
Schisandra repanda (Sieb. et Zucc.) Radlk. 126
Schisandra sphenanthera Rehd. et Wils. 125, **126**
Schisandra viridis A. C. Smith 125, **127**
Schizophragma Sieb. et Zucc. 198, **217**
Schizophragma corylifolium Chun **217**
Schizophragma integrifolium (Franch.) Oliv. 217, **218**
Schizophragma integrifolium (Franch.) Oliv. f. *denticulatum* (Rehd.) Chun 218
Schizophragma integrifolium var. glaucescens Rehd. **218**
Schizophragma molle (Rehd.) Chun 217, **218**
Schoberia glauca Bunge 31
Sedum Linn. 186, **190**
Sedum aizoon Linn. 189
Sedum alfredii Hance 190, **191**
Sedum bulbiferum Makino 190, **192**
Sedum drymarioides Hance 190, **192**
Sedum emarginatum Migo 191, **192**
Sedum japonicum Sieb. ex Miq. 190, **193**
Sedum kuntsunianum X. F. Jin, S. H. Jin et B. Y. Ding 191, **194**
Sedum lineare Thunb. 191, **194**
Sedum lungtsuanense S. H. Fu 190, **195**
Sedum makinoi Maxim. 191, **195**
Sedum polytrichoides Hemsl. 190, **195**
Sedum sarmentosum Bunge 191, **195**
Sedum sarmentosum var. *angustifolia* (Z. B. Hu et X. L. Huang) Y. C. Ho 195, 197
Sedum tetractinum Fröd. 190, **197**
Semiaquilegia Makino 69, **88**
Semiaquilegia adoxoides (DC.) Makino **88**
Semiliquidambar H. T. Chang 223, **232**
Semiliquidambar cathayensis H. T. Chang **232**
Semiliquidambar cathayensis var. *parvifolia* H. T. Chang 232
Semiliquidambar caudata H. T. Chang **232**
Semiliquidambar caudata var. *cuspidata* (H. T. Chang) H. T. Chang 232
Senna nomame (Makino) T. C. Chen 325
Sesbania Scop. 307, **369**
Sesbania cannabina (Retz.) Poir. **369**

Silene Linn. 52, **58**
Silene aprica Turcz. ex Fisch. et Mey. 58, **59**
Silene baccifer Linn. Roth 58, **59**
Silene conoidea Linn. 58, **59**
Silene fortunei Vis. 58, **60**
Silene gallica Linn. 58, **60**
Sinomenium Diels 109, **113**
Sinomenium acutum (Thunb.) Rehd. et Wils. **113**
Smithia Ait. 307, **369**
Smithia ciliata Royle **370**
Sophora Linn. 306, **370**
Sophora flavescens Ait. **370**, 371
Sophora japonica Linn. **371**
Sorbus Linn. 235, **298**
Sorbus alnifolia (Sieb. et Zucc.) K. Koch **298**
Sorbus dunnii Rehd. **298**
Sorbus folgneri (Schneid.) Rehd. 298, **299**
Sorbus hemsleyi (Schneid.) Rehd. 298, **300**
Spergularia marina (Linn.) Griseb. **64**
Spiraea Linn. 235, **300**
Spiraea blumei G. Don **301**
Spiraea cantoniensis Lour. **301**
Spiraea chinensis Maxim. 301, **302**
Spiraea hirsuta (Hemsl.) Schneid. 301, **302**
Spiraea japonica Linn. f. 301, **302**
Spiraea japonica var. albiflora (Miq.) Z. Wei et Y.B. Chang **303**
Spiraea japonica var. fortunei (Planch.) Rehd. **303**
Stauntonia DC. 92, **97**
Stauntonia chinensis DC. **97**
Stauntonia conspicua R. H. Chang **97**
Stauntonia hexaphylla (Thunb.) Decne. f. *intermedia* Wu 99
Stauntonia hexaphylla (Thunb.) *Decne.* f. *urophylla* Hand.-Mazz. 100
Stauntonia leucantha Diels ex Y. C. Wu 97, **98**
Stauntonia obovata Hemsl. 97, **98**
Stauntonia obovatifoliola Hayata subsp. intermedia (Wu) T. Chen 97, **99**
Stauntonia obovatifoliola subsp. urophylla (Hand. -Mazz.) H. N. Qin 97, **100**
Stellaria Linn. 52, **61**
Stellaria ahweiensis Migo 56
Stellaria alsine Grimm 61, **62**
Stellaria apetala Ucria 56
Stellaria bungeana Fenzl. var. stubendorfii (Regel Y. C. Chu 61, **62**
Stellaria chinensis Regel 61, **62**
Stellaria media (Linn.) Villars 61, **63**
Stellaria neglecta Weihe 61, **63**
Stellaria pallida (Dumort.) Crepin 56
Stellaria uliginosa Murr. 62
Stephanandra Sieb. et Zucc. 235, **303**
Stephanandra chinensis Hance **304**
Stephania Lour. 104, **114**
Stephania cephalantha Hayata **114**
Stephania japonica (Thunb.) Miers 114, **115**
Stephania longa Lour. 114, **116**
Stephania tetrandra S. Moore 114, **116**
Stranvaesia Lindl. 235, **304**
Stranvaesia davidiana Decne. var. undulata (Decne.) Rehd. et Wils. **304**
Stylosanthes guianensis (Aubl.) Sw. **377**
Suaeda Forsk. ex Scop. 26, **30**
Suaeda australis (R. Br.) Moq. **30**, 31
Suaeda glauca (Bunge) Bunge 30, **31**
Suaeda heteroptera Kitag. 31
Suaeda salsa (Linn.) Pall. 30, **31**
Sycopsis Oliv. 223, **233**
Sycopsis sinensis Oliv. **233**

T

Tadehagi H. Ohashi. 307, **371**
Tadehagi pseudotriquetrum (DC.) H. Ohashi. **371**
Talinum Adans. **50**
Talinum paniculatum (Jacq.) Gaertn. **50**
Talinum patense (Linn.) Willd. 50
Tetragonia Linn. **48**
Tetragonia tetragonioides (Pall.) Kuntze **48**
Thalictrum Linn. 69, **89**
Thalictrum acutifolium (Hand.-Mazz.) Boivin 89, **90**
Thalictrum faberi Ulbr. 89, **90**
Thalictrum fortunei S. Moore 89, **91**
Tiarella Linn. 198, **219**
Tiarella polyphylla D. Don **219**
Turritis Linn. 162, **177**
Turritis glabra Linn. **177**, 180

U

Uraria Desv. 307, **372**
Uraria longibracteata Yang et Huang 372
Uraria neglecta Prain **372**

V

Vicia Linn. 307, **372**
Vicia cracca Linn. **372**
Vicia hirsuta Linn. S. F. Gray 372, **373**, 374
Vicia sativa Linn. 372, **373**
Vicia tetrasperma (Linn.) Schreb. 372, **373**
Vigna Savi 308, **374**

Vigna minima (Roxb.) Ohwi et H. Ohashi. **375**, 376
Vigna vexillata (Linn.) A. Rich. **375**

W

Wisteria Nutt. 307, **376**
Wisteria sinensis Sweet **376**

Y

Yinshania Ma et Y. Z. Zhao 162, **178**
Yinshania fumarioides (Dunn) Y. Z. Zhao **178**, 179
Yinshania hui (O. E. Schulz) Y. Z. Zhao **178**
Yinshania hunanensis (Y. H. Zhang) Al-Shehbaz et al. 178, **179**
Yinshania rivulorum (Dunn) Al-Shehbaz et al. 178, **179**
Yulania Spach 117

Z

Zornia J. F. Gmel. **377**
Zornia cantoniensis Mohlenb. 307, 377
Zornia gibbosa Spanog. **377**

温州市行政区划示意图

温州市行政区划表

全市共辖60个街道、65个镇、6个乡；322个社区、210个居民区、5405个行政村

			下辖街道、乡镇
鹿城区	街道	7	五马、松台、滨江、南汇、七都、双屿、仰义
	镇	1	藤桥镇
龙湾区	街道	11	蒲州、永中、海滨、海城、状元、瑶溪、沙城、天河、灵昆、永兴、星海
瓯海区	街道	12	景山、新桥、娄桥、梧田、三垟、南白象、茶山、潘桥、郭溪、瞿溪、丽岙、仙岩
	镇	1	泽雅镇
瑞安市	街道	10	安阳、玉海、锦湖、东山、上望、莘塍、汀田、飞云、仙降、南滨
	镇	5	塘下、陶山、湖岭、马屿、高楼
乐清市	街道	8	乐成、城东、城南、盐盆、翁垟、白石、石帆、天成
	镇	9	柳市镇、北白象镇、虹桥镇、淡溪镇、清江镇、芙蓉镇、大荆镇、仙溪镇、雁荡镇
洞头县	街道	4	北岙、东屏、元觉、霓屿
	镇	1	大门镇

			下辖街道、乡镇
洞头县	乡	1	鹿西乡
永嘉县	街道	8	东城、北城、南城、江北、东瓯、三江、黄田、乌牛
	镇	10	桥头镇、桥下镇、大若岩镇、碧莲镇、巽宅镇、岩头镇、枫林镇、岩坦镇、沙头镇、鹤盛镇
平阳县	镇	10	昆阳镇、鳌江镇、水头镇、萧江镇、万全镇、腾蛟镇、麻步镇、山门镇、顺溪镇、南雁镇
	乡	1	青街畲族乡
苍南县	镇	10	灵溪镇、龙港镇、金乡镇、钱库镇、宜山镇、马站镇、矾山镇、桥墩镇、藻溪镇、赤溪镇
	乡	2	凤阳畲族乡、岱岭畲族乡
文成县	镇	9	大峃镇、珊溪镇、玉壶镇、南田镇、黄坦镇、西坑畲族镇、百丈漈镇、峃口镇、巨屿镇
	乡	1	周山畲族乡
泰顺县	镇	9	罗阳镇、司前畲族镇、百丈镇、筱村镇、泗溪镇、彭溪镇、雅阳镇、仕阳镇、三魁镇
	乡	1	竹里畲族乡

图例

设区市行政中心　机场　省界　县道
县（市、区）行政中心　汽车站　设区市界　乡道
乡(镇)政府、街道办事处驻地　码头　县(市、区)界　小路
行政村　学校　乡(镇、街道)界　街区路
国家级、省级风景区　医院　铁路及火车站　规划道路
国家级、省级森林公园　大楼　高速公路及编号、服务区、枢纽、互通　桥梁
国家级、省级自然保护区　市场　在建高速公路　隧道
国家级文保单位　寺庙　国道及编号　河流、水库
重要旅游景点　塔　省道及编号　渠道

注：本图界线不作划界依据

基础地理底图资料由浙江省测绘与地理信息局、温州市测绘与地理信息局 提供